清华大学基础工业训练系列教材

机械制造工艺基础

（第3版）

主　编　傅水根

副主编　张学政　马二恩

清华大学出版社

北京

内容简介

本书是按照教育部颁布的课程教学基本要求和重点院校课程改革指南的精神编写的。这次作为国家"十一五"规划教材和北京市精品教材予以修订,将出版以来课程改革中的理念和教学经验融入其中,在内容和体系方面均有新的突破和创新。

本书共12章,主要内容有:切削加工工艺基础、特种加工工艺基础、特型表面的加工、常见表面加工方案选择、数控加工技术、零件表面处理技术、其他新技术新工艺、零件的结构工艺性、零件的制造工艺过程、微细加工与集成电路制造、装配自动化、新世纪的生产系统与环境保护等。它是多年来生产与科研实践的结晶,是长期教学经验的积淀。本书条理清楚,逻辑分明,实例较多,图文并茂,内容翔实得当。

本书是高等工科院校机械制造冷加工部分的课程教材,也可供电视大学、职工大学、函授大学选用,或作为工程技术人员和技术工人的参考书。

图书在版编目(CIP)数据

机械制造工艺基础/傅水根主编. —3 版. —北京:清华大学出版社,2010.7(2021.1重印)
(清华大学基础工业训练系列教材)
ISBN 978-7-302-22545-4

Ⅰ. ①机… Ⅱ. ①傅… Ⅲ. ①机械制造工艺—高等学校—教材 Ⅳ. ①TH16

中国版本图书馆 CIP 数据核字(2010)第 069759 号

责任编辑:庄红权
责任校对:王淑云
责任印制:刘祎淼

出版发行:清华大学出版社
      网   址:http://www.tup.com.cn,http://www.wqbook.com
      地   址:北京清华大学学研大厦 A 座   邮   编:100084
      社 总 机:010-62770175   邮   购:010-62786544
      投稿与读者服务:010-62776969,c-service@tup.tsinghua.edu.cn
      质 量 反 馈:010-62772015,zhiliang@tup.tsinghua.edu.cn
印 装 者:三河市春园印刷有限公司
经   销:全国新华书店
开   本:185mm×260mm   印   张:18.25   字   数:467 千字
版   次:2010 年 7 月第 3 版   印   次:2021 年 1 月第 11 次印刷
定   价:49.80 元

产品编号:026903-06

清华大学基础工业训练系列教材编委会

主　任　傅水根

副主任　李双寿　严绍华　李鸿儒

编　委　张学政　卢达溶　张万昌　李家枢

　　　　王天曦　洪　亮　王豫明

秘　书　钟淑芊

序言

随着教育教学改革的逐渐深入,我国高等工科教育的人才培养正由知识型向能力型转化。高等学校由主要重视知识传授向重视知识、能力、素质和创新思维综合发展的培养方向迈进,以满足尽快建立国家级创新体系和社会协调发展对各层次人才的需要。

由于贯彻科学发展观和科教兴国的伟大战略方针,我国对教育的投入正逐年加大。在新的教育改革理念的支持下,我国高校的实验室建设、工程实践教学基地建设呈现着前所未有的发展局面。不仅各种实验仪器、设备等教学基础设施硬件条件有了较好的配置,而且在师资队伍建设、课程建设、教材建设、教学管理、教学手段、教学方法和教学研究等方面都取得了长足的进步。

面对发展中的大好形势,清华大学基础工业训练中心在总结长期理论教学和工程实践教学经验的基础上,参照教育部工程材料及机械制造基础课程教学指导组完成的《工程材料及机械制造基础系列课程教学基本要求》和《重点高等工科院校工程材料及机械制造基础系列课程改革指南》,组织高水平的师资队伍,博采众家之长,策划、编写(包括修订)了这套综合性的系列教材。

在教材的编写过程中,作者试图正确处理下列 6 方面的关系:理论基础与工程实践、教学实验之间的关系;常规机电技术与先进机电技术之间的关系;教师知识传授与学生能力培养之间的关系;学生综合素质提高与创新思维能力培养之间的关系;教材的内容、体系与教学方法之间的关系;常规教学手段与现代教育技术之间的关系。

由于比较正确地处理了上述关系,使该系列教材具有下列明显的特色:

(1)重视基础性知识,精选传统内容,使传统内容与新知识之间建立起良好的知识构架,有助于学生更好地适应社会的需求,并兼顾个人的长远发展。

(2)重视跟踪科学技术的发展,注重新理论、新材料、新技术、新工艺、新方法的引进,力求使教材内容具有科学性、先进性、时代性和前瞻性。

(3)重视处理好教材各章节间的内部逻辑关系,力求符合学生的认识规律,使学习过程变得顺理成章。

(4)重视工程实践与教学实验,改变原教材过于偏重知识的倾向,力图引导学生通过实践训练,发展自己的工程实践能力。

(5)重视综合类作业,力图培养学生综合运用知识的能力;倡导小组式的创新实践训练,引导学生发现问题、提出问题、分析问题和解决问题,培养创新思维能力和群体协作能力。

(6)重视综合素质的提高,引导学生通过系统训练建立责任意识、安全意识、质量意识、环保意识和群体意识等,为毕业后更好地适应社会的不同工作需求创造条件。

(7) 重视配套音像教材和多媒体课件的建设,引导教师在教学过程中适度采用现代教育技术,在有限的学时内提高教学效率和效益,同时方便学生预习和复习。

该系列教材还注重文字通顺,深入浅出,图文并茂,表格清晰,使之符合国家与部门最新标准。

该系列教材主要适用于大学本科和高职高专学生,也可作为教师、工程技术人员工作和进修的教科书或参考文献。

尽管作者和编辑付出了很大努力,书中仍可能存在不尽如人意之处,恳请读者提出宝贵意见,以便及时予以修订。

傅水根

2006 年 2 月 18 日

于清华园

第1版前言

本书是根据原国家教委 1995 年颁布的《工程材料及机械制造基础课程教学基本要求》和 1997 年颁布的《重点高等工科院校金工系列课程改革指南》编写的,是全国高等教材建设专业委员会的重点课题《机械加工工艺基础教材改革研究》和北京市教委教育教学试点项目《金工课程改革研究与实践》成果的体现,也是清华大学多年金工教学改革与实践的经验总结。由于本书所编写的内容已大大超过传统冷热加工的范畴,故取名为《机械制造工艺基础》。

《机械制造工艺基础》是我国高等工科院校中贯彻工艺教育的一门重要的技术基础课程。本教材在课程内容和体系上进行了力度较大的改革,除了大幅度增加新技术、新工艺外,还力图从认识论的高度把握各章节间的相互联系,使之不仅在内容精选上适应 21 世纪人才培养的需要,而且在各主要章节的内部联系上有利于学生学习、掌握和运用。

本书具有如下主要特色:

(1) 从 21 世纪培养人才的需要出发,不仅注重学生获取知识能力的培养,而且注重学生全面素质和创新思维的培养。

(2) 对机械制造中的传统工艺方法进行精心取舍,合理吸收本学科成熟的新材料、新技术、新工艺及部分前沿知识,较大幅度地更新教学内容,初步建立起新的课程体系。

(3) 正确处理实习、实验、讲课三者内容之间的关系,既做到有机衔接,又避免简单重复。

(4) 全书插图做了较多的更新,且全部采用计算机绘图。

(5) 每章后附有主要参考文献和供选用的教学电视片目录;本书配有与书中插图一一对应的教学幻灯片(由清华大学音像出版社出版)。

(6) 名词术语采用国家最新标准。

(7) 本书有意识模糊冷、热加工界限。

参加本书编写的教师有:张学政(第 1、4 章和第 7.1 节)、傅水根(第 2、5、7、10 章)、马二恩(第 3、9 章)、李生录(第 6 章和第 7.2 节)、洪亮(第 8 章)、卢达溶(第 9.4 节)。由傅水根教授任主编,马二恩和张学政任副主编。由北京工业大学王永波教授任主审。由刘宣玮、裴文中、钟淑苹等绘制全书插图。

在全书的编写过程中,得到全国高等学校教材建设专业委员会和北京市教委高教处的大力支持,同时吸收了许多教师对编写工作的宝贵意见,在此一并表示由衷的感谢。

在编写过程中还参考了大量的有关教材、手册、学术杂志和论文等。所用参考文献均已列于书后。在此对有关出版社和作者表示衷心感谢。

由于编者水平和经验所限,又由于是一次改革尝试,书中难免会有错误和不妥之处,敬请读者批评指正。

编　者
1998 年 9 月

第 2 版前言

本书是根据教育部颁布的《工程材料及机械制造基础课程教学基本要求》和《重点高等工科院校金工系列课程改革指南》编写的,是全国高等教育教材建设专业委员会的重点课题《机械加工工艺基础教材改革研究》和北京市教委教育教学改革跨校重点项目《金工课程改革研究与实践》成果的体现,也是清华大学多年课程教学改革与实践的经验总结。这次作为北京市立项的重点精品教材予以修订,又将 1998 年第 1 版出版以来课程改革中的理念和教学经验融入其中,除了根据工程技术的综合化倾向,新增加了第 10 章微细加工与集成电路制造外,第 9 章零件的制造工艺过程也充实了新内容。总体来说,修订后的本书在内容和体系方面均有新的突破与创新。

《机械制造工艺基础》是我国高等工科院校中贯彻工艺教育的一门重要的技术基础性课程。本教材在课程内容和体系上进行了力度较大的改革,除了大幅度地增加新技术、新工艺外,还力图从认识论的高度把握各章节间的相互关系,使之不仅在内容精选上适应 21 世纪培养高素质、创造性人才的需要,而且有利于学生学习、掌握和运用。

本书具有如下主要特色:

1. 从 21 世纪培养具有高素质、创造性复合型人才的需要出发,不仅注重学生独立获取知识能力的培养,而且注重综合素质和创新性思维的培养。

2. 对机械制造中的常规工艺方法精心取舍,合理吸收本学科成熟的新材料、新技术、新工艺、制造系统,以及部分前沿知识,大幅度地更新教学内容,建立起新的教材体系。

3. 力求正确处理实习、实验、讲课三者内容之间的关系,尽可能做到既有机衔接,又避免简单重复。

4. 从机电一体化综合发展和学科交叉与融合的趋势,充实了制造工艺过程的重要内容,新增了微细加工和集成电路制造,并依然保留了环境保护方面的内容。

5. 书中名词术语采用国家最新标准,插图做了更新,且全部采用计算机绘图。

6. 每章后附有主要参考文献和供选用的教学电视片目录,并备有与书中插图相对应的教学幻灯片(清华大学音像出版社出版)。

7. 在选取教材内容时,本书有意模糊冷热加工的界限,同时吸收了作者的科研和教学研究成果。

参加本书编写的教师有:张学政(第 1、4 章和第 7.1 节)、傅水根(第 2、5、7 章,第 9.1 节,第 10、11 章)、马二恩(第 3、9 章)、李生录(第 6 章和第 7.2 节)、洪亮(第 8 章)、卢达溶(第 9.4 节)。傅水根教授主编、张学政教授和马二恩研究员副主编,北京工业大学王永波教授主审。刘宣玮、裴文中、钟淑苹等绘制全书插图。

在编写过程中,得到全国高等教育教材建设专业委员会和北京市教委的大力支持,同时吸收了许多教师对编写工作的宝贵意见,在此一并表示由衷的感谢。

在编写中,还参考了国内外大量教材、手册、学术杂志和论文,所用参考文献均已列入各章之后,在此对有关出版社和作者表示衷心感谢。

由于编者水平和经验有限,又由于是一次教学改革的尝试,尽管做了很大努力,但书中难免会有错误和欠妥之处,敬请读者批评指正。

编　者

2004 年 3 月 6 日

第3版前言

本书是根据 2009 年教育部工程材料及机械制造基础课程教学指导组起草并组织专家审查通过的《工程材料及机械制造基础课程教学基本要求》编写的。它既是全国高等教育教材建设专业委员会的重点课题"机械加工工艺基础教材改革研究"和北京市教委教育教学改革跨校重点项目"金工课程改革研究与实践"成果的体现,也是北京市"十五"重点精品教材立项成果的体现。该教材于 1998 年首次出版,以其为主教材的立体教材于 2001 年获得北京市教学成果二等奖;根据工程技术综合化的倾向,第 2 版增加了第 10 章微细加工与集成电路制造,同时在第 9 章零件的制造工艺过程中突出了"工件的安装"和"六点定位原理"。修订后的第 2 版于 2004 年出版,于 2006 年获得北京市精品教材称号,于 2008 年获得清华大学优秀教材一等奖。本次修订则是作为国家级"十一五"规划教材立项进行的。

从我国制造业的发展脉络看,我国历来十分重视设计技术,尤其在仿真技术和数字化设计技术出现后更为突出。实事求是地说,重视设计技术是实现制造现代化所必需的。创新思维的体现,首先在于设计。但使我们忧虑的是,我国长期忽略了制造工艺技术,忽略了工艺技术在制造业中的重要性,忽略了工艺技术对实现我国从制造大国向制造强国转化中的关键作用,对工艺技术的研究与发展缺乏长远的政策性导向。几乎与此同时,我国的高校削弱了工艺课程和工艺研究,职业技术学校削弱了工艺实践,企业削弱了工艺教育和工艺培训。这使企业有相当数量的先进工艺装备不仅没有发挥出应有的潜力,有的连基本功能都难以尽其所用,而由此产生的设备功能性浪费是十分惊人的。更有甚者,在 20 世纪 90 年代中期,居然出现一股要取消工艺理论课程的强劲思潮。所幸的是,这股思潮最终逐渐销声匿迹。长期轻视工艺技术的结果,必然导致我国的综合工艺教育、综合工艺水平和核心工艺技术落后于世界发达国家,并延误我国由制造大国向制造强国过渡的时间。

在作者 40 年的教学与科研生涯中,在设计和工艺两个技术层面,共主持研制成功数控旋转电加工机床、汽车离合器超速试验机、多功能木材力学试验机、局域网络条件下的数控线切割二维创新设计与制作系统、12 工位数控激光淬火机床、数控旋转超声波加工机床、游泳训练水上牵引系统、体质智能化测试系统等 8 台、套先进的设备和系统,深切体会到工艺技术在实现创新设计中所起的十分重要的作用。从课题立项和组织队伍开始,自己动手设计和操作机床加工,到生产现场监管重要零件的工艺过程,参加装配调试,直到最后验收与鉴定,反复经历着一种高水平设备或系统从立项到成功的完整过程,深刻体会到在创新产品研制的成功道路上,设计与工艺所处的同等重要地位和彼此之间的巨大关联性。

为什么我国有难以计数的科研成果很难转化为符合市场需求的产品?其主要原因之一仍然是工艺技术不成熟,很多工艺细节问题没有得到解决。因此,工艺技术确实是制造领域中的关键技术和核心技术。作者主持研制成功的小直径聚晶金刚石麻花钻头和颅内血肿排空器中的超细长不锈钢功能螺杆,如果事先没有研制出相应的先进工艺装备,其优良的设计只能停留在图纸阶段。因此,没有过硬的工艺技术,我国研制的设备和国外相比,几乎不可能解决形似而神不似的尴尬局面。因此,要高速发展我国的机械制造业,在重视设计、材料和管理的同时,必须重视和发展工艺教育,制订科学合理的工艺政策,倡导一流人才投身于工艺技术的研究与开发。在发展创新设计的同时,积极创新工艺技术。

机械制造中的工艺究竟是什么?有人认为它是机械产品生产过程中一个离散的、经验的、甚至水平不高的工作层面。作者认为,这种看法有失偏颇。即使从表面看,它广泛涉及热加工中各种材料非常复杂的毛坯成形,以及现有的和发展中的冷加工(切削加工)和特种加工所提供的各种工艺条件,将原材料或毛坯转化为符合图纸要求的合格零件的过程,是产品质量保证的关键环节。即便就此来说,也很值得深究,因为这个转化过程并非人们想像的那么简单。如果从本质看,机械制造工艺是机械产品生产过程中最具活力的关键环节,是通过人这一决定性要素,不断发展与运用铸造、锻压、焊接、热处理和表面处理等工艺手段和工艺方法,系统地解决各种毛坯成形和材料改性问题,是利用切削加工和特种加工所提供的各种工艺方法,处理好机床、工件、夹具、刀具(或工具、或高能束流)、加工运动、加工参数,以及装配与调配中的矛盾运动,解决零件和整机成形的质量问题,是在复杂工艺环境的诸要素中求优化解的过程,是提供解决不确定性问题基本思路和发展创造性思维的有效途径,是我国实现制造强国的重要技术基石。事实上,我们面对的制造工艺问题,几乎都是系统的、综合的、灵活的,具有一定的不确定性,很多是没有标准答案的。正是制造工艺所具有的这种灵活性、不确定性和没有标准答案,使得我们在学习制造工艺理论和工艺知识、参加工艺实践的过程中,不仅可深入了解机械制造的工艺知识和工艺流程,领悟解决复杂性和不确定性问题的思维方法,积极发展创造性思维,而且为学生日后进行创造性设计时,将工艺原则和工艺细节体现到设计图纸中奠定丰厚的基础条件。

"机械制造工艺基础"或"制造工程基础"是我国高等理工科院校中贯彻和落实工艺教育的一门重要的技术基础课程。为配合该课程的开设,本教材从 1998 年第 1 版开始,就在教材内容和体系上进行了重大改革,使我国高等学校的制造工艺教材,从长期以来的几乎以机械切削加工为唯一核心内容的工艺基础,首次拓展为以切削加工和特种加工两方面为核心内容的工艺基础;力图从系统论的角度,将工艺人才、工艺技术、工艺环境、工艺管理和工艺教育紧密结合;希望从认识论的高度来把握各章节间的内部逻辑联系,使学生对工艺的理解变得更为容易,学习变得更为主动。

在现阶段,数控加工技术已经成为先进制造技术中的基础性技术。但从切削加工的终端本质看,数控加工技术仍然属于刀具切削、砂轮磨削这类常规加工技术,仍然属于机械切削加工。它之所以先进,主要是基于计算机网络和计算机信息技术基础上的工艺过程自动控制。这样不仅减少了加工过程中的人工干预,而且减少了加工中工件的反复安装、换刀、测量等中间过程。其加工效率和加工稳定性的双重优势就凸显出来。然而,只有特种加工(如放电加工、激光加工、超声波加工、水射流加工、快速原型制造等),由于其加工机理(属于非常规加工)的根本性改变,才是具有真正意义上的另一类重要工艺基础。

第 1,2 版教材,先后经过 12 年的使用,再经第 3 版修订工作的完成,无论从内容和体系看,将更加趋于成熟与完善。但从发展的眼光看,任何一本精品教材,其本身就是一件永无止境的工作。它必须随着工艺领域科学技术的发展而发展,必须随着教育教学改革的进展和人才培养的动态需求而向前演化。

作为第 3 版,侧重从以下三个方面进行修改和充实:

(1) 第 5 章数控加工技术中增加了在实践教学中独立摸索出来的"离散化数控制造系统"内容;

(2) 删除了胶结技术一节,以避免与材料成形工艺部分的内容重复;

(3) 增加第 11 章"装配自动化",使制造工艺技术更具先进性和完整性。这样,原教材中的第 11 章,就调整为第 12 章。

修订后的第 3 版教材,仍然继承和发展以下主要特色:

(1) 从 21 世纪培养具有高素质、复合型和创造性的人才需要出发,不仅注重学生独立获取知识能力的培养,而且注重综合素质和创新思维的培养。

(2) 对常规工艺方法精心取舍,比较系统地进行分析与归纳,力求从中提炼出工艺规律,使学生更易于学习与掌握。

(3) 注重吸收本学科新材料、新技术、新工艺、制造系统,以及有关学科的前沿知识,大幅度地更新教材内容,在继承的基础上建立起新的教材体系。

(4) 力求正确处理与本教材密切相关的实习、实验和课堂讲课之间的关系,尽可能做到有机结合与避免机械重复。

(5) 教材中的名词术语采用国家最新标准,文字简练,插图丰富,图文并茂。

(6) 本教材吸收了作者长期教学和科研工作中所取得的一系列成果。

在采用本教材授课的过程中,逐步积累了下列行之有效的教学方法。

(1) 对于教师,在认真备课、讲课的基础上,需要做好下列几项工作。

① 认真批改作业,并对作业中比较有代表性或典型的问题进行讲评;

② 以小组方式,安排综合性的工艺讨论课,给学生留有个人独立探究与团队合作的思维碰撞空间;

③ 从工艺装备和工艺技术的历史发展,以及从任课教师的科研工作中提炼出一批典型的创新案例,激发和培养学生的创新思维;

④ 对于布置自学的内容,必须安排检查环节,避免自学流于形式;

⑤ 安排答疑时间,及时解决课堂和作业中的其他问题;

⑥ 关注留学生的学习情况,及时安排答疑甚至补课等。

(2) 对于学生,在学习本课程时,强调完成两个转化和一个独立。

① 角色转化:由学生转化为现场工艺师。学生学习知识时,成绩有优、良、中、差之分,作业错了可以重来;作为现场工艺师,却只有成功与失败之分,如果错了,一定会造成损失。因此,在工作中必须体现出强烈的责任感。

② 空间转化:由图纸上的平面二维尺寸转化为空间的三维实际尺寸,以便选择所需要的机床设备和工装和卡具。

③ 独立完成作业(允许讨论和答疑)。

在本教材的编写中,傅水根为主编、张学政和马二恩为副主编,北京工业大学王永波为主审。参加本教材编写工作的教师有:清华大学张学政(第 1、4 章、第 7.1 节)、傅水根(第 2、5、7 章、第 9.1 节、第 10、12 章)、马二恩(第 3 章、第 9.2、9.3 节)、李生录(第 6 章、第 7.2 节)、洪亮(第 8 章)、卢达溶(第 9.4 节),北京工业大学刘德忠(第 11 章)。刘宣玮、裴文中、钟淑苹等绘制全书插图。

　　本教材在编写和修订过程中,得到全国高等教育教材建设专业委员会和北京市教委的大力支持,同时吸取了本校和兄弟院校专家、教授的宝贵意见,在此表示由衷的感谢。

　　由于编者水平有限,恳请读者对书中存在的错误和缺点批评指正。

傅水根

2010 年 5 月

目录

1

切削加工工艺基础

导　学

　　本章是本教材强调的两个基础之一,具体内容可分为两部分:切削原理基本知识和切削加工方法综述。基本知识部分主要介绍机床切削运动、刀具角度、刀具材料、切削过程、切削变形区、切削力、切削热、积屑瘤以及磨具特性和磨削过程的特点等,加工方法综述部分简介除特型表面加工以外的各种切削加工方法。

　　在学习切削原理基本知识时,应着重弄清楚它们对切削加工的影响,以及如何减少其不利影响。其中刀具角度是一个难点,只要求理解各个角度的实际含义、作用和大致取值范围即可。在学习切削加工方法综述时,要着重掌握各种切削加工方法的工艺特点和应用范围,必要时要配合使用金工实习教材,复习实习有关内容。

　　本课程属于工艺性的技术基础课,具有很强的实践性和实用性。希望同学们注意理论联系实际,关心国内外工艺现状及发展动向,不断积累工艺理论知识和实践经验,为毕业后工作打下坚实的工艺基础,争取为改变我国的工艺落后面貌,填补更多的工艺空白做出自己的贡献。

1.1　切削加工概述

1.1.1　切削加工的分类、特点、作用和发展方向

　1. 切削加工的分类

　　切削加工是利用切削工具从工件上切去多余材料的加工方法。通过切削加工,使工件变成符合图样规定的形状、尺寸和表面粗糙度等技术要求的零件。切削加工分为机械加工和钳工加工两大类。

　　机械加工(简称机工)是利用切削过程产生的机械力对各种工件进行加工的方法。它一般是通过工人操纵机床进行加工的,其方法有车削、钻削、镗削、铣削、刨削、拉削、磨削、珩磨、超精加工和抛光等。

　　钳工加工(简称钳工)一般在钳台上以手工工具为主,对工件进行加工的各种加工方法。钳工的工作内容一般包括划线、锯削、錾削、锉削、刮削、研磨、钻孔、扩孔、铰孔、攻螺纹、套螺纹、机械装配和设备修理等。对于有些工作,机械加工和钳工加工并没有明显的界限,例如钻孔和铰孔,攻螺纹和套螺纹,二者均可进行。随着加工技术的发展和自动化程度的提高,目前

钳工加工的部分工作已被机械加工所替代,机械装配也在一定范围内不同程度地实现机械化和自动化,而且这种替代现象将会越来越多。尽管如此,钳工加工永远也不会被机械加工完全替代,将永远是切削加工中不可缺少的一部分。这是因为,在某些情况下,钳工加工不仅比机械加工灵活、经济、方便,而且更容易保证产品的质量。

2. 切削加工的特点和作用

切削加工具有如下主要特点:

(1) 切削加工的精度和表面粗糙度的范围广泛,且可获得很高的加工精度和很低的表面粗糙度。目前,切削加工的尺寸公差等级为 IT12～IT3,甚至更高;表面粗糙度 Ra 值为 $25\sim0.008\ \mu m$。其范围之广,尺寸精密程度和表面平整程度之高,是目前其他加工方法难以达到的。

(2) 切削加工零件的材料、形状、尺寸和重量的范围较大。切削加工多用于金属材料的加工,如各种碳钢、合金钢、铸铁、有色金属及其合金等,也可用于某些非金属材料的加工,如石材、木材、塑料、复合材料和橡胶等。对于零件的形状和尺寸一般不受限制,只要能在机床上实现装夹,大都可进行切削加工,且可加工常见的各种型面,如外圆、内圆、锥面、平面、螺纹、齿形及空间曲面等。切削加工零件重量的范围很大,重的可达数百吨,如葛洲坝一号船闸的闸门,高 30 余米,重 600 吨;轻的只有几克,如微型仪表零件。

(3) 切削加工的生产率较高。在常规条件下,切削加工的生产率一般高于其他加工方法。只是在少数特殊场合,其生产率低于精密铸造、精密锻造和粉末冶金等方法。

(4) 切削过程中存在切削力,刀具和工件均须具有一定的强度和刚度,且刀具材料的硬度必须大于工件材料的硬度。

正是因为前三个特点和生产批量等因素的制约,在现代机械制造中,目前除少数采用精密铸造、精密锻造以及粉末冶金和工程塑料压制成形等方法直接获得零件外,绝大多数机械零件要靠切削加工成形。因此,切削加工在机械制造业中占有十分重要的地位,目前占机械制造总工作量的 40%～60%。它与国家整个工业的发展紧密相连,起着举足轻重的作用。可以说,没有切削加工,就没有机械制造业。

正是因为上述第四个特点,限制了切削加工在细微结构和高硬高强等特殊材料加工方面的应用,从而给特种加工留下了生存和发展的空间。

3. 切削加工的发展方向

随着科学技术和现代工业日新月异的飞速发展,切削加工也正朝着高精度、高效率、自动化、柔性化和智能化方向发展,主要体现在以下三方面:

(1) 加工设备朝着数控技术、精密和超精密、高速和超高速方向发展。数控技术、精密和超精密加工技术将进一步普及和应用。普通加工、精密加工和超精密加工的精度可分别达到 $1\ \mu m$、$0.01\ \mu m$ 和 $0.001\ \mu m$(毫微米,即纳米),向原子级加工逼近。

(2) 刀具材料朝超硬刀具材料方向发展。目前我国常用刀具材料是高速钢和硬质合金,将逐步跨入超硬刀具材料的应用时代,陶瓷、聚晶金刚石(PCD)和聚晶立方氮化硼(PCBN)等超硬材料将被普遍应用于切削刀具,使切削速度可高达每分钟数千米。

(3) 生产规模由目前的小批量和单品种大批量向多品种变批量的方向发展,生产方式由目前的手工操作、机械化、单机自动化、刚性流水线自动化向柔性自动化和智能自动化方向发展。

21 世纪的切削加工技术必将面临未来自动化制造环境的一系列新的挑战,它必然要与计算机、自动化、系统论、控制论及人工智能、计算机辅助设计与制造、计算机集成制造系统等高新技术及理论相融合,向着精密化、柔性化和智能化方向发展,并由此推动其他各新兴学科在切削理论和技术中的应用。

1.1.2 零件的种类及组成

1. 零件的种类

切削加工的具体对象不是机械产品本身,而是组成机械产品的各种零件。零件虽然随其功用、形状、尺寸和精度诸因素的不同而千变万化,但按其结构一般可分为 6 类,即轴类(图 1-1)、盘套类(图 1-2)、支架箱体类(图 1-3)、六面体类(图 1-4)、机身机座类(图 1-5)和特殊类(图 1-6)。其中轴类零件、盘套类零件和支架箱体类零件是常见的 3 类零件。由于每一类零件不仅结构类似,而且加工工艺也有许多共同之处,因此将零件分类有利于学习和掌握各类零件加工的工艺特点。

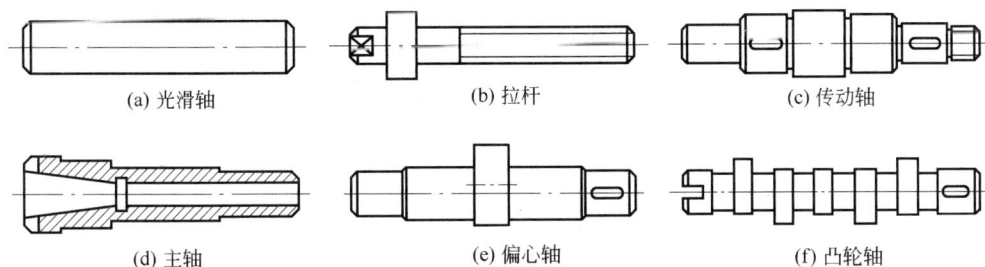

(a) 光滑轴　　(b) 拉杆　　(c) 传动轴
(d) 主轴　　(e) 偏心轴　　(f) 凸轮轴

图 1-1　轴类零件

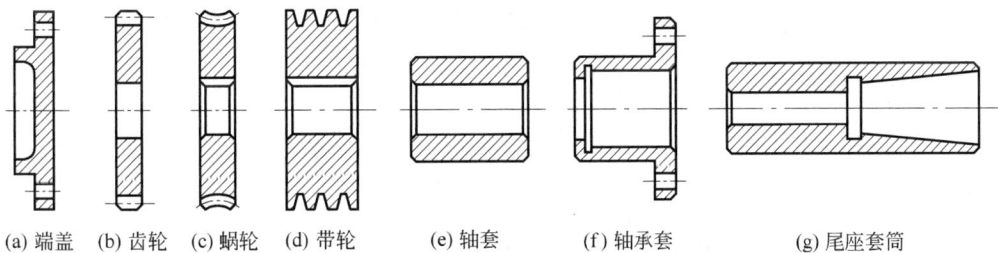

(a) 端盖　(b) 齿轮　(c) 蜗轮　(d) 带轮　(e) 轴套　(f) 轴承套　(g) 尾座套筒

图 1-2　盘套类零件

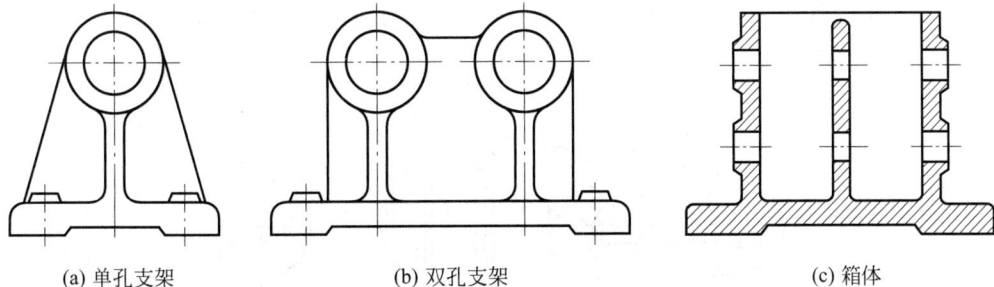

(a) 单孔支架　　(b) 双孔支架　　(c) 箱体

图 1-3　支架箱体类零件

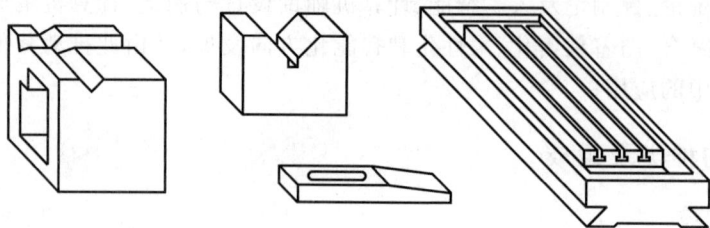

图 1-4　六面体类零件

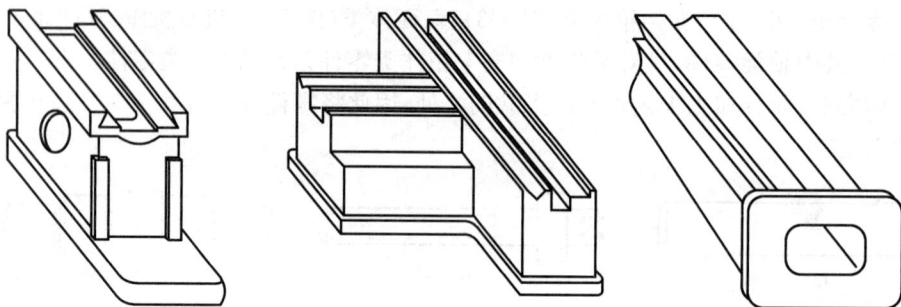

图 1-5　机身机座类零件

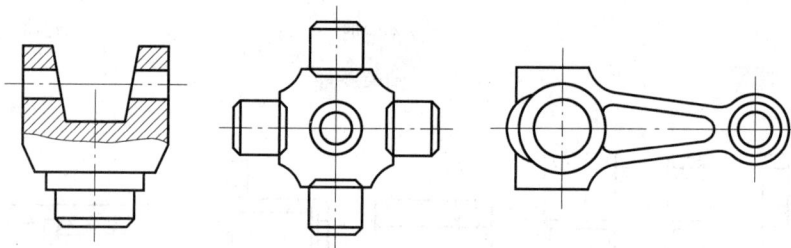

图 1-6　特殊类零件

2. 组成零件的表面

切削加工的对象虽然是零件,但具体切削的却是零件上的一个个表面。组成零件常见的表面有外圆、内圆、锥面、平面、螺纹、齿形、成形面以及各种沟槽等。图 1-7 所示的心轴体零件就是由外圆、内圆、外锥面、内锥面、外螺纹、内螺纹、直角槽、回转槽、轴肩平面和端平面等组成。切削加工的目的之一就是要用各种切削方式在毛坯上加工出这些表面。

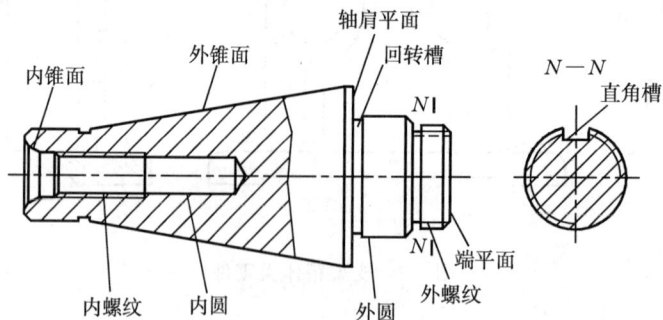

图 1-7　心轴体零件

1.1.3　机床的切削运动

1. 机床的切削运动

要进行切削加工,刀具与工件之间必须具有一定的相对运动,以获得所需表面的形状,这种相对运动称为切削运动。机械加工的切削运动由机床提供。切削运动根据其功用不同可分为主运动和进给运动。

主运动　主运动是由机床或人力提供的主要运动,它促使刀具和工件之间产生相对运动,从而使刀具前刀面接近工件。

进给运动　进给运动是由机床或人力提供的运动,它使刀具与工件之间产生附加的相对运动,加上主运动,即可不断地切除切屑,得到具有所需几何特征的表面。

普通机床的主运动一般只有一个。与进给运动相比,它的速度高,消耗机床功率多。进给运动可以是一个或多个。常见机床的切削运动见表1-1。除了主运动和进给运动以外,机床还有吃刀、退刀和让刀等辅助运动。在普通机床上,辅助运动多为手动。

表 1-1　常见机床的切削运动

机床名称	主运动	进给运动	机床名称	主运动	进给运动
卧式车床	工件旋转运动	车刀纵向、横向、斜向直线移动	龙门刨床	工件往复移动	刨刀横向、垂向、斜向间歇移动
钻床	钻头旋转运动	钻头轴向移动	外圆磨床	砂轮高速旋转	工件转动,同时工件往复移动,砂轮横向移动
卧铣、立铣	铣刀旋转运动	工件纵向、横向直线移动(有时也作垂直方向移动)	内圆磨床	砂轮高速旋转	工件转动,同时工件往复移动,砂轮横向移动
牛头刨床	刨刀往复移动	工件横向间歇移动或刨刀垂向、斜向间歇移动	平面磨床	砂轮高速旋转	工件往复移动,砂轮横向、垂向移动

2. 切削用量三要素

切削用量是切削过程中的切削速度、进给量和吃刀量的总称。由于它们是切削过程中不可缺少的因素,所以又称为切削用量三要素。

切削速度　它是切削刃选定点相对于工件的主运动的瞬时速度,用 v_c 表示,单位为 m/s 或 m/min。当主运动为旋转运动时,切削速度可用下列公式计算:

$$\left.\begin{array}{l} v_c = \dfrac{\pi dn}{1000 \times 60}\ (\text{m/s}) \\[3mm] v_c = \dfrac{\pi dn}{1000}\ (\text{m/min}) \end{array}\right\} \tag{1-1}$$

或

式中　d——切削刃选定点处工件或刀具的直径,mm;

n——工件或刀具的转速,r/min。

当主运动为直线往复移动时(如刨削加工),切削速度可用下列公式近似计算:

$$\left.\begin{array}{l} v_c = \dfrac{2Ln_r}{1000 \times 60}\ (\text{m/s}) \\[3mm] v_c = \dfrac{2Ln_r}{1000}\ (\text{m/min}) \end{array}\right\} \tag{1-2}$$

或

式中　L——行程长度,mm;

　　　n_r——冲程次数,str/min。

进给量　刀具在进给运动方向上相对工件的位移量,可用刀具和工件每转或每行程的位移量来表述和度量。进给量用 f 表示,车、钻、镗、铣削时,单位为 mm/r;刨、插削时为 mm/str。对于铣削,还有每齿的进给量(mm/z)和每分钟的进给量(mm/min,即进给速度 v_f)。

背吃刀量　吃刀量有背吃刀量、侧吃刀量和进给吃刀量之分,本书只介绍背吃刀量。背吃刀量是在垂直于进给运动方向上测量的主切削刃切入工件的深度,用 a_p 表示,单位为 mm。背吃刀量又称切削深度(简称切深)。

切削用量 v_c、f、a_p 反映的是机床主运动、进给运动和吃刀辅助运动的大小,是它们在每次走刀中进行量化所选定的具体数值。图 1-8 所示的是车外圆、车锥面、刨直槽和钻孔的工艺简图,它不仅表示出夹具(有时可不表示出)、工件和刀具,而且表示出切削运动和切削用量 v_c、f、a_p。

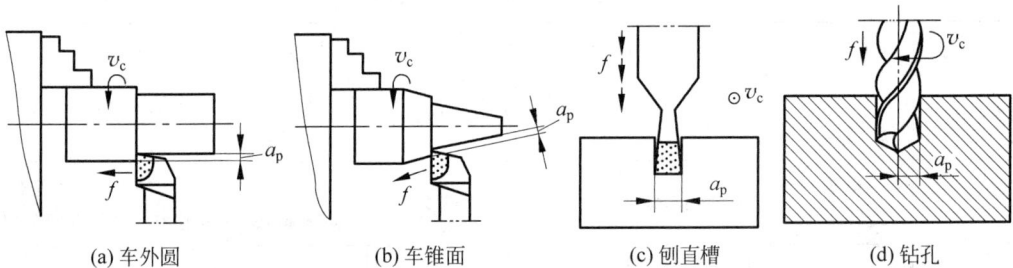

| (a) 车外圆 | (b) 车锥面 | (c) 刨直槽 | (d) 钻孔 |

图 1-8　工艺简图

3. 零件表面的成形方法

切削加工的一个重要目的是获得零件上的各种表面。常见的零件表面的成形方法有轨迹法、成形法和展成法三种。

轨迹法　轨迹法是利用非成形刀具,在一定的切削运动下,由刀尖轨迹获得零件所需表面的方法。例如一般的车削、铣削、刨削等,大多是轨迹法,如图 1-9 所示。

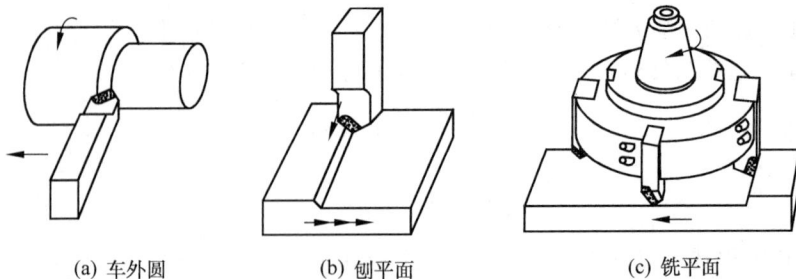

| (a) 车外圆 | (b) 刨平面 | (c) 铣平面 |

图 1-9　轨迹法

成形法　成形法是利用成形刀具,在一定的切削运动下,由刀刃形状获得零件所需表面的方法,如图 1-10 所示。用成形法加工时,可提高生产率,但刀具的制造和安装误差对被加工表面的形状精度影响较大。

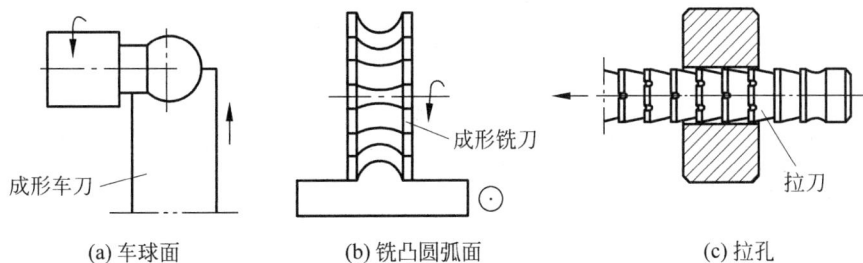

(a) 车球面　　　　　(b) 铣凸圆弧面　　　　　(c) 拉孔

图 1-10　成形法

展成法　展成法是在一定的切削运动下,利用刀具依次连续切出的若干微小面积而包络出所需表面的方法。图 1-11 所示的手工锉削外圆弧面和插齿是展成法加工的两个典型例子。

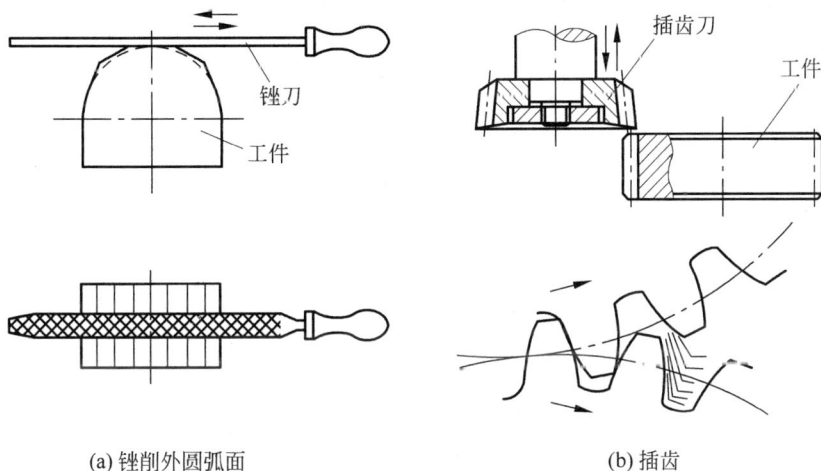

(a) 锉削外圆弧面　　　　　　　　(b) 插齿

图 1-11　展成法

1.1.4　切削加工的阶段

为了保证切削加工质量,工件的加工余量往往不是一次切除的,而是逐步减少背吃刀量分阶段切除的。切削加工可分为粗加工、半精加工、精加工、精密加工、超精密加工 5 个阶段。各加工阶段的目的、尺寸公差等级和表面粗糙度 Ra 值的范围及相应的加工方法见表 1-2。

切削加工划分阶段,具有如下优点:

(1) 避免毛坯内应力的释放而影响加工精度。这是因为铸锻件毛坯内部存在一定的内应力,内应力在工件内部是平衡的。若不划分加工阶段,每加工完一个表面,内应力均要释放一部分而获得新的平衡,这使工件变形,进而使已加工过的表面丧失已有的精度。若毛坯面粗加工一遍,待内应力释放平衡后再精加工即可减少上述问题。

(2) 避免粗加工时较大的夹紧力和切削力所引起的弹性变形和热变形对精度的影响。为了提高生产率,先采用较大的切削用量进行粗加工,再用精加工消除粗加工对精度的影响,这样既提高了生产率,又保证了加工质量。

表 1-2　切削加工的阶段

阶段名称	目　　的	尺寸公差等级范围		Ra 值范围/μm	相应加工方法
粗加工	尽快从毛坯上切除多余材料,使其接近零件的形状和尺寸	IT12～IT11		25～12.5	粗车、粗镗、粗铣、粗刨、钻孔等
半精加工	进一步提高精度和降低表面粗糙度 Ra 值,并留下合适的加工余量,为主要表面精加工作准备	IT10～IT9		6.3～3.2	半精车、半精镗、半精铣、半精刨、扩孔等
精加工	使一般零件的主要表面达到规定的精度和表面粗糙度要求,或为要求很高的主要表面进行精密加工作准备	一般精加工	IT8～IT7 (精车外圆可达 IT6)	1.6～0.8	精车、精镗、精铣、精刨、粗磨、粗拉、粗铰等
		精密精加工	IT7～IT6 (精磨外圆可达 IT5)	0.8～0.2	精磨、精拉、精铰等
精密加工	在精加工基础上进一步提高精度和减小表面粗糙度 Ra 值的加工(对于其中不提高精度,只减小表面粗糙度 Ra 值的加工又称光整加工)	IT5～IT3		0.1～0.008	研磨、珩磨、超精加工、抛光等
超精密加工	比精密加工更高级的亚微米加工和纳米加工,只用于加工极个别的超精密零件	高于 IT3		0.012 或更低	金刚石刀具切削、超精密研磨和抛光等

(3) 先粗加工一遍,可及时发现毛坯的内在缺陷而决定取舍,以免浪费更多的工时。这对铸件尤为重要。

(4) 可合理使用机床。精度较低的机床安排粗加工,精度较高的机床安排精加工,使精密机床能较长期保持其精度。

(5) 便于工艺过程中热处理工序的安排。若不划分加工阶段,工件一次加工到规定尺寸,则热处理只能安排在切削加工之前或之后,这显然是不适宜的。热处理在工艺过程中的安排如图 1-12 所示。

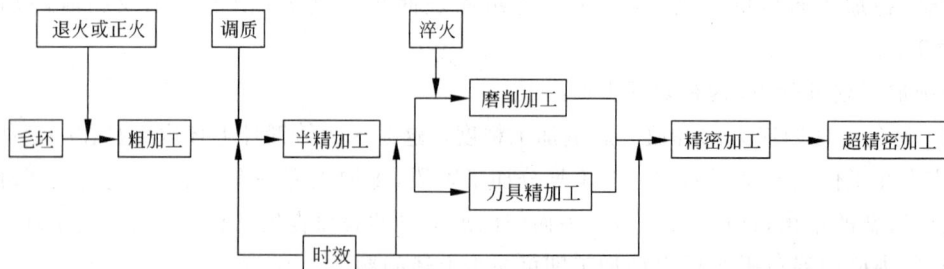

图 1-12　热处理工序在工艺过程中的安排

应当指出,对于绝大多数零件,一般只经过前三个阶段,到精加工为止。只有极少数精密零件才需要精密加工,某些场合极个别超精密零件才需要超精密加工。

1.2 刀具与刀具切削过程

1.2.1 刀具

1. 刀具角度

1）车刀的组成

刀具是切削加工的主要工具之一。刀具种类繁多,形状各种各样。但就刀具切削部分而言,均可看作是车刀的演变,因此车刀是最基本的切削刀具。下面均以车刀为例,介绍刀具的组成及几何角度等问题。

在切削过程中,工件上同时存在着三个表面,即已加工表面、过渡表面和待加工表面,如图 1-13 所示。已加工表面是工件上经刀具切削后产生的表面;过渡表面是工件上由切削刃形成的那部分表面,它在下一切削行程,工件或刀具的下一转里被切除,或者由下一切削刃切除;待加工表面是工件上等待切除的表面,它可能是毛坯表面,也可能是加工过的表面。

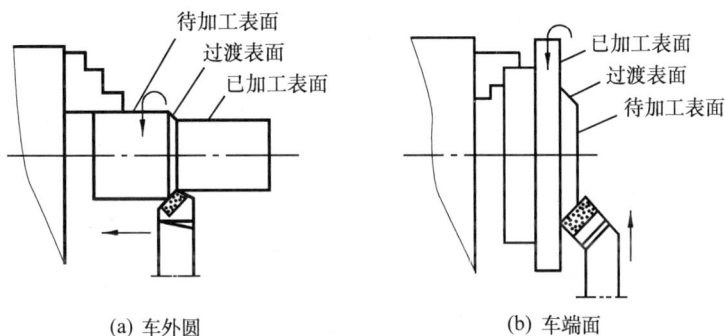

(a) 车外圆   (b) 车端面

图 1-13　车削时在工件上形成的表面

车刀由刀柄和刀体组成。刀柄是刀具的夹持部分;刀体是刀具上夹持或焊接刀条、刀片的部分,或由它形成切削刃的部分,如图 1-14 所示。

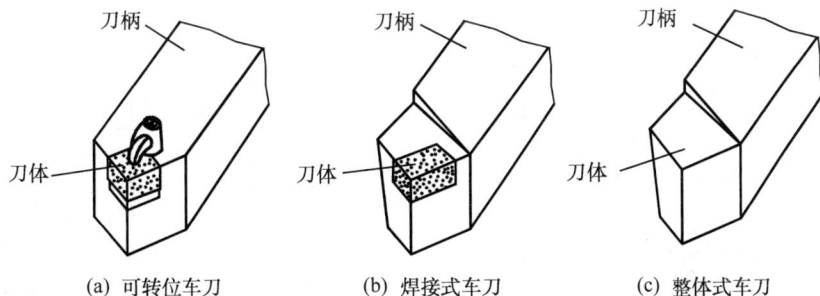

(a) 可转位车刀   (b) 焊接式车刀   (c) 整体式车刀

图 1-14　车刀的组成

刀体是刀具的切削部分,它由"三面两刃一尖"(即前刀面、主后刀面、副后刀面、主切削刃、副切削刃、刀尖)组成,如图 1-15 所示。

前刀面是刀具上切屑流过的表面。主后刀面是刀具上与工件过渡表面相对的表面。副后刀面是刀具上与工件已加工表面相对的表面。主切削刃是前刀面与主后刀面的交线,在切削过程中担任主要切削工作。副切削刃是前刀面与副后刀面的交线,靠近刀尖部分参加少量切

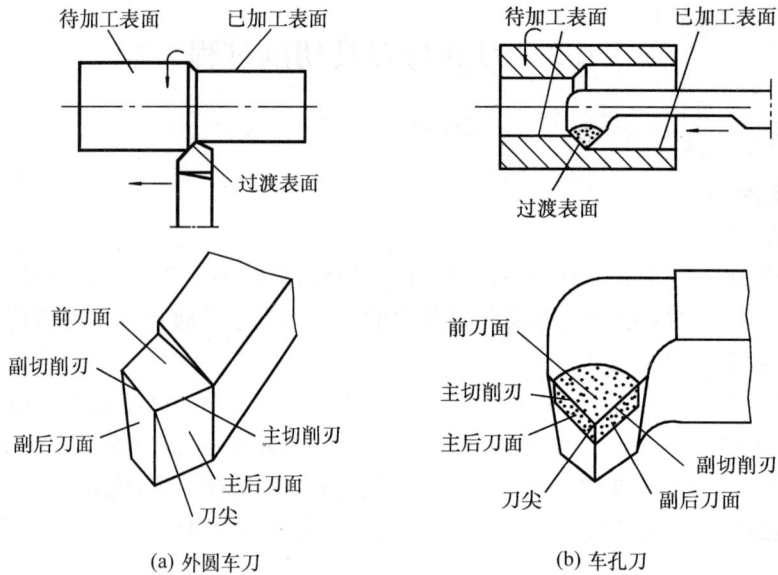

图 1-15　刀体的组成

削工作。刀尖是主切削刃与副切削刃连接处的那一小部分切削刃。为了增加刀尖处的强度,改善散热条件,通常在刀尖处磨有圆弧过渡刃。

　　2) 确定刀具角度的静止参考系

　　为了确定刀具角度的大小,必须建立一定的参考系。参考系由坐标平面,即常说的辅助平面构成。所谓刀具静止参考系,就是在不考虑进给运动,规定车刀刀尖与工件轴线等高,刀柄的中心线垂直于进给方向等简化条件下的参考系。

　　刀具静止参考系的主要坐标平面有基面 p_r、切削平面 p_s、正交平面 p_o、假定工作平面 p_f 和背平面 p_p 等,如图 1-16 所示。

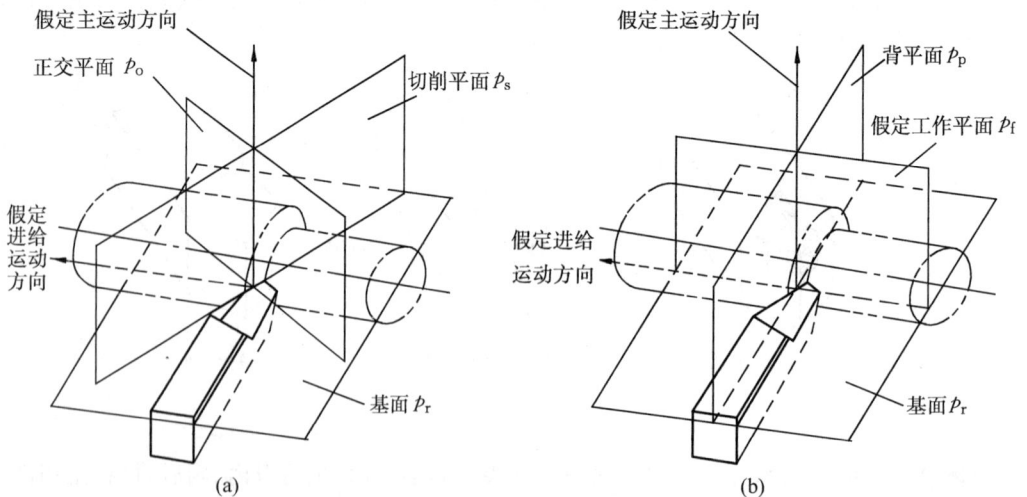

图 1-16　刀具静止参考系的坐标平面

　　基面 p_r　基面是通过切削刃选定点的平面,它平行或垂直于刀具在制造、刃磨及测量时适合于安装或定位的一个平面或轴线,一般说来其方位要垂直于假定的主运动方向。基面用

p_r 表示。对于车刀,基面一般为过切削刃选定点的水平面。

切削平面 p_s 切削平面是通过切削刃选定点与切削刃相切并垂直于基面的平面。对于车刀,切削平面一般为铅垂面。

正交平面 p_o 正交平面(原称主剖面)是通过切削刃选定点并同时垂直于基面和切削平面的平面,用 p_o 表示。对于车刀,正交平面一般也是铅垂面。

假定工作平面 p_f 假定工作平面(原称进给平面)是通过切削刃选定点与基面垂直,且与假定进给方向平行的平面,用 p_f 表示。

背平面 p_p 背平面(原称切深平面)是通过切削刃选定点并同时垂直于基面和假定工作平面的平面,用 p_p 表示。

3)刀具标注角度

刀具标注角度是指刀具在其静止参考系中的一组角度,这些角度是刀具设计、制造、刃磨和测量时所必需的。它主要包括前角、背前角、后角、背后角、主偏角、副偏角和刃倾角等。图 1-17 为外圆尖头刀的标注角度,图 1-18 为车孔刀的标注角度。

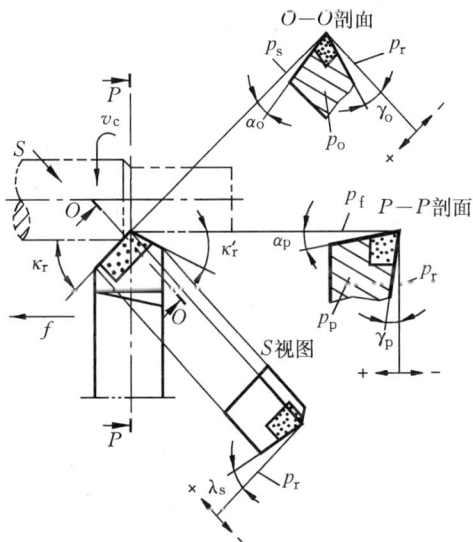

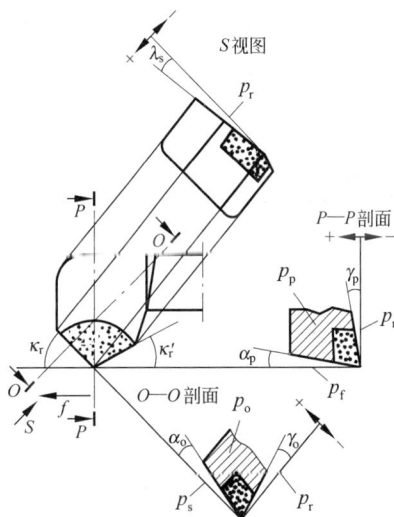

图 1-17 外圆尖头刀的标注角度　　　图 1-18 车孔刀的标注角度

前角 γ_o 前角是前刀面与基面间的夹角,在正交平面中测量,用 γ_o 表示。前角的主要作用是使刃口锋利,且影响切削刃的强度。常取 γ_o 为 $-5° \sim 25°$。

背前角 γ_p 背前角是前刀面与基面间的夹角,在背平面中测量,用 γ_p 表示。对于螺纹车刀、插齿刀等刀具的前角常用背前角表示。

后角 α_o 后角是主后刀面与切削平面间的夹角,在正交平面内测量,用 α_o 表示。后角的作用是减少刀具与工件之间的摩擦和磨损。常取 α_o 为 $3° \sim 12°$。

背后角 α_p 背后角是主后刀面与切削平面间的夹角,在背平面内测量,用 α_p 表示。与背前角一样,对于螺纹车刀、插齿刀等刀具的后角常用背后角表示。

主偏角 κ_r 主偏角是切削平面与假定工作平面间的夹角,在基面内测量,用 κ_r 表示。若主切削刃为直线,主偏角就是主切削刃在基面上的投影与进给方向的夹角。主偏角的大小影响背向力 F_p 与进给力 F_f 的比例以及刀具寿命,如图 1-19 所示。外圆车刀的主偏角通常有 $90°$、$75°$、$60°$ 和 $45°$ 等。当加工刚度较差的细长轴时,常取 $\kappa_r = 90°$ 或 $75°$。

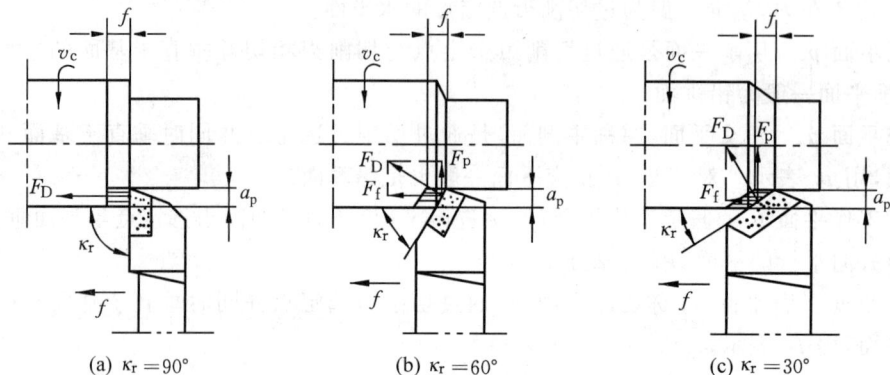

图 1-19   主偏角对背向力 F_p 和刀具寿命的影响

副偏角 κ_r'   副偏角是副切削平面与假定工作平面间的夹角,在基面内测量,用 κ_r' 表示。若副切削刃为直线,副偏角就是副切削刃在基面上的投影与进给反方向的夹角。副偏角的作用是减少副切削刃与工件已加工表面的摩擦,减少切削振动。副偏角的大小影响工件表面残留面积的大小,进而影响已加工表面的粗糙度 Ra 值,如图 1-20 所示。常取 κ_r' 为 $5^\circ \sim 15^\circ$。

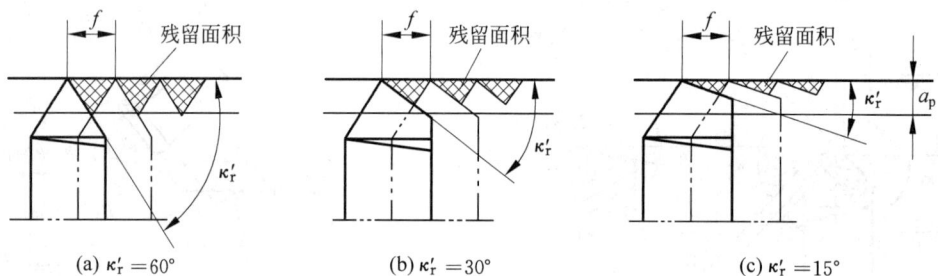

图 1-20   副偏角对表面粗糙度 Ra 值的影响

刃倾角 λ_s   刃倾角是主切削刃与基面间的夹角,在切削平面内测量,用 λ_s 表示。刃倾角的大小不仅影响刀尖的强度,而且影响切屑的流向,如图 1-21 所示。

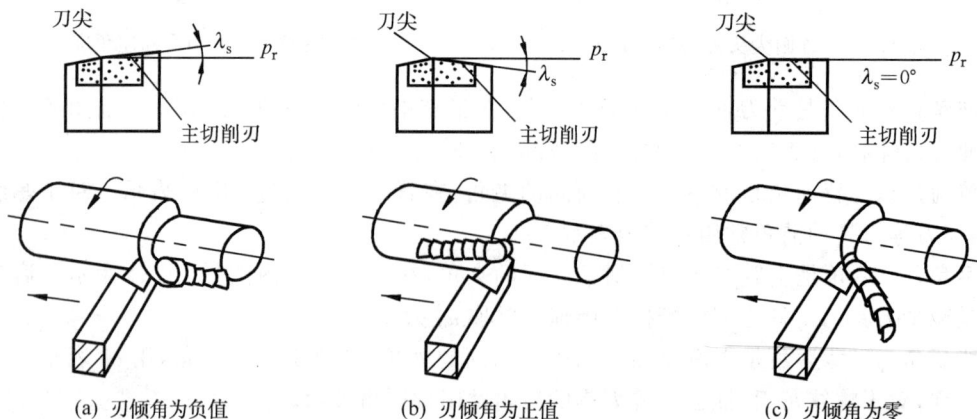

图 1-21   刃倾角对切屑流向的影响

4)刀具的工作角度

上述刀具标注角度,是在静止参考系中假定不考虑进给运动,刀尖与工件轴线等高,刀柄中心线垂直于进给方向的条件下的一组角度。在实际切削过程中并不完全是这种理想状况，刀具实际切削时的工作角度是要发生某些变化的，这些变化对切削加工将产生一定的影响。

　　例如，在图 1-22 中，图（a）未考虑进给运动的影响，符合静止参考系条件，此时工作前角 γ_{oe} 与标注前角 γ_o、工作后角 α_{oe} 与标注后角 α_o 分别相等；图（b）考虑了进给运动，基面和切削平面逆时针旋转了一个角度，变成工作基面 p_{re} 和工作切削平面 p_{se}，此时的工作前角 γ_{oe} 大于标注前角 γ_o，工作后角 α_{oe} 小于标注后角 α_o。在一般的切削加工中，由于进给量很小，这种变化常忽略不计，但在车削大导程螺纹时，则必须考虑进给运动对工作后角的影响，否则车削无法正常进行。

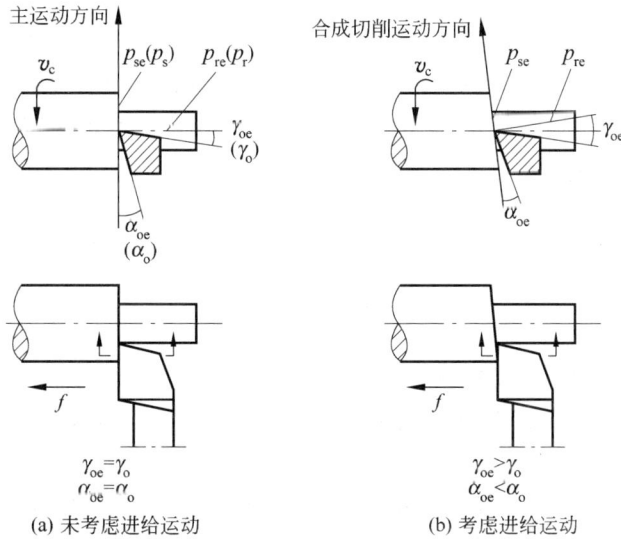

图 1-22　进给运动对工作前角、后角的影响

　　又例如，在图 1-23 中，图（a）为车槽刀刀尖与工件轴线等高，符合静止参考系条件，此时工作前角 γ_{pe} 与标注前角 γ_p、工作后角 α_{pe} 与标注后角 α_p 分别相等；图（b）和图（c）的刀尖分别高于和低于工件轴线，导致刀具实际切削的工作前角 γ_{pe} 和工作后角 α_{pe} 发生变化。

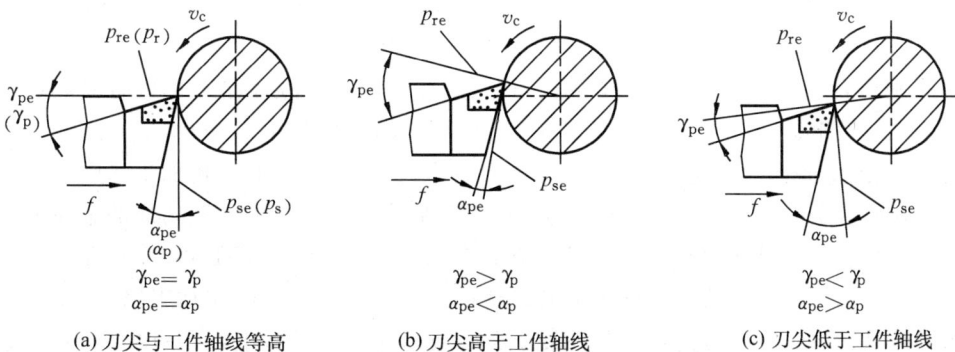

图 1-23　车槽刀安装高低对工作前角、后角的影响

　　再例如，在图 1-24 中，图（a）为外圆尖头刀刀柄的中心线垂直于进给方向，符合静止参考系条件，此时工作主偏角 κ_{re} 与标注主偏角 κ_r、工作副偏角 κ'_{re} 与标注副偏角 κ'_r 分别相等；图（b）和图（c）为刀柄的中心线不垂直于进给方向，导致工作主偏角 κ_{re} 和工作副偏角 κ'_{re} 发生变化。

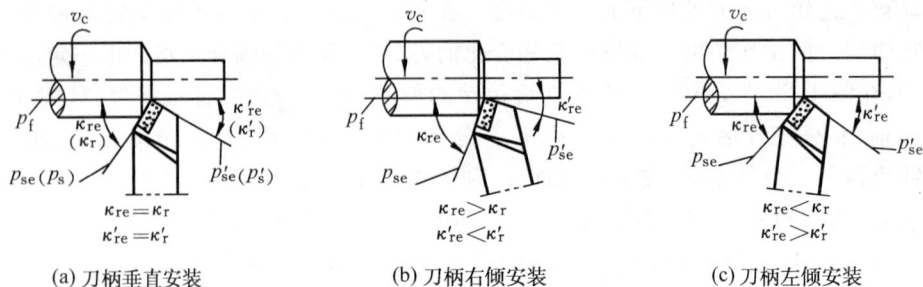

(a) 刀柄垂直安装　　　　　(b) 刀柄右倾安装　　　　　(c) 刀柄左倾安装

图 1-24　刀柄倾斜安装对工作主、副偏角的影响

2. 刀具材料

刀具材料是指刀体即刀具切削部分的材料。由于切削加工是在高温、剧烈摩擦和很大的切削力、冲击力的条件下进行的,因此作为刀具材料,必须具备高的硬度、高的耐磨性、高的耐热性、足够的强度和韧性以及一定的工艺性能等。

1) 普通刀具材料

常见的普通刀具材料有碳素工具钢、合金工具钢、高速钢、硬质合金和涂层刀具材料等,其中后三种用得较多。

高速钢　高速钢有很高的强度和韧性,热处理后的硬度为 63 HRC～70 HRC,红硬温度达 500～650℃,允许切速为 40 m/min 左右。主要用于制造各种复杂刀具,如钻头、铰刀、拉刀、铣刀、齿轮刀具及各种成形刀具。高速钢常用的牌号有 W18Cr4V,W6Mo5Cr4V2 和 W9Mo3Cr4V 等。

硬质合金　硬质合金是由高硬难熔金属碳化物粉末,以钴为粘接剂,用粉末冶金的方法制成的。它的硬度很高,可达 74 HRC～82 HRC,红硬温度达 800～1000℃,允许切速达 100～300 m/min。但其抗弯强度低,不能承受较大的冲击载荷。硬质合金目前多用于制造各种简单刀具,如车刀、铣刀、刨刀的刀片等。根据 GB 2075—87,硬质合金可分为 P,M,K 三个主要类别。

P 类硬质合金(蓝色):相当于旧牌号 YT 类硬质合金。适宜加工长切屑的黑色金属,如钢、铸钢等。其代号有 P01,P10,P20,P30,P40,P50 等,数字愈大,耐磨性愈低而韧性愈高。精加工可用 P01;半精加工选用 P10,P20;粗加工选用 P30。

M 类硬质合金(黄色):相当于旧牌号 YW 类硬质合金。适宜加工长切屑或短切屑的金属材料,如钢、铸钢、不锈钢、灰口铸铁、有色金属等。其代号有 M10,M20,M30,M40 等,数字愈大,耐磨性愈低而韧性愈高。精加工可用 M10;半精加工选用 M20;粗加工选用 M30。

K 类硬质合金(红色):相当于旧牌号 YG 类硬质合金。适宜加工短切屑的金属和非金属材料,如淬硬钢、铸铁、铜铝合金、塑料等。其代号有 K01,K10,K20,K30,K40 等,数字愈大,耐磨性愈低而韧性愈高。精加工可用 K01;半精加工选用 K10,K20;粗加工选用 K30。

涂层刀具材料　涂层刀具材料是在硬质合金或高速钢的基体上,涂一层几微米厚的高硬度、高耐磨性的金属化合物(TiC,TiN,Al_2O_3 等)而构成的。用物理或化学沉积的方法涂层硬质合金刀具的耐用度比不涂层的至少可提高 1～3 倍,涂层高速钢刀具的耐用度比不涂层的可提高 2～10 倍。国内涂层硬质合金刀片牌号有 CN,CA,YB 等系列。

2) 超硬刀具材料

超硬刀具材料目前用得较多的有陶瓷、人造聚晶金刚石和立方氮化硼等。

陶瓷　常用的陶瓷刀具材料主要是由纯 Al_2O_3 或在 Al_2O_3 中添加一定量的金属元素或金属碳化物构成的,采用热压成形和烧结的方法获得。陶瓷刀具有很高的硬度(91 HRA~95 HRA),耐磨性很好,有很高的耐热性,在 1200℃ 的高温下仍能切削。常用的切削速度为 $100\sim400$ m/min,有的甚至可高达 750 m/min,切削效率比硬质合金提高 $1\sim4$ 倍。它的主要缺点是抗弯强度低,冲击韧性差。陶瓷材料可做成各种刀片,主要用于冷硬铸铁、高硬钢和高强钢等难加工材料的半精加工和精加工。

人造聚晶金刚石(PCD)　人造聚晶金刚石是在高温高压下将金刚石微粉聚合而成的多晶体材料,其硬度极高(5000 HV 以上),仅次于天然金刚石(10 000 HV),耐磨性极好,可切削极硬的材料而长时间保持尺寸的稳定性,其刀具耐用度比硬质合金高几十倍至三百倍。但这种材料的韧性和抗弯强度很差,只有硬质合金的 1/4 左右;热稳定性也很差,当切削温度达到 $700\sim800℃$ 时,就会失去其硬度,因而不能在高温下切削;与铁的亲和力很强,一般不适宜加工黑色金属。人造聚晶金刚石可制成各种车刀、镗刀、铣刀的刀片,主要用于精加工有色金属及非金属,如铝、铜及其合金、陶瓷、合成纤维、强化塑料和硬橡胶等。近年来,为了提高金刚石刀片的强度和韧性,常把聚晶金刚石与硬质合金结合起来做成复合刀片,即在硬质合金的基体上烧结一层约 0.5 mm 厚的聚晶金刚石构成的刀片。其综合切削性能很好,切削速度可达 2400 m/min,在实际生产中应用较多。

立方氮化硼(CBN)　立方氮化硼也是在高温高压下制成的一种新型超硬刀具材料,其硬度也仅次于金刚石,达 7000 HV~8000 HV,耐磨性很好,耐热性比金刚石高得多,在 $1200\sim1300℃$ 的高温下也不与铁金属起化学反应,因此可以加工钢铁。立方氮化硼可做成整体刀片,也可与硬质合金做成复合刀片。刀具耐用度是硬质合金和陶瓷刀具的几倍,甚至更高。立方氮化硼目前主要用于淬硬钢、耐磨铸铁、高温合金等难加工材料的半精加工和精加工。

1.2.2 刀具切削过程

1. 刀具切削过程的实质

切削过程就是利用刀具从工件上切下切屑的过程,也就是切屑形成的过程。金属切削过程不同于生活中切菜时的剪切过程,也不同于劈柴时的楔胀过程,而是一种挤压变形过程。

在图 1-25 中,图(a)为塑性金属受挤压时,在与作用力大致成 45°方向上剪应力最大。当剪应力达到材料的屈服强度极限时,金属即沿着剪切面 AD,BC 发生剪切滑移而破坏。图(b)为金属偏挤压,由于压头下方金属较厚,阻力大,因而被挤压的一层金属只能沿 BC 剪切面向上剪切滑移破坏。图(c)为金属切削,刀具实际就是偏挤压的压头,只不过是形状略为修改而已。由此可见,金属的切削过程的实质是挤压过程。

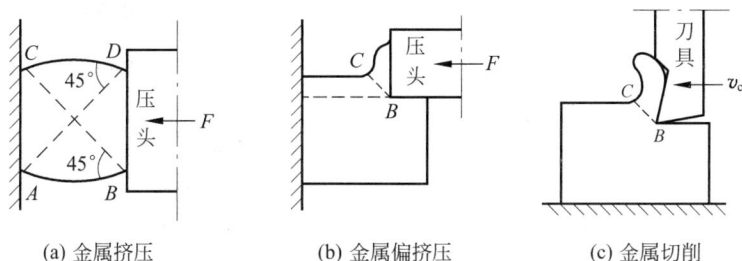

(a) 金属挤压　　(b) 金属偏挤压　　(c) 金属切削

图 1-25　金属挤压与金属切削

切屑的具体形成过程如图 1-26 所示。切削塑性金属时,当工件受到刀具的挤压后,切削层金属在 OA 始滑移面以左发生弹性变形,在 AOM 区域内产生塑性变形,在 OM 终滑移面上应力和塑性变形达到最大值,切削层金属被挤裂而破坏。越过 OM 面,切削层金属即被切离工件母体,沿刀具前刀面流出而形成切屑。这是一个动态过程,随着刀具不断向前运动,AOM 区域也不断前移,切屑源源不断流出,切削层各点金属均要经历弹性变形、塑性变形、挤裂和切离的过程。由此可见,塑性金属的切削过程是一个挤压变形切离过程,经历了弹性变形、塑性变形、挤裂和切离四个阶段。

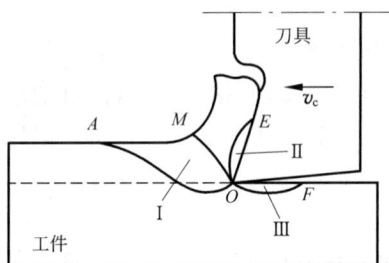

图 1-26 切屑形成过程及切削变形区

2. 切削变形区

切削塑性金属时有三个变形区,见图 1-26。AOM 区域为第 I 变形区,又称基本变形区。该区域是切削层金属产生剪切滑移和大量塑性变形的区域,切削过程中的切削力、切削热主要来自这个区域,机床提供的大部分能量也主要消耗在这个区域。

OE 区域为第 II 变形区,是切屑与前刀面间的摩擦变形区。该区域的状况对积屑瘤的形成和刀具前刀面磨损有直接影响。

OF 区域为第 III 变形区,是工件已加工表面与刀具后刀面间的摩擦变形区。该区域的状况对工件表面的变形强化和残余应力以及刀具后刀面的磨损有很大影响。

1.2.3 刀具切削过程中的物理现象

1. 总切削力

总切削力是切削刀具对工件的作用力。它的大小影响切削热的多少,并进而影响刀具的磨损和寿命以及工件加工精度和表面质量。

总切削力来源于三个变形区,具体来源于两方面:一是克服切削层金属弹、塑变形抗力所需要的力;二是克服摩擦阻力所需要的力。由刀具作用在工件上这两方面的合力 F 即为总切削力,如图 1-27 所示。图中 F_γ 表示前刀面上克服的阻力,F_α 表示后刀面上克服的阻力。总切削力 F 可分解成切削力 F_c、进给力 F_f、背向力 F_p 三个相互垂直的分力,如图 1-28 所示。

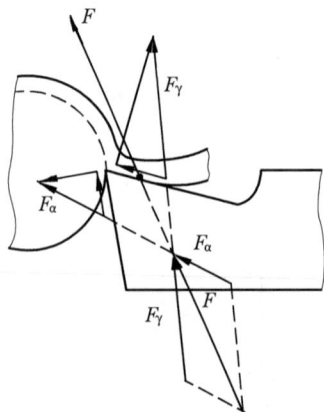

图 1-27 车削时总切削力 F 的产生

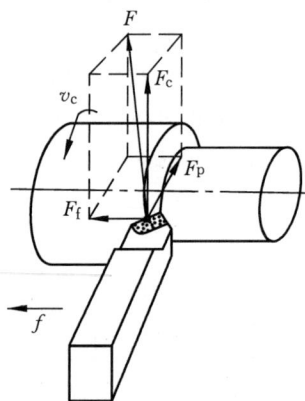

图 1-28 车削时总切削力 F 的分解

切削力 F_c　切削力是总切削力在主运动方向上的正投影。其数值大小一般是三个分力中最大的,消耗动力最多,占机床总功率的 $95\%\sim99\%$。

进给力 F_f　进给力是总切削力在进给运动方向上的正投影。它一般只消耗机床总功率的 $5\%\sim1\%$。

背向力 F_p　背向力是总切削力在垂直于工作平面上的分力。它不消耗机床功率,这是因为它在运动速度方向上的正投影为零,不做功。此力作用在由机床、夹具、工件、刀具组成的工艺系统中刚度最薄弱的方向上,容易引起振动,对切削加工十分不利,影响加工精度和表面粗糙度。

切削力是切削加工中不可避免的抗力,它对切削加工产生不利影响,因此在切削加工中应尽量减小切削力。减小切削力的主要措施有增大前角和减小背吃刀量等。

2. 切削热

切削热是切削过程中因变形和摩擦而产生的热量,来源于 Ⅰ,Ⅱ,Ⅲ 三个变形区,如图 1-29 所示。切削热产生后,经切屑、刀具、工件和周围介质四条途径传散。在不施加切削液的条件下,一般切屑传散最多,刀具次之,工件再次之,周围介质最少,如图 1-30 所示。

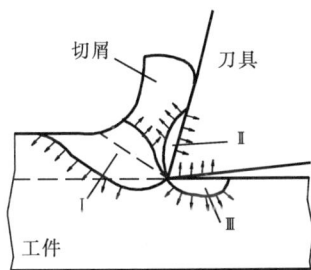

图 1-29　切削热的来源　　　　　　　图 1-30　切削热的传散

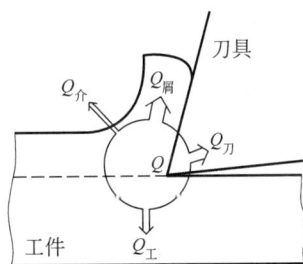

切削热对切削加工也十分不利:它传入工件,使工件温度升高,产生热变形,影响加工精度;传入刀具,使刀具温度升高,加剧刀具磨损,甚至使刀具丧失切削能力。要减小切削热的不利影响,就要减少切削热的产生,改善散热条件,其主要措施有合理选择切削用量(尤其是切速 v_c)和刀具角度,合理施加切削液等。

3. 积屑瘤

所谓积屑瘤,是以中等切削速度切削塑性金属时,常在刀尖附近长出一个"瘤"状的硬质金属块,如图 1-31 所示。积屑瘤是第 Ⅱ 变形区在特定条件下金属摩擦变形的产物。所谓特定条件,其一是切削塑性金属。这是因为切削脆性材料形成的是崩碎切屑,不与前刀面产生剧烈摩擦,因而不产生积屑瘤。其二是中等切削速度(v_c 为 $20\sim60$ m/min)切削。这是因为低速($v_c<5$ m/min)和高速($v_c>80$ m/min,尤其是 $v_c>100$ m/min),切屑底层与前刀面的摩擦系数较小,一般不产生积屑瘤。在积屑瘤形成过程中,积屑瘤不断长高,长到一定的高度后因不能承受切削力而破碎脱落,随后又不断长高,因此积屑瘤的形成是一个时生时灭,周而复始的动态过程。

积屑瘤对切削加工的影响既有利也有弊。有利的一面是:积屑瘤附着在刀尖上,代替刀刃切削,对刀刃有一定的保护作用;积屑瘤使实际工作前角加大,切削变得轻快。不利的一面是:积屑瘤时生时灭,使背吃刀量 a_p 不断变化,影响工件的尺寸精度;积屑瘤在工件已加工

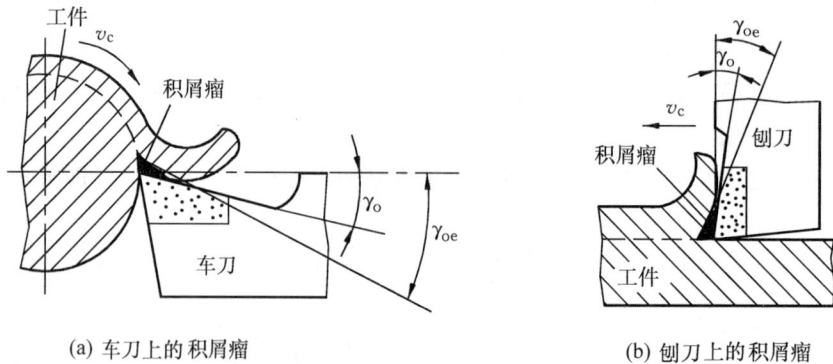

(a) 车刀上的积屑瘤　　　　　　　(b) 刨刀上的积屑瘤

图 1-31　积屑瘤

表面上刻画出不均匀的沟痕,影响表面粗糙度 Ra 值。因此,粗加工可利用积屑瘤保护刀尖,故常采用中等切速粗加工;精加工应避免积屑瘤,以保证加工质量,故常采用高速($v_c >$ 100 m/min)或低速($v_c < 5$ m/min)精加工。

4. 表面变形强化和残余应力

表面变形强化　切削塑性金属时,工件已加工表面表层的硬度明显提高而塑性下降的现象称为表面变形强化。从图 1-26 中可见,切削塑性金属时,第Ⅰ,Ⅲ变形区均扩展到切削层以

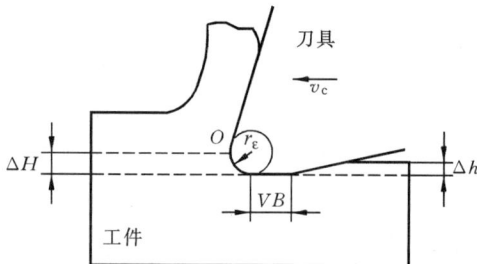

图 1-32　表面变形强化

下,使即将成为已加工表面的表层金属产生一定的塑性变形。又如图 1-32 所示,刀具的刃口不可能绝对锋利,尤其在经历一段切削时间之后,总有一段半径为 r_ε 的刀尖圆弧,导致切削层与工件母体的分离点 O 不在刃口圆弧的最低点,而有一层厚度为 ΔH 的金属层留下来,经过 O 点以下刃口弧面的挤压变形后成为已加工表面,ΔH 减薄到 Δh。减薄的原因是因为刀具挤压变形后,金属塑性变形部分不能恢复,恢复的只是弹性变形部分(即 Δh)。塑性变形愈大,表面变形强化愈严重。

表面变形强化可提高零件的耐磨性和疲劳强度。但变形强化也会加剧刀具磨损,给某些后续工序(如刮削)带来不便。在切削加工中,可通过控制零件表层金属塑性变形的大小,适当控制表面变形强化的程度。

残余应力　残余应力是指在外力消失后,残存在物体内部而总体又保持平衡的内应力。在切削过程中,因金属在塑性变形以及切削力、切削热等因素的综合作用下,在已加工表面的表层内产生一定的残余应力。表面残余应力往往与表面变形强化同时出现。在一般情况下,残余应力的存在是不利的,引起工件变形,影响加工精度的稳定性。因此,在切削加工过程中,应尽量减小残余应力。凡能减小金属塑性变形和降低切削力、切削温度的方法,均可使已加工表面表层残余应力减小。

1.3 磨具与磨削过程

1.3.1 磨具

磨具是用磨料为主制造而成的一类切削工具。它是用结合剂或粘接剂将许多细微、坚硬和形状不规则的磨料磨粒按一定要求粘接制成的。磨具的种类很多,有砂轮、油石、砂纸、砂布、砂带以及用油剂调制的研磨膏等。其中砂轮、油石称为固结磨具,如图 1-33 所示。气孔在切削过程中起裸露磨粒棱角(即切削刃)、容屑和散热的作用;砂纸、砂布和砂带称为涂覆磨具,如图 1-34 所示。

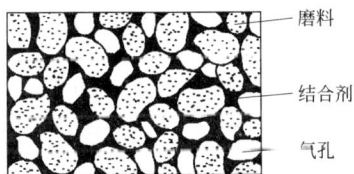

图 1-33 固结磨具结构示意图

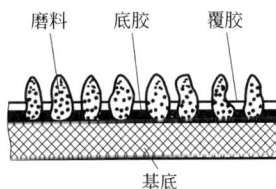

图 1-34 涂覆磨具(砂带)结构示意图

固结磨具的特性对加工精度、表面粗糙度和生产率影响很大,其主要特性包括磨料、粒度、结合剂、硬度、组织、形状和尺寸等。

1. 磨料

磨料是组成磨具的主要原料,直接担负切削工作。它除了与刀具材料一样应具备的诸方面性能以外,还要求在切削过程中受力破碎后能形成尖锐的棱角。

目前常用的磨料有:**棕刚玉(A)** 用于加工硬度较低的塑性材料,如中、低碳钢和普通合金钢等;**白刚玉(WA)** 用于加工硬度较高的塑性材料,如高碳钢、高速钢和淬硬钢等;**黑碳化硅(C)** 用于加工硬度较低的脆性材料,如铸铁、铸铜等;**绿碳化硅(GC)** 用于加工高硬度的脆性材料,如硬质合金、宝石、陶瓷和玻璃等。

2. 粒度

粒度是磨料颗粒的尺寸,其大小用粒度号表示。GB 2477—83 规定了磨粒和微粉两种粒度号。

磨粒 磨粒用筛选法分级,其粒度号用 1 英寸(2.54 cm)长度上的筛孔数来表示。具体粒度号有:$4^\#$,$5^\#$,…,$36^\#$,$40^\#$,$46^\#$,$54^\#$,$60^\#$,$70^\#$,$80^\#$,$90^\#$,$100^\#$,$120^\#$,$150^\#$,$180^\#$,$220^\#$,$240^\#$ 等,共27 个号。一般说,粗磨选用较粗的磨粒,如 $36^\# \sim 46^\#$;精磨选用较细的磨粒,如 $60^\# \sim 120^\#$。

微粉 微粉是用水力按不同沉降速度进行分级的,其粒度号是用该级颗粒的实际最大尺寸(μm)来表示。微粉的粒度号有:W63,W50,W40,…,W1.5,W1.0,W0.5 等,共 14 个号。它多用于研磨等精密加工和超精密加工。

3. 结合剂

结合剂是磨具中用以黏结磨料的物质。GB 2484—84 列出的常用结合剂有:**陶瓷结合剂(V)** 适用于外圆、内圆、平面、无心磨削和成形磨削砂轮等;**树脂结合剂(B)** 适用于切断和开槽的薄片砂轮及 $v_c > 50$ m/s 的高速磨削砂轮;**橡胶结合剂(R)** 适用于无心磨削导轮、抛光砂轮等。

4. 硬度

磨具硬度是磨具工作时在外力作用下磨料颗粒脱落的难易程度。容易脱落的,则磨具硬度低;反之则硬度高。GB 2484—84 对磨具硬度规定了 16 个级别:D,E,F(超软);G,H,J(软);K,L

(中软);M,N(中);P,Q,R(中硬);S,T(硬);Y(超硬)。普通磨削常用 G~N 级硬度的砂轮。

5. 组织

磨具的组织是表示磨具中磨粒、结合剂和气孔三者之间体积的比例关系。当磨粒率较大时,气孔体积小,则组织紧密;反之则组织疏松。GB 2484—84 规定了 15 个组织号:0,1,…,14。0 号最紧密,14 号最疏松。普通磨削常用 4~7 号组织(即中等组织)的砂轮。

6. 形状和尺寸

磨具的形状和尺寸是根据机床类别和加工要求设计的。常用砂轮、油石的形状、代号及用途分别见表 1-3 和表 1-4。

表 1-3　常用砂轮的形状、代号及用途(GB 2484—84)

砂轮名称	简　图	代号	用　　　途
平形砂轮	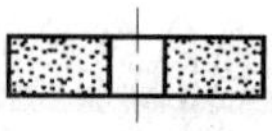	P	磨削外圆、内圆、平面,并用于无心磨削
双斜边砂轮	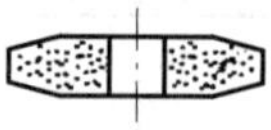	PSX	磨削齿轮的齿形和螺纹
筒形砂轮	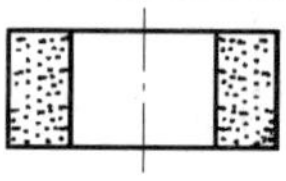	N	立轴端面平磨
杯形砂轮	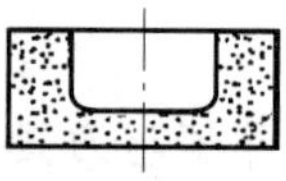	B	磨削平面、内圆及刀具
碗形砂轮	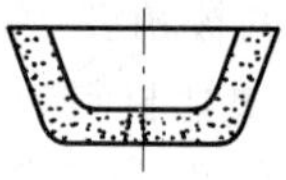	BW	刃磨刀具,磨削导轨
碟形砂轮	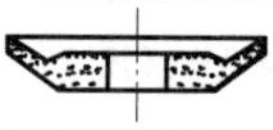	D	磨削铣刀、铰刀、拉刀及齿轮的齿形
薄片砂轮	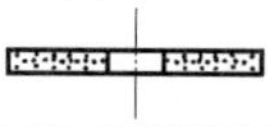	PB	切断和开槽

表 1-4　常用油石的形状、代号及用途(GB 2484—84)

油石名称	简　图	代号	用　　　途
正方油石	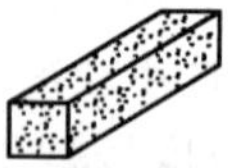	SF	用于超精加工、珩磨和钳工
长方油石		SC	用于珩磨、抛光、去毛刺和钳工
三角油石	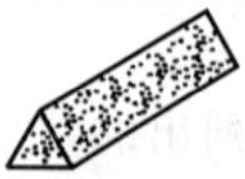	SJ	用于珩磨齿面、修理曲轴和钳工
圆柱油石	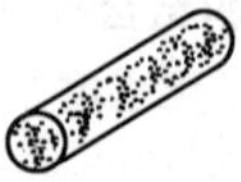	SY	用于珩磨齿面、型面和钳工
半圆油石	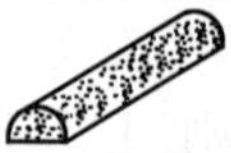	SB	用于钳工

7. 磨具标记

磨具标记的书写顺序为：形状、尺寸、磨料、粒度、硬度、组织、结合剂和最高工作线速度（此项为砂轮所独有）。

砂轮标记　P400×150×203A60L5B35：P 为形状代号；400×150×203 为外径、厚度和内径尺寸；A 为磨料代号；60 为粒度号；L 为硬度；5 为组织号；B 为结合剂代号；35 为最高工作线速度(m/s)。

油石标记　SF10×80GCW40M8V：SF 为形状代号；10×80 为正方形边长和长度尺寸；GC 为磨料代号；W40 为粒度号；M 为硬度；8 为组织号；V 为结合剂代号。

砂带标记　DWBN80×2500WAP60：DWBN 为耐水无接头环形布砂带；80×2500 为宽度和周长尺寸；WA 为磨料代号；P60 为涂覆磨具粒度号。这是砂带磨削较为常用的一种砂带。

1.3.2　磨削过程

1. 磨削过程的实质

磨削也是一种切削加工。砂轮表面上分布着为数甚多的磨粒，每个磨粒相当于多刃铣刀的一个刀齿，因此磨削可以看作是众多刀齿铣刀的一种超高速铣削。

砂轮表面磨粒形状各异，排列也很不规则，其间距和高低为随机分布。砂轮磨粒切削时的前角 γ_o 和后角 α_o 如图 1-35 所示。据测量，刚修整后的刚玉砂轮，γ_o 平均为 $-65°\sim -80°$，磨削一段时间后增大到 $-85°$。由此可见，磨削时是负前角切削，且负前角远远大于一般刀具切削的负前角。负前角切削是磨削加工的一大特点，磨削过程中的许多物理现象均与此有关。

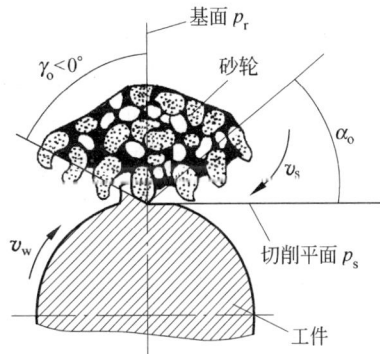

图 1-35　砂轮磨粒切削时前、后角

磨粒的切削过程如图 1-36 所示。砂轮表面凸起高度较大和较为锋利的磨粒，切入工件较深且有切屑产生，起切削作用（图 1-36(a)）；凸起高度较小和较钝的磨粒，只能在工件表面刻划细微的沟痕，工件材料被挤向两旁而隆起，此时无明显切屑产生，仅起刻划作用（图 1-36(b)）；比较凹下和已经钝化的磨粒，既不切削，也不刻划，只是从工件表面滑擦而过，起摩擦抛光作用（图 1-36(c)）。

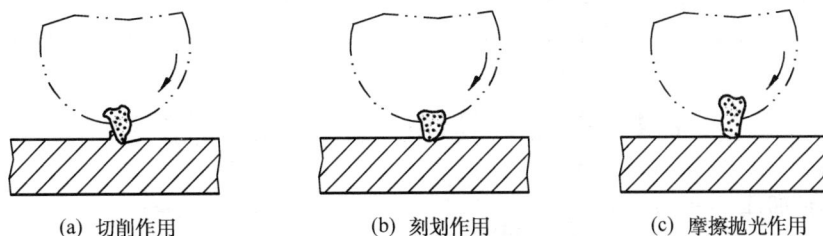

(a) 切削作用　　　　(b) 刻划作用　　　　(c) 摩擦抛光作用

图 1-36　磨粒的磨削过程

由此可见，磨削过程的实质是切削、刻划和摩擦抛光的综合作用过程，因此可获得较小的表面粗糙度 Ra 值。显然，粗磨时以切削作用为主，精磨时切削作用和摩擦抛光作用同时并存。

2. 磨削过程的特点

磨削过程与刀具切削过程一样,也要产生切削力、切削热、表面变形强化和残余应力等物理现象。由于磨削是以很大的负前角切削,所以磨削过程又有自身的特点。

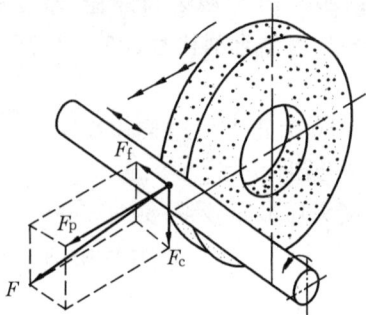

图 1-37   总磨削力及其分解

（1）背向磨削力 F_p 大   磨削时砂轮作用在工件的力称为总磨削力 F。总磨削力 F 也可分解成三个相互垂直的分力,即磨削力 F_c（又称切向磨削力 F_t）、背向磨削力 F_p（又称法向磨削力 F_n）和进给磨削力 F_f（又称轴向磨削力 F_a）,如图 1-37 所示。

磨削时,由于背吃刀量很小,所以磨削力 F_c 较小,进给磨削力 F_f 则更小,一般可忽略不计。但背向磨削力 F_p 很大,$\frac{F_p}{F_c} \approx 1.5 \sim 4$。这是因为砂轮的宽度较大,磨粒又是以很大的负前角切削的缘故。在刀具切削加工中,一般是切削力 F_c 最大,而磨削时是背向磨削力 F_p 最大,这是磨削加工的一个显著特点。

背向磨削力 F_p 作用于砂轮切入方向,砂轮以很大的力推压工件,加速砂轮钝化,使砂轮轴和工件均产生弯曲变形,工件易出现圆柱度误差,直接影响工件的形状精度和表面质量。

为此,磨削时尤其是精磨时,需要一定的光磨次数,或采用辅助支承,以消除或减小由 F_p 所引起的形状误差。所谓光磨,是指工件磨到接近最后尺寸(余量一般为 0.005～0.01 mm)时不再吃刀的磨削。光磨可提高工件的形状精度,降低表面粗糙度。磨削质量随光磨次数增多而提高。光磨次数一般以火花消失为宜。

（2）磨削温度高   磨削时不仅产生的切削热要比刀具切削多得多,而且它的切削热传散情况也与刀具切削有很大不同。磨削属于高速切削,切屑与工件分离时间短,砂轮导热性又很差,切削热不能较多地通过砂轮和切屑传出,一般有 80% 的切削热传入工件(刀具切削低于20%),而且瞬时聚集在工件表层,形成很大的温度梯度。工件表层温度可高达 1000℃ 以上,而表层 1 mm 以下接近室温。当局部温度很高时,表面易产生热变形,甚至烧伤。为此,磨削时需施加大量切削液,以降低磨削温度。

（3）表面变形强化和残余应力严重   与刀具切削相比,虽然磨削的表面变形强化和残余应力层要浅得多,但程度却更为严重。这对零件的加工工艺、加工精度和使用性能均有一定的影响。例如,磨削后的机床导轨面,刮削修整就比较困难。残余应力使零件磨削后变形,丧失已获得的加工精度,有时还导致细微裂纹,影响零件的疲劳强度。及时用金刚石工具修整砂轮,施加充足的切削液,增加光磨次数,均可在一定程度上减小表面变形强化和残余应力。

1.4   普通刀具切削加工方法综述

1.4.1   车削加工

工件旋转作主运动,车刀作进给运动的切削加工方法称为车削加工。车削加工可以在卧式车床、立式车床、转塔车床、仿形车床、自动车床、数控车床以及各种专用车床上进行,主要用来加工各种回转表面:外圆(含外回转槽)、内圆(含内回转槽)、平面(含台肩端面)、锥面、螺纹和滚花面等。本节只简介前四种表面的车削方法,螺纹的车削将在第三章中介绍。根据所选用的车刀角度和切削用量的不同,车削可分为粗车、半精车和精车。粗车的尺寸公差等级为

IT12~IT11,表面粗糙度 Ra 值为 25~12.5 μm;半精车为 IT10~IT9,Ra 值为 6.3~3.2 μm;精车为 IT8~IT7(外圆可达 IT6),Ra 值为 1.6~0.8 μm(精车有色金属可达 0.8~0.4 μm)。

1. 车外圆

车外圆是最常见、最基本的车削方法。各种车刀车削中小型零件外圆(包括车外回转槽)的方法如图 1-38 所示。左偏刀主要用于需要从左向右进给车削右边有直角轴肩的外圆以及右偏刀无法车削的外圆(图 1-38(c))。

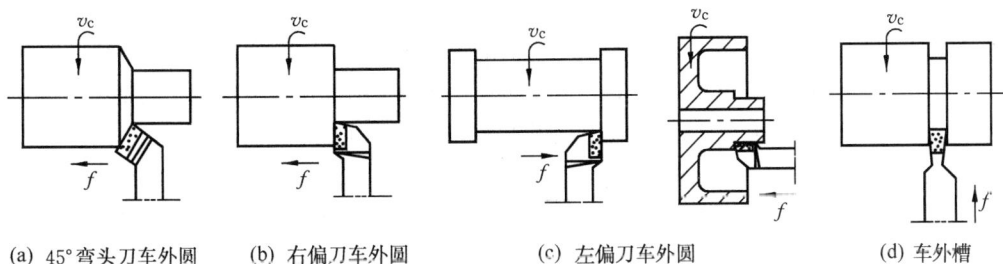

| (a) 45°弯头刀车外圆 | (b) 右偏刀车外圆 | (c) 左偏刀车外圆 | (d) 车外槽 |

图 1-38 车外圆的方法

2. 车孔

车孔是用车削方法扩大工件的孔或加工空心工件的内表面,是常用的加工方法之一。常见的车孔方法如图 1-39 所示。车盲孔和台阶孔时,车刀先纵向进给,当车到孔的根部时再横向从外向中心进给车端面或台阶端面(图 1-39(b)、图 1-39(c))。

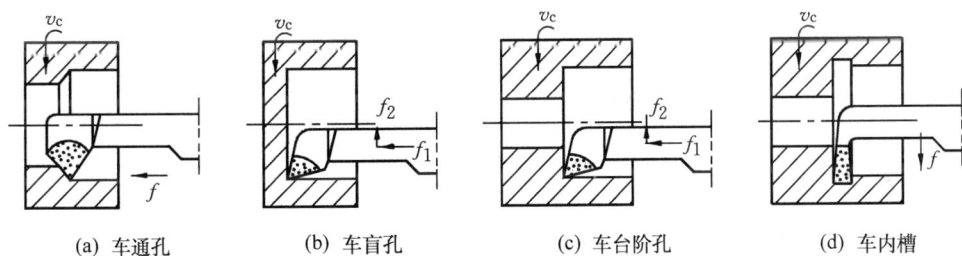

| (a) 车通孔 | (b) 车盲孔 | (c) 车台阶孔 | (d) 车内槽 |

图 1-39 车孔的方法

3. 车平面

车平面主要是车端平面(包括台肩端面),常见的方法如图 1-40 所示。其中图 1-40(a)是用弯头刀车平面,可采用较大背吃刀量,切削顺利,表面光洁,大、小平面均可车削;图 1-40(b)

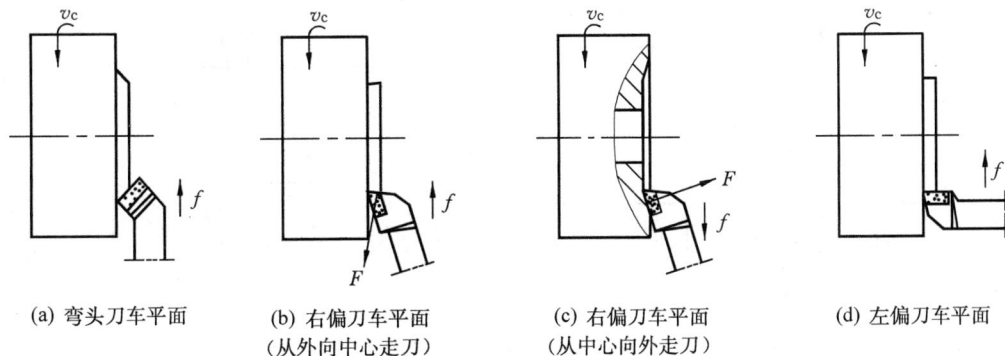

| (a) 弯头刀车平面 | (b) 右偏刀车平面
(从外向中心走刀) | (c) 右偏刀车平面
(从中心向外走刀) | (d) 左偏刀车平面 |

图 1-40 车平面的方法

是90°右偏刀从外向中心进给车平面,适宜车削尺寸较小的平面或一般的台肩端面;图1-40(c)是90°右偏刀从中心向外进给车平面,适宜车削中心带孔的端面或一般的台肩端面;图1-40(d)是左偏刀车平面,刀头强度较好,适宜车削较大平面,尤其是铸锻件的大平面。

4. 车锥面

锥面可以看作是内、外圆的一种特殊形式。内外锥面具有配合紧密,拆卸方便,多次拆卸后仍能保持准确对中的特点,广泛用于要求对中准确和需要经常拆卸的配合件上。常用的标准圆锥有莫氏圆锥、米制圆锥和专用圆锥三种。

莫氏圆锥分成0,1,2,…,6等7个号,0号尺寸最小(大端直径9.045 mm),6号最大(大端直径63.384 mm)。其中锥角$\alpha/2$在1°30′左右,且每个号均不相同(具体数值可查有关手册)。莫氏圆锥应用广泛,如用于车床主轴锥孔及顶尖、钻头、铰刀的锥柄等。

米制圆锥有8个号,即4,6,80,100,120,140,160,200号,其号数系指大端直径尺寸(mm),各号锥度固定不变,均为1:20。例如100号,其大端直径为100 mm,锥度为1:20。米制圆锥实际上是莫氏圆锥的补充,4,6号补充莫氏圆锥0号以下的尺寸规格;80~200号则补充莫氏圆锥6号以上的尺寸规格。因此,米制圆锥的用途与莫氏圆锥完全相同。

专用圆锥有1:4,1:12,1:50,7:24等,多用于机器零件或某些刀具的特殊部位。例如,1:50圆锥用于圆锥定位销和锥铰刀;7:24用于铣床主轴锥孔及铣刀杆的锥柄。

车锥面的方法有小滑板转位法、尾座偏移法、靠模法和宽刀法等,如图1-41所示。小滑板转位法主要用于单件小批生产中精度较低和长度较短($\leqslant$100 mm)的内外锥面;尾座偏移法用于单件或成批生产中轴类零件上较长的外锥面;靠模法用于成批和大量生产中较长的内外锥

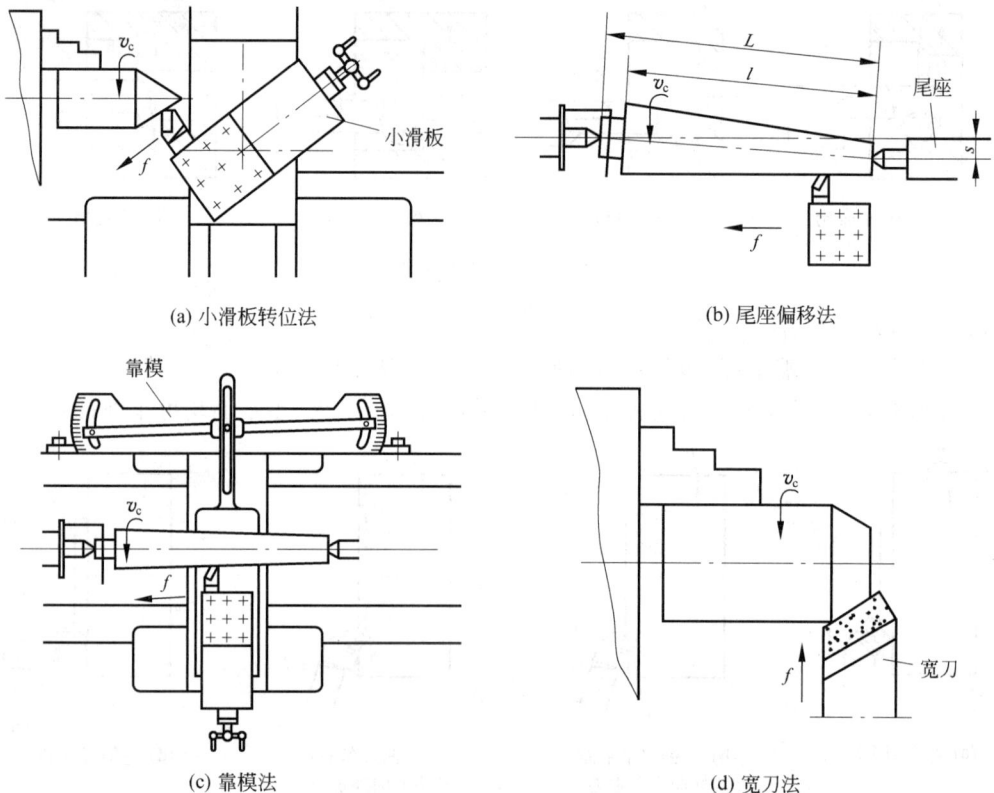

(a) 小滑板转位法

(b) 尾座偏移法

(c) 靠模法

(d) 宽刀法

图1-41 车锥面的方法

面;宽刀法用于成批和大量生产中较短(≤20 mm)的内外锥面。

1.4.2　钻削加工

用钻头或铰刀、锪刀在工件上加工孔的方法统称钻削加工,它可以在台式钻床、立式钻床、摇臂钻床上进行,也可以在车床、铣床、铣镗床等机床上进行。

1. 钻孔

用钻头在实体材料上加工孔的方法称为钻孔。钻孔是最常用的孔加工方法之一。钻孔属于粗加工,其尺寸公差等级为 IT12~IT11,表面粗糙度 Ra 值为 25~12.5 μm。

麻花钻是钻孔最常用的刀具。麻花钻的直径规格为 0.1~100 mm,其中较为常用的是 3~50 mm。麻花钻切削部分的结构如图 1-42(a)所示,它有两条对称的主切削刃、两条副切削刃和一条横刃。麻花钻钻孔时,相当于两把反向的车孔刀同时切削,如图 1-42(b)所示。

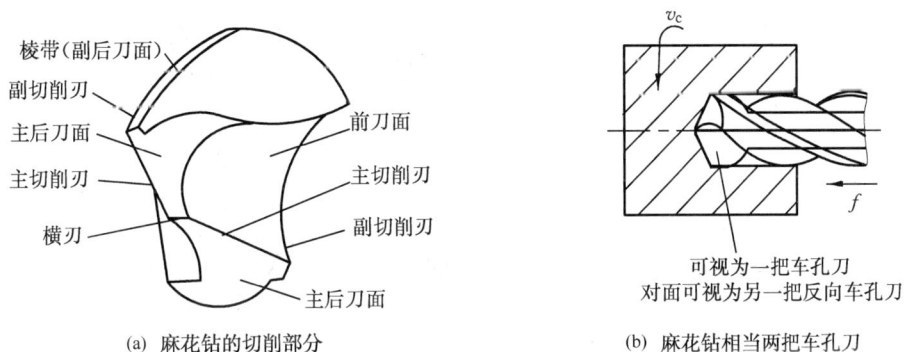

棱带(副后刀面)
副切削刃
主后刀面
主切削刃
横刃
前刀面
主切削刃
副切削刃
主后刀面

(a) 麻花钻的切削部分　　　　　　(b) 麻花钻相当两把车孔刀

可视为一把车孔刀
对面可视为另一把反向车孔刀

图 1-42　麻花钻切削部分的结构

钻孔的方法如图 1-43 所示。由于麻花钻具有刚度差(因为有两条又宽又深的螺旋槽)、导向性差(只有两条很窄的棱带与孔壁接触导向)和轴向力大(主要因为横刃的存在)的特点。钻孔时,孔内的实体材料要全部变成卷曲的切屑,体积急剧膨胀。而钻孔又属于半封闭式切削,切屑只能沿钻头的螺旋槽从孔口排出,致使切屑与孔壁剧烈摩擦,一方面划伤和拉毛已加工的孔壁,一方面产生大量的切削热,半封闭切削又使切削液难以进入切削区域。因此,钻孔的切削条件极差。

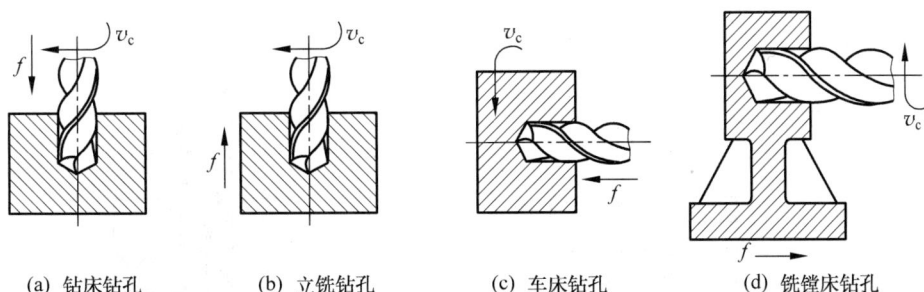

(a) 钻床钻孔　　　(b) 立铣钻孔　　　(c) 车床钻孔　　　(d) 铣镗床钻孔

图 1-43　钻孔的方法

由于麻花钻的结构和钻孔的切削条件存在"三差一大"(即刚度差、导向性差、切削条件差和轴向力大)的问题,再加上钻头的两条主切削刃手工刃磨难以准确对称,从而致使钻孔具有钻头易引偏、孔径易扩大和孔壁质量差等工艺问题。

由此可见,麻花钻存在许多缺点。国内外科技工作者对麻花钻作了许多改进,国内比较著名的创新产品是群钻。群钻对麻花钻主要作了三方面的修磨(图1-44):一是在麻花钻的两个主切削刃上刃磨出两对称的内圆弧刃,使其在孔底切出凸起的圆环,可稳定钻头,改善定心性能;二是修磨横刃,使其为原长的1/7~1/5,并加大横刃前角,减小横刃的不利影响;三是对于直径大于15 mm的钻头,在刀刃的一边磨出分屑槽,使较宽的切屑分成窄条,便于排屑。群钻显著提高了切削性能和刀具耐用度。

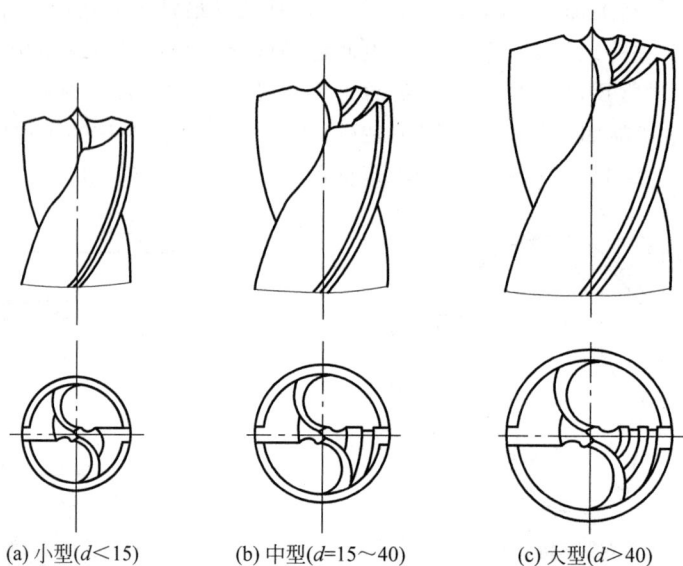

(a) 小型(d<15)   (b) 中型(d=15~40)   (c) 大型(d>40)

图 1-44　群钻

麻花钻和群钻目前多用手工刃磨,要求有较高的操作水平,即使如此也难以保证刃磨质量。目前已出现多种类型的数控钻尖刃磨机,为钻头的刃磨自动化开辟了广阔前景。

2. 扩孔

用扩孔刀具扩大工件孔径的方法称为扩孔。扩孔所用机床与钻孔相同,钻床扩孔如图1-45所示。可用扩孔钻扩孔,也可用直径较大的麻花钻扩孔。扩孔钻的直径规格为10~100 mm,其中常用的是15~50 mm。直径小于15 mm的一般不扩孔。扩孔的余量$(D-d)$一般为孔径的1/8。

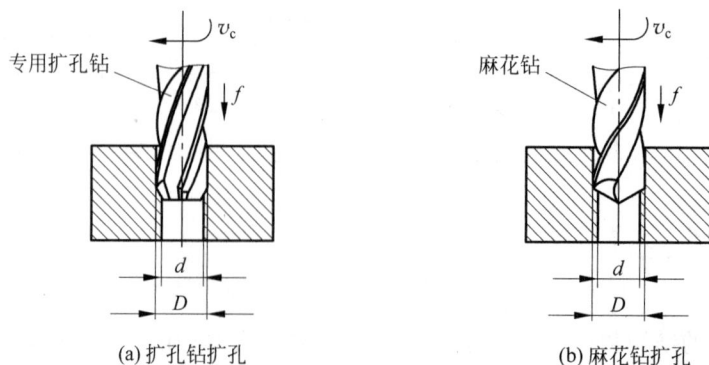

(a) 扩孔钻扩孔   (b) 麻花钻扩孔

图 1-45　钻床扩孔的方法

由于专用扩孔钻的排屑槽浅而窄,致使钻芯粗壮;有 3～4 个刀齿,每个刀齿周边上有一条螺旋棱带;中心部位不切削,无横刃;切屑薄而窄,不易划伤孔壁,使切削条件改善。扩孔钻与麻花钻相比,刚度、导向性和切削条件较好,轴向力较小,因此扩孔的加工精度比钻孔高些,可在一定程度上纠正原孔轴线偏斜,属于半精加工,其尺寸公差等级为 IT10～IT9,表面粗糙度 Ra 值为 $6.3～3.2\ \mu m$。

3. 铰孔

用铰刀在工件孔壁上切除微量金属层,以提高尺寸精度和降低表面粗糙度的方法称为铰孔。铰孔所用机床与钻孔相同。铰孔可加工圆柱孔和圆锥孔,可以在机床上进行(机铰),也可以手工进行(手铰),如图 1-46 所示。铰孔余量一般为 $0.05～0.25$ mm。

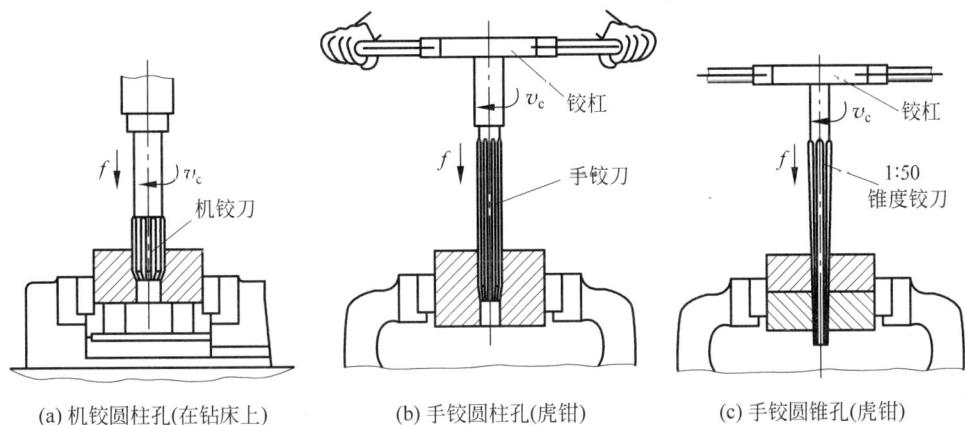

(a) 机铰圆柱孔(在钻床上) (b) 手铰圆柱孔(虎钳) (c) 手铰圆锥孔(虎钳)

图 1-46 铰孔的方法

铰刀分为圆柱铰刀和锥度铰刀,两者又有机铰刀和手铰刀之分。圆柱铰刀多为锥柄,其工作部分较短,直径规格为 10～100 mm,其中常用的为 10～40 mm;圆柱手铰刀为柱柄,直径规格为 1～40 mm;锥度铰刀常见的有 1∶50 锥度铰刀和莫氏锥度铰刀两种。

铰孔的精度和表面粗糙度主要不取决于机床的精度,而取决于铰刀的精度、安装方式以及加工余量、切削用量和切削液等条件。因此,铰孔时,应采用较低的切速,精铰 $v_c \leqslant 0.083$ m/s(即 5 m/min),避免产生振动、积屑瘤和过多的切削热;宜选用较大的进给量,要施加合适的切削液;机铰时铰刀与机床最好用浮动连接方式,以避免因铰刀轴线与被铰孔轴线偏移而使铰出的孔不圆,或使孔径扩大;铰孔之前最好用同类材料试铰一下,以确保铰孔质量。

铰孔属于定径刀具加工,适宜加工中批或大批大量生产中不宜拉削的孔;适宜加工单件小批生产中的小孔($D < 10～15$ mm)、细长孔($L/D > 5$)和定位销孔。钻—扩—铰、钻—铰、粗车孔—半精车孔—铰孔联用,是常用的加工路线。铰孔属于精加工,它又可分为粗铰和精铰。粗铰的尺寸公差等级为 IT8～IT7,表面粗糙度 Ra 值为 $1.6～0.8\ \mu m$;精铰的尺寸公差等级为 IT7～IT6,Ra 值为 $0.8～0.4\ \mu m$。

4. 锪孔

用锪钻(或代用刀具)加工平底和锥面沉孔的方法称为锪孔。锪孔一般在钻床上进行。它虽不如钻、扩、铰应用那么广泛,但也是一种不可缺少的加工方法。

锪平底孔如图 1-47 所示,其中图 1-47(b)的代用平底锪钻,是用麻花钻将其两主切削刃刃磨成 180° 做成的。锪锥面沉孔如图 1-48 所示,其中图 1-48(b)是用将两主切削刃刃磨成 90° 的麻花钻来代用锥面锪钻的。

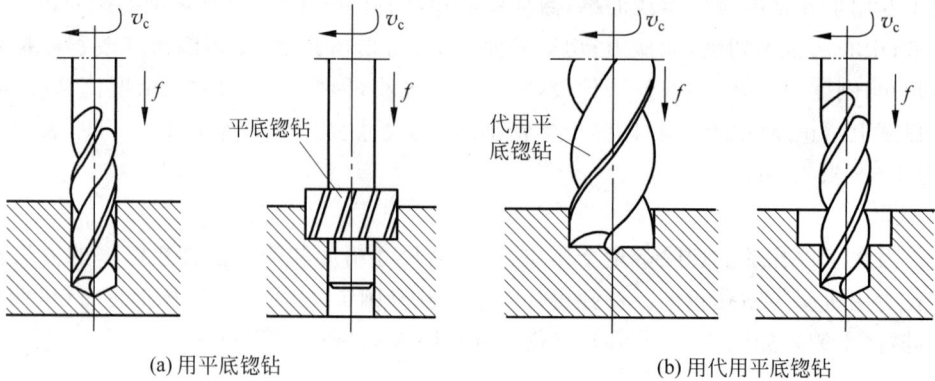

(a) 用平底锪钻   (b) 用代用平底锪钻

图 1-47   锪平底沉孔的方法

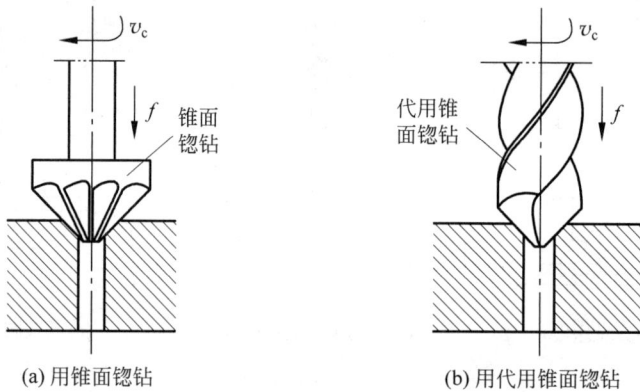

(a) 用锥面锪钻   (b) 用代用锥面锪钻

图 1-48   锪锥形沉孔的方法

1.4.3 镗削加工

镗刀旋转作主运动,工件或镗刀作进给运动的切削加工方法称为镗削加工。镗削加工主要在铣镗床、镗床上进行,是孔常用的加工方法之一。

在铣镗床上镗孔的方法如图 1-49 和图 1-50 所示。单刃镗刀是把镗刀头安装在镗刀杆上,其孔径大小依靠调整刀头的悬伸长度来保证,多用于单件小批生产中。在普通铣镗床镗孔,与车孔基本类似,粗镗的尺寸公差等级为 IT12～IT11,表面粗糙度 Ra 值为 25～12.5 μm;半精镗为 IT10～IT9,Ra 值为 6.3～3.2 μm;精镗为 IT8～IT7,Ra 值为 1.6～0.8 μm。

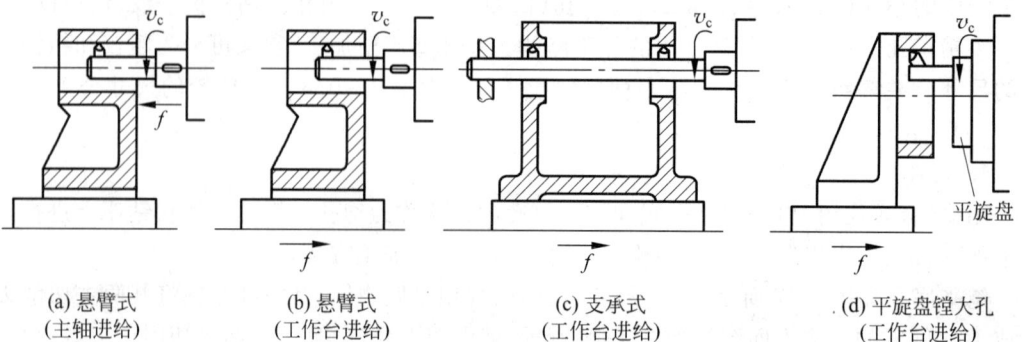

(a) 悬臂式   (b) 悬臂式   (c) 支承式   (d) 平旋盘镗大孔
(主轴进给)   (工作台进给)   (工作台进给)   (工作台进给)

图 1-49   用单刃镗刀在铣镗床上镗孔的方法

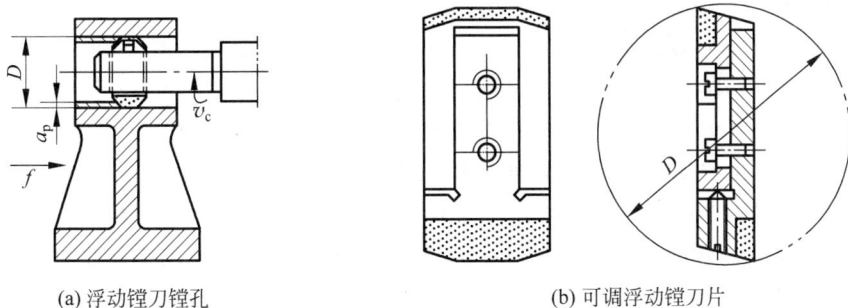

(a) 浮动镗刀镗孔   (b) 可调浮动镗刀片

图 1-50　用浮动镗刀在铣镗床上镗孔的方法

可调浮动镗刀片(图 1-50(b))的两切削刃之间的距离为孔径尺寸,可通过调节用百分尺检测获得。切削时,浮动镗刀片在刀杆的长方孔中并不紧固,在半径方向能自由浮动,依靠两个切削刃径向切削力的动平衡来自动定心,以消除镗刀片的安装误差所引起的不良影响。此时的浮动镗刀片相当于与机床浮动连接的具有两个对称刀齿的铰刀,因此浮动镗孔的实质是铰孔,其工艺特点与铰孔相同。在实际生产中,常采用粗镗—半精镗—浮动镗的加工路线,适宜加工成批生产中孔径较大(D 为 $40 \sim 330$ mm)的孔。浮动镗刀片也可在车床上使用。

应该指出,铣镗床镗孔主要用于机座、箱体、支架等大型零件上孔和孔系的加工。此外,铣镗床还可以加工外圆和平面,主要加工箱体和其他大型零件上与孔有位置精度要求,需要与孔在一次安装中加工出来的短而大的外圆和端平面等,如图 1-51 所示。

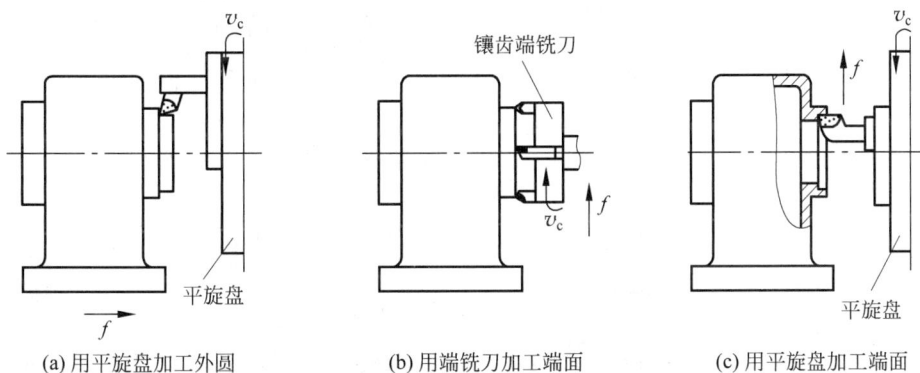

(a) 用平旋盘加工外圆   (b) 用端铣刀加工端面   (c) 用平旋盘加工端面

图 1-51　在铣镗床上加工外圆和端平面

1.4.4　铣削加工

铣刀旋转作主运动,工件作进给运动的切削加工方法称为铣削加工。铣削加工可以在卧式铣床(简称卧铣)、立式铣床(简称立铣)、龙门铣床、工具铣床以及各种专用铣床上进行。

铣削可加工平面(按加工时所处位置又分为水平面、垂直面、斜面)、沟槽(包括直角槽、键槽、V 形槽、燕尾槽、T 形槽、圆弧槽、螺旋槽)和成形面等,还可进行孔加工(包括钻孔、扩孔、铰孔、镗孔)和分度工作。铣削可分为粗铣、半精铣和精铣。粗铣后两平行平面之间的尺寸公差等级为 IT12～IT11,表面粗糙度 Ra 值为 $25 \sim 12.5$ μm;半精铣为 IT10～IT9,Ra 值为 $6.3 \sim 3.2$ μm;精铣为 IT8～IT7,Ra 值为 $3.2 \sim 1.6$ μm,直线度可达 $0.08 \sim 0.12$ mm/m。

1. 铣平面

铣平面是平面加工的主要方法之一,有端铣、周铣和二者兼有三种方式,所用刀具有镶齿端铣刀、套式立铣刀、圆柱铣刀、三面刃铣刀和立铣刀等,如图 1-52 所示。**镶齿端铣刀**的刀盘直径规格为 $75\sim300$ mm,所镶刀齿为硬质合金刀片,切削速度 v_c 可达 100 m/min 以上,生产率高,应用很广泛,主要用于加工大平面。**套式立铣刀**的直径规格为 $40\sim160$ mm,材料为高速钢,切速较低,一般为 $30\sim40$ m/min,生产率较低,用于铣削各种中小平面和台阶面。**圆柱铣刀**的直径规格为 $50\sim100$ mm,也是用高速钢制成的,只用于卧铣铣削中小平面。**三面刃铣刀**的直径规格为 $50\sim200$ mm,只用于卧铣铣削小型台阶面和四方、六方螺钉头等小平面。**立铣刀**的直径规格为 $2\sim71$ mm,多用于铣削中小平面。

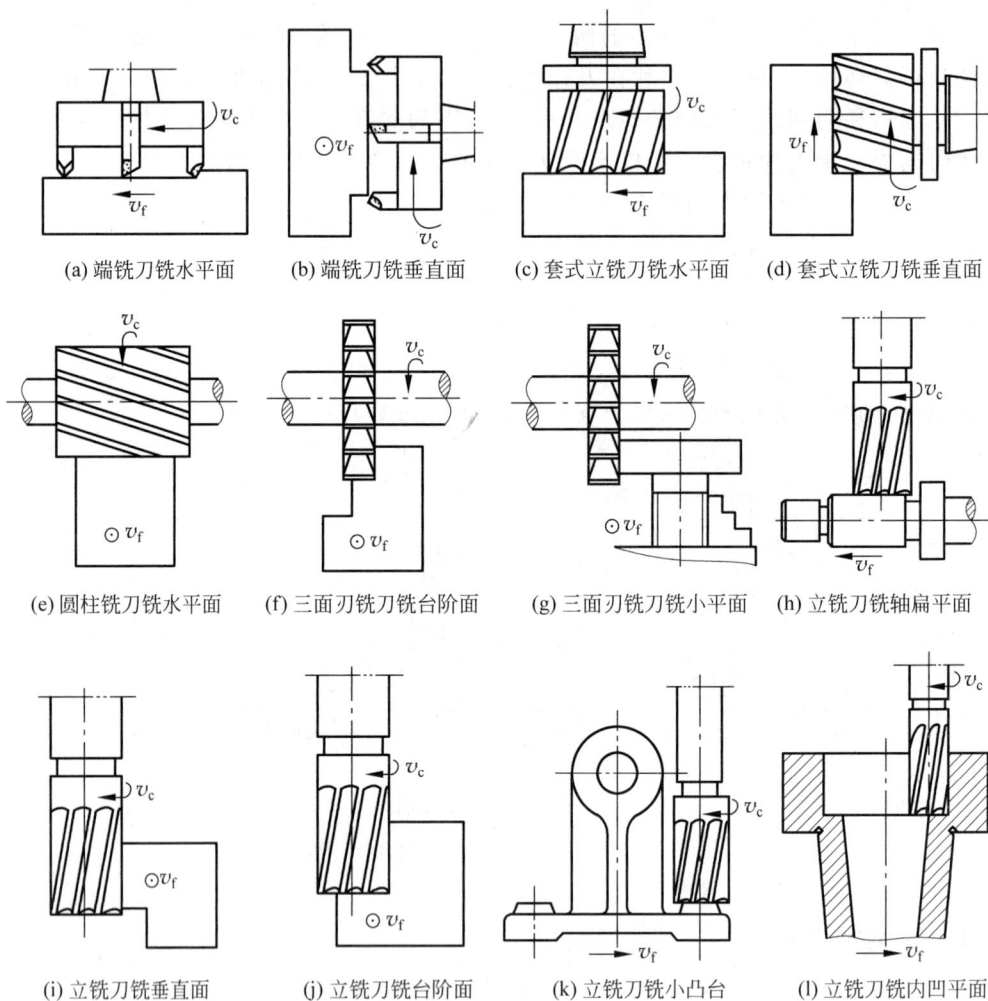

| (a) 端铣刀铣水平面 | (b) 端铣刀铣垂直面 | (c) 套式立铣刀铣水平面 | (d) 套式立铣刀铣垂直面 |

| (e) 圆柱铣刀铣水平面 | (f) 三面刃铣刀铣台阶面 | (g) 三面刃铣刀铣小平面 | (h) 立铣刀铣轴扁平面 |

| (i) 立铣刀铣垂直面 | (j) 立铣刀铣台阶面 | (k) 立铣刀铣小凸台 | (l) 立铣刀铣内凹平面 |

图 1-52 铣平面的方法

2. 铣沟槽

铣沟槽如图 1-53 所示。其中图(e),(f)在铣削之前应先用立铣刀切出直角槽;图(g)要使用附件圆形工作台;图(h)铣螺旋槽工件在作等速移动的同时还要作等速旋转,且保证工件轴向移动一个导程刚好自身转一转。

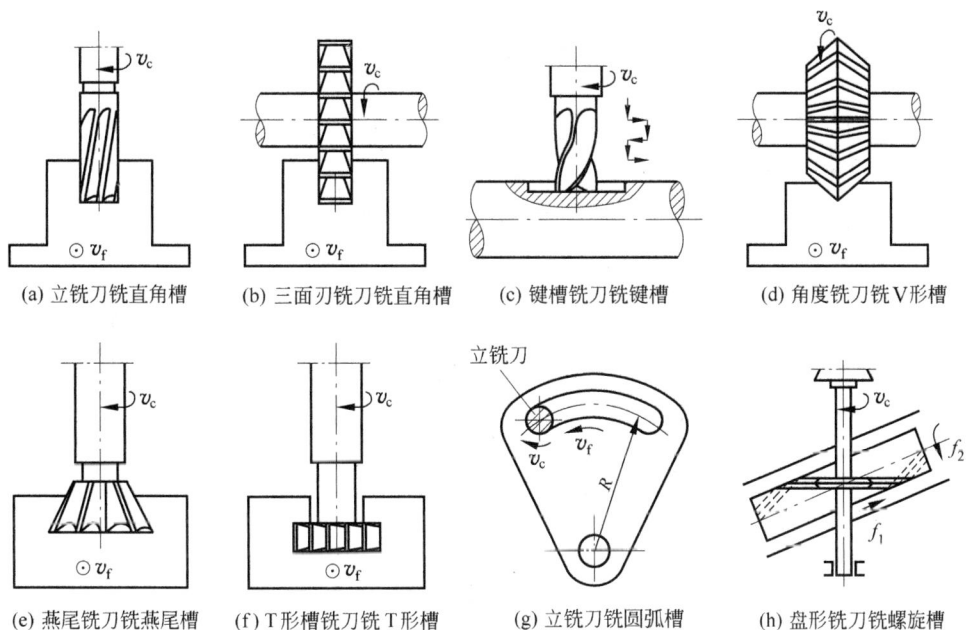

(a) 立铣刀铣直角槽　(b) 三面刃铣刀铣直角槽　(c) 键槽铣刀铣键槽　(d) 角度铣刀铣V形槽

(e) 燕尾铣刀铣燕尾槽　(f) T形槽铣刀铣T形槽　(g) 立铣刀铣圆弧槽　(h) 盘形铣刀铣螺旋槽

图 1-53　铣沟槽的方法

1.4.5　刨削加工

用刨刀对工件作水平相对直线往复运动的切削加工方法称为刨削加工。刨削是平面加工方法之一,可以在牛头刨床和龙门刨床上进行。前者适宜加工中小型工件,后者适宜加工大型工件或同时加工多个中型工件。

刨削可加工平面(按加工时所处位置又分为水平面、垂直面、斜面)、沟槽(包括直角槽、V形槽、燕尾槽、T形槽)和直线型成形面等。普通刨削可分为粗刨、半精刨和精刨。粗刨后两平行平面之间的尺寸公差等级为IT12～IT11,表面粗糙度 Ra 值为 $25～12.5\ \mu m$;半精刨为IT10～IT9, Ra 值为 $6.3～3.2\ \mu m$;精刨为IT8～IT7, Ra 值为 $3.2～1.6\ \mu m$,直线度达 $0.04～0.08\ mm/m$。

刨平面和沟槽的方法见图 1-54、图 1-55。

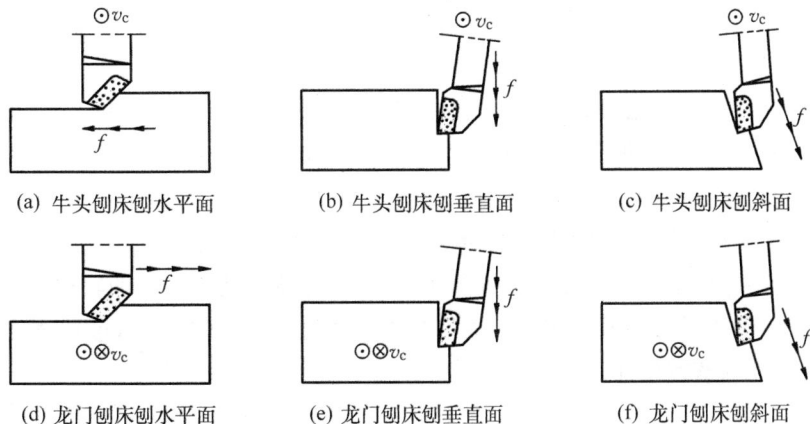

(a) 牛头刨床刨水平面　(b) 牛头刨床刨垂直面　(c) 牛头刨床刨斜面

(d) 龙门刨床刨水平面　(e) 龙门刨床刨垂直面　(f) 龙门刨床刨斜面

图 1-54　刨平面的方法

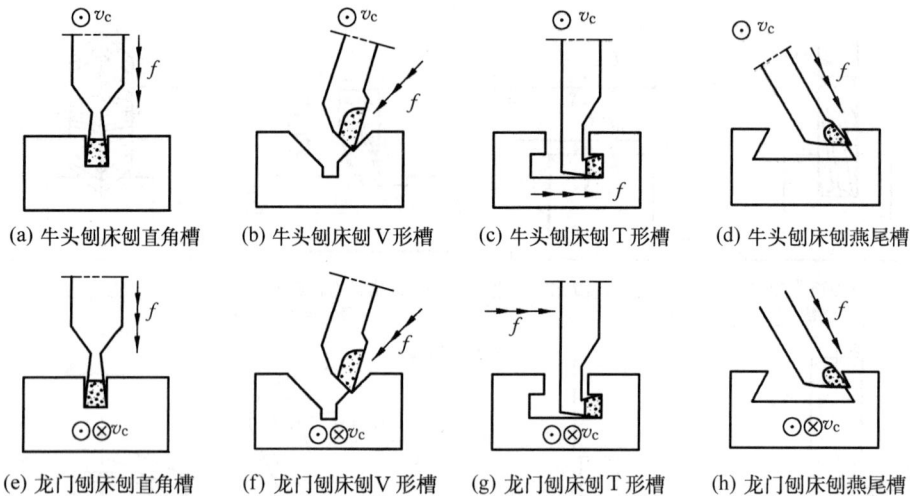

(a) 牛头刨床刨直角槽　(b) 牛头刨床刨V形槽　(c) 牛头刨床刨T形槽　(d) 牛头刨床刨燕尾槽

(e) 龙门刨床刨直角槽　(f) 龙门刨床刨V形槽　(g) 龙门刨床刨T形槽　(h) 龙门刨床刨燕尾槽

图 1-55　刨沟槽的方法

从表面上看,刨削和铣削均以加工平面和沟槽为主,似乎是相同的。但由于所用机床、刀具和切削方式不同,致使它们在工艺特点和应用方面存在较大的差异。现将刨削与铣削分析比较如下:

(1) 加工质量一般同级,经粗、精加工之后均可达到中等精度。但二者又略有区别,加工大平面时,刨削因无明显接刀痕而优于铣削。

(2) 生产率一般铣削高于刨削。但加工窄长平面(如导轨面)时,铣削的进给量并不因工件变窄而增大,而刨削却可因工件变窄而减少横向走刀次数,使刨削的生产率高于铣削。

(3) 加工范围铣削比刨削广泛得多。例如,铣削可加工内凹平面、圆弧沟槽、具有分度要求的小平面等,而刨削则难以完成。

(4) 工时成本铣削高于刨削。这是因为铣床的结构比牛头刨床复杂,铣刀的制造和刃磨比刨刀困难。

(5) 应用铣削比刨削广泛。铣削适用于各种生产批量,而刨削仅用于单件小批生产及修配工作中。

1.4.6　插削加工

用插刀对工件作垂直相对直线往复运动的切削加工方法称为插削加工。插削在插床上进行,可以看作是"立式刨床"加工,主要用于加工单件小批生产中零件的某些内表面,也可加工某些外表面,如图 1-56 所示。

插削孔内单键槽的方法如图 1-57 所示。首先在工件孔的端面上划出键槽加工线,采用卡盘或压板螺栓装夹,将工件安装在插床圆形工作台上,并找正使工件孔的轴线与圆形工作台的回转轴线重合。键槽插刀一般采用平头成形插刀。当键槽宽度较小时,可用宽度等于槽宽的插刀,一次走刀插到槽宽尺寸。

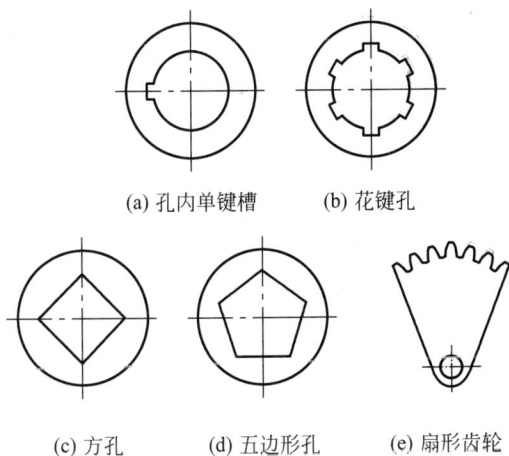

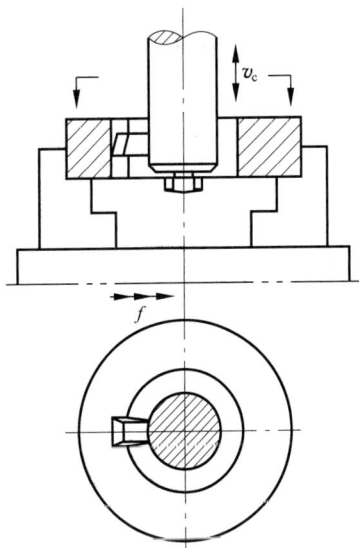

(a) 孔内单键槽　　(b) 花键孔

(c) 方孔　　(d) 五边形孔　　(e) 扇形齿轮

图 1-56　插削表面举例

图 1-57　插孔内单键槽的方法

1.4.7　拉削加工

用拉刀加工工件内、外表面的方法称为拉削加工。拉削在卧式拉床和立式拉床上进行。拉刀的直线运动为主运动。拉削无进给运动,其进给靠拉刀每齿升高量来实现,因此拉刀可以看作是按高低顺序排列成队的多把刨刀进行的刨削。

拉削可加工内表面(如各种型孔)和外表面(如平面、半圆弧面和组合表面等),如图 1-58 所示,图中阴影部分为拉削余量。拉削可分为粗拉和精拉。粗拉的尺寸公差等级为 IT8～IT7,表面粗糙度 Ra 值为 $1.6～0.8\ \mu m$;精拉为 IT7～IT6,Ra 值为 $0.8～0.4\ \mu m$。

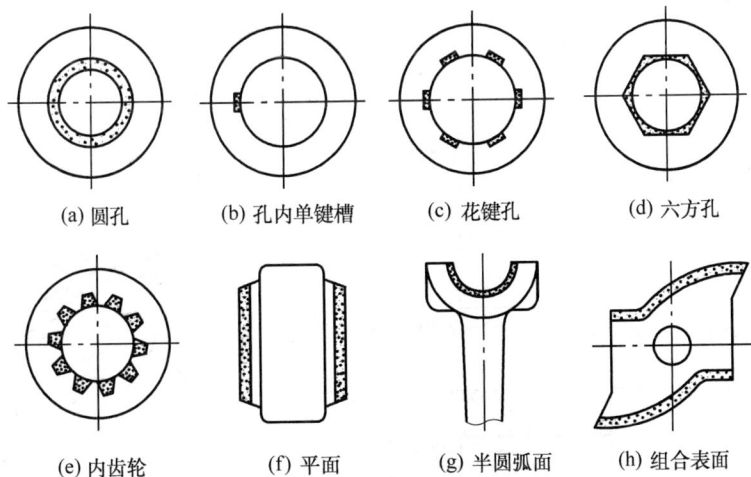

(a) 圆孔　　(b) 孔内单键槽　　(c) 花键孔　　(d) 六方孔

(e) 内齿轮　　(f) 平面　　(g) 半圆弧面　　(h) 组合表面

图 1-58　拉削表面举例

1. 拉圆孔

圆孔拉刀及拉圆孔的方法如图 1-59 所示。拉削的孔径一般为 $8～125\ mm$,孔的深径比 $L/D \leqslant 5$。工件不需要夹紧,只以已加工过的一个端面为支撑面。当工件端面与拉削孔的轴线不垂直时,依靠图中所示的球面浮动支承装置自动调节,始终使受力方向与端面垂直,以防止拉刀崩刃和折断。装置中的弹簧是为了保持球面贴合,避免从装置体上脱落下来。

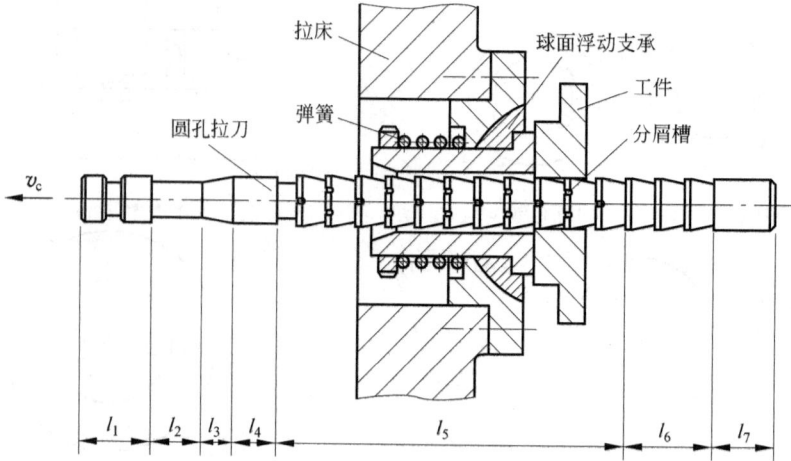

图 1-59   圆孔拉刀及拉圆孔的方法

l_1—拉刀柄部,夹持拉刀部位;l_2—颈部,拉刀强度薄弱部位,过载折断,在此处焊接修复;

l_3—过渡锥,起引导对准孔中心作用;l_4—前导部分,引导拉刀进入预加工孔中;

l_5—切削部分,前部为粗切齿,后部为精切齿;l_6—校准部分,无齿升量,起校准、修光已加工表面作用;

l_7—后导部分,保持拉刀的最后的正确工作位置

2. 拉孔内单键槽

键槽拉刀及拉孔内单键槽的方法如图 1-60 所示。键槽拉刀为扁平状,上部为刀齿。它与工件的正确位置由导套保证。导套的圆柱 1 插入拉床端部的孔内,圆柱 2 套放工件,矩形槽 3 与键槽拉刀刀体宽度一致,并按滑动配合选取。键槽拉刀工作时由矩形槽定位、导向。拉刀底部垫有一定厚度的垫片,以便调节工件键槽的深度,并用它补偿键槽拉刀重磨后齿高的减少量。

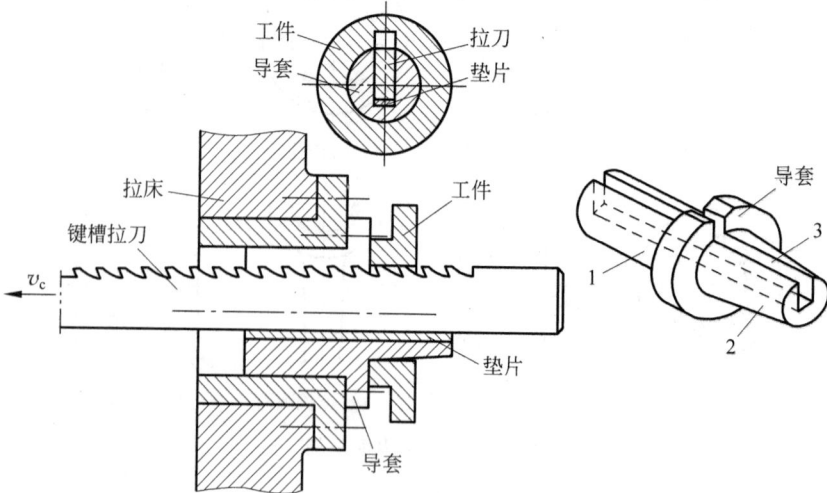

图 1-60   键槽拉刀及拉孔内单键槽的方法

3. 拉平面

平面拉刀及拉平面的方法如图 1-61 所示。平面拉刀可制成整体式的(加工较小平面)，但更多制成镶齿式的(加工大平面)，镶嵌硬质合金刀片，以提高拉削速度，且便于刃磨和调整。拉削可加工单一的敞开的平面，也可加工组合平面。

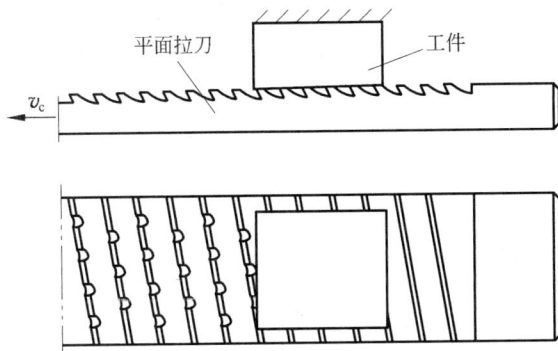

图 1-61　平面拉刀及拉平面的方法

拉削不论是加工内表面，还是加工外表面，一般在一次行程中完成粗、精加工，生产率很高；拉刀属于定形刀具，拉床又是液压传动，切削平稳，加工质量好；刀具制造复杂，工时费用较高；拉圆孔与精车孔和精镗孔相比，适应性较差。因此，拉削加工广泛用于大批大量生产中。

1.5　磨削加工方法综述

用砂轮或涂覆磨具以较高的线速度对工件表面进行加工的方法称为磨削加工。它大多在磨床上进行。磨削加工可分为普通磨削、无心磨削、高效磨削、低粗糙度磨削和砂带磨削等。其中低粗糙度磨削属于精密加工范畴，将在下一节介绍。

1.5.1　普通磨削

普通磨削多在通用磨床上进行，是一种应用十分广泛的精加工方法，它可以加工外圆、内圆、锥面、平面等。随着砂轮粒度号和切削用量不同，普通磨削可分为粗磨和精磨。粗磨的尺寸公差等级为 IT8～IT7，表面粗糙度 Ra 值为 $0.8～0.4\ \mu m$；精磨可达 IT6～IT5(磨内圆为 IT7～IT6)，Ra 值为 $0.4～0.2\ \mu m$。

1. 磨外圆(包括外锥面)

磨外圆在普通外圆磨床和万能外圆磨床上进行，具体方法有纵磨法和横磨法两种，如图 1-62 和图 1-63 所示。这两种方法相比，纵磨法加工精度较高，Ra 值较小，但生产率较低；横磨法生产率较高，但加工精度较低，Ra 值较大。因此，纵磨法广泛用于各种类型的生产中，而横磨法只适用于大批大量生产中磨削刚度较好、精度较低、长度较短的轴类零件上的外圆表面和成形面。

2. 磨内圆(包括内锥面)

磨内圆在内圆磨床和万能外圆磨床上进行，其方法如图 1-64 所示。与磨外圆相比，由于磨内圆砂轮受孔径限制，切削速度难以达到磨外圆的速度；砂轮轴直径小，悬伸长，刚度差，易

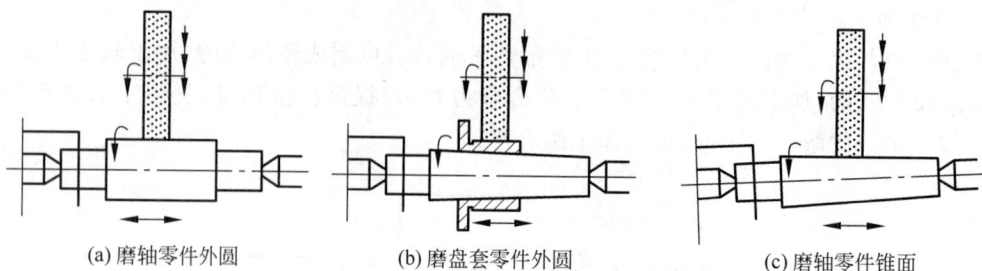

(a) 磨轴零件外圆　　(b) 磨盘套零件外圆　　(c) 磨轴零件锥面

图 1-62　纵磨法磨外圆

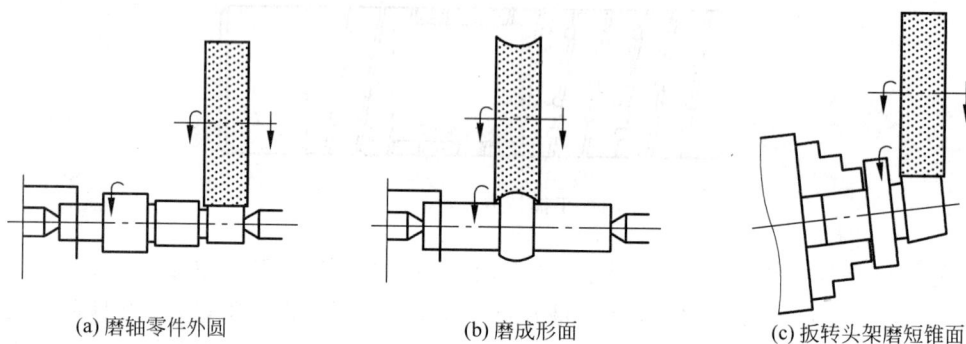

(a) 磨轴零件外圆　　(b) 磨成形面　　(c) 扳转头架磨短锥面

图 1-63　横磨法磨外圆

弯曲变形和振动,且只能采用很小的背吃刀量;砂轮与工件成内切圆接触,接触面积大,磨削热多,散热条件差,表面易烧伤。因此,磨内圆比磨外圆生产率低得多,加工精度和表面质量也较难控制。

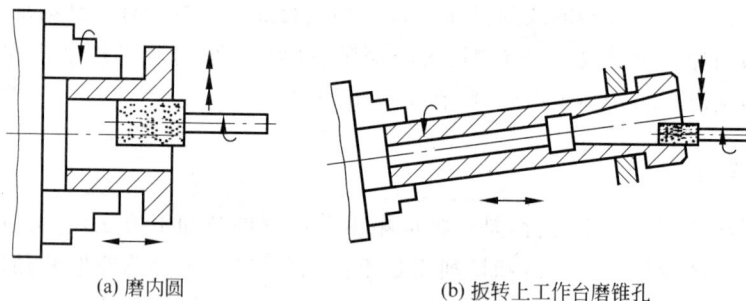

(a) 磨内圆　　(b) 扳转上工作台磨锥孔

图 1-64　磨内圆的方法

3. 磨平面

磨平面在平面磨床上进行,其方法有周磨法和端磨法两种,如图 1-65 所示。周磨法加工精度高,表面粗糙度 Ra 值小,但生产率较低,多用于单件小批生产中,大批大量生产中亦可采用。端磨法生产率较高,但加工质量略差于周磨法,多用于大批大量生产中磨削精度要求不太高的平面。

磨平面常作为铣平面或刨平面后的精加工,特别适宜磨削具有相互平行平面的零件。此外,还可磨削导轨平面。机床导轨多是几个平面的组合,在成批或大量生产中,常在专用的导轨磨床上对导轨面作最后的精加工,如图 1-66 所示。

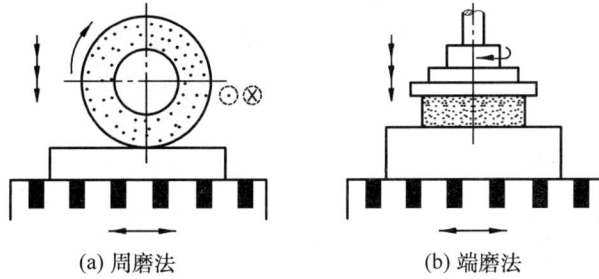

(a) 周磨法　　　　(b) 端磨法

图 1-65　磨平面的方法

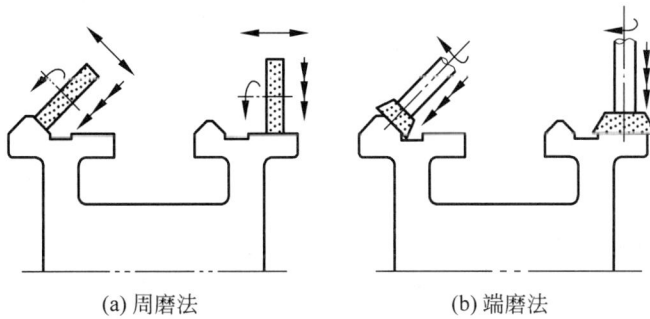

(a) 周磨法　　　　(b) 端磨法

图 1-66　磨导轨平面

1.5.2　无心磨削

无心磨削在无心磨床上进行,其方法也有纵磨法和横磨法两种。

无心纵磨法　无心纵磨法磨外圆如图 1-67 所示。大轮为工作砂轮,起切削作用。小轮为导轮,无切削能力。两轮与托板构成 V 形定位面托住工件。由于导轮的轴线与砂轮轴线倾斜 β 角(β 为 $1°\sim6°$),$v_导$ 分解成 $v_工$ 和 $v_进$。$v_工$ 带动工件旋转,$v_进$ 带动工件轴向移动。为使导轮与工件直线接触,应把导轮圆周表面的母线修整成双曲线。无心纵磨法主要用于大批大量生产中磨削细长光滑轴及销钉、小套等零件的外圆。

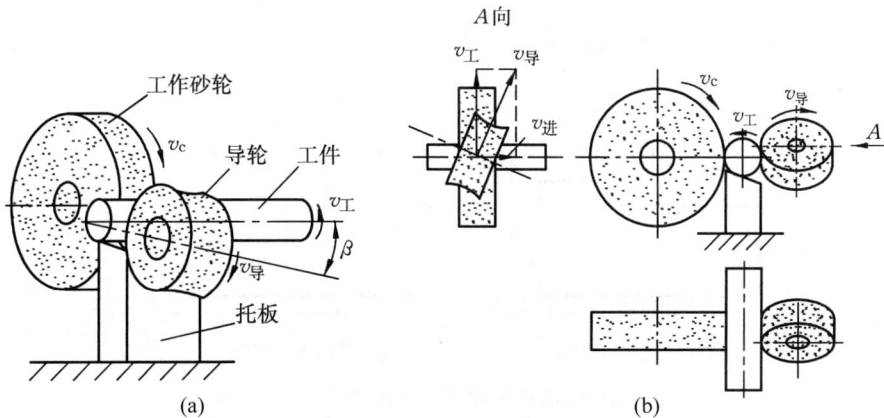

(a)　　　　　　　　(b)

图 1-67　无心纵磨法磨外圆

无心横磨法 无心横磨法磨外圆如图 1-68 所示。导轮的轴线与砂轮轴线平行,工件不作轴向移动。无心横磨法主要用于磨削带台肩而又较短的外圆、锥面和成形面等。

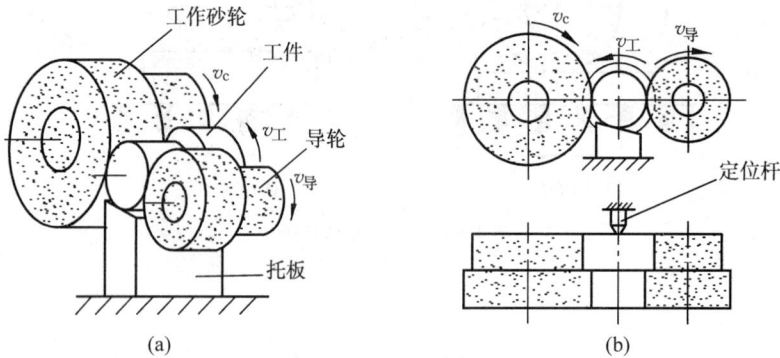

图 1-68 无心横磨法磨外圆

1.5.3 高效磨削

随着科学技术的发展,作为传统精加工方法的普通磨削亦在逐步向高效率和高精度的方向发展。高效磨削常见的有高速磨削、缓进给深磨削、恒压力磨削、宽砂轮与多砂轮磨削等。

高速磨削 普通磨削砂轮线速度通常在 $30 \sim 35$ m/s 以内。当砂轮线速度提高到 45 m/s 以上时则称为高速磨削。目前国内砂轮线速度普遍采用 $50 \sim 60$ m/s,有的高达 80 m/s。某些发达国家已达 230 m/s。高速磨削可获得明显的技术经济效果,生产率一般可提高 $30\% \sim 100\%$,砂轮耐用度提高 $0.7 \sim 1$ 倍,工件表面粗糙度 Ra 值可稳定地达到 $0.8 \sim 0.4$ μm。高速磨削目前已应用于各种磨削工艺,不论是粗磨还是精磨,是单件小批还是大批大量生产,均可采用。

缓进给深磨削 缓进给深磨削的深度约为普通磨削的 $100 \sim 1000$ 倍,可达 $3 \sim 30$ mm,是一种强力磨削的方法,如图 1-69 所示。大多经一次行程磨削即可完成。缓进给深磨削生产率高,砂轮损耗小,磨削质量好。其缺点是设备费用高。将高速快进给磨削与深磨削相结合,其效果更佳,使生产率大幅度提高。例如,利用高速快进给深磨削法,用 CBN 砂轮以 150 m/s 的速度一次磨出宽 10 mm,深 30 mm 的精密转子槽时,磨削长 50 mm 仅需零点几秒。这种方法现已成功用于丝杠、齿轮、转子槽等沟槽、齿槽的以磨代铣。

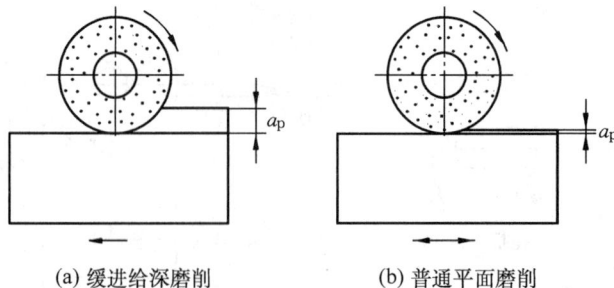

(a) 缓进给深磨削   (b) 普通平面磨削

图 1-69 缓进给深磨削与普通磨削比较

恒压力磨削 恒压力磨削实际上是横磨法的一种特殊形式,其原理如图 1-70 所示。磨削时,无论外界因素如磨削余量、工件材料硬度、砂轮钝化程度等如何变化,砂轮始终以预定的压力压向工件,直到磨削结束为止。推进砂轮的液压系统压力由减压阀调节,预先可通过试验选出最佳磨削压力,以便获得最佳效果。恒压力磨削加工质量稳定可靠,生产效率高;避免砂轮超负荷工作,操作安全。恒压力磨削目前已在生产中得到应用,并收到良好的技术经济效果。例如,利用恒压力磨削 317 球轴承内圈外滚道,其圆弧半径 R 为 13 mm,磨削余量为 0.5 mm,磨削时间只要 15 s,圆度误差不超过 2 μm,尺寸误差在 10~20 μm 之间,Ra 值为 0.8~0.4 μm。

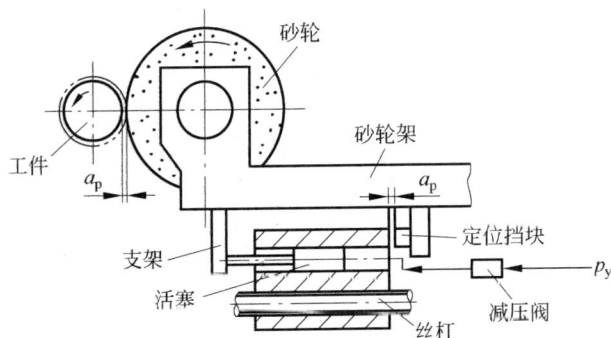

图 1-70 恒压力磨削原理图

宽砂轮与多砂轮磨削 宽砂轮磨削是用增大磨削宽度来提高磨削效率的,如图 1-71 所示。普通外圆磨削的砂轮宽度为 50 mm 左右,而宽砂轮外圆磨削砂轮宽度可达 300 mm,平面磨削可达 400 mm,无心磨削可达 1000 mm。宽砂轮外圆磨削一般采用横磨法。它主要用于大批大量生产中,例如磨削花键轴、电机轴以及成形轧辊等。其尺寸公差等级可达 IT6,Ra 值可达 0.4 μm。

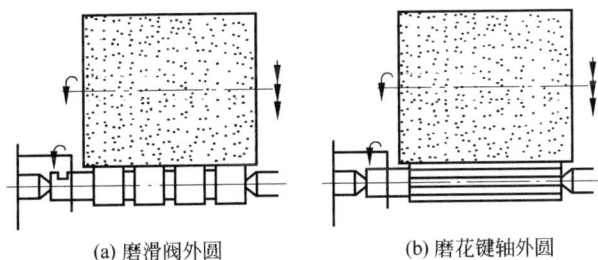

(a) 磨滑阀外圆   (b) 磨花键轴外圆

图 1-71 宽砂轮磨削

多砂轮磨削如图 1-72 所示。它实际上是宽砂轮磨削的另一种形式,其尺寸公差等级和 Ra 值与宽砂轮磨削相同。多砂轮磨削适用于大批大量生产,目前多用于外圆和平面磨削。近年来在内圆磨床也开始采用这种方法,用来磨削零件上的同轴孔系。

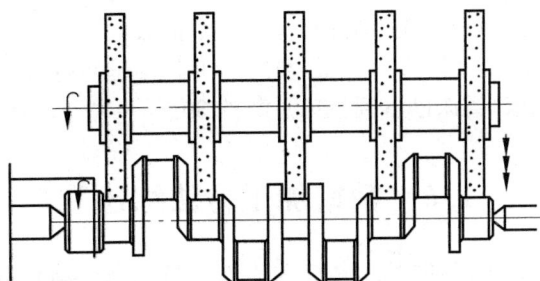

图 1-72 多砂轮磨削

1.5.4　砂带磨削

利用砂带,根据加工要求以相应的接触方式对工件进行加工的方法称为砂带磨削,如图 1-73 所示。它是近年来发展起来的一种新型高效工艺方法。

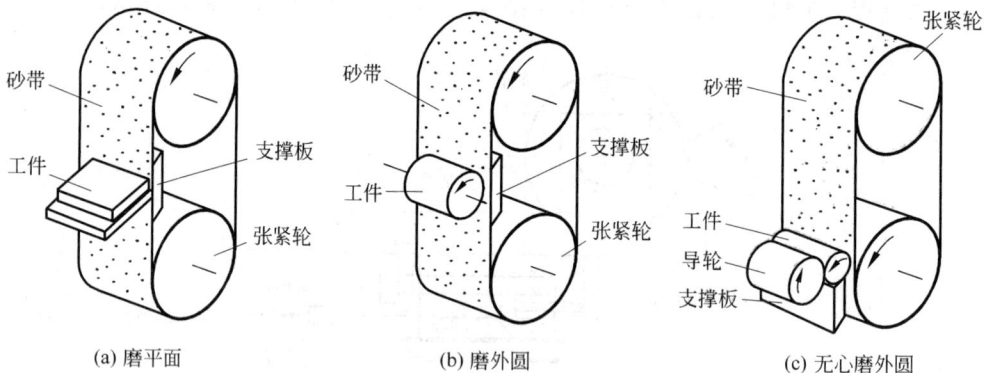

(a) 磨平面　　　(b) 磨外圆　　　(c) 无心磨外圆

图 1-73　砂带磨削

砂带所用磨料大多是精选出来的针状磨粒,应用静电植砂工艺,使磨粒均直立于砂带基体且锋刃向上,定向整齐均匀排列,因而磨粒具有良好的等高性,磨粒间容屑空间大,磨粒与工件接触面积小,且可使全部磨粒参加切削。因此,砂带磨削效率高,磨削热少,散热条件好。砂带磨削的工件,其表面变形强化程度和残余应力均大大低于砂轮磨削。砂带磨削多在砂带磨床上进行,亦可在卧式车床、立式车床上利用砂带磨头或砂带轮磨头进行,适宜加工大、中型尺寸的外圆、内圆和平面。

综上所述,不论是普通磨削,还是无心磨削、高效磨削和砂带磨削,与普通刀具切削加工相比,具有如下工艺特点:

(1) 加工精度高　这是因为:磨削属于高速多刃切削,其切削刃刀尖圆弧半径比一般车刀、铣刀、刨刀要小得多,能在工件表面上切下一层很薄的材料;磨削过程是磨粒切削、刻划和滑擦的综合作用过程,有一定的研磨抛光作用;磨床比一般机床加工精度高,刚度和稳定性好,且具有微量进给机构。

(2) 可加工高硬度材料　磨削不仅可以加工铸铁、碳钢、合金钢等一般结构材料,还可以加工一般刀具难以切削的高硬度的淬硬钢、硬质合金、陶瓷、玻璃等难加工材料。但对于塑性很大、硬度很低的有色金属及其合金,因其屑末易堵塞砂轮气孔而使砂轮丧失切削能力,一般不宜磨削,而多采用刀具切削精加工。

(3) 应用越来越广泛　磨削可加工外圆、内圆、锥面、平面、成形面、螺纹、齿形等多种表面,还可刃磨各种刀具。随着精密铸造、模锻、精密冷轧等先进毛坯制造工艺日益广泛应用,毛坯的加工余量较小,可不必经过车、铣、刨等粗加工和半精加工,直接用磨削达到较高的尺寸精度和较小的表面粗糙度 Ra 值的要求。因此,磨削加工获得越来越广泛的应用和日益迅速的发展。目前在工业发达国家,磨床已占到机床总数的 $30\%\sim40\%$,而且还有不断增加的趋势。

1.6　精密加工方法综述

精密加工是指在一定发展时期,加工精度和表面质量达到较高程度的加工工艺。当前是指零件的加工精度为 $1\sim0.1\,\mu m$,表面粗糙度 Ra 值为 $0.1\sim0.008\,\mu m$ 的加工技术,主要指研磨、珩磨、超精加工和抛光等。如果从广义的角度看,它还包括刮削、宽刀细刨和金刚石刀具切削等。

1.6.1 刮削

刮削是用刮刀刮除工件表面薄层的加工方法。它一般在普通精刨和精铣基础上,由钳工手工操作进行,如图 1-74(a)所示。刮削余量为 0.05～0.4 mm。刮削前,在精密的平板、平尺、专用检具或与工件相配的偶件表面上涂一层红丹油(亦可涂在工件上),然后工件与其贴紧推磨对研。对研后工件上显示出高点,如图 1-74(b)所示。再用刮刀将显出的高点逐一刮除。经过反复对研显点和刮削,可使工件表面的显示点数逐渐增多并越来越均匀,这表明工件表面形状误差(此处为平面度误差)在逐渐减小,Ra 值也在逐渐降低。平面刮削的质量常用 25 mm × 25 mm 方框内均布的点数来衡量,如图 1-74(c)所示。框内的点数愈多,说明平面的平面度精度愈高。平面刮削的直线度可达 0.01 mm/m,目前最高可达 0.005～0.0025 mm/m。但刮削劳动强度大,操作技术要求高,生产率低。因此,刮削多用于单件小批生产中加工各种设备的导轨面、要求高的固定结合面、滑动轴承轴瓦以及平板、平尺等检具。刮削还用于某些外露表面的修饰加工,刮出各种漂亮整齐的花纹,以增加其美观程度。

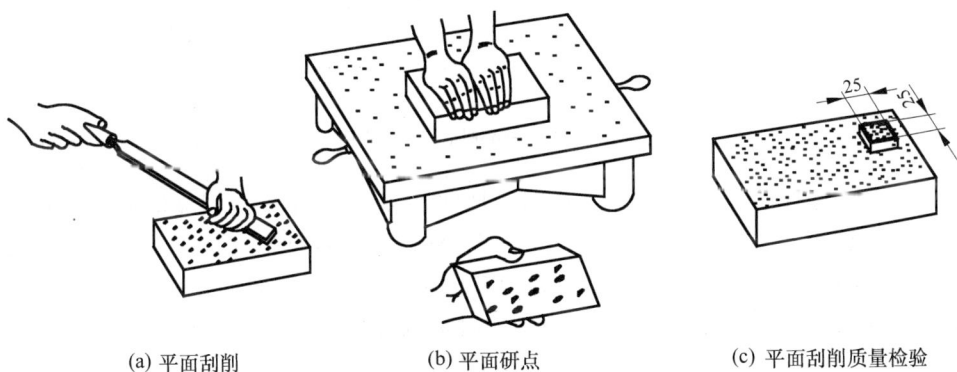

(a) 平面刮削   (b) 平面研点   (c) 平面刮削质量检验

图 1-74 刮削

1.6.2 宽刀细刨

宽刀细刨是在普通精刨的基础上,通过改善切削条件,使工件获得较高的形状精度和较低的表面粗糙度的一种平面精密加工方法,如图 1-75 所示。加工时,把工件安装在龙门刨床上,利用宽刀细刨刀以很低的切速($v_c < 5$ m/min)和很大的进给量在工件表面上切去一层极薄的金属。它要求机床精度高,刚度好,刀具刃口平直光洁,施用合适的切削液。宽刀细刨的直线度可达 0.01～0.02 mm/m,表面粗糙度 Ra 值为 1.6～0.8 μm,常用于成批和大量生产中加工大型工件上精度较高的平面(如导轨面),以代替刮削和导轨磨削。

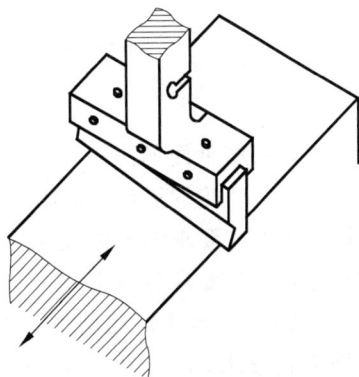

1.6.3 研磨

研磨是利用研磨工具和研磨剂,从工件上研去一层极

图 1-75 宽刀细刨

薄表面层的精密加工方法。

研磨剂由磨料、研磨液及辅料调配而成。磨料一般只用微粉。研磨液用煤油或煤油加机油,起润滑、冷却以及使磨料能均匀地分布在研具表面的作用。辅料指油酸、硬脂酸或工业用甘油等强氧化剂,使工件表面生成一层极薄的疏松的氧化膜,以提高研磨效率。

研磨工具简称研具,它是研磨剂的载体,用以涂敷和镶嵌磨料,发挥切削作用。要求研具的材料比待研的工件软,常用铸铁做研具。

手工研磨外圆如图 1-76(a)所示,将工件安装在车床顶尖间或卡盘上,在加工表面上涂上研磨剂,再把研具套上,工件低速旋转,手握研具轴向往复移动。外圆研具(图 1-76(b))由研磨环和研具夹组成,研磨环上的开口使其具有一定弹性,粗研用的研磨环孔内常开有环槽或螺旋槽,起储存研磨剂和排屑作用。研具上的调节螺钉用以微调研磨环的内径尺寸,使之对工件产生一定压力。在研磨过程中,不断检测工件尺寸和调整调节螺钉,直至尺寸合格时为止。

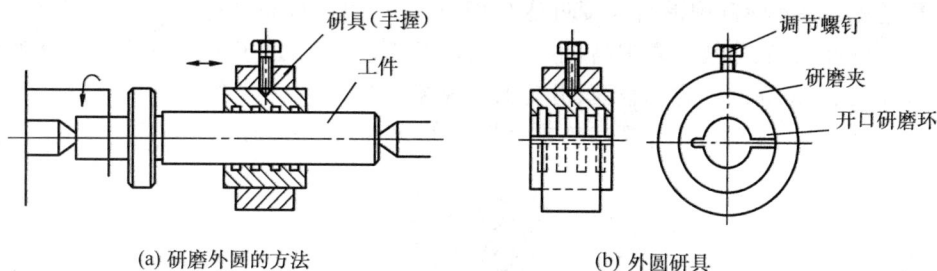

(a) 研磨外圆的方法   (b) 外圆研具

图 1-76   研磨外圆及其研具

手工研磨内圆如图 1-77(a)所示。内圆研具(图 1-77(b))由锥度调节杆和开口锥套组成,锥套的锥孔与调节杆的外锥面($C=1:50$)相配。锥套上开口是使其具有一定弹性,外圆上带有螺旋槽,用以排屑和储存研磨剂。在研磨过程中可通过轻敲锥套的端部使其向调节杆锥度大端移动,以微调锥套外圆直径尺寸,使之对工件内圆表面产生一定的压力。

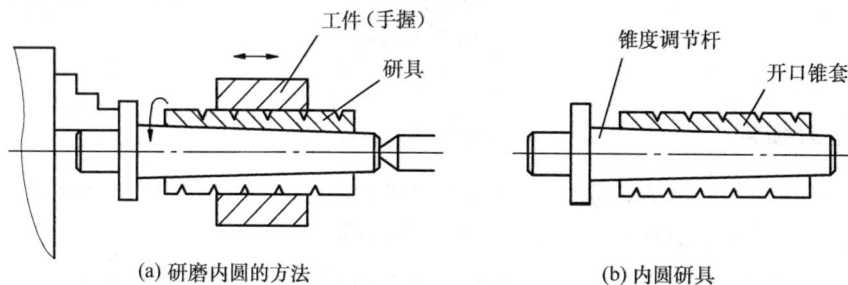

(a) 研磨内圆的方法   (b) 内圆研具

图 1-77   研磨内圆及其研具

手工研磨平面如图 1-78 所示,将研磨剂涂在研具(即研磨平板)上,手持工件作直线往复运动或其他轨迹的运动。研磨一定时间后,将工件调转 90°或 180°,以防止工件倾斜。对于两对面有平行度要求的工件,通过检测可针对较厚的部位加大压力,加长研磨时间,直至各处厚度尺寸均达到要求时为止。

研磨可达到其他切削加工方法难以达到的加工精度,尺寸公差等级可达 IT5~IT3,表面粗糙度 Ra 值可达 $0.1~0.008~\mu m$。研磨之所以能达到这么高的加工精度,是因为研磨具有"三性",即微细性、随机性和针对性的缘故。研磨是在良好的预加工基础上进

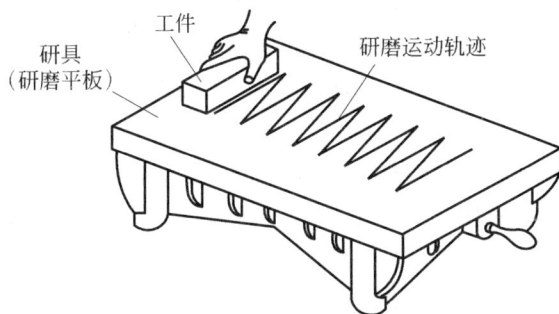

图 1-78 研磨平面的方法

行的 $0.01 \sim 0.1~\mu m$ 切削,即微细性;研磨过程中工件与研具的接触是随机的,可使高点相互修整,逐步减小误差,即随机性;手工研磨可通过检测工件,有针对地变动研磨位置,掌握研磨时间,有效地控制加工质量,即针对性。

研磨可加工钢、铸铁、铜、铝及其合金、硬质合金、半导体、陶瓷、玻璃、塑料等材料;可加工常见的各种表面,且不需要复杂和高精度设备,方法简便可靠,容易保证质量。但研磨一般不能提高表面之间的位置精度,且生产率低。研磨作为一种传统的精密加工方法,仍广泛用于现代工业中各种精密零件的加工。例如,精密量具、精密刀具、光学玻璃镜片以及精密配合表面等。单件小批生产中用手工研磨;大批大量生产中用机械研磨,在研磨机上进行。

1.6.4 珩磨

珩磨是利用珩磨工具对工件表面施加一定压力,珩磨工具同时作相对旋转和直线往复运动,切除工件极小余量的一种精密加工方法,如图 1-79(a)所示。珩磨多在精镗的基础上在珩床上进行,多用于加工圆柱孔。

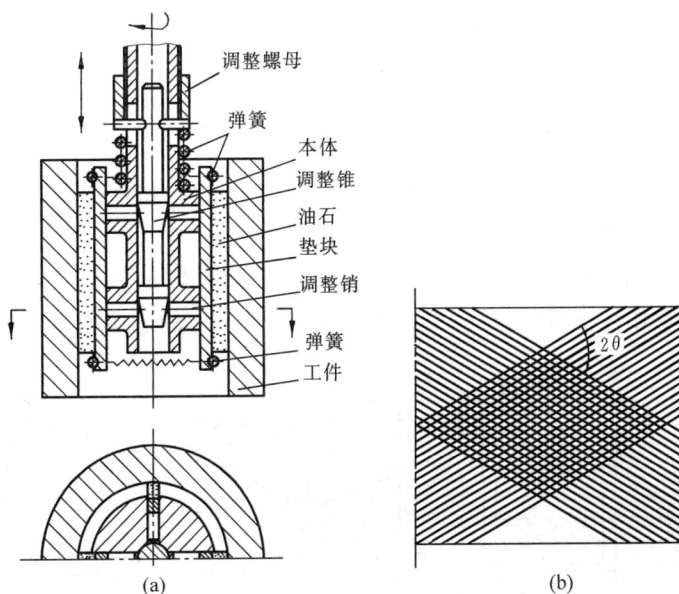

(a)　　　　　　　　　(b)

图 1-79 珩磨

珩磨孔用的工具称为珩磨头,其结构多种多样,图 1-79 所用的是一种较为简单的机械式珩磨头。在成批大量生产中,广泛采用气动、液压珩磨头,自动调节工作压力。

珩磨余量一般为 0.02~0.15 mm。为获得较低的表面粗糙度,切削轨迹应成均匀而不重复的交叉网纹(图 1-79(b))。粗珩时 2θ 为 40°~60°,精珩时 2θ 为 15°~45°。珩磨头与主轴浮动连接,使其沿孔壁自行导向,使油石与孔壁均匀接触。珩磨时应施加切削液以冲走破碎脱落的磨粒和屑末,并起冷却润滑作用。珩磨的孔径范围为 15~500 mm,孔的深径比可达 10 以上;珩磨生产率较高,其尺寸公差等级可达 IT6~IT4,表面粗糙度 Ra 值为 0.8~0.05 μm,孔的形状精度亦相应提高。珩磨广泛用于大批大量生产中的发动机汽缸孔、连杆大头孔、各种液压装置的铸铁套和钢套的孔等。珩磨与磨削一样,也不宜加工韧性较大的有色金属。

1.6.5 低粗糙度磨削

工件表面粗糙度 Ra 值低于 0.2 μm 的磨削工艺,统称为低粗糙度磨削。低粗糙度磨削不仅可获得较小的 Ra 值,而且能获得很高的加工精度。

提高精度和降低表面粗糙度是相互联系的。为了提高精度需要采用高精度磨床;为了降低表面粗糙度,还要合理选择砂轮特性,并对砂轮进行精细的平衡和修整。精细修整砂轮后可使磨粒微细破碎而产生许多微刃,并均匀近似等高地分布在砂轮表面上,即所谓微刃性和微刃等高性,如图 1-80 所示。低粗糙度磨削就是利用这些锋利的等高微刃进行极细切削,利用半钝化的微刃对工件表面进行摩擦抛光,从而获得很低的 Ra 值,这是低粗糙度磨削的基本特征。

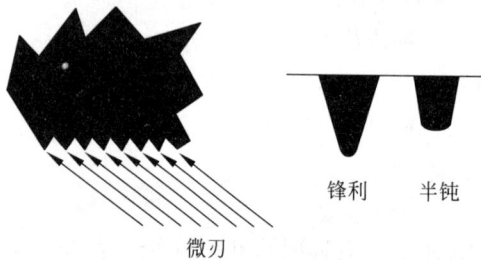

图 1-80 磨粒的微刃性、等高性及锐钝状态

根据表面粗糙度 Ra 值的大小不同,低粗糙度磨削又可分为精密磨削(Ra 为 0.1~0.05 μm)、超精密磨削(Ra 为 0.025~0.012 μm)和镜面磨削($Ra \leqslant 0.012\ \mu m$)三类。

1.6.6 超精加工

超精加工是用极细磨料的油石,以恒定压力(5~20 MPa)和复杂相对运动对工件进行微量切削,以降低表面粗糙度为主要目的的精密加工方法。

超精加工外圆如图 1-81(a)所示,工件以较低的速度旋转,油石一方面以 12~25 Hz 的频率、1~3 mm 的振幅作往复振动,一方面以 0.1~0.15 mm/r 的进给量纵向进给。油石对工件

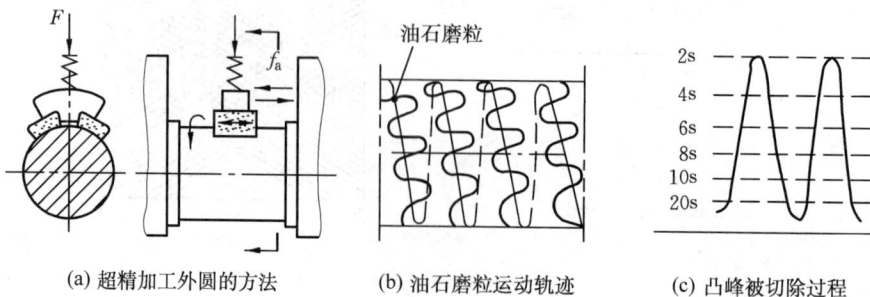

(a) 超精加工外圆的方法   (b) 油石磨粒运动轨迹   (c) 凸峰被切除过程

图 1-81 超精加工外圆的方法

表面的压力,靠调节上面的压力弹簧来实现。在油石与工件之间注入具有一定粘度的切削液,以清除屑末和形成油膜。加工时,油石上每一磨粒均在工件上刻划出极细微且纵横交错而不重复的痕迹(图 1-81(b)),切除工件表面上的微观凸峰。随着凸峰逐渐降低,油石与工件的接触面积逐渐加大,压强随之减小,切削作用相应减弱(图 1-81(c))。当压力小于油膜表面张力时,油石与工件即被油膜分开,切削作用自行停止。

超精加工平面如图 1-82 所示,它与超精加工外圆类似。

超精加工只能切除微观凸锋,一般不留加工余量或只留很小的加工余量($0.003\sim0.01$ mm)。超精加工后 Ra 值可达 $0.1\sim0.01$ μm,可使零件配合表面间的实际接触面积大为增加。例如,车削所得表面的实际接触面积约为 10%,磨削后为 20%,超精加工后可达 80%。但超精加工一般不能提高尺寸精度、形状精度和位置精度,工件这方面的要求应由前工序保证。超精加工生产率很高,常用于大批大量生产中加工曲轴、凸轮轴的轴颈外圆,飞轮、离合器盘的端平面以及滚动轴承的滚道等。

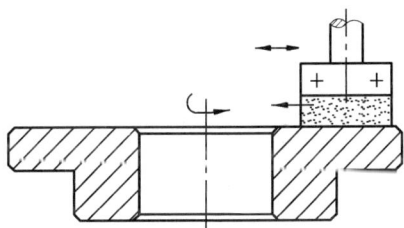

图 1-82 超精加工平面的方法　　　　图 1-83 抛光立铣头壳体刻度盘

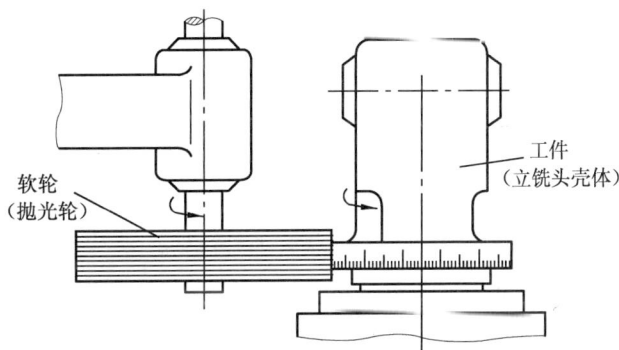

1.6.7 抛光

抛光是用涂有抛光膏的软轮(即抛光轮)高速旋转对工件进行微弱切削,从而降低工件表面粗糙度,提高光亮度的一种精密加工方法。图 1-83 是抛光立铣头壳体刻度盘的情景,以增加刻度盘的光亮度。

软轮用皮革、毛毡、帆布等材料叠制而成,具有一定的弹性,以便工作时能按工件表面形状变形,增大抛光面积或加工曲面。抛光膏由较软的磨料(氧化铁、氧化铬等)和油脂(油酸、硬脂酸、石蜡、煤油等)调制而成。

抛光时,软轮高速旋转,其线速度一般为 $25\sim50$ m/s。软轮与工件之间有一定压力。油酸、硬脂酸一类强氧化剂物质在金属工件表面形成氧化膜以加大抛光时的切削作用。抛光产生大量的摩擦热,使工件表层出现极薄的金属熔流层,对原有微观沟痕起填平作用,从而获得光亮的表面。

抛光一般在磨削或精车、精铣、精刨的基础上进行,不留加工余量。经过抛光,表面粗糙度 Ra 值可达 $0.1\sim0.012$ μm,并可明显地增加光亮度。抛光不能提高尺寸精度、形状精度和位置精度。因此,抛光主要用于表面的修饰加工及电镀前的预加工。

1.7　加工精度和表面质量

1.7.1　加工精度

1. 加工精度的概念

零件的加工精度是指零件在加工后的实际几何参数(尺寸、形状和位置)与理想几何参数的符合程度。零件的加工精度包括尺寸精度、形状精度和位置精度。

尺寸精度　尺寸精度指的是零件的直径、长度、表面间距离等尺寸的实际数值与理想数值的接近程度。尺寸精度是用尺寸公差来控制的。尺寸公差是切削加工中零件尺寸允许的变动量。在基本尺寸相同的情况下,尺寸公差愈小,则尺寸精度愈高。国标 GB 1800—79 至 GB 1084—79 将确定尺寸精度的标准公差等级分为 20 级,分别为 IT01, IT0,IT1,IT2,…,IT18,其中 IT01 的公差最小,尺寸精度最高。切削加工所获得的尺寸精度一般与所使用的设备、刀具和切削条件等密切相关。尺寸精度愈高,零件的工艺过程愈复杂,加工成本也愈高。因此,在设计零件时,在保证零件使用性能的前提下,应选用较低的尺寸精度。

形状精度　形状精度是指加工后零件上的线、面的实际形状与理想形状的符合程度。评定形状精度的项目有直线度、平面度、圆度、圆柱度、线轮廓度和面轮廓度 6 项。形状精度是用形状公差来控制的,各项形状公差,除圆度、圆柱度分 13 个精度等级外,其余均分为 12 个精度等级。1 级最高,12 级最低。

位置精度　位置精度是指加工后零件上的点、线、面的实际位置与理想位置的符合程度。评定位置精度的项目有平行度、垂直度、倾斜度、同轴度、对称度、位置度、圆跳动和全跳动 8 项。位置精度是用位置公差来控制的,各项目的位置公差亦分为 12 个精度等级。

2. 影响加工精度的主要因素

加工原理误差　加工原理误差是指因采用了近似的加工方法或传动方式及形状近似的刀具等而造成的误差。例如铣齿,各号铣刀的齿形是按该号范围内最小齿数齿轮的齿槽轮廓制作的,因此各号铣刀加工范围内的齿轮齿形,只有齿数最少的齿轮齿形是准确的,其余的均有误差,即所谓加工原理误差。

机床、刀具及夹具误差　机床、刀具及夹具误差包括制造和磨损两方面。它们对加工精度的影响是显而易见的,例如卧式车床的纵向导轨在水平面内的直线度误差,直接产生工件直径尺寸误差和圆柱度误差;又例如,在车床上精车长轴和深孔时,随着车刀逐渐磨损,工件表面出现锥度而产生其直径尺寸误差和圆柱度误差。

工件装夹误差　工件装夹误差包括定位误差和夹紧误差两方面。它们对加工精度有一定影响。例如,在卡盘上夹紧薄壁套、圆环等刚度较差的工件时,工件很容易产生弹性变形。图 1-84 为三爪自定心卡盘装夹盘套工件的情形,其中图(a)为装夹前工件的形状;图(b)为夹紧后的形状;图(c)为内孔加工完后还未卸下的形状;图(d)为卸下工件,弹性变形恢复后的形状,此时装夹误差反映到加工表面内孔上。因此,加工薄壁零件时,夹紧力应在工件圆周上均匀分布,采用液性塑料夹具可达到这种要求。

工艺系统变形误差　机床、夹具、工件和刀具构成弹性工艺系统,简称工艺系统。工艺系统变形误差包括受力弹性变形误差和热变形误差两方面。例如轴工件在两顶尖间加工,近似

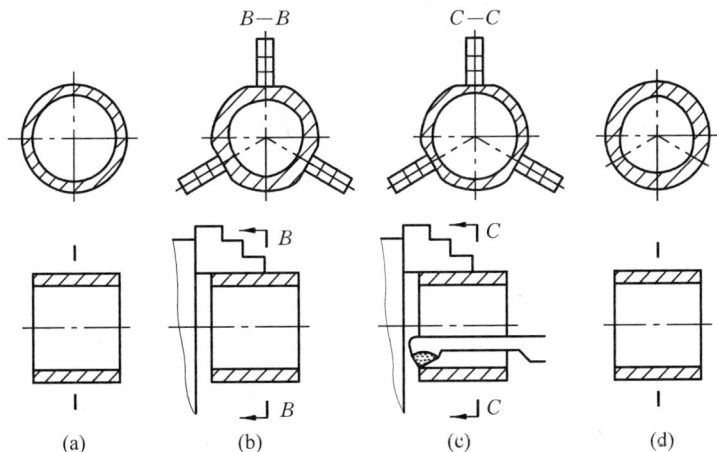

图 1-84　三爪自定心卡盘装夹薄壁工件变形状况

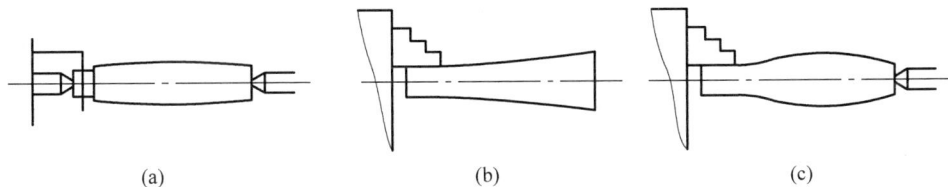

图 1-85　工艺系统受力变形对加工精度的影响

于一根梁自由支承在两个支点上,在背向力 F_p 的作用下,最后加工出的形状如图 1-85(a)所示。图 1-85(b),(c)则是分别用卡盘、卡盘-顶尖在背向力 F_p 的作用下加工出的零件形状。因此,加工刚度较差的细长轴工件时,常采用中心架或跟刀架等辅助支承,以减小工件受力变形。又例如在车削加工中,车床部件中受热最多又变形最大的是主轴箱,图 1-86 中的虚线表示车床的热变形,车床主轴前轴承的温升最高,影响加工精度最大的是主轴轴线的抬高和倾斜。

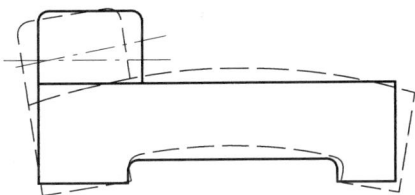

图 1-86　车床的热变形

工件内应力　工件内应力总是拉应力和压应力并存而总体处于平衡状态。当外界条件发生变化,如温度改变或从表面再切去一层金属后,内应力的平衡即遭到破坏,引起内应力重新分布,使零件产生新的变形。这种变形有时需要较长时间,从而影响零件加工精度的稳定性。因此,常采用粗、精加工分开,或粗、精加工分开且在其间安排时效处理,以减少或消除内应力。

1.7.2　表面质量

1. 表面质量的概念

表面质量是指零件在加工后表面层的状况。具体内容包括表面粗糙度、表面变形强化和残余应力等。表面变形强化和残余应力前面已作介绍,这里只介绍表面粗糙度。

在切削加工中,由于振动、刀痕以及刀具与工件之间的摩擦,在工件已加工表面不可避免地留下一些微小峰谷。即使是光滑的磨削表面,放大后也会发现有高低不平的微小峰谷。零件表面上这些微小峰谷的高低程度称为表面粗糙度,也称微观不平度。国标规定了表面粗糙度的评定参数,其中最为常用的是轮廓算术平均偏差 Ra 值。

2. 影响表面粗糙度的主要因素

切削残留面积　从前面图 1-20 中可以看出,减小进给量 f、主偏角 κ_r、副偏角 κ_r' 可有效地减小残留面积,从而降低表面粗糙度。因此,采用 $\kappa_r'=0°$ 的车刀及宽刃细刨刀均可获得较小的表面粗糙度 Ra 值。

积屑瘤　由前图 1-31 可知,积屑瘤伸出刀尖之外,且不时破碎脱落,在工件表面上刻划出不均匀的沟痕,对表面粗糙度影响很大。因此,精加工塑性金属时,常采用高速切削($v_c>100\ \text{m/min}$)或低速切削($v_c<5\ \text{m/min}$),以避免产生积屑瘤,获得较小的表面粗糙度 Ra 值。

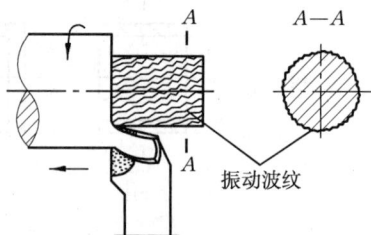

图 1-87　加工表面的振动波纹

工艺系统振动　工艺系统振动使刀具对工件产生周期性的位移,在加工表面上形成类似波纹的痕迹,使表面粗糙度 Ra 值增大,如图 1-87 所示。因此,在切削加工中,应尽量避免振动。

复习思考题

1. 试分析普通车床、立式铣床、卧式铣床、钻床、牛头刨床、平面磨床和外圆磨床的主体运动和进给运动,理解不同机床上切削用量三要素的含义。

2. 从不同类型机床零件表面加工的范围特征,分析与归纳出机床运动与零件加工表面的关联。

3. 为什么机械切削加工要划分阶段?是怎样划分的?热处理在其中起何作用?

4. 在制定零件的加工工艺时,需要考虑哪些方面的技术要求?分析每方面的技术要求所包含的知识内涵。

5. 确定刀具静止参考系的主要坐标平面有哪几个?这些主要坐标平面在测量刀具的几何角度中各起何作用?

6. 车床的右偏刀有哪几个主要的标注角度?这些角度在切削加工中各起何作用?

7. 作为重要的刀具材料,人造聚晶金刚石和立方氮化硼各有何特点?各应用在哪些场合?金刚石刀具为何不用作加工钢铁材料?

8. 磨具切削加工有何特点?为什么相对刀具切削加工,它比较容易达到更高的精度和表面粗糙度?

9. 群钻与普通标准麻花钻相比,在钻削加工中有哪些优势?为什么?

10. 钻-扩-铰组合工艺适合于应用在什么场合?铰孔时应注意哪些主要的工艺要点?铰孔的精度和表面粗糙度主要取决于哪些因素?

11. 无心磨削有几种加工方法?各适合于加工哪些工件?

12. 精密加工有哪些主要方法?手工精密加工和机械精密加工各有何优缺点?

13. 在切削加工中,分析有哪些因素影响零件的加工精度和表面粗糙度。

本章主要参考文献

1. 孟少农. 机械加工工艺手册. 北京：机械工业出版社,1991
2. 机械切削及工艺管理标准汇编. 北京：中国标准出版社,1993
3. 金问楷. 机械加工工艺基础. 北京：清华大学出版社,1990
4. 张学政. 金属工艺学(下册). 北京：中央广播电视大学,1996

本章推荐选用教学电视片

1. 张学政,卢讱溶. 工程材料及机械制造基础绪论(31 min). 清华大学音像出版社
2. 张文曙. 刀具角度对切削过程的影响(15 min). 清华大学音像出版社
3. 傅水根. 超硬刀具及其应用(21 min). 清华大学音像出版社
4. 田春芳,吴凤春. 金属切削过程(20 min). 清华大学音像出版社
5. 张学政. 车床附件(30 min). 清华大学音像出版社
6. 张学政. 车床工作(30 min). 清华大学音像出版社
7. 黄德胜. 镗床工作(30 min). 清华大学音像出版社
8. 黄德胜,马二恩. 铣床附件及其工件装夹(20 min).清华大学音像出版社
9. 周述积. 插削与拉削(15 min). 清华大学音像出版社
10. 黄德胜. 光整加工(22 min). 清华大学音像出版社

2 特种加工工艺基础

导 学

特种加工"特"在何处？就"特"在它不是采用常规的刀具或磨具对工件进行切削加工，而是直接利用电能、电化学能、声能或光能等能量，或选择几种能量的复合形式对材料进行加工。因此学习本章，就要了解和掌握各种特种加工方法的工作原理、基本工艺规律、加工特点和应用范围，以便在解决工艺问题时能合理地选用。在学习中有两点要提醒同学们注意：一是选用时要恰到好处，如果切削加工能高效率、高质量地解决工艺问题，一般不选用特种加工，否则可能造成经济损失；二是随着社会各领域对产品不断增长的新需求，设计技术和工艺技术是在相互制约和相互促进中不断辩证地向前发展的。没有新的工艺技术，就难以有价廉物美和高、精、尖的新产品问世。希望通过本章的学习，进一步引起对工艺技术的兴趣，更希望同学们将来能在工艺技术方面有所创新，为振兴和发展我国的民族工业做出自己应有的贡献。

2.1 特种加工概述

1. 特种加工的产生与发展

切削加工具有悠久的历史，在机械制造中有其突出的特点及应用。尤其自 20 世纪 80 年代以来，世界各国大力推广数控技术和柔性制造技术，切削加工的生产效率和加工精度都取得了令人瞩目的进展。时至今日，切削加工在机械制造中仍处于统治地位。但在长期的生产实践中，人们也发现切削加工存在着明显的弱点。当材料的硬度过高，零件的精度要求过高，零件的结构过于复杂或零件的刚度较差时，常规的切削加工就显得难以适应。

生产中一旦提出了需要解决的新问题，就必然有人进行研究和探索。直到 1943 年，前苏联的拉扎连柯（Лазаренко）夫妇在研究开关触点遭受火花放电时的腐蚀损坏的现象和原因时，从火花放电时的瞬时高温，可使局部金属熔化、汽化而蚀除的现象，顿悟到创造一种全新的加工方法的可能性，继而深入进行研究，最终发明了电火花加工的新型方法。采用较软的工具即可加工具有高硬度的金属材料，从而首次摆脱了常规的切削加工，直接利用电能和热能去除金属，达到了"以柔克刚"的效果。继发明电火花加工之后，人们又不停顿地进行研究和探索，相继发展了一系列的特种加工新方法，如电解加工、超声波加工和激光加工等，从而开创了特种加工（亦称非常规加工）的广阔领域。

与常规的切削加工相比，特种加工具有下列特点：

（1）工具材料的硬度可以大大低于工件材料的硬度；

（2）可直接利用电能、电化学能、声能或光能等能量对材料进行加工；

（3）加工过程中的机械力不明显；

（4）各种加工方法可以有选择地复合成新的工艺方法，使生产效率成倍地增长，加工精度也相应提高；

（5）几乎每产生一种新的能源，就有可能产生一种新的特种加工方法。

由于特种加工方法具有上述特点，因此可以用于解决下列工艺难题：

（1）解决各种难切削材料的加工问题，如耐热钢、不锈钢、钛合金、淬火钢、硬质合金、陶瓷、宝石、金刚石以及锗和硅等各种高强度、高硬度、高韧性、高脆性以及高纯度的金属和非金属的加工。

（2）解决各种复杂零件表面的加工问题，如各种热锻模、冲裁模和冷拔模的模腔和型孔、整体涡轮、喷气涡轮机叶片、炮管内腔线以及喷油嘴和喷丝头的微小异形孔的加工问题。

（3）解决各种精密的、有特殊要求的零件加工问题，如航空航天、国防工业中表面质量和精度要求都很高的陀螺仪、伺服阀以及低刚度的细长轴、薄壁筒和弹性元件等的加工。

由于特种加工具有上述特点并可以解决生产中的上述工艺难题，因此在现代制造、科学研究和国防事业中获得日益广泛的应用，而生产和科学研究中提出来的新问题又促进了特种加工工艺方法的迅速发展。

2. 特种加工方法的分类

特种加工发展至今虽已有 60 多年的历史，但在分类方法上并无明确规定。一般按能量形式和作用原理进行划分：

（1）按电能与热能的不同作用方式有：电火花成形与穿孔加工（EDM）、电火花线切割加工（WEDM）、电子束加工（EBM）和等离子体加工（PAM）。

（2）按电能与化学能的不同作用方式有：电解加工（ECM）、电铸加工（ECM）和刷镀加工。

（3）按电化学能与机械能的不同作用方式有：电解磨削（ECG）、电解珩磨（ECH）。

（4）按声能与机械能的不同作用方式有：超声波加工（USM）。

（5）按光能与热能的不同作用方式有：激光加工（LBM）。

（6）按电能与机械能的不同作用方式有：离子束加工（IM）。

（7）按液流能与机械能的不同作用方式有：挤压珩磨（AFH）和水射流切割（WJC）。

根据在生产中的实际应用情况，本章将主要介绍电火花加工、电解加工、超声波加工、激光加工、电子束和离子束加工。

3. 特种加工对机械制造工艺技术产生的影响

特种加工自问世以来，由于其突出的工艺特点和日益广泛的应用，逐步深化了人们对制造工艺技术的认识，同时也引起了制造工艺技术的一系列变革。

（1）改变了对材料可加工性的认识　对切削加工而言，淬火钢、硬质合金、陶瓷、立方氮化硼和金刚石一直被认为是难切削材料。而现在已较广泛使用的由陶瓷、立方氮化硼和人造聚晶金刚石制成的刀具、工具和拉丝模等，都可以采用电火花、电解、超声波和激光等多种方法进行加工。对于淬火钢和硬质合金，采用电火花成形加工和电火花线切割加工已不再是难事。这样，材料的可加工性就不再简单地以材料的强度、硬度、韧性和脆性进行衡量，而与所选择的加工方法有关。

（2）要重新衡量设计结构工艺性的优劣问题　在通常的结构设计中，常认为方孔、小孔、弯孔和窄缝的结构工艺性很差。而对特种加工来说,利用电火花穿孔和电火花线切割加工孔时,方孔和圆孔在加工难度上是没有差别的。有了高速电火花小孔加工专用机床后,各种导电材料的小孔加工,特别是深细小孔的加工变得更为容易;喷丝头上的各种异形孔由以往的不能加工变为可以加工;过去因一时疏忽在淬火前没有钻的定位销孔,没有铣的槽,淬火后因难以切削加工只能报废,现在可用电加工方法予以补救;过去攻螺纹因无法取出孔内折断的丝锥,而使工件报废的现象已不复存在。有了特种加工,设计和工艺人员在设计零件结构,安排工艺过程时有了更大的灵活性和选择余地。

(3)对零件的结构设计带来重大变革　喷气发动机的叶轮由于形状复杂,过去只能在做好一个个的叶片后组装而成。有了电解加工,设计人员就可以设计整体蜗轮了。又如山形硅钢片冲模,结构复杂,不易制造,往往采用拼镶结构。有了电火花线切割,就可以设计成整体结构。

(4)可以进一步优化零件的加工工艺过程　按传统切削加工,除磨削外,其他切削加工一般需要安排在淬火工序之前。按照常规,这是工艺人员必须遵循的工艺准则之一。有了特种加工,为了避免淬火工序中引起已加工部分的变形甚至开裂,工艺人员可以先安排淬火再加工孔槽。采用电火花成形加工、电火花线切割加工或电解加工的零件常先安排淬火,这已成为比较典型的工艺过程。

总之,各种特种加工方法不仅给设计师提供了更广阔的结构设计的新天地,而且给工艺师提供了解决各种工艺难题的新手段,有力地促进着我国的科技发展和技术进步。随着我国国民经济和科学技术飞速发展的需要,特种加工技术将取得更加辉煌的成就。

2.2　电火花加工

电器开关在合上和拉开时,有可能因局部放电使开关的接触部位烧蚀,这种现象称为电蚀。电火花加工正是在一定的液体介质中,利用脉冲放电对导电材料的电蚀现象来蚀除材料,从而使零件的尺寸、形状和表面质量达到预定技术要求的一种加工方法。在特种加工中,电火花加工的应用最为广泛,因而也成为本章的重点。

2.2.1　电火花加工的原理与特点

1. 电火花加工原理

电火花加工是在如图 2-1 所示的加工系统中进行的。加工时,脉冲电源的一极接工具电极,另一极接工件电极。两极均浸入具有一定绝缘度的液体介质(常用煤油或矿物油)中。工具电极由自动进给调节装置控制,以保证工具与工件在正常加工时维持一很小的放电间隙(0.01~0.05 mm)。当脉冲电压加到两极之间,便将当时条件下极间最近点的液体介质击穿,形成放电通道。由于通道的截面积很小,放电时间极短,致使能量高度集中($10^6 \sim 10^7$ W/mm²),放电区域产生的瞬时高温足以使材料熔化甚至蒸发,以致形成一个小凹坑。第一次脉冲放电结束之后,经过很短的间隔时间,第二个脉冲又在另一极间最近点击穿放电。如此周而复始高频率地循环下去,工具电极不断地向工件进给,它的形状最终就复制在工件上,形成所需要的加工表面。与此同时,总能量的一小部分也释放到工具电极上,从而造成工具损耗。电蚀过程如图 2-2 所示。

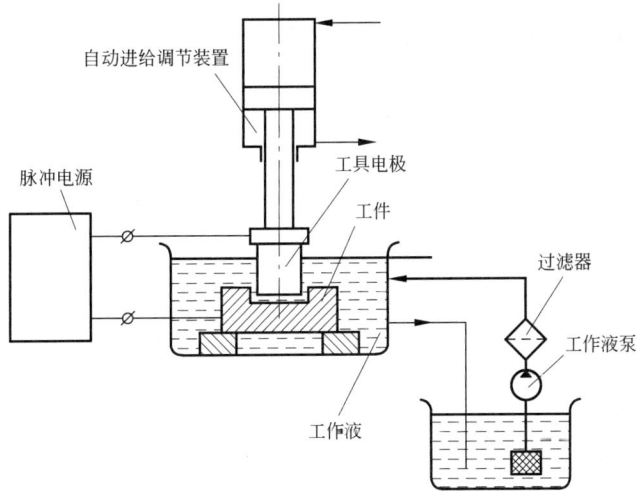

图 2-1　电火花加工原理图

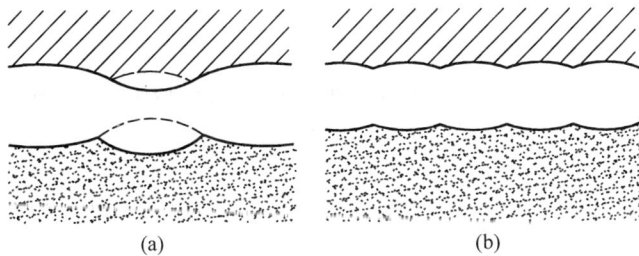

图 2-2　电蚀过程

2. 电火花加工的条件

从上面的叙述中可以看出,进行电火花加工必须具备下列三个条件:

(1) 必须采用脉冲电源,以形成瞬时的脉冲式放电。每次脉冲放电延续一段时间($10^{-7} \sim 10^{-3}$ s)后,需停歇一段时间(图 2-3)。这样一方面使能量集中于微小区域,而不致扩散到邻近的材料中去;另一方面可以恢复工作液的绝缘性。如果形成连续放电,就会形成像电焊一样的电弧,使工件表面烧伤而不能保证零件的尺寸和表面质量。

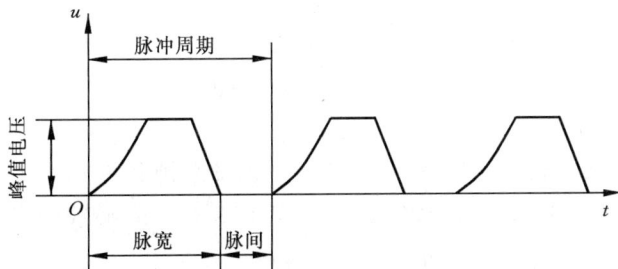

图 2-3　脉冲电源电压波形

(2) 必须采用自动进给调节装置,以保持工具电极与工件电极间微小的放电间隙。间隙过大,极间电压难以击穿极间的液体介质,不能产生火花放电;间隙过小,容易产生短路,也不能产生火花放电。电参数对放电间隙的影响很大,精加工时单边间隙仅有 0.01 mm,而粗加工则可达 0.5 mm,甚至更大。

(3) 火花放电必须在具有一定绝缘强度($10^3 \sim 10^7 \Omega \cdot cm$)的液体介质中进行。常用的绝缘液体介质有煤油、皂化液和去离子水等。液体介质又称工作液,它除了有利于产生脉冲式的火花放电外,而且有利于排除放电过程中产生的电蚀产物和冷却电极以及工件表面。

3. 电火花加工的特点

电火花加工具有如下特点:

(1) 可以加工任何高强度、高硬度、高韧性、高脆性以及高纯度的导电材料。如不锈钢、钛合金、工业纯铁、淬火钢、硬质合金、导电陶瓷、立方氮化硼和人造聚晶金刚石等。

(2) 加工时无明显的机械力,故适用于低刚度工件和微细结构的加工。由于可以简单地将工具电极的形状复制在工件上,再加上数控技术的运用,因此特别适用于复杂的型孔和型腔加工。甚至可以使用简单的工具电极加工出复杂形状的零件。

(3) 脉冲参数可根据需要进行调节,因而可以在同一台机床上进行粗加工、半精加工和精加工。

(4) 在一般情况下生产效率低于切削加工。为了提高生产率,常采用切削加工进行粗加工,再进行电火花加工。目前电火花高速小孔加工的生产率已明显高于小直径钻头钻孔。

(5) 放电过程有部分能量消耗在工具电极上,从而导致电极损耗,影响成形精度。

由于电火花加工具有以上特点,因此一方面广泛应用于机械制造、航空航天、仪器仪表和电子设备等行业,另一方面正加强研究,以扩大其应用范围,并不断改善其不足之处。

2.2.2 电火花加工的基本工艺规律

与切削加工相比,电火花加工中的工艺过程和所涉及的工艺参数要复杂得多。但从加工的最终结果看,主要体现在加工速度、工具损耗、表面质量和加工精度四个方面。电火花加工时,单位时间内工件的蚀除量称为加工速度(即生产率);单位时间内工具的蚀除量称为损耗速度。而被加工工件的电蚀表面则存在表面质量和加工精度问题。

1. 加工速度及其影响因素

一般用单位时间内的体积蚀除量来表示加工速度,常称为体积加工速度 v_W。

$$v_W = V/t \ (mm^3/min)$$

式中　V——电蚀除的总体积;

　　　　t——加工时间。

为了测量方便,也常采用质量加工速度 v_G 来表示。

$$v_G = M/t \ (g/min)$$

式中　M——电蚀除的质量。

在电火花加工中,无论正极或负极,某一段时间内的总蚀除量 q_p 约等于同时间内各单个有效脉冲蚀除量的总和。正、负极的蚀除速度,与单个脉冲能量、脉冲频率成正比:

$$q_p = \kappa_p w_M f \varphi t$$

$$v_p = \frac{q_p}{t} = \kappa_p w_M f \varphi$$

式中　q_p——正极的总蚀除量;

　　　　κ_p——工艺系数(与电极材料、脉冲参数和工作液有关);

　　　　w_M——单个脉冲能量;

f——脉冲频率；

t——加工时间；

v_p——正极蚀除速度。

负极的总蚀除量与正极蚀除速度相比，除其中的工艺系数有别以外，其余与正极相同。

从以上公式可以看出，提高加工速度有下列几条途径：

（1）增加单个脉冲能量 w_M　这主要靠加大脉冲电流和增加脉冲宽度来实现。但事物都有两重性，单个脉冲能量的增加在提高加工速度的同时会降低表面质量和加工精度。因此仅适用于粗加工和半精加工。

（2）提高脉冲频率 f　要提高脉冲频率，必须缩小脉冲间隔时间。如果脉冲间隔过小，有可能使工作区域的工作液来不及恢复其绝缘性能，从而导致破坏性的电弧放电，使加工过程不能正常进行。因此，脉冲频率只能在一定范围内提高。

（3）提高工艺系数 κ_p　影响工艺系数的因素较多，应合理选择电极材料、放电参数和工作液，进一步改善工作液的循环过滤方式等，来有效地提高脉冲利用率，从而达到提高工艺系数的目的。

（4）正确选择工件的极性　在电火花加工中，无论正极还是负极，都程度不同地受到电热蚀除。即使在工具电极和工件材料相同的情况下，例如以钢加工钢，正负极的蚀除量也不相同。这种单纯由极性不同而引起的电蚀除量不一致的现象叫极性效应。在生产中，当采用窄脉冲（如用紫铜电极加工钢，$t_i \leqslant 10\ \mu s$）加工时，一般选用正极性加工（即工件接脉冲电源的正极）；当采用宽脉冲（如用紫铜电极加工钢时，$t_i \geqslant 80\ \mu s$）加工时，应采用负极性加工（工件接脉冲电源的负极）。此时工件才能获得较快的蚀除速度。

2. 工具相对损耗

在实际生产中工具电极存在损耗，但衡量工具电极是否耐损耗，不但要看工具本身的损耗速度 v_N，而且要看此时达到的加工速度 v_w。因此，一般采用相对损耗 θ 作为衡量工具电极耐损耗的重要指标：

$$\theta = v_N / v_w \times 100\%$$

上式中的加工速度和损耗速度若以 mm^3/min 为单位计算，则 θ 为体积相对损耗；若以 g/min 为单位计算，则 θ 为质量相对损耗。

为了降低工具电极的相对损耗，人们进行了长期的研究，找出了行之有效的一些办法：

（1）利用极性效应　前面已叙述极性效应对加工速度的影响，事实上，它对工具电极损耗的影响也很大。从图 2-4 所示工具电极相对损耗与脉宽及极性的关系曲线中（以 $\phi 25.4$ 的石墨电极加工不淬火的钢板）可以看出，当采用负极性加工时，电极损耗随脉冲宽度增加而减小，当脉冲宽度超过 $400\ \mu s$ 时，损耗将小于 1%。若采用正极性加工，电极损耗则一般大于 12%。

（2）利用覆盖效应　在使用煤油等碳氢化合物作工作液时，放电产生的高温会使工作液受热分解出碳化物并附着在电极表面，形成能继续放电的保护层，这种现象称为覆

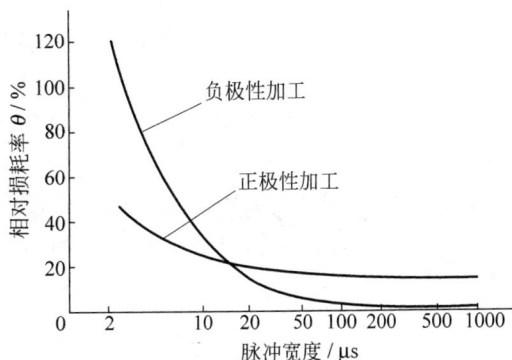

图 2-4　工具电极相对损耗、极性与脉宽的关系

盖效应或吸附效应。工具电极上的这层碳化物黑膜在放电加工过程中像切削加工中的积屑瘤那样,总是处于"形成—蚀除"的动态平衡中。它对工具电极起着保护和补偿作用,从而有助于实现"低损耗"加工。由于黑膜只能在正极表面形成,因此要利用覆盖效应,必须采用负极性加工。

(3) 选用合适的工具电极材料　工具电极材料的选择对其放电加工中的损耗影响甚大。常用的材料有铜、石墨、钨、铜钨合金和银钨合金等。铜的熔点虽然较低,但导热性好,故损耗小。此外,铜的切削加工性好,易于制成各种精密和复杂的电极,常用作制造中、小型腔用的工具电极。石墨不仅易于加工和热学性能好,而且在长脉冲加工时能吸附游离态的碳来补偿电极的损耗,广泛用于制作各种加工型腔用的电极。钨、钼、铜钨合金、银钨合金等材料熔点高、导热性好,电极损耗小,但价格昂贵,又难以加工,一般在精密电火花加工中采用。钼在高速电火花线切割中广泛用于制作线电极。

对于导热性能好的工具电极,还可以利用材料的传热效应来减少其损耗。由于其传热性能优于工件,当采用较大的脉冲宽度和较小的脉冲电流进行加工时,导热作用会降低电极表面温度而减少损耗,而工件表面温度仍很高而被蚀除。

3. 表面质量及其影响因素

电火花加工的表面质量主要包括表面粗糙度、表面变质层和表面力学性能。

(1) 表面粗糙度　电火花加工的表面由许多无方向性的小坑和硬凸边所组成,这种表面形貌在保存润滑油方面,有点类似于刮削表面。在相同的表面粗糙度和有润滑油的情况下,其表面的润滑性能和耐磨损性能优于带方向性的切削和磨削加工的表面。

对表面粗糙度 Ra 值影响最大的是单个脉冲能量。单个脉冲能量愈大,脉冲放电的蚀除量愈大,愈容易产生又深又大的放电凹坑,从而使加工表面粗糙。

工件材料对表面粗糙度也有影响。熔点高的材料,如硬质合金,在相同能量下加工出的表面粗糙度 Ra 值要小于熔点低的材料,如钢。

由于放电加工时的仿形作用,工具电极的表面粗糙度也直接影响被加工表面的表面粗糙度。因此精加工用的工具电极表面要光滑平整。

放电加工的表面粗糙度还受加工方法的影响。普通的电火花成形加工达到的表面粗糙度 Ra 值约为 $3.2 \sim 0.4 \, \mu m$;采用平动或摇动加工,则可达 $0.8 \sim 0.05 \, \mu m$;采用电火花磨削可达 $0.05 \sim 0.025 \, \mu m$。其基本规律是:加工速度愈高,被加工表面愈粗糙;被加工表面要求愈平整,则加工速度会明显降低。在生产中必须善于处理加工速度与表面粗糙度这一对矛盾,否则欲速则不达。

(2) 表面变质层　放电加工时,在放电的瞬时高温和液体介质的快速冷却作用下,材料的表层产生较大变化,大体可分为熔化凝固层、热影响层和显微裂纹(图 2-5)。

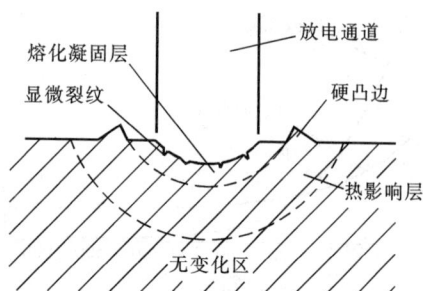

图 2-5　放电痕剖面显示的表面变质层

① 熔化凝固层　位于工件表层的最上层。它是放电时瞬时高温熔化后被液体介质快速冷却凝固的薄层。它不同于基体金属,与内层结合也不牢固。其厚度随脉冲能量的增大而变厚,但一般小于 0.1 mm。

② 热影响层　位于熔化层和基体间。虽然受到瞬时放电高温的影响,但并没有熔化。高温使其金

相组织发生变化,但与基本材料间不存在明显界限。热影响层主要为淬火区,其厚度一般为最大微观不平度的 2～3 倍。

③ 显微裂纹   电火花加工表面由于受到瞬时高温和骤冷作用,容易出现显微裂纹。脉冲能量愈大,显微裂纹愈深;脉冲能量小到一定程度,则一般不再出现裂纹。由于硬脆材料的原始内应力较大,放电加工时也易产生裂纹。

(3) 表面力学性能   电火花加工表面层主要影响材料的显微硬度与耐磨性、残余应力和耐疲劳性能。

① 对显微硬度与耐磨性的影响   电火花加工表面层的硬度一般较高,对于滑动摩擦,表面的耐磨性好。对于交变载荷的滚动摩擦,尤其是干摩擦,则容易造成剥落磨损。

② 对残余应力的影响   由于电火花加工是瞬时高温与快速冷却交替频繁地进行,容易在材料表层产生拉应力为主的残余应力。残余应力的大小和分布,主要取决于脉冲能量的大小和材料加工前的热处理状态。为了减少残余应力,对表面质量要求高的工件,需选用较小的脉冲能量和适当的热处理。

③ 对耐疲劳性能的影响   电火花加工表面层的耐疲劳性能大大低于机械加工表面。在实际生产中,可采用回火热处理来降低残余应力;采用喷丸处理,将残余拉应力转化为压应力。此外,当选用很小的脉冲能量进行加工,表面粗糙度 Ra 值可达 $0.4～0.1~\mu m$ 时,其耐疲劳性能将与机械加工表面接近。

4. 加工精度及其影响因素

电火花加工的尺寸精度随加工方法而异。目前电火花成形加工的平均尺寸精度为 $0.05~mm$,最高精度可达 $0.005~mm$;电火花线切割的平均加工精度为 $0.01~mm$,最高精度可达 $0.005~mm$。

如果排除机床的制造误差,工件和工具电极的定位和安装误差,影响加工精度的主要因素有放电间隙的大小和一致性、工具电极的损耗以及加工过程中的"二次放电"等因素。

(1) 放电间隙的大小和一致性   电火花加工时,如果放电间隙能保持不变,就可以获得较高的加工精度。然而,由于加工过程的复杂性,放电间隙的大小实际是变化的。此外,间隙的大小对加工精度也产生影响。尤其在加工具有复杂型面的内腔时,棱角部位的电场强度分布不匀,间隙愈大,影响也愈大。为了减少加工误差,往往采用较小的放电参数,以提高仿形精度。

(2) 工具电极的损耗   工具电极的损耗既影响尺寸精度,也影响形状精度。因此,当尺寸精度和表面质量要求高时,往往粗精加工分开进行。精加工时除了采用较小的放电参数外,还采用更换新电极或采用平动方法来提高加工精度。

(3) 二次放电   "二次放电"是指已加工表面由于电蚀产物等的未及时排除而产生的非正常放电。由于二次放电,在工件的加工深度方向会产生斜度并容易使待加工的棱角棱边产生圆角(图 2-6)。采用高频率窄脉宽精加工,此时的放电间隙小,可以使精密冲模获得小于 $0.01~mm$ 的圆角半径。

2.2.3   电火花加工的应用范围

由于电火花加工在国防、民用和科学研究中的应用日益广泛,因此电加工机床的种类和应

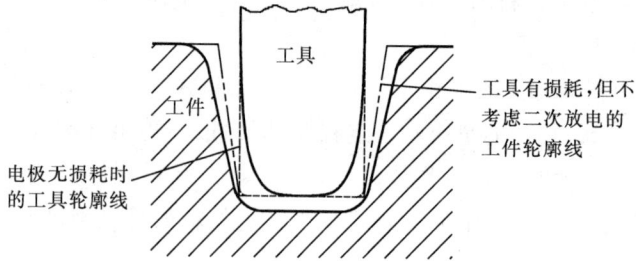

图 2-6　电火花加工时加工斜度与棱角变圆

用形式也正朝着多样性方向发展。按工艺过程中工具与工件相对运动的特点和用途不同,电火花加工可大体分为:电火花成形加工、电火花线切割加工、电火花磨削加工、电火花展成加工、非金属电火花加工和电火花表面强化等。

1. 电火花成形加工

电火花成形加工是通过工具电极相对于工件作进给运动,将工件电极的形状和尺寸复制在工件上,从而加工出所需要的零件。它包括电火花型腔加工和穿孔加工两种。

(1) 电火花型腔加工　电火花型腔加工包括三维型腔和型面加工,此外还包含电火花雕刻。主要用于加工各类热锻模、压铸模、挤压模、塑料模和胶木模的型腔(图 2-7(a))。这类型腔多为盲孔,内形复杂,各处深浅不同,加工较为困难。为了便于排除加工产物和冷却,以提高加工的稳定性,有时在工具电极中间开有冲油孔(图 2-7(b))。

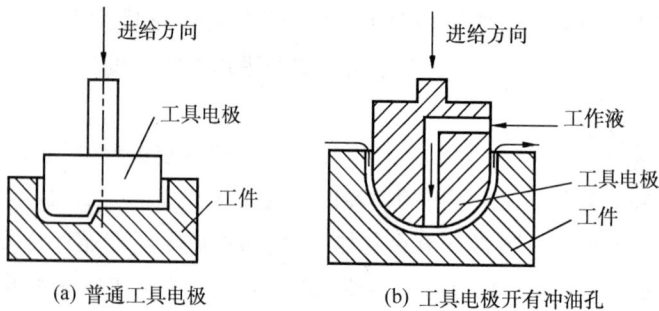

(a) 普通工具电极　　　　(b) 工具电极开有冲油孔

图 2-7　电火花型腔加工

(2) 电火花穿孔加工　电火花穿孔加工主要用于型孔(圆孔、方孔、多边形孔、异形孔)、曲线孔(弯孔、螺旋孔)、小孔和微孔的加工(图 2-8)。

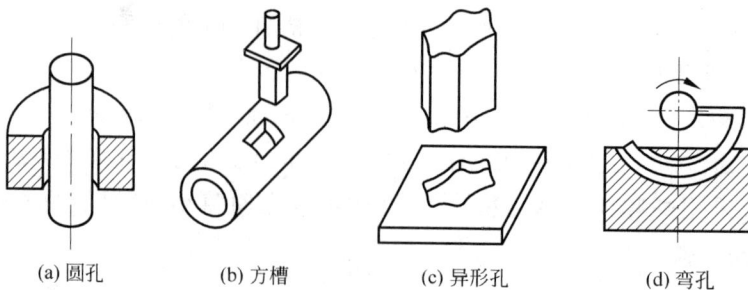

(a) 圆孔　　　(b) 方槽　　　(c) 异形孔　　　(d) 弯孔

图 2-8　电火花穿孔加工

近年来,在电火花穿孔加工中发展了高速小孔加工,解决了小孔加工中电极截面小,易变形,孔的深径比大,排屑困难等问题,取得了良好的社会经济效益。加工时,一般采用管状电极,内通以高压工作液。工具电极在回转的同时作轴向进给运动(图2-9)。这种方式适合于直径0.3～3 mm的小孔。其加工速度可达60 mm/min,远远高于小直径麻花钻头钻孔,而且避免了小直径钻头($d \leqslant 1$ mm)容易折断的问题。这种方法还可用于在斜面和曲面上打孔,且孔的尺寸精度和形状精度较高。

直径小于0.2 mm的孔称为细微孔。目前国外已加工出深径比为5,直径为$\phi 0.015$的细微孔。我国亦能稳定地加工出深径比为10,直径为$\phi 0.05$的细微孔。细微孔加工时,除了工具电极制备困难外,排屑状态也极为恶劣,还要有特殊的脉冲电源来控制单个脉冲的放电能量,对伺服进给系统亦有更严格的要求。这里仅介绍细微孔加工中工具电极材料的选用和工具电极的制造方法。

由于细微孔加工的孔径小,电极的相对损耗相当大,故不能选用常用的电极材料作工具电极,而应选用杂质少、损耗小、刚度和加工稳定性好的钨丝。但市场购得的钨丝,其尺寸和形状难以满足加工要求。对于微米级直径的工具电极,需加工成阶梯轴的形状,以提高电极刚度。通常采用的电火花反拷加工法是加工细微工具电极的有效方法(图2-10)。

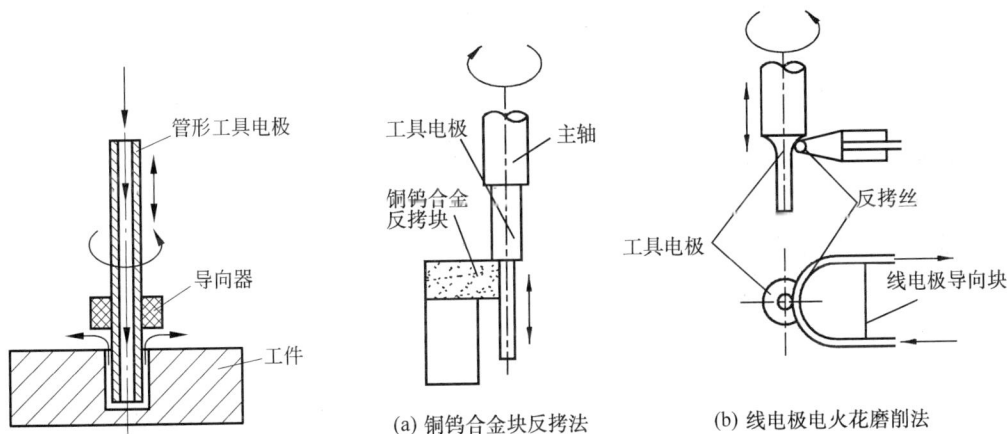

图2-9 电火花高速小孔加工

图2-10 微细电极反拷加工法

(a) 铜钨合金块反拷法　　(b) 线电极电火花磨削法

反拷加工法有两种:一种是采用长方块的铜钨合金固定在工作台上作为反拷电极(图2-10(a));另一种是采用线电极电火花磨削法(图2-10(b))。利用后一种方法,甚至可以加工出0.01 mm直径的细轴。当然,这种细轴的长度以满足加工深度为宜。

2. 电火花线切割加工

电火花线切割加工是利用移动的细金属丝作工具电极,按预定的轨迹进行脉冲放电切割。按线电极移动的速度大小分为高速走丝电火花线切割和低速走丝线切割。我国普遍采用高速走丝线切割,近年正在发展低速走丝线切割。高速走丝时,线电极是直径为$\phi 0.02 \sim \phi 0.3$的高强度钼丝。钼丝往复运动的速度为8～10 m/s。低速走丝时,多采用铜丝,线电极以小于0.2 m/s的速度作单方向低速移动。电火花线切割的原理如图2-11所示。工作时,脉冲电源的一极接工件,另一极接缠绕金属丝的贮丝筒。如果切割图示的内封闭结构,钼丝先穿过工件上预加工的工艺小孔,再经导轮由贮丝筒带动作正、反向的往复移动。工作台在水平面两个坐标方向按各自预定的控制程序,根据放电间隙状态作伺服进给移动,合成各种曲线轨迹,把工件切割成形。与此同时,工作液不断喷注在工件与钼丝之间,起绝缘、冷却和冲走屑末的作用。

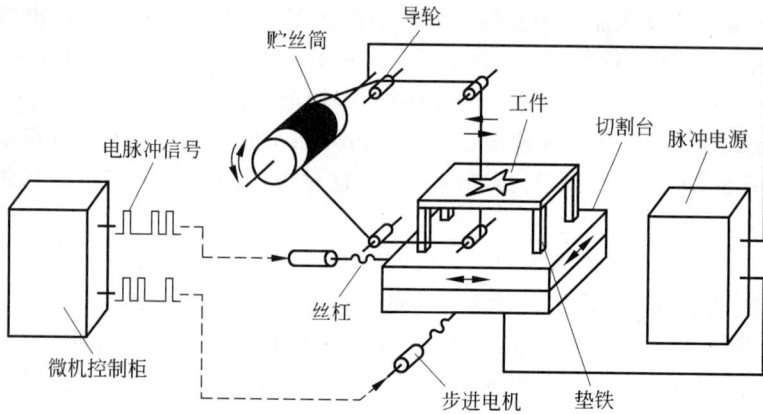

图 2-11 微机数控电火花线切割原理

与电火花成形加工不同的是,线电极在切割时,只有当电极丝和工件之间保持一定的轻微接触压力时,才形成火花放电。由此可以推断,在电极丝和工件间必然存在某种电化学作用产生的绝缘薄膜介质。当电极丝相对工件移动摩擦和被顶弯所造成的压力使绝缘薄膜减薄到可以被击穿的程度,才发生火花放电。放电产生的爆炸力使钼丝或铜丝局部振动而暂时脱离接触,但宏观上仍属轻压放电。

线切割时,电极丝不断移动,其损耗很小,因而加工精度较高。其平均加工精度可达 0.01 mm,大大高于电火花成形加工。表面粗糙度 Ra 值可达 1.6 μm 或更小。

国内外绝大多数数控电火花线切割机床都采用了不同水平的微机数控系统,基本上实现了电火花线切割数控化。

目前电火花线切割广泛用于加工各种冲裁模(冲孔和落料用)、样板以及各种形状复杂的型孔、型面和窄缝等。

3. 电火花磨削与镗磨加工

(1) 电火花磨削加工 采用类似工具磨床的方式,即可实现电火花磨削加工。DK6825 数控旋转电加工机床(图 2-12)就是利用数控和伺服技术,专用脉冲电源以及旋转工具电极来解

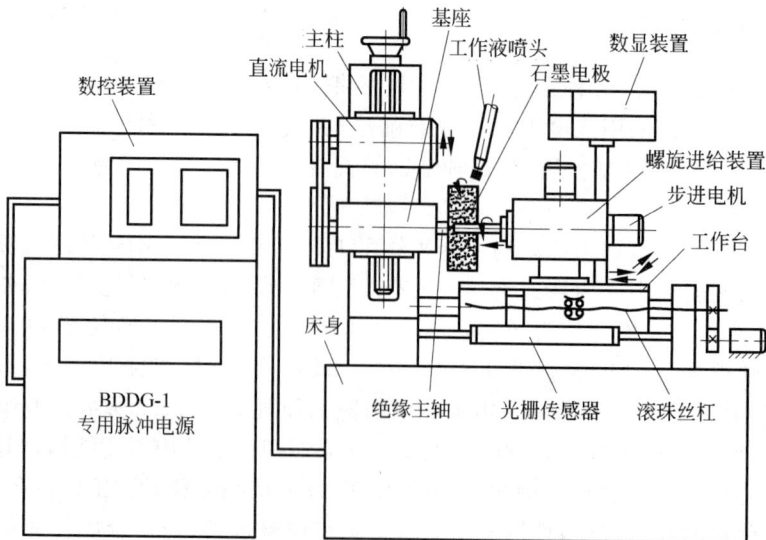

图 2-12 DK6825 数控旋转电火花加工机床

决各种超硬导电材料的磨削加工问题的。该机床装有大直径高纯石墨电极的主轴,该主轴可以实现无级调速和沿立柱的上下调整;工作台由步进电机通过滚珠丝杠驱动,根据用户程序可实现纵向或横向的伺服运动以及相对应的横向或纵向的往复运动;工作台上的螺旋进给装置(图 2-13)既可分别提供工件的旋转和往复运动,又可由旋转运动和轴向移动方便地组合为螺旋运动。再加上其他必要的附件,可以方便地磨削平面、外圆、螺旋槽和进行分度工作(图 2-14)。图 2-15 所示为利用该机床加工的人造聚晶金刚石车刀和小直径麻花钻头。电火花磨削的尺寸公差等级可达 IT8～IT6,表面粗糙度 Ra 值可达 $0.04\ \mu m$。

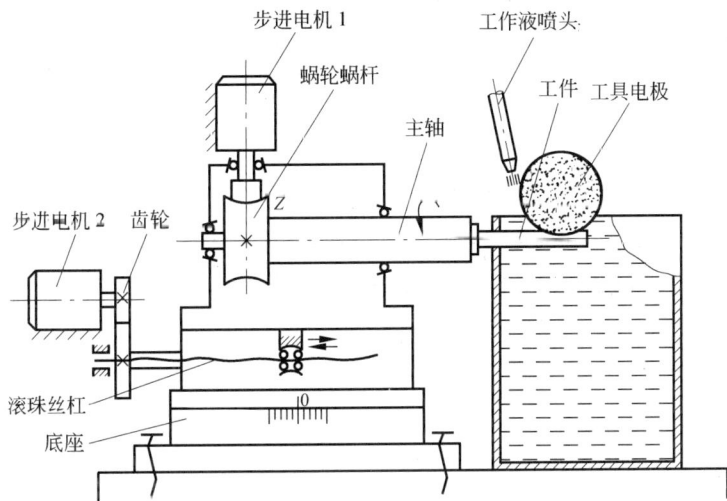

图 2-13 螺旋进给装置

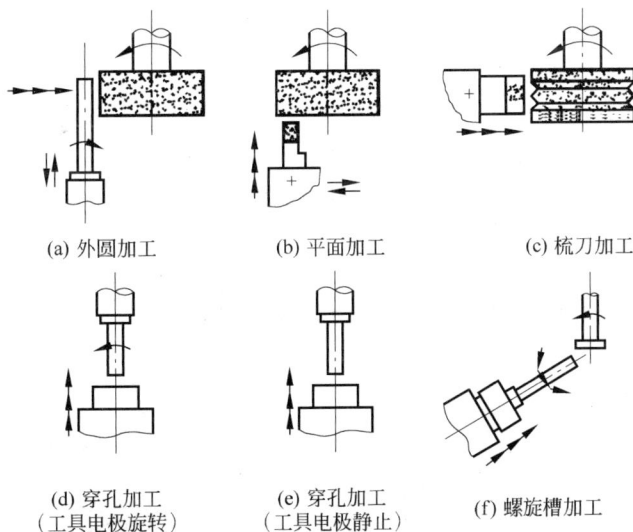

(a) 外圆加工 (b) 平面加工 (c) 梳刀加工

(d) 穿孔加工 (工具电极旋转) (e) 穿孔加工 (工具电极静止) (f) 螺旋槽加工

图 2-14 DK6825 数控旋转电火花机床加工范围

(2) 电火花镗磨加工 电火花镗磨与电火花磨削的不同之处在于除了工件的旋转运动外,工具电极有往复运动和进给运动,而没有旋转运动(图 2-16)。电火花镗磨的设备简单,加工精度和表面粗糙度良好,但生产率较低。已实现的小孔镗磨的锥度和圆度可达 $0.005\sim0.003$ mm,表面粗糙度 Ra 值可低于 $0.4\ \mu m$,在小孔加工中应用较多。

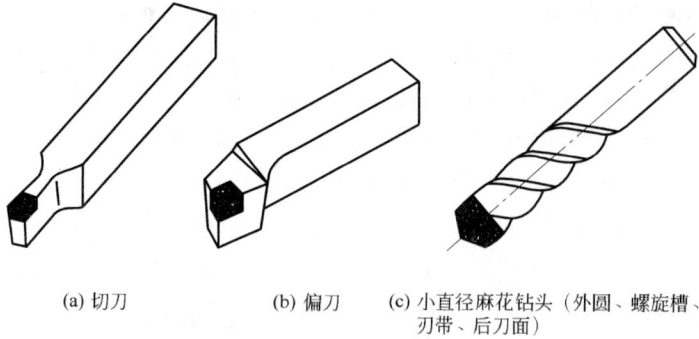

(a) 切刀   (b) 偏刀   (c) 小直径麻花钻头（外圆、螺旋槽、
                                        刃带、后刀面）

图 2-15   人造聚晶金刚石刀具

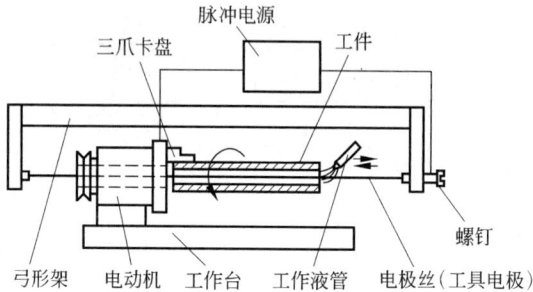

图 2-16   电火花镗磨

4. 电火花展成加工

在常规的切削加工中,齿轮齿形加工中的滚齿和插齿就属于展成加工。它是利用滚刀或插齿刀与齿坯之间以一定速比的强制啮合运动来形成齿轮的渐开线齿廓的。电火花展成加工正是借用了上述原理,利用工具电极相对工件进行展成运动的。回转、回摆、齿轮啮合、往复运动和螺旋运动都可形成展成运动。电火花展成加工的主要特点是工具电极与工件相互接近的部位切向相对运动的线速度很小,有时甚至为零,同时还要保证工具电极在展成放电加工中损耗极小。由我国发明的电火花共轭回转加工就是展成加工中的突出例子。

过去在淬火钢或硬质合金材料上采用电火花加工内螺纹,常按图 2-17 所示的方法。利用导向螺母使工具电极旋转的同时作轴向进给。但这种方法加工出的螺纹孔表面粗糙,有锥度,生产率较低。

电火花共轭回转加工则采用工件与工具电极同向同步旋转,工件作径向进给来实现内螺纹的加工(图 2-18)。

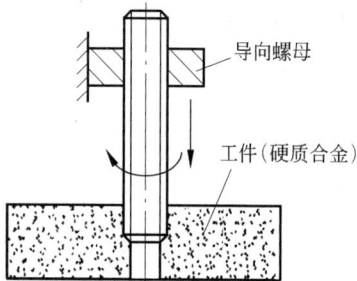

图 2-17   电火花加工内螺纹

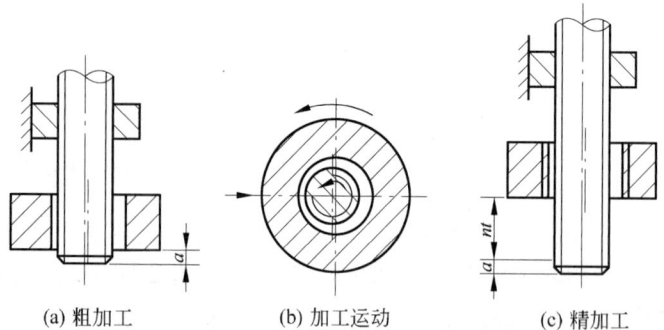

(a) 粗加工   (b) 加工运动   (c) 精加工

图 2-18   电火花共轭同步回转加工

　　加工前工件的螺纹底孔按小径制作,工具电极的螺纹尺寸及其精度按工件图样要求制作,但其外径应小于工件底孔直径,以便安装调整。

　　粗加工时,工具电极穿过工件底孔并使其轴线与工件轴线平行,然后和工件以相同的方向和转速旋转。与此同时,工件向工具电极作径向切入进给,从而复制出所需要的内螺纹。

　　精加工时,为了补偿电极的损耗,应使其轴向移动一个大于工件厚度的整数倍螺距值。

　　用共轭同步回转法加工出的内螺纹精度非常高,其螺纹中径误差可小于 $4\mu m$。不但可以用于加工精密内外螺纹,而且可以精密加工内外齿轮、回转圆弧面和锥面等。

　　此外,电火花加工还可以进行表面强化以及在特定条件下实现对非金属材料的加工。

2.3　电解加工

　　电解加工是电化学加工中的一种重要方法。我国于 20 世纪 50 年代末首先在军工领域进行电解加工炮管腔线的工艺研究,很快取得成功并用于生产。不久便迅速推广到航空发动机叶片型面及锻模型面的加工。到 60 年代后期,电解加工已成为航空发动机叶片生产的定型工艺。

　　在我国科技人员的长期努力下,电解加工在许多方面取得了突破性进展。例如,用锻造叶片毛坯直接由电解加工出复杂的叶片型面,当时达到世界先进水平。今天,无论是我国还是工业发达国家,电解加工已成为国防航空和机械制造业中不可缺少的重要工艺手段。

2.3.1　电解加工的原理与特点

1. 电解加工原理

　　电解加工是利用金属在电解液中产生阳极溶解的电化学原理对工件进行成形加工的一种工艺方法。电解加工原理如图 2-19 所示。加工时,工件接直流稳压电源正极,工具接负极,两极间保持 $0.1\sim1$ mm 的间隙,具有一定压力($0.5\sim2.5$ MPa)的电解液从两极间隙中高速($5\sim60$ m/s)流过。加工过程中,工具阴极的凸出部分与工件阳极的电极间隙最小,此处的电流密度最大,单位时间内消耗的电量最多。根据法拉第定律,金属阳极的溶解量与通过的电量成正比。因此,工件上与工具阴极凸起部位的对应处比其他部位溶解更快。随着工具阴极不断缓慢地向工件进给,工件则不断地按工具端部的型面溶解,电解产物则不断被高速流动的电解液带走,最终工具的形状就“复制”在工件上。

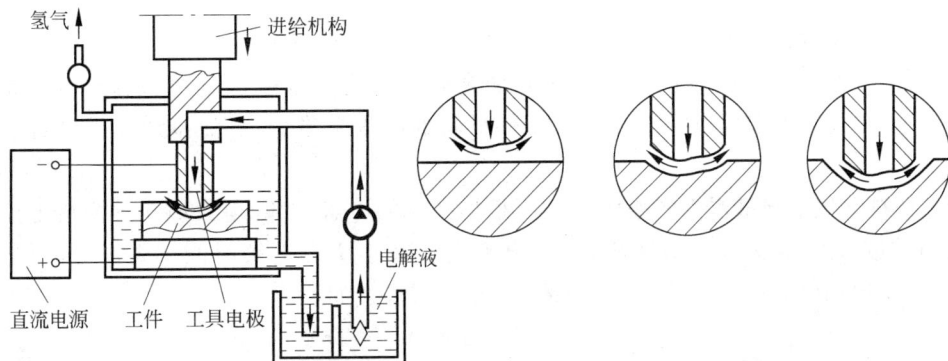

图 2-19　电解加工原理

电解中常用的电解液有 NaCl、$NaNO_3$ 和 $NaClO_3$ 三种溶液。下面仅介绍用 $10\% \sim 20\%$ 的氯化钠水溶液作电解液加工低碳钢时的主要电化学反应:

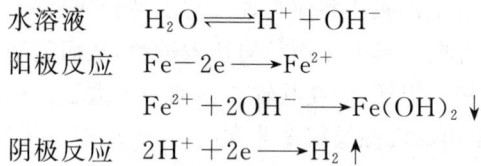

$$水溶液 \qquad H_2O \rightleftharpoons H^+ + OH^-$$

$$阳极反应 \qquad Fe - 2e \longrightarrow Fe^{2+}$$

$$Fe^{2+} + 2OH^- \longrightarrow Fe(OH)_2 \downarrow$$

$$阴极反应 \qquad 2H^+ + 2e \longrightarrow H_2 \uparrow$$

从以上反应可以看出,在电解加工过程中,由于外电源的作用,阳极铁不断失去电子以 Fe^{2+} 的形式与水溶液中的负离子 OH^- 化合生成 $Fe(OH)_2$ 而沉淀;阴极不断得到电子,与水溶液中的 H^+ 结合而游离出氢气。在电解过程中,工件阳极和水不断消耗,而工具阴极和氯化钠并不消耗。因此,在理想的情况下,工具阴极可长期使用。氯化钠电解液经不断过滤净化并经常补充适量的水,也可长期使用。

电解加工在专用的电解机床上进行,其中的直流稳压电源常采用低电压($6 \sim 24$ V)和大电流($500 \sim 20\ 000$ A)。工具阴极材料常采用黄铜和不锈钢等。

2. 电解加工的特点

电解加工具有如下特点:

(1) 不受材料本身强度、硬度和韧性限制,可以加工淬火钢、硬质合金、不锈钢和耐热合金等高强度、高硬度和高韧性的导电材料。

(2) 加工中不存在机械切削力,工件不会产生残余应力和变形,也没有飞边毛刺。

(3) 可以达到 0.1 mm 的平均加工精度和 0.01 mm 的最高加工精度;平均表面粗糙度 Ra 值可达 $0.8\ \mu m$,最小表面粗糙度 Ra 值可达 $0.1\ \mu m$。

(4) 加工过程中工具阴极理论上不会损耗,可长期使用。

(5) 生产率较高,约为电火花加工的 $5 \sim 10$ 倍,某些情况下甚至高于切削加工。

(6) 能以简单的进给运动一次加工出形状复杂的型腔与型面。

(7) 电解加工的附属设备多,造价高,占地面积大,加工稳定性尚不够高。与此同时,电解液易腐蚀机床和污染环境,必须引起足够重视。

2.3.2 电解加工的基本工艺规律

电解加工的工艺过程比较复杂,除了工具阴极在理论上不会损耗而不用考虑外,同样需要考虑生产率、加工精度和表面质量三个问题。

1. 生产率及其影响因素

电解加工的生产率,以单位时间内去除的金属体积或质量来衡量,分别用 mm^3/min 或 g/min 表示。对其起决定性影响的因素有工件材料的电化学当量,电流密度以及电解液及其参数。

(1) 材料电化学当量对生产率的影响   根据法拉第电解定律,电解时工件阳极上溶解或析出物质的量(V)(本文只介绍体积量)与电解电流大小 I 和电解时间 t 成正比,即与电量($Q = It$)成正比,其比例系数为电化学当量 ω。用公式表述如下:

$$V = \omega I t$$

式中 V——工件阳极溶解或析出材料的体积,mm^3;

ω——工件材料的体积电化学当量,$mm^3/(A \cdot min)$;

　　I——电解电流,A；

　　t——电解时间,min。

　　但在实际电解加工中,工件阳极还可能有氧气或氯气析出,或有部分以高价离子溶解,从而要额外消耗一些能量,因此被电解的金属量可能会小于所计算的理论值。实际应用时常引入电流效率 η,

$$\eta = \frac{实际金属蚀除量}{理论计算蚀除量} \times 100\%$$

因此实际体积蚀除量为

$$V = \eta \omega I t$$

　　在使用氯化钠电解液时,阳极析出气体的可能性很小,可认为 $\eta \approx 100\%$。

　　表 2-1 列出了一些常见金属的体积电化学当量,其质量电化学当量可参考有关电化学书籍。

表 2-1　常见金属的体积电化学当量

金属名称	密度/(g/cm³)	体积电化学当量	
		mm³/(A·h)	mm³/(A·min)
铁 Fe	7.86	133(二价)	2.22
		89(三价)	1.48
铬 Cr	6.9	94(三价)	1.56
		47(六价)	0.78
钴 Co	8.73	126	2.1
镍 Ni	8.80	124	2.07
铜 Cu	8.93	133	2.22
铝 Al	2.69	124	2.07

　　已知金属或合金的电化学当量,即可根据电流及时间计算金属蚀除量,反过来也可以根据待加工的体积量计算所需电流及加工工时。铁和铁基合金在氯化钠电解液中的电流效率可取 $\eta = 100\%$。

　　例　某厂用氯化钠电解液电解加工一碳钢零件,加工余量为 44 400 mm³,要求 10 min 内完成,求需用多大电流？若有 4000 A 容量的直流电源,电解加工需多长时间？

　　解　由表 2-1 可知碳钢的体积电化学当量 $\omega = 2.22$ mm³/(A·min),设电流效率 $\eta = 100\%$,则得

$$I = \frac{V}{\eta \omega t} = \frac{44\,400}{1 \times 2.22 \times 10} = 2000(\text{A})$$

　　若充分利用 4000 A 的直流电源,则单件工时为

$$t = \frac{V}{\eta \omega I} = \frac{44\,400}{1 \times 2.22 \times 4000} = 5(\text{min})$$

　　(2) 电流密度对生产率的影响　电解加工的生产率取决于蚀除速度,而蚀除速度一般与该处的电流密度成正比。电流密度愈大,生产率愈高。但电流密度过高,会引起火花放电,使电解液温度过高,甚至引起局部短路等不良现象。因此,要选择适当的电流密度。

　　(3) 电极间隙大小对生产率的影响　从生产实践中可知,电极间隙愈小,电解液的电阻也愈小,电流密度则愈大。因此,蚀除速度与电极间隙的大小成反比。值得注意的是,间隙过小

将引起火花放电、电解产物排除不畅,甚至引起局部短路,反而会使生产率下降。

此外还要考虑电源电压和电解液的导电率等对生产率的影响。

2. 加工精度及其影响因素

电解加工的精度往往比电火花加工难以控制,它不但取决于电解加工所选择的方式,而且取决于放电间隙的大小和电解液。

(1) 脉冲电源电解加工　采用脉冲电流进行电解加工可明显地提高加工精度。其主要原因如下:

① 脉冲电流加工属间歇式加工,加工过程中的电蚀产物有足够的时间迅速排除,提高了加工的稳定性。

② 脉冲电流加工有可能在工件阳极金属表面形成坚固的蓝黑色的光亮钝化膜。

③ 由于加工稳定性的提高,有利于发挥小间隙电解加工工艺的优越性。

(2) 混气电解加工　混气电解加工是将一定压力的气体用混气装置使它与电解液混合在一起,使之成为气液混合物,然后送入加工区进行电解加工。它不但可提高电解加工的精度,而且由于精度的提高可简化工具阴极的设计与制造。

(3) 尽可能减小加工间隙　加工间隙愈小,工件阳极表面凸出部位的去除速度将大大高于凹处,从而提高了表面的整平效果。因此,采用小间隙加工,对提高加工精度和生产率都有利。然而,间隙过小,则会出现如前所述的一系列不良效应,反而会影响加工精度和生产率。

(4) 选择适当的电解液　一是采用低浓度的电解液,此时工件的表面质量和加工精度都可明显提高,但加工效率会相应降低。二是采用复合电解液,主要是在氯化钠电解液中添加少量的其他成分,使之既保持氯化钠电解液的高效率,又能提高加工精度。

3. 表面质量及其影响因素

电解加工的表面质量,包括表面粗糙度和表面物理化学性质两方面。电解加工由于靠阳极溶解去除金属,因而无机械切削力和切削热的影响,加工表面不会出现残余应力和表面变形强化现象等问题。但若加工参数掌握不好,也可能出现晶界腐蚀、麻点和短路烧伤等问题。

影响表面质量的主要因素如下:

(1) 工具阴极对表面质量的影响　工具阴极若加工粗糙,其表面条纹和刻痕等都会"复印"在工件表面,因此要特别重视阴极的表面质量。

(2) 工艺参数对表面质量的影响　电解加工中的电流密度、电解液的流速大小和温度高低都可能对工件的表面质量产生影响。电流密度低时,有助于工件阳极均匀溶解;电解液的流速过低,可能由于电解产物排出不及时等原因造成表面缺陷;流速过高,则可能引起流场不匀,形成局部真空而影响表面质量;电解液温度过低,会引起阳极表面的不均匀溶解或形成黑膜;温度过高,则会引起阳极表面局部剥落。因此,要保证良好的表面质量,要设法控制好各工艺参数。

(3) 工件材料的合金成分、金相组织和热处理对表面质量的影响　合金成分多,晶界杂质多,金相组织不均匀,晶粒粗大,都会引起溶解速度的微小差异,从而影响到表面粗糙度。

2.3.3　电解加工的应用范围

电解加工首先在国防工业中成功地用于加工炮腔线,20世纪60年代发展较快。但因加工精度不够高等因素一度发展缓慢,近年由于对电解加工工艺规律的研究有所突破,终于使这项工艺获得较为广泛的应用。

1. 电解锻模型腔

由于电火花加工的精度容易控制,多数锻模的型腔采用电火花加工。但电火花加工的生产率较低,因此对精度要求不太高的矿山机械、汽车拖拉机所需锻模,正逐步采用电解加工。图 2-20 所示为连杆锻模型腔电解加工的示意图。

2. 电解整体叶轮

叶片是喷气发动机、汽轮机中的关键零件,它的形状复杂,精度要求高,生产批量大。采用电解加工,不受材料硬度和韧性的限制,在一次行程中可加工出复杂的叶片型面,比机械加工有明显的优越性。

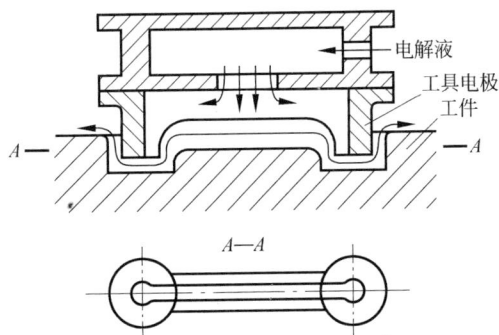

图 2-20　连杆锻模型腔的电解加工

采用机械加工方法制造叶轮时,叶片毛坯是精密铸造的,经过机械加工和抛光,再分别镶入叶轮轮缘的榫槽中,最后焊接形成整体叶轮。这种方法加工量大,周期长,质量难以保证。电解加工整体叶轮时(图 2-21),只要先将整体叶轮的毛坯加工好,则可用套料法加工。每加工完一个叶片,退出阴极,分度后再依次加工下一个叶片。这样不但可大大缩短加工周期,而且可保证叶轮的整体强度和质量。

3. 电解去毛刺

机械加工中常采用钳工方法去毛刺,这不但工作量大,而且有的毛刺因过硬或空间狭小而难以去除。而采用电解加工,则可以提高工效,节省费用。图 2-22 所示为采用电解法去除齿轮毛刺。

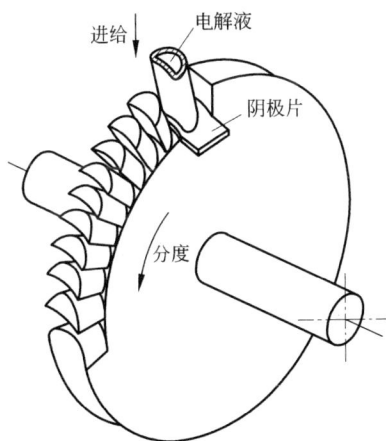

图 2-21　套料法电解加工整体叶轮

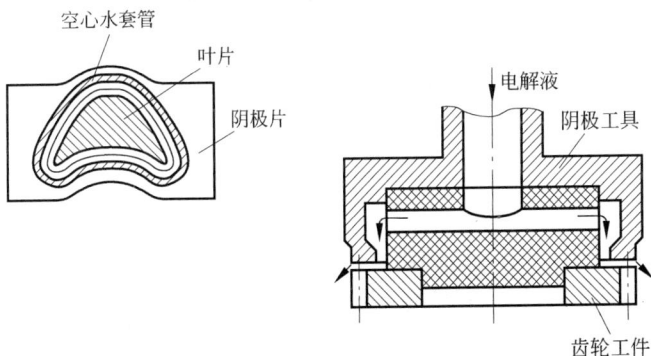

图 2-22　齿轮的电解去毛刺

利用电解加工,不仅可以完成上述重要的工艺过程,而且还可以应用于深孔的扩孔加工、型孔加工以及抛光等工艺过程中。

2.4　超声波加工

人耳能感受到的声波频率在 16~16 000 Hz 范围内。当声波频率超过 16 000 Hz 时,就是超声波。超声波加工的工作频率一般在 16~25 kHz 范围内。前两节所介绍的电火花加工和电解加工,一般只能加工导电材料,而利用超声波振动,则不但能加工像淬火钢、硬质合金等硬脆的导电材料,而且更适合加工像玻璃、陶瓷、宝石和金刚石等硬脆非金属材料。

2.4.1 超声波加工的原理与特点

1. 超声波加工原理

超声波加工是利用工具端面的超声频振动,或借助于磨料悬浮液加工硬脆材料的一种工艺方法。其加工原理如图 2-23 所示。超声波发生器产生的超声频电振荡,通过换能器转变为超声频的机械振动。变幅杆将振幅放大到 0.01~0.15 mm,再传给工具,并驱动工具端面作超声振动。在加工过程中,由于工具与工件间不断注入磨料悬浮液,当工具端面以超声频冲击磨料时,磨料再冲击工件,迫使加工区域内的工件材料不断被粉碎成很细的微粒脱落下来。此外,当工具端面以很大的加速度离开工件表面时,加工间隙中的工作液内可能由于负压和局部真空形成许多微空腔。当工具端面再以很大的加速度接近工件表面时,空腔闭合,从而形成可以强化加工过程的液压冲击波,这种现象称为"超声空化"。因此,超声波加工过程是磨粒在工具端面的超声振动下,以机械锤击和研抛为主,以超声空化为辅的综合作用过程。

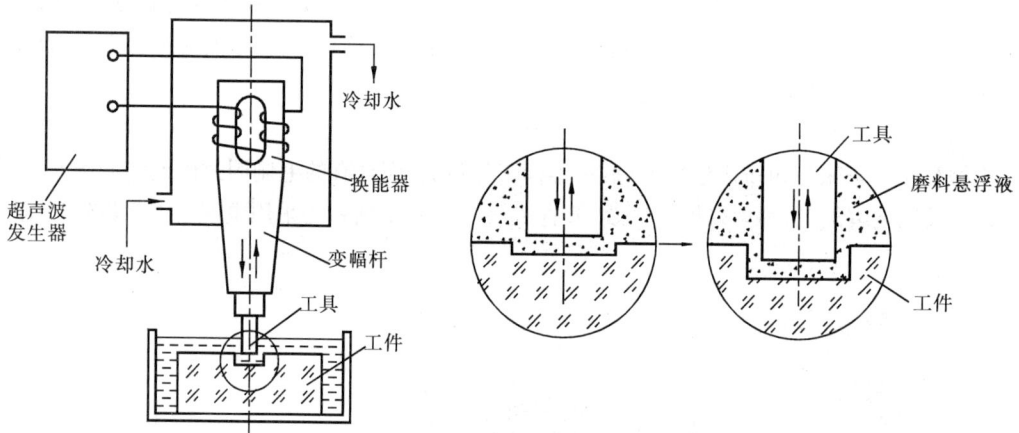

图 2-23 超声波加工原理

2. 超声波加工的特点

(1) 超声波加工适宜加工各种硬脆材料,尤其是利用电火花和电解难以加工的不导电材料和半导体材料,如玻璃、陶瓷、玛瑙、宝石、金刚石以及锗和硅等。对于韧性好的材料,由于它对冲击有缓冲作用而难以加工,因此可用作工具材料,如 45 号钢常被选作工具材料。

(2) 由于超声波加工中的宏观机械力小,因此能获得良好的加工精度和表面粗糙度。尺寸精度可达 0.02~0.01 mm;表面粗糙度 Ra 值可达 0.8~0.1 μm。

(3) 采用的工具材料较软,易制成复杂形状,工具和工件无需作复杂的相对运动,因此普通的超声波加工设备结构较简单。到 2003 年,国际市场上已经出现三轴和五轴数控超声波加工机床,用于加工复杂、精密的三维结构。

2.4.2 超声波加工的基本工艺规律

1. 加工速度及其影响因素

加工速度指单位时间内去除材料的多少,通常以 g/min 或 mm³/min 为单位表示。影响加工速度的主要因素有：

（1）进给压力的影响　超声波加工时，工具对工件应有一个适当的进给压力。工具端面与工件加工表面间的间隙随进给压力的大小而改变。压力减小，间隙增大，从而减弱磨料对工件的锤击力；压力增大，间隙减小，当间隙减小到一定程度，则会降低磨料和工作液的循环更新速度，从而降低加工速度。

（2）工具振幅和频率的影响　超声波加工中，设备的振幅和频率都在一定范围内可调。振幅一般为 0.01～0.1 mm，频率一般为 16 000～25 000 Hz。这样，针对不同的工具，在实际加工中可调至共振频率，以获得最大振幅，从而达到较高的加工速度。

（3）磨料种类和粒度的影响　超声波加工时，针对不同硬度的工件材料，应选用不同的磨料。例如，加工宝石和金刚石等超硬材料，必须选用金刚石；加工淬火钢、硬质合金，应选用碳化硼；加工玻璃、石英和锗、硅等半导体材料，选用氧化铝磨料即可。一般来说，磨料的硬度愈高，粒度愈粗，加工速度就愈快。但在选择时，还要综合考虑加工精度、表面粗糙度和经济成本等多方面的因素。

（4）被加工材料的影响　由于超声波加工的基本特征是靠超声频的振动去除材料，因此材料愈硬脆，则愈易去除；材料的韧性愈好，则愈难去除。假定玻璃的可加工性为 1，则锗、硅等半导体材料为 2～2.5，石英为 0.5，硬质合金为 0.02～0.03，淬火钢为 0.01，未淬火钢则低于 0.01。可见在硬脆材料中，淬火钢在超声波加工中属难加工材料。

此外，还要考虑磨料悬浮液的浓度的影响。

近年来，我国的科研人员研制出一种新型的超声波加工装置。它在自来水中（无需磨料悬浮液）利用旋转的金刚石工具端面直接以超声频锤击硬脆材料，可高效率地进行打孔和套料。

2. 加工精度及其影响因素

超声波加工的精度，除了考虑机床和夹具的精度外，主要应考虑磨料的粒度、工具的材料以及机床的加工方式等因素。

（1）磨料粒度的影响　当采用磨料悬浮液加工时，在工具尺寸确定后，加工出孔的最小直径约等于工具直径加磨粒平均直径的 2 倍。采用 240#～280# 磨粒时，孔的尺寸精度可达 ±0.05 mm，采用 W28～W7 微粉加工时，孔的尺寸精度可达 ±0.02 mm。

（2）机床加工方式和加工工具的影响　当采用旋转的聚晶金刚石工具在水中直接加工硬脆材料，而不依靠磨料悬浮液作中介物时，由于金刚石材料的锋利和耐磨，可以使加工精度大为提高。当加工玻璃和钇铝石榴石时，孔的尺寸精度可达到 0.01 mm。

此外，工具的横向振动和磨损都会影响孔的尺寸精度和形状精度。

3. 表面质量及其影响因素

超声波加工具有良好的表面质量，既不会产生表面变质层，也不会产生表面烧伤。

超声波加工的表面粗糙度主要受磨粒尺寸、超声振幅大小和工件材料硬度的影响。一般表面粗糙度 Ra 值可达 0.8～0.1 μm。

磨粒尺寸愈小，超声振幅愈小，工件材料愈硬，生产率随着降低，表面粗糙度会得到明显改善。因为在超声波加工中，表面粗糙度 Ra 值的大小主要取决于每颗磨粒每次锤击工件材料所留下凹痕的大小与深浅。

当磨粒的大小、工具的振幅和频率选用合适时，可利用超声波进行抛光。

2.4.3　超声波加工的应用范围

超声波加工的生产率一般低于电火花加工和电解加工，但加工精度和表面质量都优于前者。更重要的是,它能加工前者所难以加工的半导体和非导体材料。

1. 型孔和型腔加工

目前超声波加工主要用于加工硬脆材料的圆孔、异形孔和各种型腔,以及进行套料、雕刻和研抛等(图 2-24)。

2. 切割加工

锗、硅等半导体材料又硬又脆,用机械切割非常困难,采用超声波切割比较有效(图 2-25)。但在集成电路制造中切割硅片时,仍主要采用薄的涂有金刚石的锯片切割。

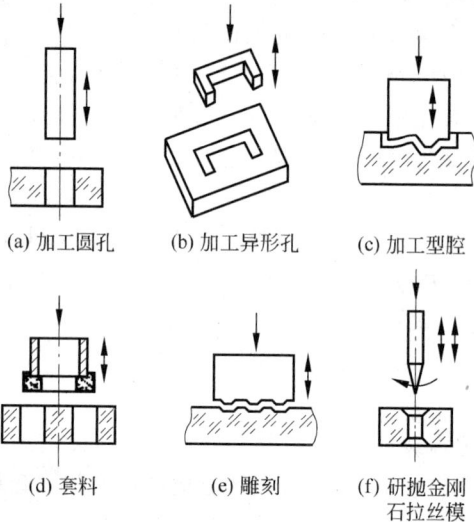

(a) 加工圆孔　　(b) 加工异形孔　　(c) 加工型腔

(d) 套料　　(e) 雕刻　　(f) 研抛金刚石拉丝模

图 2-24　型孔与型腔加工

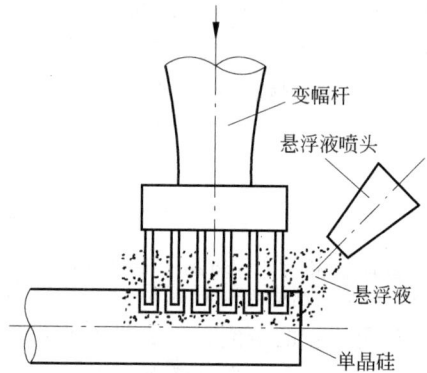

图 2-25　切割单晶硅片

3. 超声波清洗

由于超声波在液体中会产生交变冲击波和超声空化现象,这两种作用的强度达到一定值时,产生的微冲击就可以使被清洗物表面的污渍遭到破坏并脱落下来。加上超声作用无处不入,即使是小孔和窄缝中的污物也容易被清洗干净。目前,超声波清洗不但用于机械零件或电子器件的清洗,也用于医疗器皿如生理盐水瓶、葡萄糖水瓶的清洗。利用超声振动去污原理,国外已生产出超声波洗衣机。

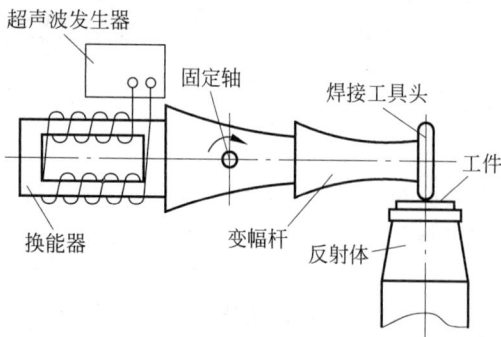

图 2-26　超声焊接示意图

4. 超声波焊接

焊接一般离不开热。超声波焊接就是利用超声频的振动作用,去除工件表层的氧化膜,使工件露出新的本体表面。此时被焊工件表层的分子在高速振动撞击下,摩擦生热并亲和焊接在一起(图 2-26)。它不仅可以焊接表面易生成氧化物的铝制品及尼龙、塑料等高分子制品,而且还可以使陶瓷等非金属材料在超声振动作用下挂上锡或银,从而改善这些材料的可焊接性。

超声波的应用范围十分广泛,利用其定向发射、反射等特性,可以用于测距和无损检测,还可以将超声振动用于医疗方面做成超声手术刀。

2.5　激　光　加　工

激光加工是 20 世纪 60 年代发展起来的一种新兴技术。它是利用光能经过透镜聚焦后达到很高的能量密度,依靠光热效应来加工各种材料。由于它利用高能光束进行加工,加工速度快,变形小,可以加工各种金属和非金属材料,在生产实践中不断显示出它的优越性,因而广泛用于打孔、切割、焊接、表面热处理以及信息存储等许多领域。

2.5.1　激光加工的原理与特点

1. 激光加工原理

激光是一种经受激辐射产生的加强光。它的光强度高,方向性、相干性和单色性好,通过光学系统可将激光束聚焦成直径为几十微米到几微米的极小光斑,从而获得极高的能量密度($10^8 \sim 10^{10}$ W/cm^2)。当激光照射到工件表面,光能被工件吸收并迅速转化为热能,光斑区域的温度可达 1 万度以上,使材料熔化甚至汽化。随着激光能量的不断吸收,材料凹坑内的金属蒸气迅速膨胀,压力突然增大,熔融物爆炸式地高速喷射出来,在工件内部形成方向性很强的冲击波。因此,激光加工是工件在光热效应下产生的高温熔融和冲击波的综合作用过程。

图 2-27 是固体激光器中激光的产生和工作原理图。当激光的工作物质钇铝石榴石受到光泵(激励脉冲氙灯)的激发后,吸收具有特定波长的光,在一定条件下可导致工作物质中的亚稳态粒子数大于低能级粒子数,这种现象称为粒子数反转。此时一旦有少量激发粒子产生受激辐射跃迁,造成光放大,再通过谐振腔内的全反射镜和部分反射镜的反馈作用产生振荡,此时由谐振腔的一端输出激光。再通过透镜聚焦形成高能光束,照射在工件表面上,即可进行加工。固体激光器中常用的工作物质除了钇铝石榴石外,还有红宝石和钕玻璃等材料。

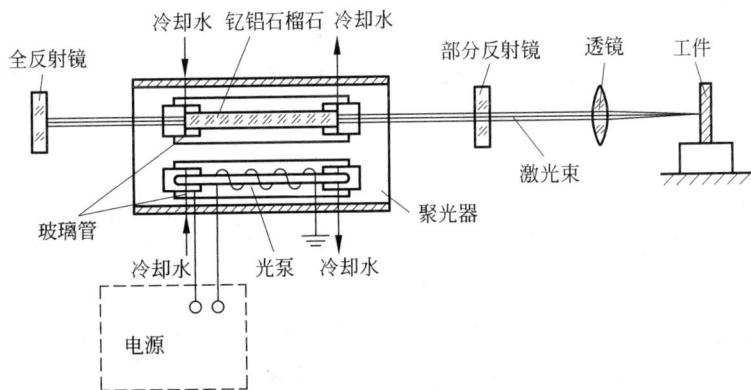

图 2-27　固体激光器中激光的产生与加工原理

2. 激光加工的特点

(1) 激光加工属高能束流加工,其功率密度可高达 $10^8 \sim 10^{10}$ W/cm^2,几乎可以加工任何金属与非金属材料。

(2) 激光加工无明显机械力,也不存在工具损耗问题。加工速度快,热影响区小,易实现加工过程自动化。

(3) 激光可通过玻璃等透明材料进行加工,如对真空管内部进行焊接等。

（4）激光可以通过聚焦，形成微米级的光斑，输出功率的大小又可以调节，因此可用于精密微细加工。

（5）可以达到 0.01 mm 的平均加工精度和 0.001 mm 的最高加工精度；表面粗糙度 Ra 值可达 0.4～0.1 μm。

2.5.2　激光加工的应用范围

激光加工的主要参数为激光的功率密度，激光的波长和输出的脉宽，激光照射在工件上的时间以及工件对能量的吸收等。激光对材料的表面热处理、焊接、切割和打孔等都与上述参数有关。

1. 激光表面热处理

当激光的功率密度约为 10^3～10^5 W/cm^2 时，便可实现对铸铁、中碳钢，甚至低碳钢等材料进行激光表面淬火。激光淬火层的深度一般为 0.7～1.1 mm。淬火层的硬度比常规淬火约高20%，产生的变形小，能解决低碳钢的表面淬火强化问题。

对激光淬火能获得超高硬度的机理，一般认为是由于激光淬火是骤冷骤热过程，碳在奥氏体中来不及均匀化，因而马氏体中碳含量较高，致使硬度升高。最明显的例证是 10 号低碳钢激光淬火，其表层硬度可高达 700 HV，而常规淬火的低碳马氏体硬度只有 380 HV。而且在激光淬火中由于碳扩散不均匀，所得马氏体更细。有人在研究 Cr12 钢激光淬火时发现，该材料原始组织的晶粒度为 12 级，而激光表面淬火硬化后为 15 级，晶粒明显细化。此外，还有人在研究 GCr15 钢时发现，经激光处理过的 GCr15 钢中的位错密度高达 10^{12} 条，而在残余奥氏体中也有同样的位错密度。因此，激光表面淬火能得到超高硬度是由于马氏体本身硬度增高、马氏体细化和具有很高的位错密度所致。

2. 激光焊接

当激光的功率密度为 10^5～10^7 W/cm^2 时，照射时间约为 1/100 s，即可进行激光焊接。激光焊接一般无需焊料和焊剂，只需将工件的加工区域"热熔"在一起就可以。激光焊接过程迅速，热影响区小，焊缝质量高，既可以焊接同种材料，也可以焊接异种材料，还可以透过玻璃进行焊接。

3. 激光切割

激光切割所需的功率密度约为 10^5～10^7 W/cm^2。它既可以切割金属材料，也可以切割非金属材料。它还能透过玻璃切割真空管内的灯丝，这是任何机械加工所不能达到的。

固体激光器（YAG）输出的脉冲式激光成功地用于半导体硅片的切割、化学纤维喷丝头异型孔的加工等。大功率的 CO_2 气体激光器输出的连续激光不但广泛用于切割钢板、钛板、石英和陶瓷，而且用于切割塑料、木材、纸张和布匹等。图 2-28 所示为 CO_2 气体激光器切割钛合金板材的情况。

4. 激光打孔

激光打孔的功率密度一般为 10^7～10^8 W/cm^2。它主要应用于特殊零件或特殊材料上加工孔。如火箭发动机和柴油机的喷油嘴、化学纤维的喷丝板、钟表上的宝石轴承和聚晶金刚石拉丝模等零件上的微细孔加工。激光打孔的效率很高，如直径为 0.12～0.18 mm，深为 0.6～1.2 mm 的宝石轴承孔，若工件自动传送，每分钟可加工数十件。在聚晶金刚石拉丝模坯料的中央加工直径为 0.04 mm 的小孔，仅需十几秒钟。

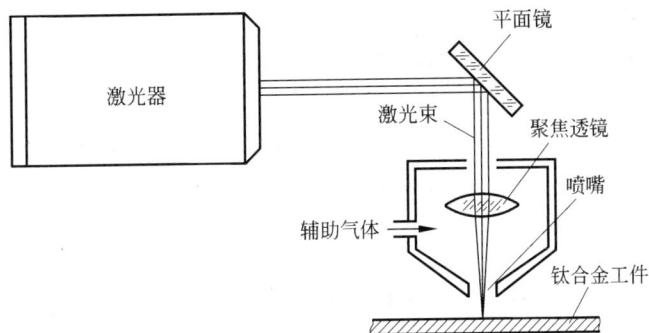

图 2-28 CO_2 气体激光器切割钛合金

2.6   电子束和离子束加工

电子束和离子束加工是近年来获得较大发展的两种特种加工技术。它们主要应用于精密微细加工。

2.6.1   电子束加工

1. 电子束加工的原理和特点

（1）电子束加工原理

电子束加工在真空中进行,其加工原理如图 2-29 所示。由电子枪射出的高速电子束经电磁透镜聚焦后轰击工件表面,在轰击处形成局部高温,使材料瞬时熔化和气化,从而达到去除材料的目的。图中的电磁透镜实际上是一个通以直流电的多匝线圈,利用其产生的磁场力作用使电子束聚焦。偏转器也是一个多匝线圈,通以不同的交变电流可产生不同的磁场,用以控制电子束的方向。如果使偏转电流按一定程序变化,电子束便可按预定的轨迹进行加工。电子的质量非常轻,它主要是靠高速运动的电子撞击材料产生的热效应来加工工件的。

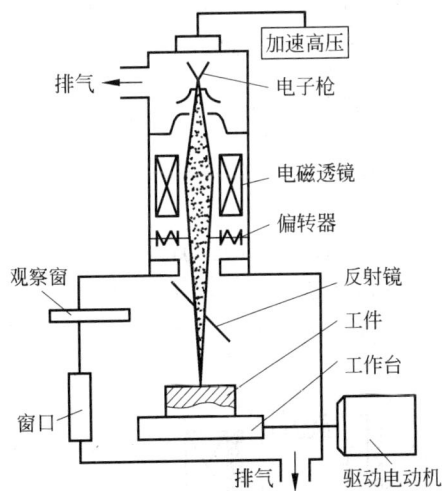

图 2-29   电子束加工原理

（2）电子束加工的特点

① 电子束可实现极其微细的聚焦（可达 $0.1\,\mu m$）,可实现亚微米和纳米级的精密微细加工。

② 电子束加工主要靠瞬时热效应,工件不受机械力作用,因而不产生宏观应力和变形。

③ 加工材料的范围广,对高强度、高硬度、高韧性的材料以及导体、半导体和非导体材料均可加工。

④ 电子束的能量密度高,如果配合自动控制加工过程,加工效率非常高。每秒钟可在 $0.1\,mm$ 厚的钢板上加工出 3000 个直径为 $0.2\,mm$ 的孔。

⑤ 电子束加工在真空中进行,污染少,加工表面不易氧化,尤其适合加工易氧化的金属及其合金材料。

2. 电子束加工的应用范围

电子束加工可用于打孔、切割、焊接、蚀刻和光刻等。

（1）高速打孔

电子束打孔的孔径范围为 0.02～0.003 mm。喷气发动机上的冷却孔和机翼吸附屏的孔，孔径微小，孔数巨大，达数百万个，最适宜用电子束打孔。此外，还可以利用电子束在人造革、塑料上高速打孔，以增强其透气性。

（2）加工型孔

为了使人造纤维的透气性好，更具松软和富有弹性，人造纤维的喷丝头型孔往往设计成各种异型截面（图 2-30）。这些异形截面最适合采用电子束加工。

（3）加工弯孔和曲面

借助于偏转器磁场的变化，可以控制电子束在工件内部的偏转方向。利用此原理，便可加工出如图 2-31 所示的曲面和弯孔。

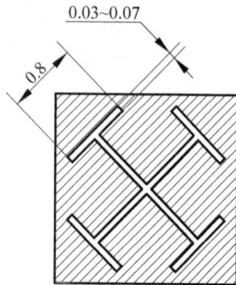

图 2-30　电子束加工喷丝头上微细异形孔　　　图 2-31　电子束加工工件内部曲面和弯孔

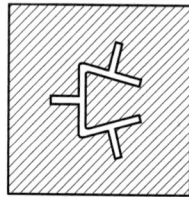

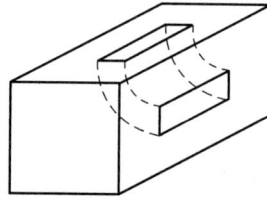

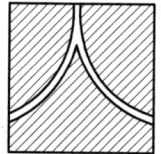

此外，还可以利用电子束进行焊接、切割、刻蚀和表面热处理。由于电子束加工的成套设备价格昂贵，其应用受到一定限制。

2.6.2　离子束加工

1. 离子束加工的原理和特点

（1）离子束加工原理

离子束加工的原理与电子束加工基本类似，也是在真空条件下，将离子源产生的离子束经过加速后，撞击在工件表面上，引起材料变形、破坏和分离。由于离子带正电荷，其质量是电子的千万倍，因此离子束加工主要靠高速离子束的微观机械撞击动能，而不是像电子束加工主要靠热效应。图 2-32 为离子束加工原理图。

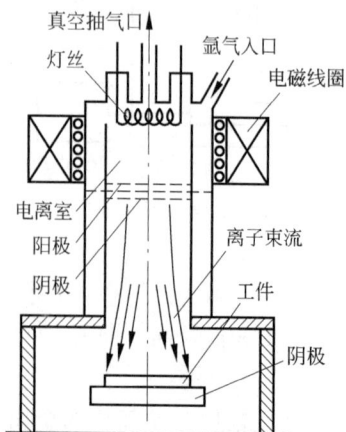

图 2-32　离子束加工原理

惰性气体氩气由入口注入电离室。灼热的灯丝发射电子，电子在阳极的吸引和电磁线圈的偏转作用下，向下高速作螺旋运动。氩在高速电子的撞击下被电离成离子。阳极和阴极各有数百个上下位置对齐、直径为 0.3 mm 的小孔，形成数百条较准直的离子束，均匀分布在直径为 50 mm 的圆面积上。通过调整加速电压，可以得到不同速度的离子束，以实现不同的加工。

（2）离子束加工的特点

① 离子束轰击工件的材料时，其束流密度和能量可

以精确控制,因此可以实现纳米($0.001~\mu m$)级的加工,是当代纳米加工技术的基础。

② 离子束加工在真空中进行,污染少,特别适宜加工易氧化的金属、合金和高纯度的半导体材料。

③ 离子束加工的宏观压力小,因此加工应力小,热变形小,加工表面质量非常高。

2. 离子束加工的应用范围

(1) 离子刻蚀

它是由能量为 $0.5\sim5~keV$,直径为十分之几纳米的氩离子轰击工件,将工件表层的原子逐个剥离的(图 2-33(a))。这种加工本质上属于一种原子尺度上的切削加工,因而也称为离子铣削。这就是近代发展起来的一种纳米加工工艺。

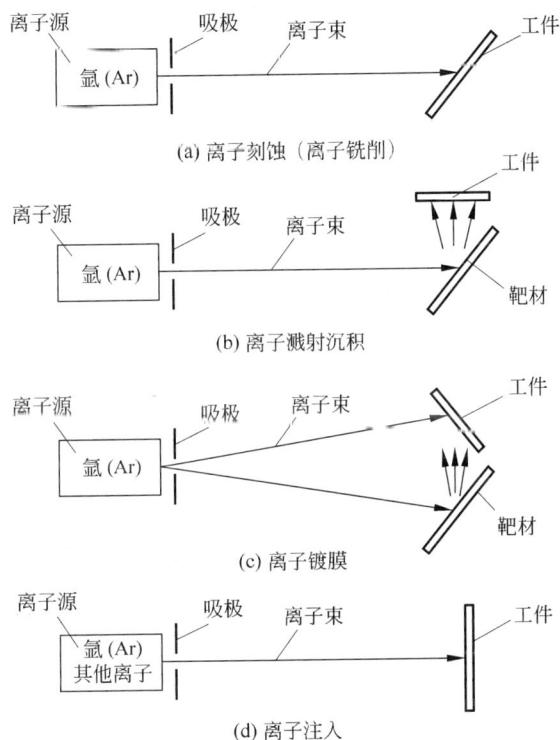

(a) 离子刻蚀(离子铣削)

(b) 离子溅射沉积

(c) 离子镀膜

(d) 离子注入

图 2-33 离子束加工的应用

(2) 离子溅射沉积

离子溅射沉积本质上是一种镀膜加工。它也是采用 $0.5\sim5~keV$ 的氩离子轰击靶材,并将靶材上的原子击出,沉积在靶材附近的工件上,使工件表面镀上一层薄膜(图 2-33(b))。

(3) 离子镀膜

离子镀膜也称离子溅射辅助沉积,同样属于一种镀膜加工。它将 $0.5\sim5~keV$ 的氩离子分成两束,同时轰击靶材和工件表面,以增强膜材与工件基材之间的结合力(图 2-33(c))。

(4) 离子注入

离子注入时的能量比镀膜时大得多,它采用 $5\sim500~keV$ 能量的离子束,直接轰击被加工材料。在如此大的能量驱动下,离子能够钻入材料表层,从而达到改变材料化学成分的目的(图 2-33(d))。人们可以根据不同的目的选用不同的注入离子,如磷、硼、碳、氮等,以实现材料的表面改性处理。但由于离子束加工的成套设备费用高,加工效率低,其应用亦受到一定限制。

2.7　复　合　加　工

在特种加工的发展过程中,人们不但创造了如前所述的一系列新型的加工方法,而且发现,当把其中两种或两种以上的能量形式(包括机械能)合理地组合在一起,就发展成复合加工。复合加工有很大的优点,它能成倍地提高加工效率和进一步改善加工质量,是特种加工发展的重要方向。下面择要介绍目前生产中采用的几种复合加工。

1. 电解磨削

电解磨削是利用电解作用与机械磨削相结合的一种复合加工方法(图 2-34)。图中高速旋转的导电砂轮接直流电源负极,工件(车刀)接直流电源正极。电解磨削时,导电砂轮和工件间保持一定的接触压力,砂轮表面外凸的磨粒使砂轮导电体与工件间有一定间隙。当电解液从间隙中流过,工件出现阳极溶解,工件表面形成一薄层较软的薄膜,很容易被导电砂轮中的磨粒磨除,工件上又露出新的金属表面并进一步电解。在加工过程中,电解作用与磨削作用交替进行,最后达到加工要求。在电解磨削中,电解作用是主要的。

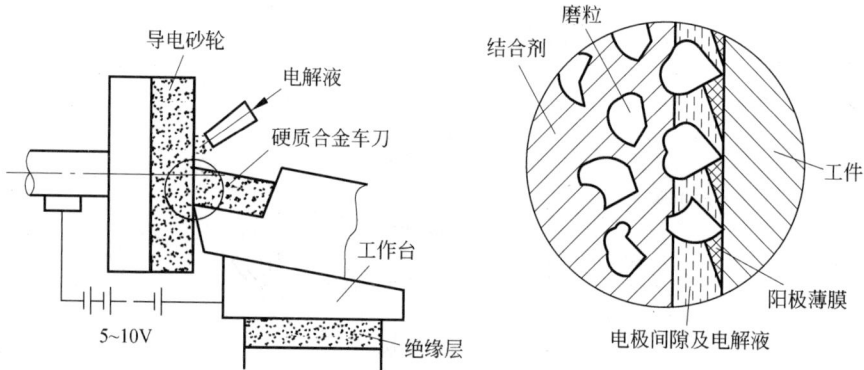

图 2-34　电解磨削原理图

电解磨削硬质合金车刀时,加工效率比普通的金刚石砂轮磨削要高 3~5 倍,表面粗糙度 Ra 值可达 $0.2 \sim 0.012\ \mu m$。

2. 超声电解复合抛光

超声电解复合抛光是超声波加工和电解加工复合而成的,它可以获得优于靠单一电解或单一超声波抛光的抛光效率和表面质量。

超声电解复合抛光的加工原理如图 2-35 所示。抛光时,工具接直流电源负极,工件接正极。工具与工件间通入钝化性电解液。高速流动的电解液不断在工件待加工表层生成钝化软膜,工具则以极高的频率进行抛磨,不断地将工件表面凸起部位的钝化膜去掉。被去掉钝化膜的表面迅速产生阳极溶解,溶解下来的产物不断被电解液带走。而工件凹下去部位的钝化膜工具抛磨不到,因此不溶解。这个过程一直持续到将工件表面整平时为止。

工具在超声波振动下,不但能迅速去除钝化膜,而且在加工区域内产生的"空化"作用可增强电化学反应,进一步提高工件表面凸起部位金属的溶解速度。

3. 超声电火花复合抛光

超声电火花复合抛光是在超声波抛光的基础上发展起来的。这种复合抛光的加工效率比纯超声机械抛光要高出 3 倍以上,表面粗糙度 Ra 值可达 $0.2 \sim 0.1\ \mu m$。特别适合于小孔、窄缝以及小型精密表面的抛光。超声电火花抛光的工作原理如图 2-36 所示。抛光时工件接脉冲电源的正极,工具接负极,在工具和工件间通乳化液作电解液。这种电解液的阳极溶解作用虽然微弱,但有利于工件的抛光。

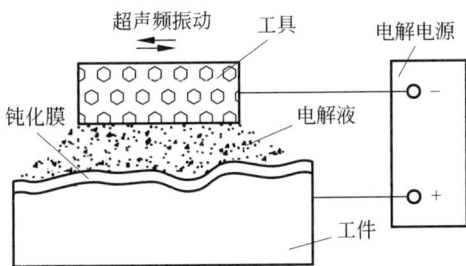

图 2-35 超声电解复合抛光原理   图 2-36 超声电火花复合抛光原理

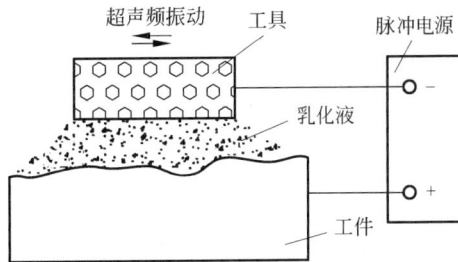

抛光过程中,超声的"空化"作用一方面会使工件表面软化,有利于加速金属的剥离;另一方面使工件表面不断出现新的金属尖峰,这样不但增加了火花放电的分散性,而且给放电加工造成了有利条件。超声波抛磨和放电交错而连续地进行,不仅提高了抛光速度,而且提高了工件表面材料去除的均匀性。

4. 超声激光复合加工

单纯用激光打孔时,对于一定功率的激光束,如果只延长激光照射时间,不但难以增加孔深,反而会降低孔壁质量。如果将超声波振动和激光束的作用复合起来,采用超声调制的激光打孔,就不但能增加孔的加工深度,而且能改善孔壁质量。

超声调制激光打孔的工作原理如图 2-37 所示。将激光谐振腔的全反射镜安装在变幅杆的端面,当全反射镜的镜面作超声振动时,由于谐振腔长度的微小变化和多普勒效应[①],可使输出的激光脉冲波形由原来不规则、较平坦的排列,调制和细化成多个尖峰激光脉冲,有利于小直径的深孔加工。

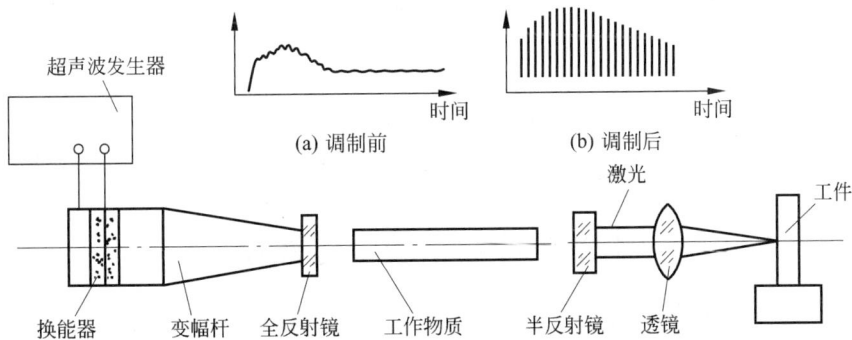

图 2-37 超声调制激光复合加工

从以上所举复合加工中的几个例子中可以看出,超声波振动在复合加工中起着非常重要

---

① 多普勒效应 当波源与观察者有相对运动时,观察者接收到的频率和波源发出的频率不同的现象。两者相互接近时接收到的频率升高,相互离开时则降低。例如,火车疾驰过站时,站上的人听到的汽笛的音调(频率)突然降低。天文学中,利用天体发出的光谱中谱线的移动(即频率变更)可以准确测定天体的视向速度。人造卫星的视向速度也是利用这一效应测定的。这种现象由奥地利物理学家多普勒(Christian Doppler,1803—1853)首先发现,故名。

的作用。

复习思考题

1. 特种加工主要有哪些种类? 它是怎样发展起来的? 在机械制造中起着什么作用?

2. 试述电火花成形加工的原理、特点和应用。

3. 分析影响电火花成形加工速度、加工精度与表面质量的原因,进一步分析与刀具切削加工有何异同。

4. 电火花线切割加工与电火花成形加工在工作原理上有何异同? 电火花线切割加工更适合于加工哪些类型的零件或结构?

5. 电火花磨削加工、电火花镗磨加工和电火花展成加工各有何特点,各适用于加工哪些零件表面?

6. 试述电解加工的原理、特点和应用。解释为什么电解加工中的工具阴极可以长期使用。

7. 试述超声波加工的原理、特点和应用。分析影响超声波加工的加工速度、加工精度和表面质量的原因。

8. 试述激光加工的原理、特点和应用。

9. 试述电子束加工、离子束加工的原理、特点和应用。

10. 什么叫复合加工? 为什么说复合加工是特种加工的重要发展方向?

本章主要参考文献

1. 刘晋春,赵家齐. 特种加工(第2版). 北京:北京工业出版社,1994

2. 金问楷. 机械加工工艺基础. 北京:清华大学出版社,1990

3. 余承业,等. 特种加工新技术. 北京:国防工业出版社,1995

4. 李明辉. 电火花加工理论基础. 北京:国防工业出版社,1989

5. 张万昌,金问楷,赵敖生. 机械制造实习. 北京:高等教育出版社,1991

6. 傅水根,石伯平,等. DK6825 数控旋转电加工机床的研制. 清华大学学报,1991 年第 5 期

7. 傅水根,杨锦荣,等. 小直径聚晶金刚石麻花钻头的放电加工工艺研究. 电加工,1994 年第 1 期

本章推荐选用教学电视片

傅水根,马二恩,卢达溶. 特种加工——电、声、光部分(26 min),清华大学音像出版社

3

特型表面的加工

导 学

螺纹、齿形和成形面等特型表面的几何形状与结构比外圆、内圆、锥面和平面等基本表面复杂。正因为如此,加工特型表面所采用的机床和切削运动也相应复杂,特型表面的使用功能和精度要求与基本表面相比亦存在较大差异。以齿形加工为例,无论插齿还是滚齿,形成渐开线齿形的切削运动远比加工基本表面复杂;齿形加工精度所涉及的因素也远比基本表面多。此外,在渐开线齿形的展成加工中,除了本章介绍的直齿轮、螺旋齿齿轮和蜗轮外,还有直齿锥齿轮、弧齿锥齿轮和螺旋锥齿轮等的加工。加工这几种锥齿轮,所采用的机床和切削运动又有所不同。要进一步了解这些,就需要参考有关的专业书籍。掌握了本章的基本内容,对其他类似的甚至更复杂的特型面的加工就不会感到陌生了。更寄希望于学生能够举一反三,灵活运用学过的成形原理甚至构思新的成形原理,创造性地设计制造出新一代的工艺装备,高效高精度地加工出所需要的特型表面,以满足现代制造业发展的需要,这也正是我们所企盼的。

3.1 螺 纹 加 工

3.1.1 概述

1. 螺纹的种类与用途

在机械零件中,螺纹的种类很多,应用广泛。常见的螺纹种类、螺距及主要用途见表 3-1。

表 3-1 常用螺纹的种类、螺距及主要用途

螺纹种类		牙 型	螺 距 P	主 要 用 途
三角螺纹	米制螺纹(M)(又称普通螺纹)	$\alpha=60°$	细牙螺纹在标记中直接标出 P;粗牙螺纹不标 P,可查表。单位为 mm	主要用于连接件和紧固件,亦常作调节之用
	英制螺纹	$\alpha=55°$	标记中只标出公称直径(in),可查出每英寸牙数 n。 $P=\dfrac{1}{n}(\text{in})=\dfrac{25.4}{n}(\text{mm})$	主要用于英制设备的修配

续表

螺纹种类	牙型	螺距 P	主要用途
梯形螺纹(Tr)		标记中直接标出 P，单位为 mm	主要用于传动件，如机床的丝杠
方牙螺纹		标记中直接标出 P，单位为 mm	用于支承重量的传动件，如千斤顶、压力机的丝杠
模数螺纹(即蜗杆)		标记中直接标出模数 m。$P=\pi m(\text{mm})$	用于蜗轮蜗杆传动

2. 螺纹的基本概念和基本要素

螺纹的螺旋线可以看作是用直角三角形 ABC 围绕圆柱体 d_2 旋转一周，斜边 AC 在圆柱表面上所形成的曲线，如图 3-1 所示。图中的 ψ 为螺纹升角，又称螺旋升角，是在中径圆柱 d_2 上螺旋线的切线与垂直于螺纹轴线的平面的夹角；β 为螺旋角，是螺旋线的切线与螺纹轴线方向的夹角，β 与 ψ 互为余角；L 为导程，是同一条螺旋线绕中径圆柱 d_2 一周在轴线方向的距离。

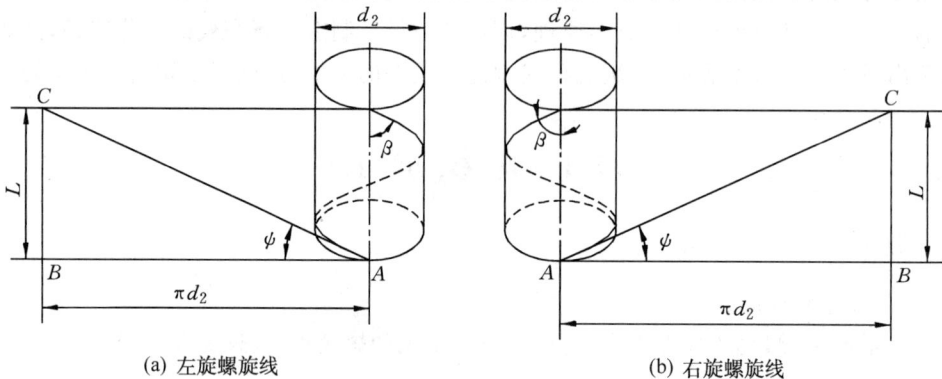

(a) 左旋螺旋线   (b) 右旋螺旋线

图 3-1 螺旋线的形成及其参数

螺纹由牙型(牙型角 α 和牙型半角 $\alpha/2$)、中径 $D_2(d_2)$、螺距 P(多线螺纹为导程 L)、线数 n 和旋向五个要素所组成，如图 3-2 所示。

螺纹牙型 螺纹牙型是指在通过螺纹轴线的剖面上，螺纹的轮廓形状。牙型角 α 应对称于轴线的垂线，即两个牙型半角 $\alpha/2$ 必须相等，而配合的松紧程度，则由公差控制。

中径 $D_2(d_2)$ 中径是螺纹的牙厚与牙间相等处的圆柱直径，也是螺纹升角所在的直径。中径是螺纹的配合尺寸，相配合的内、外螺纹，其中径尺寸必须相等，而配合的松紧程度，则由公差控制。

螺距 P 螺距是相邻两牙对应点的轴向距离。

线数 n 线数是螺纹螺旋线的条数。线数分为单线、双线和多线。联接螺纹一般用单线；

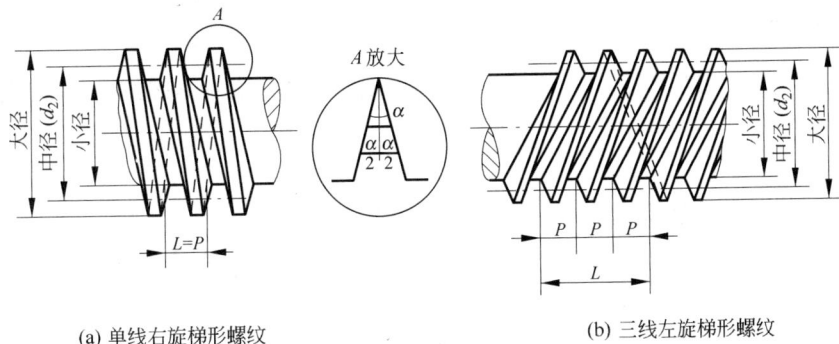

(a) 单线右旋梯形螺纹　　　　　　　(b) 三线左旋梯形螺纹

图 3-2　螺纹五要素

多线螺纹传动平稳,轴向移动速度快,主要用于快进、快退机构或蜗轮蜗杆传动机构中。对于单线($n=1$)螺纹,导程与螺距相等($L=P$),习惯上只称螺距而不提导程。对于多线($n\geqslant2$)螺纹,导程与螺距的关系为 $L=nP$。

　　旋向　螺纹有右旋和左旋之分。螺旋线向右上升的螺纹(即顺时针旋入的螺纹)称为右旋螺纹;反之则为左旋螺纹。多数情况用右旋螺纹,只有在某些特殊部位(如自行车左脚蹬的联接螺纹)才用左旋螺纹。

　　3. 螺纹的公差等级及标记

　　根据 GB 197—81 普通螺纹公差与配合规定,普通螺纹的中径和顶径的尺寸公差等级常用的为 4,5,6,7,8,9 级。一般说来,6,7 级为中等精度,4,5 级精度较高,8,9 级精度较低。螺纹公差的位置由基本偏差确定,对内螺纹规定 G 和 H 两种位置,对外螺纹规定了 e,f,g 和 h 四种位置。H 和 h 的基本偏差为零,G 的基本偏差为正值,e,f,g 的基本偏差为负值。

　　普通螺纹和梯形螺纹的标记如下:

　　普通螺纹:

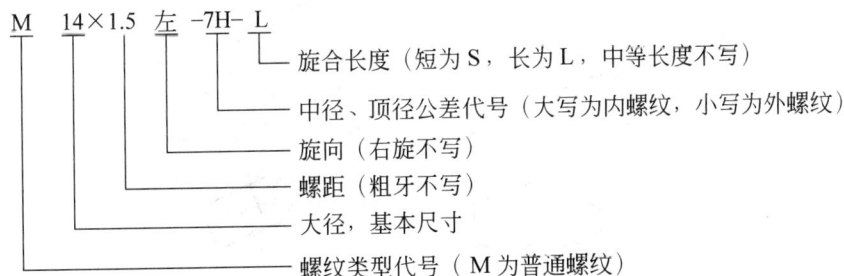

M　14×1.5　左　-7H- L
└─ 旋合长度（短为 S，长为 L，中等长度不写）
└── 中径、顶径公差代号（大写为内螺纹，小写为外螺纹）
└── 旋向（右旋不写）
└── 螺距（粗牙不写）
└── 大径，基本尺寸
└── 螺纹类型代号（M 为普通螺纹）

　　梯形螺纹:

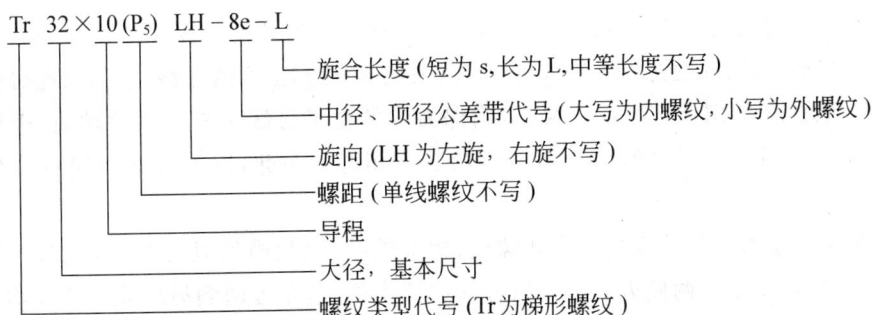

Tr　32×10(P5) LH-8e-L
└─ 旋合长度（短为 s,长为 L,中等长度不写）
└── 中径、顶径公差带代号（大写为内螺纹，小写为外螺纹）
└── 旋向（LH 为左旋，右旋不写）
└── 螺距（单线螺纹不写）
└── 导程
└── 大径，基本尺寸
└── 螺纹类型代号（Tr 为梯形螺纹）

3.1.2 车螺纹

车削螺纹是在卧式车床上用螺纹车刀进行加工的一种方法。车螺纹时,保证螺纹的五个要素的具体方法如下:

1. 保证牙型

为了获得正确的牙型,需要正确地刃磨车刀和安装车刀。

正确刃磨车刀包括两方面内容:一是使车刀的刀尖角 ε_r 等于牙型角 α,并使车刀切削部分的形状与螺纹牙槽形状一致,如图 3-3 所示。二是使车刀的前角 $\gamma_p = 0°$(图 3-4)。若前角 $\gamma_p \neq 0°$,正确牙型只反映在 AM 剖面上,而在通过螺纹轴线 OA 剖面上的牙型并不正确。但前角 $\gamma_p = 0°$ 时,切削性能较差,通常先用 γ_p 为 $5°\sim15°$ 的车刀粗车,再用 $\gamma_p = 0°$ 的车刀精车。精度要求不高的螺纹可采用较小前角的车刀一次车削完成。

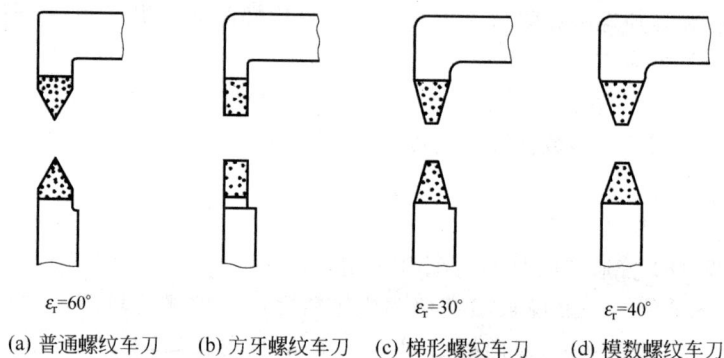

$\varepsilon_r=60°$ 　　　　　　$\varepsilon_r=30°$ 　$\varepsilon_r=40°$

(a) 普通螺纹车刀　(b) 方牙螺纹车刀　(c) 梯形螺纹车刀　(d) 模数螺纹车刀

图 3-3　几种常见的螺纹车刀

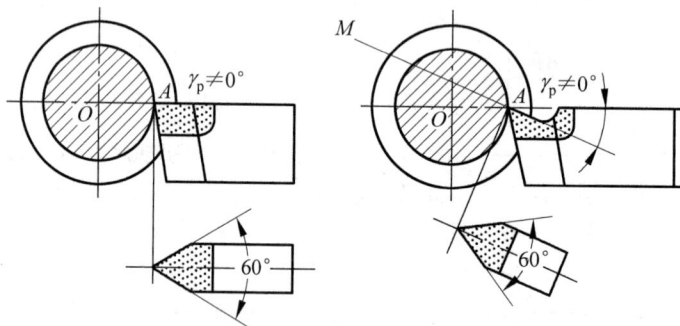

图 3-4　车刀前角对牙型的影响

正确安装车刀也应包括两方面内容:第一,车刀的刀尖必须与螺纹轴线等高。若刀尖高于或低于螺纹轴线,则在通过 OA 轴线的剖面上都不会得到正确的牙型,它们只能分别反映在 BN 和 CN 截面上,如图 3-5 所示。第二,确保刀尖的角平分线垂直于螺纹轴线,否则不能保证通过轴线 OA 剖面上螺纹的两个牙型半角 $\alpha/2$ 相等。为此,装刀时必须用对刀样板对刀(图 3-6)。

大升角螺纹车刀后角的修整　方牙螺纹、梯形螺纹、模数螺纹以及多线螺纹,一般螺纹升角 ψ 较大,需要修整车刀两侧刃后角。以方牙螺纹为例,若车刀两侧刃后角相等,均为 $3°\sim5°$

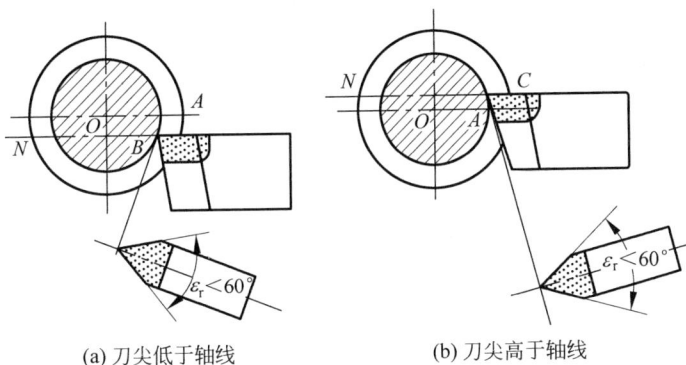

(a) 刀尖低于轴线

(b) 刀尖高于轴线

图 3-5　车刀安装高低对牙型的影响

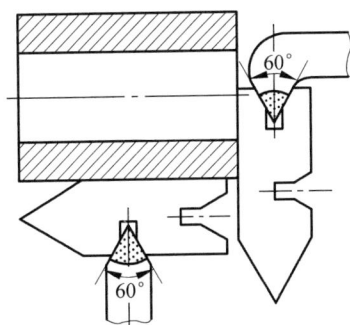

图 3-6　内、外螺纹车刀的对刀方法

（图 3-7），则车削右旋螺纹时左侧刃的实际后角 α'_{oe} 变小，右侧刃实际后角 α''_{oe} 变大，从而使车刀左侧后刀面与牙槽摩擦加大，不但易产生振动，难以切削，而且影响表面粗糙度。为此一般将车刀左侧刃后角加大到 $(3°\sim5°)+\psi$，而将右侧刃后角减小到 $1°\sim2°$，这样切削时两侧刃的实际后角 α'_{oe} 与 α''_{oe} 均为合适（图 3-8）。

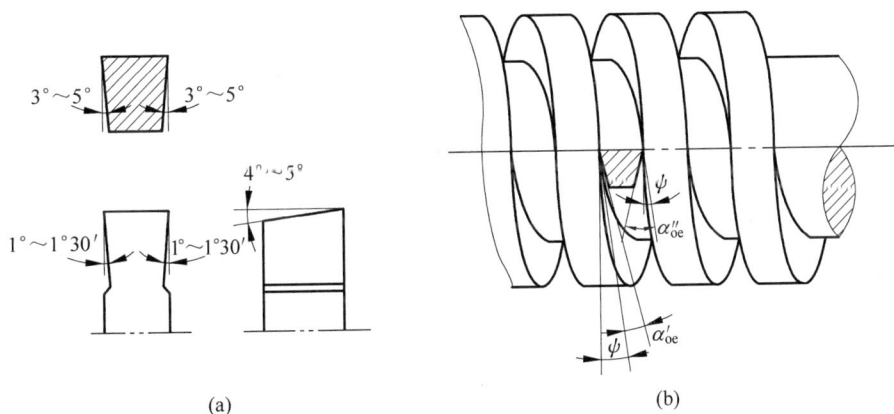

(a)

(b)

图 3-7　两侧刃后角相等的车刀车削右旋方牙螺纹

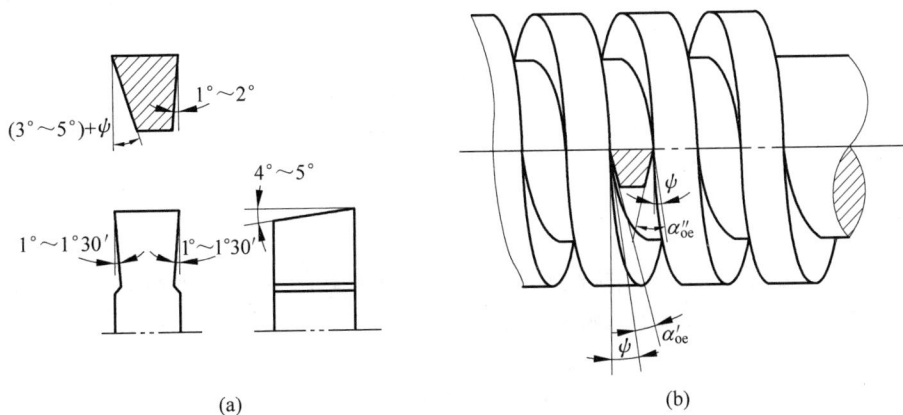

(a)

(b)

图 3-8　两侧刃后角不等的车刀车削右旋方牙螺纹

大螺距螺纹牙型的车削　大螺距的螺纹牙槽截面一般较大,常用三把刀车削。一把用于粗车,形成牙槽;另用两把前角 γ_o 为 $5°\sim15°$ 的精车刀分别精车两侧面,两侧刃后角按前述的要求进行修整(图 3-9)。

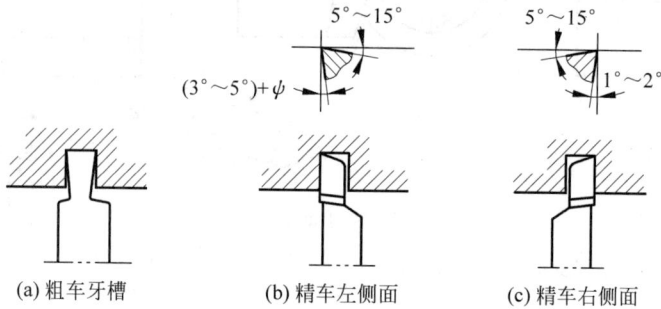

图 3-9　大螺距右旋方牙螺纹车削

2. 保证螺距 P 或导程 L

为了获得准确的螺距,必须保证工件每转一转,车刀准确地移动一个螺距(多线螺纹为一个导程),因此车床主轴和丝杠之间必须保证一定的传动比。这种传动关系是通过车床主轴至丝杠间的传动系统实现的。

图 3-10 是 C6136 车床由主轴到丝杠之间的齿轮传动路线:主轴(工件)尾端齿轮 m —三星齿轮 $\left(\dfrac{a}{b}\cdot\dfrac{b}{c}\right)$ —配换齿轮 $\left(\dfrac{z_1}{z_2}\cdot\dfrac{z_3}{z_4}\right)$ —进给箱齿轮 $\left(\dfrac{z_5}{z_6}\cdot\dfrac{z_7}{z_8}\cdots\right)$ —丝杠(刀具)。由于 m 和 c 的齿轮齿数相同,所以三星轮只改变丝杠的转向,不能改变系统的传动比,即 $\dfrac{m}{a}\cdot\dfrac{a}{b}\cdot\dfrac{b}{c}=1$。因此,车床主轴和丝杠之间的传动比由配换齿轮和进给箱中的传动齿轮来保证。

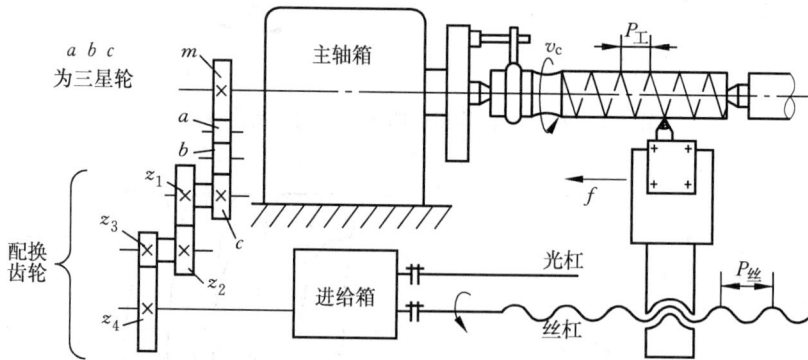

图 3-10　C6136 车床车螺纹进给系统传动示意图

由图 3-10 可知,车刀移动的距离既要等于丝杠的转速 $n_丝$ 与丝杠螺距 $P_丝$ 的乘积,又要等于工件的转速 $n_工$ 与工件螺距 $P_工$ 的乘积,即:

$$n_丝\cdot P_丝=n_工\cdot P_工 \tag{3-1}$$

则

$$\frac{n_丝}{n_工}=\frac{P_工}{P_丝} \tag{3-2}$$

由齿轮传动的总传动比　　$i=\dfrac{n_从}{n_主}=\dfrac{\text{全部主动齿轮齿数连乘积}}{\text{全部从动齿轮齿数连乘积}}$

得

$$\frac{n_丝}{n_工} = \frac{m}{a} \cdot \frac{a}{b} \cdot \frac{b}{c} \cdot \frac{z_1}{z_2} \cdot \frac{z_3}{z_4} \cdot \frac{z_5}{z_6} \cdot \frac{z_7}{z_8} \cdots \qquad (3\text{-}3)$$

而

$$\frac{m}{a} \cdot \frac{a}{b} \cdot \frac{b}{c} = 1$$

由于进给箱中的齿轮齿数的速比$\frac{z_5}{z_6} \cdot \frac{z_7}{z_8}\cdots$是一个常数,为讨论问题方便,

假设

$$\frac{z_5}{z_6} \cdot \frac{z_7}{z_8} \cdots = 1$$

则

$$\frac{n_丝}{n_工} = \frac{z_1 \times z_3}{z_2 \times z_4} \qquad (3\text{-}4)$$

由(3-2)式和(3-4)式可得

$$\frac{z_1 \times z_3}{z_2 \times z_4} = \frac{P_工}{P_丝} \qquad (3\text{-}5)$$

(3-5)式为无进给箱车床(即假设进给箱中齿轮齿数速比为1)车削螺纹时计算配换齿轮齿数的基本公式。其中$P_工$和$P_丝$是已知的,只有当$P_工$和$P_丝$的单位相同时,才能直接应用此基本公式。如果单位不同,应予以转换。目前绝大多数的车床是米制的。在米制的车床上车英制螺纹和模数螺纹时,必须进行如下转换:

英制螺纹:已知每英寸的牙数,则

$$P_工 = \frac{1}{每英寸牙数}(\text{in}) = \frac{25.4}{每英寸牙数}(\text{mm}) = \frac{127}{5 \times 每英寸牙数}(\text{mm})$$

模数螺纹:已知模数$m(\text{mm})$,则

$$P_工 = \pi m(\text{mm}) = \frac{87 \times 65 \times m}{30 \times 60}(\text{mm})$$

由(3-5)式可以看出,z_1,z_2,z_3,z_4的解不是唯一的,在具体确定它们的齿数时,还应注意以下两点:

第一,尽量选用车床自备的配换齿轮的齿数。无进给箱车床一般备有23个配换齿轮,其齿数分别为:20,25,30,35,40,…,120及127和87。其中齿数为127和87的齿轮,分别用于车英制螺纹和模数螺纹,因为25.4常用$\frac{127}{5}$代替,π常用近似分数$\frac{87 \times 65}{30 \times 60}$等代替。普通车床随型号不同,自备的配换齿轮的个数和齿数也不尽相同。在计算配换齿轮时应注意同一齿数的齿轮只能用一次,不能重复使用。但z_2和z_3可以相等,因为这时实际上只用了三个齿轮,即单式挂轮。

第二,若选用四个配换齿轮,即复式挂轮,此时还应满足下列两式的要求(图3-11)。

$$\begin{cases} z_1 + z_2 > z_3 + 15 & (3\text{-}6) \\ z_3 + z_4 > z_2 + 15 & (3\text{-}7) \end{cases}$$

这是因为主动轴与中间轴之间的距离应大于z_3齿轮的节圆半径R_3,即$R_1+R_2>R_3$;中间轴与丝杠之间的距离应大于z_2齿轮的节圆半径R_2,即$R_3+R_4>R_2$。否则,配换齿轮的齿顶将与主动轴或丝杠轴发生干涉,不能实现顺利搭配。因此在求得z_1,z_2,z_3,z_4之后,必须按(3-6)式,(3-7)式进行验算,如果不符合要求,应重新调整或更换,直到满足要求为止。

例 在无进给箱的车床上车削如下三种螺纹:①米制螺纹$P_工=0.7\text{ mm}$;②英制螺纹每英寸8牙;③模数螺纹$m=4\text{ mm}$。$P_丝=6\text{ mm}$,试计算配换齿轮。

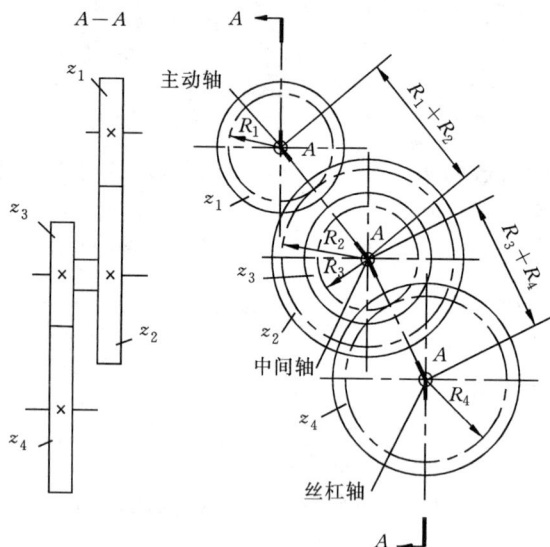

图 3-11　复式挂轮搭配规则

解　① 米制螺纹 $P_{工}=0.7$ mm：

$$\frac{z_1 \times z_3}{z_2 \times z_4} = \frac{P_{工}}{P_{丝}} = \frac{0.7}{6} = \frac{35 \times 20}{60 \times 100}$$

因为

$$z_1 + z_2 = 35 + 60 = 95 > 20(z_3) + 15$$

$$z_3 + z_4 = 20 + 100 = 120 > 60(z_2) + 15$$

所以，配换齿轮 $z_1=35$，$z_2=60$，$z_3=20$，$z_4=100$，符合要求。

② 英制螺纹每英寸 8 牙：

$$\frac{z_1 \times z_3}{z_2 \times z_4} = \frac{P_{工}}{P_{丝}} = \frac{\dfrac{127}{5 \times 8}}{6} = \frac{127}{6 \times 40} = \frac{20 \times 127}{60 \times 80}$$

因为

$$z_1 + z_2 = 20 + 60 = 80 \not> 127(z_3) + 15$$

所以，$z_1=20$，$z_2=60$，$z_3=127$，$z_4=80$，验算不符合要求。

需重新配换 $\dfrac{z_1 \times z_3}{z_2 \times z_4} = \dfrac{127}{6 \times 40} = \dfrac{127 \times 20}{60 \times 80}$

因为

$$z_1 + z_2 = 127 + 60 = 187 > 20(z_3) + 15$$

$$z_3 + z_4 = 20 + 80 = 100 > 60(z_2) + 15$$

所以，配换齿轮 $z_1=127$，$z_2=60$，$z_3=20$，$z_4=80$，符合要求。

③ 模数螺纹 $m=4$ mm：

$$\frac{z_1 \times z_3}{z_2 \times z_4} = \frac{P_{工}}{P_{丝}} = \frac{\dfrac{87 \times 65 \times 4}{30 \times 60}}{6} = \frac{87 \times 65 \times 4}{30 \times 60 \times 6} = \frac{87 \times 65}{45 \times 60}$$

因为

$$z_1 + z_2 = 87 + 45 = 132 > 65(z_3) + 15$$

$$z_3 + z_4 = 65 + 60 = 125 > 45(z_2) + 15$$

所以，配换齿轮 $z_1=87$，$z_2=45$，$z_3=65$，$z_4=60$，符合要求。

3. 保证中径 $D_2(d_2)$

为了获得准确的中径尺寸,关键是控制车削过程中的总切深 $\sum a_p$。同种螺纹的螺距不同,总切深 $\sum a_p$ 亦不同。下面是三种常见螺纹总切深 $\sum a_p$ 的参考值:

米制螺纹:$\sum a_p \approx 0.6P$

梯形螺纹:$\sum a_p \approx 0.5P + z$

$$(P = 2 \sim 4, z = 0.25; P = 5 \sim 12, z = 0.5)$$

模数螺纹:$\sum a_p \approx 2.2m$

在车削螺纹的过程中,一般根据总切深 $\sum a_p$ 的参考值由横向刻度盘经多次进刀控制,最后用螺纹量规或螺纹百分尺检验。

螺纹百分尺是测量螺纹中径的一种精密量具,如图 3-12 所示。螺纹百分尺的结构和使用方法与外径百分尺相似,只是它的两个测量触头是根据牙型角和螺距的不同而更换的。测量时,两个触头正好卡在螺纹的牙型面上,所测得的尺寸就是螺纹的实际中径。

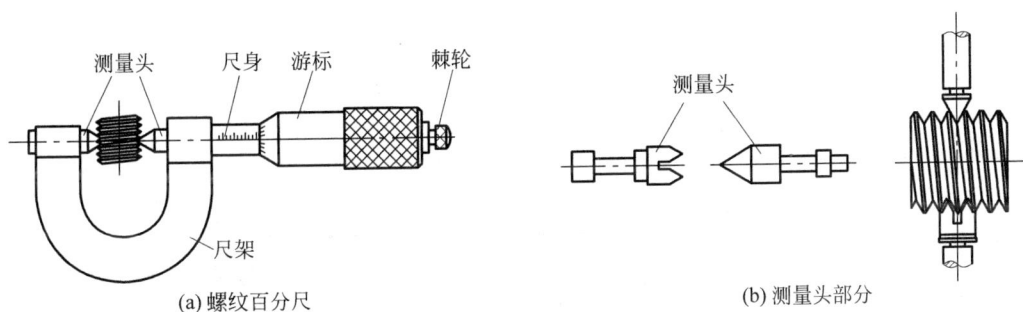

(a) 螺纹百分尺　　　　　　　　　　　　　　(b) 测量头部分

图 3-12　螺纹百分尺

4. 保证线数 n

如图 3-13 所示,多线螺纹的结构有两个特点:①在轴向剖面内相邻两条螺旋线的轴向距离等于螺距值;②在横向剖面内,各条螺旋线与横向剖面的交点相距 $\frac{360°}{n}$,其中 n 为线数。

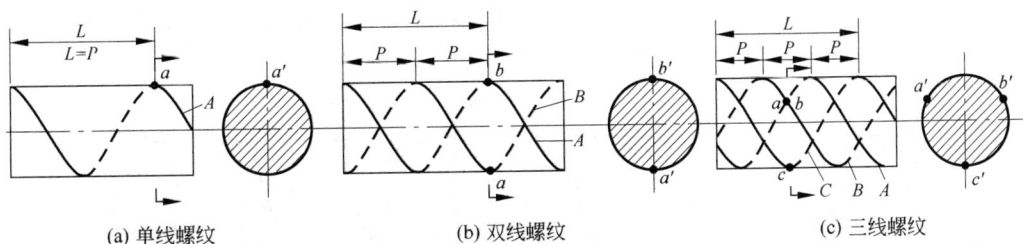

(a) 单线螺纹　　　　　　　(b) 双线螺纹　　　　　　　(c) 三线螺纹

图 3-13　多线螺纹

车削多线螺纹时,每一条螺纹槽的车削方法与车削单线螺纹完全相同,唯一不同的是不按螺距 P 而按该螺纹的导程 L 计算和调整配换齿轮。关键是在车完第一条螺纹槽之后,如何准确地改变车刀与工件的相对位置关系,再车削以后的各条螺纹槽,即如何进行分线。常用的分线方法有以下两种:

（1）移动小刀架法 如图 3-14 所示,车完第一条螺纹槽后将小刀架轴向移动一个螺距值,即可车削另一条螺纹槽。使用这种方法,加工前需校正小刀架的导轨,使之与螺纹轴线平行,否则要影响螺距的准确性。当多线螺纹的螺距精度要求不高时,用小刀架刻度盘控制移动量即可。当螺距的精度要求较高时,需用百分表(有时还要加量块)控制小刀架的移动量。

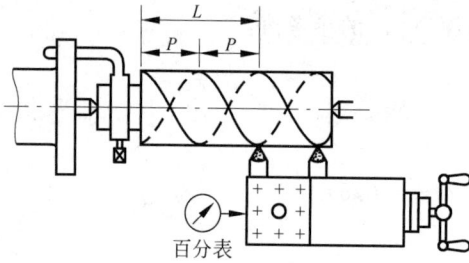

图 3-14　移动小刀架法

（2）旋转工件法 在车完一条螺纹槽后,在不改变工件轴向位置的条件下,将工件相对主轴转动 $\frac{360°}{n}$,再依次车出其他螺纹槽。旋转工件法所用的附件如图 3-15 所示。图(a)为分度卡盘,适宜加工用卡盘装夹的工件。图(b)为多槽拨盘,适宜加工双顶尖装夹的轴类工件。例如,车削三线螺纹时,卡箍尾部开始放入槽 1 中,车完第一条螺纹槽后,依次将卡箍尾部放入槽 3,5 中,此时工件相对主轴转动了 120°,从而车出第二、三条螺纹槽。这种拨盘可供车削单线、双线、三线和四线螺纹。

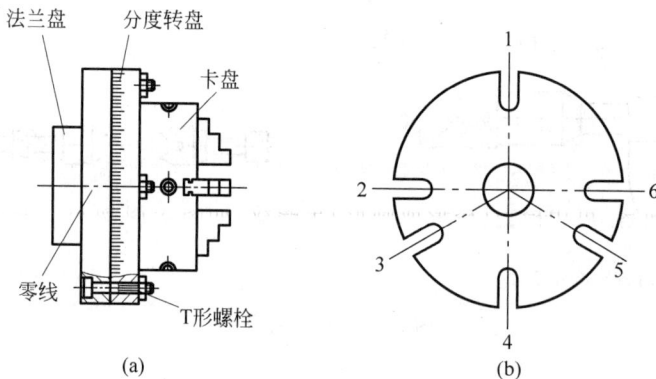

图 3-15　车削多线螺纹用的附件

5. 保证旋向

车右旋螺纹时,工件正转,车刀自右向左移动;车左旋螺纹时,工件仍然正转,车刀应自左向右移动,如图 3-16 所示。因此车削不同旋向螺纹的关键是在主轴转向不变的情况下,正确改变丝杠的转向。解决的方法是调整主轴与丝杠之间的换向机构。

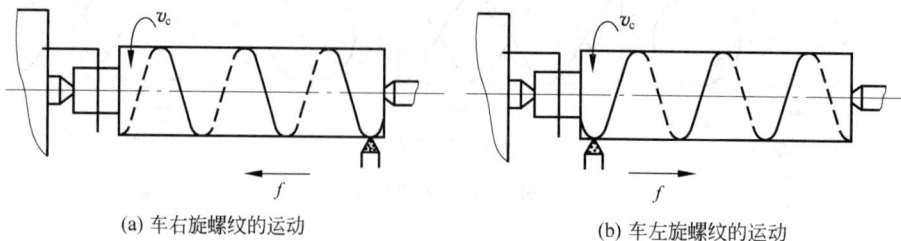

(a) 车右旋螺纹的运动　　　(b) 车左旋螺纹的运动

图 3-16　车削螺纹的运动

图 3-17 中的三星轮(即齿数为 25,32,42 的齿轮)是 C6136 车床车削左右旋螺纹的反向机构。图 3-17(a)的啮合状态,用来车削右旋螺纹;图 3-17(b)的啮合状态,用来车削左旋螺纹。

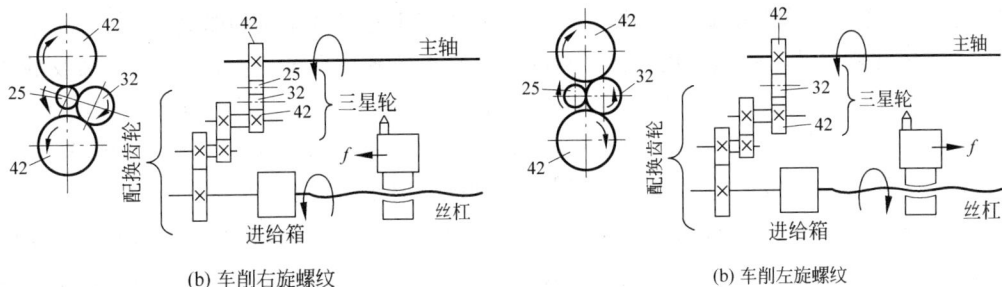

图 3-17　C6136 车床反向机构

图 3-18 所示是 C6132 车床的反向机构,它位于主轴箱内,图 3-18(a)状态用于车削左旋螺纹;图 3-18(b)状态,即 z_a 与 z_d 直接啮合,而 z_b 与 z_c 空转,用来车削右旋螺纹。

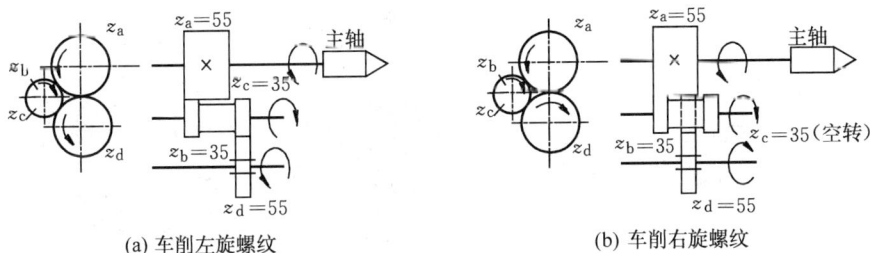

图 3-18　C6132 车床反向机构

在单件、小批生产的条件下,选用普通螺纹车刀加工螺纹既经济又适用。当生产批量较大时,为了提高生产效率,可用梳刀(棱形或圆形)车螺纹,如图 3-19 所示。但梳刀只能加工低精度螺纹,或者作为加工精密螺纹时的粗加工工序。

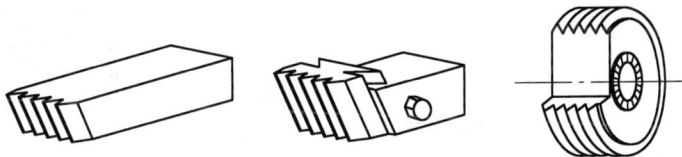

图 3-19　梳刀

3.1.3　铣螺纹

铣螺纹多用于大径和螺距较大的梯形螺纹和模数螺纹的加工。与车螺纹相比,精度较低(9～6 级),表面粗糙度 Ra 值较大(6.3～3.2 μm),生产效率较高,常用于大批大量生产中螺纹的粗加工或半精加工。铣螺纹常用的加工方法如下:

(1) 盘状铣刀铣螺纹　在万能卧铣上用盘状梯形螺纹铣刀铣削梯形螺纹,如图 3-20 所示。工件的安装、配换齿轮的使用和计算与铣削螺旋槽完全相同,所不同的只是要使用万能铣头,使刀轴处于水平位置,并与工件轴线成螺纹升角 $\psi(\psi=90°-\beta)$。若铣多线螺纹,可利用分度头对工件分线,再依次铣出各条螺纹槽。

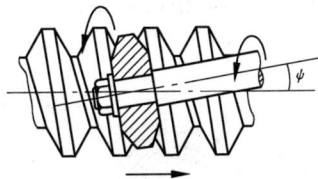

图 3-20　盘状铣刀铣螺纹

在专用螺纹铣床上铣削螺纹的方法与上述类似,只是当工件旋转一周时,不作轴向移动,刀轴带动铣刀沿工件轴线移动一个导程 L,其加工精度比普通铣床铣削略高。

(2) 旋风法铣螺纹 这是利用装在特殊旋转刀盘上的硬质合金刀头,高速铣削螺纹的一种加工方法。它可以在专用铣床上进行,也可以在改装后的普通车床上进行,如图 3-21 所示。切削时,装有数把硬质合金刀具的刀盘作高速旋转(1000～3000 r/min),工件作缓慢转动(3～30 r/min)。安装在大拖板上的旋风切削头沿工件轴线方向作纵向进给运动,工件每转一转,旋风刀盘纵向移动一个导程 L,其轴线与工件轴线成螺纹升角 ψ,二者旋转中心的偏心距 e 等于螺纹牙深加 2～4 mm(退刀间隙)。每个刀头只在回转轨迹的 $\frac{1}{3}$～$\frac{1}{6}$ 圆弧线上与工件接触,因此只有很少量的时间在切削一小片金属,大部分时间在空气中冷却,为此可选用高速切削。对于螺距 $P \leqslant 6$ mm 的螺纹,只需一次走刀完成加工,生产效率高,一般比盘状铣刀铣螺纹高 3～8 倍。

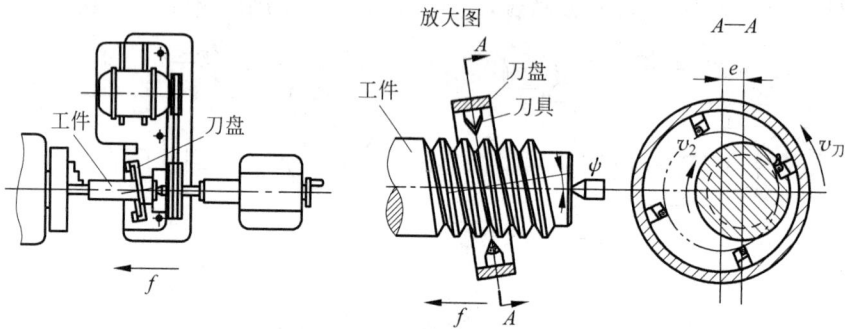

图 3-21 旋风铣螺纹

旋风法也可铣削内螺纹和三角螺纹。铣内螺纹时常用一个刀头(图 3-22),刀轴的转速一般取 1600～3000 r/min。

3.1.4 攻螺纹和套螺纹

攻螺纹和套螺纹也是应用广泛的一种螺纹加工方法。对于小尺寸的内螺纹,攻螺纹几乎是唯一有效的加工方法,套螺纹时的螺纹大径一般不超过 16 mm。

攻螺纹、套螺纹一般用手工操作,亦可利用辅助工具在车床或钻床上进行。

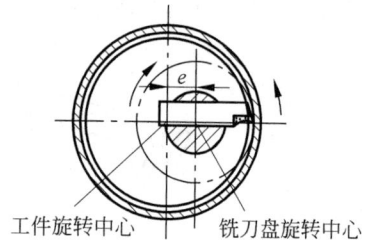

图 3-22 旋风法铣削内螺纹

图 3-23 所示的锥体摩擦式机动攻螺纹夹头,是一种常用的辅助工具。夹头体的右端为莫式锥柄,可装在钻床主轴锥孔内,左端孔与快换装置右端的轴体配合,当拧紧右端螺母时,可将摩擦块紧紧地压在轴上,此时就可将夹头体的动力通过轴传给快换装置。快换装置可根据需要更换不同规格的丝锥。

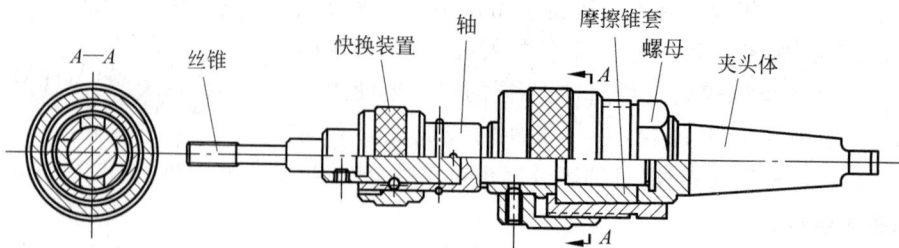

图 3-23 锥体摩擦式机动攻螺纹夹头

使用这种辅助工具在钻床上攻螺纹,多用于成批和大量生产中箱体等零件上的小螺纹孔的加工。

3.1.5 磨螺纹

需要热处理的精密螺纹,应在专用螺纹磨床上加工,例如丝锥、螺纹量规、精密丝杠及滚刀等。磨削螺纹有单片砂轮磨削和多片组合砂轮磨削两种方式,如图 3-24 所示。

(1) 单片砂轮磨削　单片砂轮磨削时,砂轮的轴线必须相对工件轴线倾斜一个螺纹升角 ψ (图 3-24(a)),砂轮在螺纹轴向截面上的形状必须与牙槽相吻合,以获得正确的螺纹牙型。工件安装在螺纹磨床的前后顶尖之间。工件每转一圈,同时沿轴向移动一个螺距 P;砂轮高速旋转的同时,周期性地进切深,经一次或多次行程完成加工。

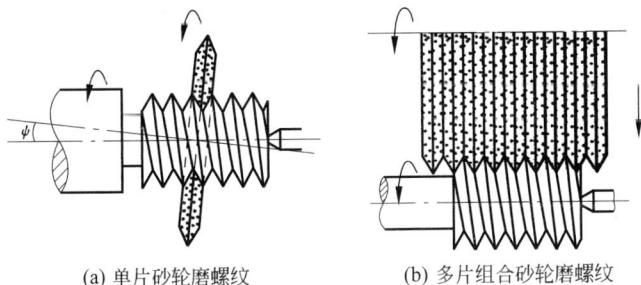

(a) 单片砂轮磨螺纹　　(b) 多片组合砂轮磨螺纹

图 3-24　磨螺纹的方法

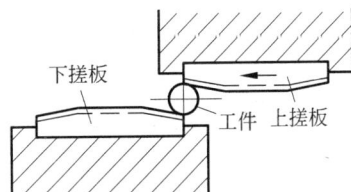

图 3-25　搓板滚压螺纹

螺距为 1.5 mm 以下的螺纹,可不经预加工直接磨出。一般采用较大切深和较低的工件转速,经一次或两次行程完成加工。

单片砂轮磨削精度高,可达 3 级精度,但生产效率低。

(2) 多片组合砂轮磨削　它是由梳形齿组成的总宽度为 20～80 mm 的砂轮作为磨削工具,其齿形和精度与被磨削的螺纹相当,如图 3-24(b)所示。螺纹磨削时选用缓慢的工件转速和较大的磨削深度(有时可大到螺纹全齿深),螺纹经过一次或数次行程后即被磨削成形。

此种磨削方法生产率高,但因多片组合砂轮修整困难,螺纹的磨削精度较低,只适宜磨削刚度较好的短螺纹。

3.1.6 滚压螺纹

滚压螺纹是一种无切削加工方法。坯件在滚压工具的压力作用下产生塑性变形,滚压出相应的螺纹。螺纹滚压有两种方式:

(1) 搓板滚压　如图 3-25 所示,下搓板是固定的,上搓板作往复运动。两搓板的平面均有斜槽,其截面形状与待搓螺纹牙型相符。工件在上下搓板之间被挤压和滚动,当上搓板移动时,坯料表面便挤压出螺纹。

搓板滚压螺纹的工件直径为 2～35 mm,工件长可达 100 mm,精度 5 级,表面粗糙度 Ra 值可达 1.6～0.8 μm。

(2) 滚轮滚压　如图 3-26 所示,工件放在两个表面带螺纹的滚轮之间。工作时两轮的转速相等,转向相同,工件由两轮带动作自由旋转。左轮轴心固定,叫定滚轮;右轮作径向进给运动,叫动滚轮。

滚轮滚压螺纹的工件直径可为 0.3～120 mm,工件长度可达 150 mm,精度可达 3 级,表面

粗糙度 Ra 值为 $0.8\sim0.2\ \mu m$。生产率较搓螺纹低。滚轮滚压螺纹可用来滚制螺钉、丝锥等。当利用三个或两个滚轮进行滚压时,如果工件做轴向移动,即可滚压丝杠。

滚压螺纹同切削螺纹相比,主要优点是提高螺纹的强度。图 3-27 表明,切削加工的螺纹金属纤维是被割断的(图 3-27(a)),而滚压螺纹的纤维是连续的(图 3-27(b)),从而可提高其剪切强度;又因滚压螺纹后,由于表面变形强化,及表面粗糙度 Ra 值降低,还可提高螺纹的疲劳强度。滚压螺纹比切削螺纹的生产效率高。

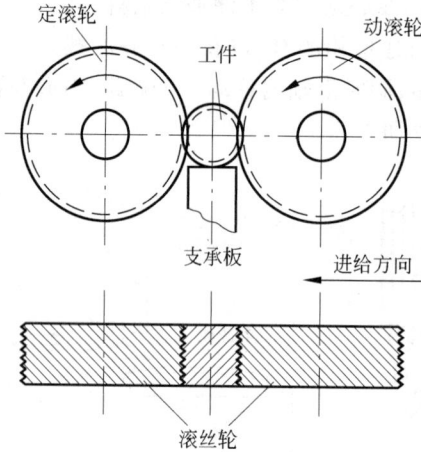

图 3-26   滚丝轮滚压螺纹

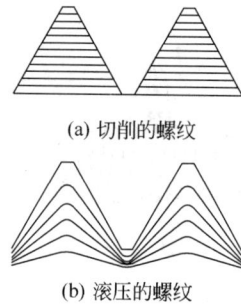

图 3-27   螺纹的纤维

滚压螺纹的主要缺点是对杆状坯料的尺寸精度要求较高。其原因是金属不被切削,受到滚压变形的金属必须刚好挤满模具工作面的槽内,且只能滚压外螺纹。

3.1.7   电火花加工螺纹

淬火钢、硬质合金及其他难加工导电材料的螺纹,可采用电加工的方法加工。

例如加工图 3-28 所示的超细长螺杆。材料是 1Cr18Ni9Ti 不锈钢,长径比高达 67。采用车削和铣削等常规的加工方法十分困难。利用数控旋转电加工机床,配以数控螺旋伺服进给装置,采用旋转式电加工的方法加工,即可解决这一难题。其设备和装置如图 3-29 所示。数控螺旋伺服装置中的步进电机 1 通过蜗轮蜗杆副提供旋转运动,步进电机 2 通过丝杠螺母副提供直线运动,两种运动的复合便构成了螺旋进给运动。

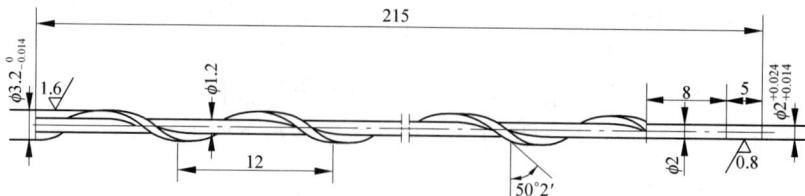

图 3-28   超细长不锈钢螺杆

加工时,首先将螺旋伺服进给装置的主轴中心线调整到与成形工具电极的中心平面成螺旋角 β 的位置,然后将毛坯装入主轴的弹性锁套内,再从工件端面处调整好与工具电极的相对位置(主要是加工深度与中心对称度),而后再输入加工程序。

调整好放电加工参数后,启动机床,即可自动进行加工。

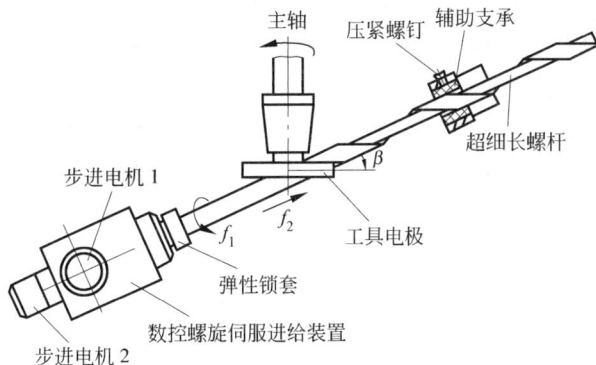

图 3-29 超细长螺杆的电火花加工

用电火花加工方法加工内螺纹时,则采用工件与电极同向同步旋转,工件作径向进给的方法实现加工的。

当需要加工陶瓷等硬、脆而又不导电材料的螺纹时,还可采用激光加工方法。

3.2 齿形加工

3.2.1 概述

齿轮是机械传动系统中传递运动和动力的重要零件。齿轮的结构形式多样,应用广泛。常见齿轮传动类型如图 3-30 所示。其中直齿轮传动、斜齿轮传动和人字齿轮的传动用于平行轴之间;螺旋齿轮传动和蜗轮与蜗杆的传动常用于垂直交错轴之间;内齿轮传动可实现平行轴之间的同向转动;齿轮齿条传动可实现旋转运动和直线移动的转换;直齿锥齿轮传动用于相交

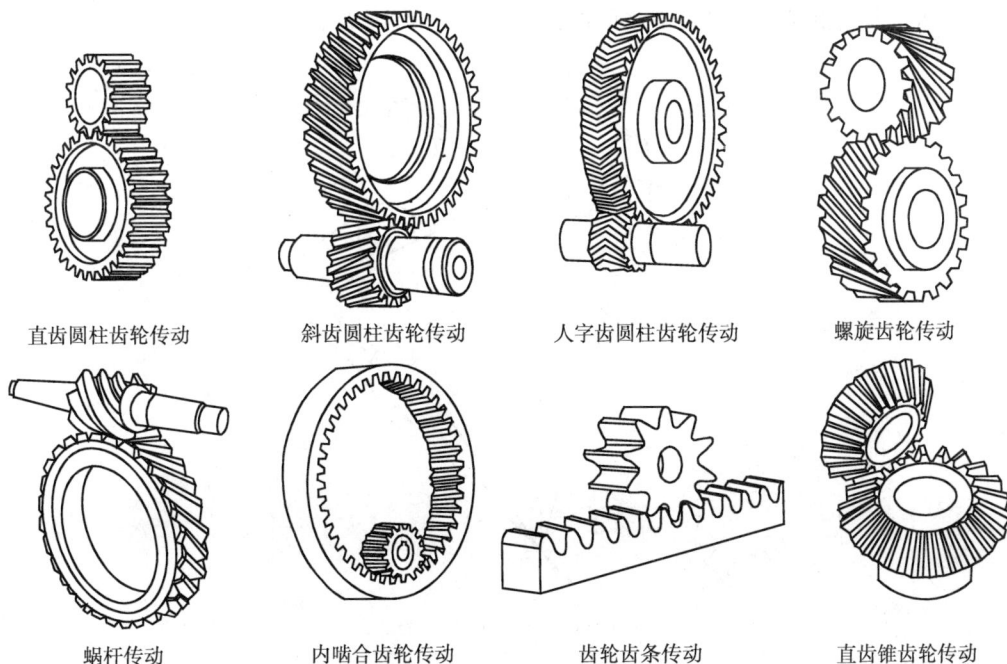

直齿圆柱齿轮传动　　斜齿圆柱齿轮传动　　人字齿圆柱齿轮传动　　螺旋齿轮传动

蜗杆传动　　内啮合齿轮传动　　齿轮齿条传动　　直齿锥齿轮传动

图 3-30 常见齿轮传动的类型

轴间的传动。在这些齿轮传动中,直齿圆柱齿轮是最基本的,应用也最为广泛。

为了保证齿轮传动的运转精确,工作平稳可靠,必须选择合适的齿形轮廓曲线。目前齿轮齿形轮廓曲线有渐开线、摆线和圆弧线等,其中渐开线用得最多。

若一动直线在平面内沿半径为 r_b 的圆作无滑动的纯滚动时,则动直线上任一点 a 的轨迹称为半径为 r_b 圆的渐开线,如图 3-31 所示。半径为 r_b 的圆称为基圆,动直线称为发生线。渐开线齿轮的一个轮齿就是由同一基圆形成的两条相反渐开线所组成(图 3-32)。

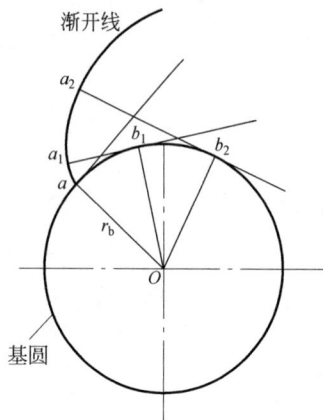

图 3-31　渐开线的形成

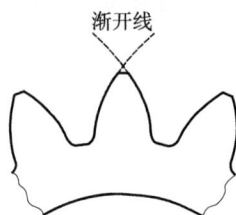

图 3-32　渐开线齿形

1. 直齿圆柱齿轮的主要参数及尺寸计算

模数和压力角是直齿圆柱齿轮的两个基本参数。

(1) 模数 m

如图 3-33 所示,在标准渐开线齿轮中,齿厚 s 与齿间 e 相等的圆称为分度圆,其直径以 d 表示。在分度圆上相邻两齿对应点之间的弧长,称为分度圆周节,以 P 表示。

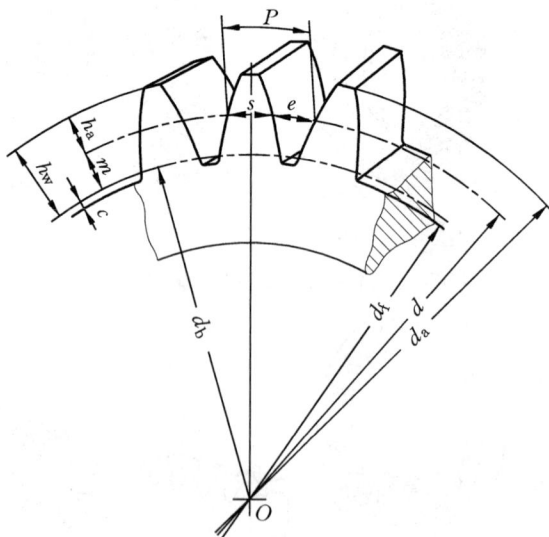

图 3-33　直齿圆柱齿轮

当齿轮的齿数为 z 时,分度圆直径 d 和周节 P 有如下关系:

$$\pi d = Pz$$

或

$$d = \frac{P}{\pi}z$$

由于式中含有无理数 π，为了在计算中使齿轮各部分尺寸为整数或简单小数，令

$$\frac{P}{\pi} = m$$

则

$$d = m \cdot z$$

式中的 m 称为模数，单位为 mm。模数 m 在设计中是齿轮尺寸计算和强度计算的一个基本参数，在制造中是选择刀具的基本依据之一。

模数 m 的数值已标准化（见 GB 1357—87），共有 50 种，一般机械中常用的有 1，1.25，1.5，2，2.5，3，4 等。

（2）压力角 α

如图 3-34 所示，渐开线齿形上任意一点 K 的法向力 F 和速度 V_K 之间的夹角，称为 K 点的压力角 α_k。由图可知：$F \perp \overline{OG}, V_K \perp \overline{OK}$，故

$$\alpha_k = \angle KOG$$

$$\cos \alpha_k = \frac{r_b}{r_k}$$

同理，齿形在分度圆上 A 点的压力角 $\alpha = \angle AOB$，

则

$$\cos \alpha = \frac{r_b}{r}$$

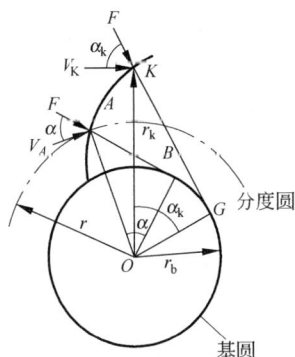

图 3-34　渐开线的压力角

式中　r_k, r——分别为渐开线上 K 点及 A 点的向径；

r_b——产生渐开线的基圆半径。

由上可知，渐开线上各点的压力角不等。基圆上压力角为零，齿顶圆上的压力角最大。分度圆上 A 点的压力角为刀具齿形角，称为标准压力角，常取 $\alpha = 20°$。

渐开线齿轮正确啮合的基本条件是两齿轮的模数 m 和压力角 α 应分别相等。齿形加工时，刀具的模数 m 和压力角 α 必须与被加工齿轮一致。

2. 直齿圆柱齿轮的主要尺寸

对于标准直齿圆柱齿轮，当齿数 z 和模数 m 确定之后，各主要尺寸即相应确定。其计算公式见表 3-2。

表 3-2　标准直齿圆柱齿轮主要尺寸计算公式

名　称	代号	计　算　公　式	含　　义
齿顶高	h_a	$h_a = m$	分度圆至齿顶圆之间的径向距离
工作齿高	h_w	$h_w = h_a + m = 2m$	齿轮啮合时两齿轮齿顶圆之间的径向距离
径向间隙	c	$c = 0.25m$	齿轮啮合时，一个齿轮的齿顶圆与另一齿轮的齿根圆之间的径向距离
分度圆直径	d	$d = mz$	在标准齿轮中，理论齿厚与齿间相等处的圆的直径
基圆直径	d_b	$d_b = 0.94d = 0.94mz$	产生渐开线的固定圆
齿顶圆直径	d_a	$d_a = d + 2h_a = mz + 2m = m(z+2)$	通过齿顶的圆的直径

名　称	代号	计算公式	含　义
齿根圆直径	d_f	$d_f = d - 2(m+c) = m(z-2.5)$	通过齿根的圆的直径
周节	P	$P = \pi m$	在分度圆上相邻两齿对应点之间的弧长
分度圆齿厚	s	$s = \dfrac{\pi}{2} m$	分度圆上轮齿的厚度(弧长)
分度圆齿间	e	$e = \dfrac{\pi}{2} m$	分度圆上齿槽的间距(弧长)
中心距	A	$A = \dfrac{z_1 + z_2}{2} m$	两啮合齿轮的标准中心距

3.2.2　圆柱齿轮精度简介

1. 齿轮传动的精度等级及其选择

在 GB 10095—88 标准中,对齿轮精度规定了 12 个等级,其中 1,2 级为远景级精度,3～5 级为高级精度,6～8 级为中级精度,9～12 级为低级精度。根据对传动性能影响的情况,标准将每个精度等级中的各项公差分为三个组别:第 Ⅰ 公差组——影响传动性能的准确性;第 Ⅱ 公差组——影响传动的平稳性;第 Ⅲ 公差组——影响载荷分布的均匀性。

齿轮的精度等级应根据传动的用途、使用条件、传动功率、圆周速度等条件选择。一般情况下,三个公差组选择相同的精度等级。在有特殊要求时,允许选用不同的精度等级。常用机械齿轮精度等级选择范围见表 3-3。

表 3-3　常用机械齿轮精度等级范围

常用机械齿轮应用范围	精度等级	常用机械齿轮应用范围	精度等级
测量齿轮	3～5	重型汽车	6～9
精密切削机床	3～7	拖拉机	6～10
一般切削机床	5～8	一般减速器	6～8
轻型汽车	5～8	起重机械	6～9

2. 齿侧间隙的规定

齿侧间隙是通过减薄理论齿厚得到的,它与齿轮精度等级无关。如图 3-35 所示,齿厚上偏差 E_{ss} 和下偏差 E_{si} 均为负值,即可达到减薄齿厚的目的。图中 $\overparen{ac}$ 为最大齿厚,$\overparen{ab}$ 为最小齿厚,T_s 为齿厚公差。

GB 10095—88 标准中,对齿厚极限偏差(E_{ss} 和 E_{si})规定了 C,D,E,F,G,H,J,K,L,M,N,P,R,S 等 14 个偏差代号,其中 D 的偏差值为零,由 E 至 S 均为负值,绝对值依次增大。根据齿侧间隙所需的大小,齿厚上、下偏差可分别选取适当的偏差代号。其具体数值可按标准计算确定。

3. 齿轮精度及齿侧间隙的图样标注

齿轮精度等级和齿厚上下偏差代号在图样上标注

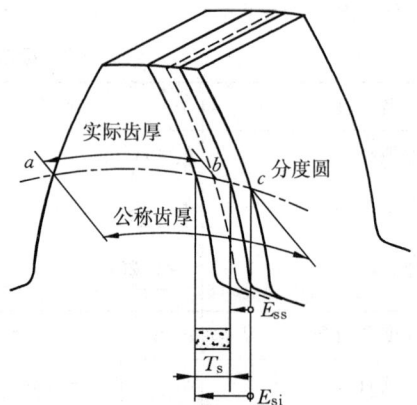

图 3-35　齿厚偏差示意图

示例如下：

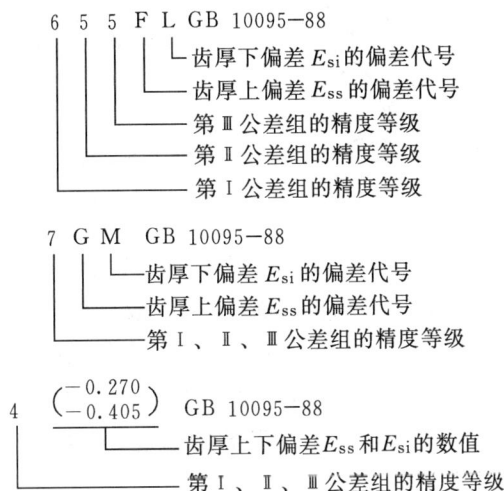

6　5　5　F L　GB 10095—88
　　　　　└─齿厚下偏差 E_{si} 的偏差代号
　　　　└──齿厚上偏差 E_{ss} 的偏差代号
　　　└───第Ⅲ公差组的精度等级
　　└────第Ⅱ公差组的精度等级
　└─────第Ⅰ公差组的精度等级

7　G M　GB 10095—88
　　　└─齿厚下偏差 E_{si} 的偏差代号
　　└──齿厚上偏差 E_{ss} 的偏差代号
　└───第Ⅰ、Ⅱ、Ⅲ公差组的精度等级

4　$\begin{pmatrix}-0.270\\-0.405\end{pmatrix}$　GB 10095—88
　　　　└─齿厚上下偏差 E_{ss} 和 E_{si} 的数值
　└──────第Ⅰ、Ⅱ、Ⅲ公差组的精度等级

3.2.3　铣齿

齿形切削加工方法按其加工原理可分为成形法和展成法(又称范成法或包络法)两类。成形法是用与被切齿轮的齿槽法向截面形状相符的成形刀具切出齿形的方法,常见的有铣齿、拉齿等。

1. 铣削直齿圆柱齿轮

如图 3-36 所示,铣削时,齿轮坯紧固在心轴上并将心轴安装在分度头和尾架顶尖之间,铣刀旋转,工件随工作台作纵向进给运动。每铣完一个齿槽,纵向退刀进行分度,再铣下一个齿槽。

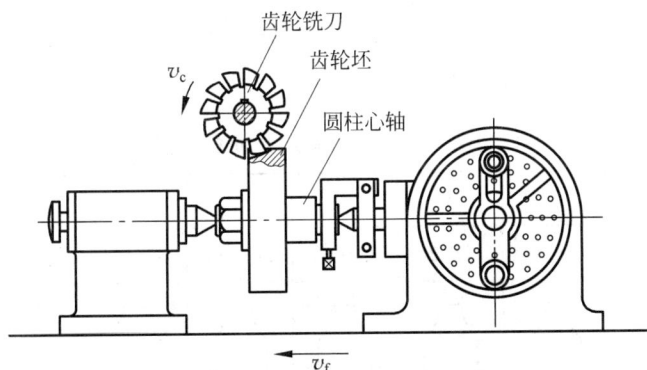

图 3-36　铣削直齿圆柱齿轮

模数 $m\leqslant20$ 的齿轮,一般用盘状齿轮铣刀在卧铣上加工;$m>20$ 的齿轮,用指状齿轮铣刀在专用铣床或立铣上加工(图 3-37)。

选用的齿轮铣刀,除了模数 m 和压力角 α 应与被切齿轮的模数、压力角一致之外,还需根据齿轮齿数 z 选择相应的刀号。

因为渐开线的形状与基圆直径 d_b 大小有关,基圆直径愈小,渐开线的曲率愈大;基圆直径愈大,渐开线的曲率愈小;当基圆直径无穷大时,渐开线便成为一条直线,即为齿条的齿形曲线(图 3-38)。由于相同模数而齿数不同的齿轮,其分度圆直径($d=mz$)、基圆直径

图 3-37   盘状和指状齿轮铣刀

$(d_b=0.94mz)$均不相同。如果为每一个模数的每一种齿数的齿轮制备一把相应的齿轮铣刀,
既不经济也不便于管理。为此,同一模数的齿轮铣刀,一般只制作 8 把,分为 8 个刀号,分别用
以铣削一定齿数范围的齿轮,见表 3-4。为了保证铣削的齿轮在啮合运动中不致卡住,各号铣
刀的齿形应按该号范围内最小齿数齿轮的齿槽轮廓制作,以便获得最大齿槽空间。为此,各号
铣刀加工范围内的齿轮除最小齿数外,其他齿数的齿轮,只能获得近似的齿形,如图 3-39
所示。

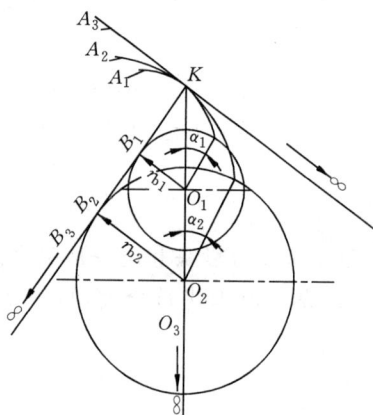

图 3-38   渐开线曲率与基圆半径的关系

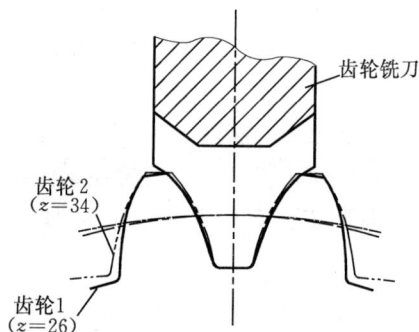

图 3-39   5 号齿轮铣刀的刀齿轮廓

表 3-4   盘状齿轮铣刀刀号及其加工的齿数范围

刀 号	1	2	3	4	5	6	7	8
加工齿数范围	12～13	14～16	17～20	21～25	26～34	35～54	55～134	135 以上及齿条
齿形								

2. 铣齿的工艺特点和应用

铣齿的工艺特点如下:

(1) 生产成本低   齿轮铣刀的结构简单,在普通铣床上即可完成铣齿工作。

(2) 加工精度低   齿形的准确性完全取决于齿轮铣刀,而一个刀号的铣刀要加工一定齿
数范围的齿轮,致使齿形误差较大。此外,在铣床上采用分度头分齿,分齿误差也较大。

(3) 生产率低   每铣一齿都要重复耗费切入、切出、退刀和分度的时间。

鉴于上述工艺特点,成形法铣齿一般用于单件小批生产和机修工作中加工 9 级精度以下,

齿面粗糙度 Ra 值为 $6.3\sim3.2~\mu m$ 的齿轮。

3.2.4 插齿和滚齿

展成法是利用齿轮刀具与被切齿轮的啮合运动,在专用齿轮加工机床上切出齿形的一种方法,它比成形法铣齿应用广泛。插齿和滚齿则是展成法中最常见的两种方法。

1. 插齿

(1) 插齿机和插齿刀　插齿是在插齿机(图 3-40)上进行的。插齿机主要由工作台、刀架、横梁和床身等部分组成。

插齿刀很像一个直齿圆柱齿轮,只是齿顶呈圆锥形,以形成顶刃后角 α_p;端面呈凹锥形,以形成顶刃前角 γ_p;齿顶高比标准圆柱齿轮大 $0.25~m$,以保证插削后的齿轮在啮合时有径向间隙 C。

(2) 插齿原理和插齿运动　插齿加工相当于一对无啮合间隙的圆柱齿轮传动(图 3-41)。插齿时,插齿刀与齿轮坯之间严格按照一对齿轮的啮合速比关系强制传动,即插齿刀转过一个齿,齿轮坯也转过相当一个齿的角度。与此同时,插齿刀做上下往复运动,以便进行切削。其刀齿侧面运动轨迹所形成的包络线,即为被切齿轮的渐开线齿形(图 3-42)。

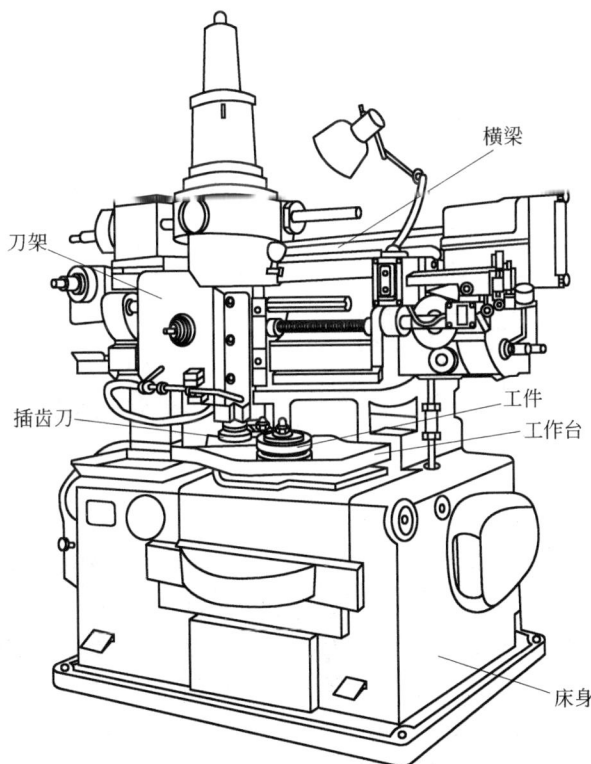

图 3-40　插齿机

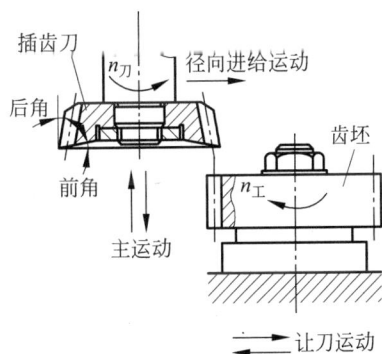

图 3-41　插齿刀与插齿加工

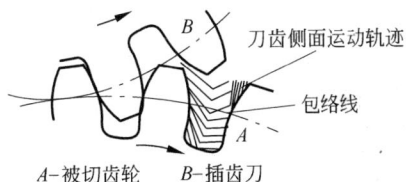

A—被切齿轮　B—插齿刀

图 3-42　插齿时渐开线齿形的形成

插齿需要下列五个运动:

主运动　插齿刀的上下往复运动称为主运动。向下是切削行程,向上是返回空行程。插齿速度用每分钟往复行程次数(str/min)表示。

分齿运动　强制插齿刀与齿轮坯之间保持一对齿轮的啮合关系的运动称为分齿运动。即

$$\frac{n_刀}{n_工} = \frac{z_工}{z_刀}$$

式中 $n_刀, n_工$——分别为插齿刀和齿轮坯的转速;

　　　　$z_刀, z_工$——分别为插齿刀和被切齿轮的齿数。

圆周进给运动　在分齿运动中,插齿刀的旋转运动称为圆周进给运动。插齿刀每往复行程一次,在其分度圆周上所转过的弧长(mm/str)称为圆周进给量,它决定每次行程金属的切除量和形成齿形包络线的切线数目,直接影响着齿面的表面粗糙度。

径向进给运动　在插齿开始阶段,插齿刀沿齿轮坯半径方向的移动称为径向进给运动。其目的是使插齿刀逐渐切至全齿深,以免开始时金属切除量过大而损坏刀具。径向进给量是指插齿刀每上下往复一次径向移动的距离(mm/str)。径向进给运动是由进给凸轮控制的,当切至全齿深后即自动停止。

让刀运动　为了避免插齿刀在返回行程中擦伤已加工表面和加剧刀具的磨损,应使工作台沿径向让开一段距离;当切削行程开始前,工作台需恢复原位。工作台所作的这种短距离的往复运动,称为让刀运动。

(3) 插齿工作范围　插齿可以加工内、外直齿圆柱齿轮以及相距很近的双联或多联齿轮,如图 3-43 所示。若在插齿机上安装图 3-44 所示的附件,还可以加工内、外螺旋齿轮。插齿既适用于单件小批生产,也适用于大批大量生产。但加用附件插削螺旋齿轮仅适用于大批大量生产。

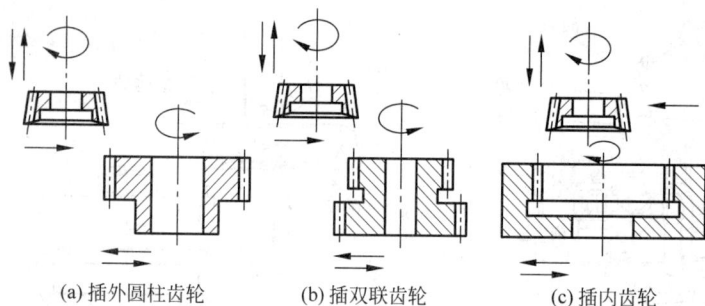

(a)插外圆柱齿轮　　　(b)插双联齿轮　　　(c)插内齿轮

图 3-43　插齿的主要工作

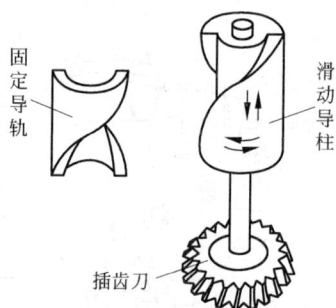

图 3-44　插削螺旋齿轮的附件

2. 滚齿

(1) 滚齿机和齿轮滚刀　滚齿是在专用的滚齿机(图 3-45)上进行的。滚齿机主要由工作台、刀架、支撑架、立柱和床身等部件组成。

滚切齿轮所用的齿轮滚刀如图 3-46 所示。其刀齿分布在螺旋线上,且多为单线右旋,其法向剖面呈齿条齿形。当螺旋升角 $\psi > 5°$ 时,沿螺旋线法向铣出若干沟槽;当 $\psi \leqslant 5°$ 时,则沿轴向铣槽。铣槽的目的是形成刀齿和容纳切屑。刀齿顶刃前角 γ_p 一般为零度。滚刀的刀齿需要铲削,形成一定的后角 α_p,以保证在重磨前刀面后,齿形不变。通常 α_p 为 $10° \sim 12°$。

(2) 滚齿原理和滚齿运动　滚切齿轮亦属于展成法,如图 3-47 所示。可将其看作无啮合间隙的齿轮与齿条传动。当滚刀旋转一周时,相当于齿条在法向移动一个刀齿,滚刀的连续转动,犹如一根无限长的齿条在连续移动。当滚刀与齿轮坯之间严格按照齿轮与齿条的传动比强制啮合传动时,滚刀刀齿在一系列位置上的包络线就形成了工件的渐开线齿形,如图 3-48 所示。随着滚刀的垂直进给,即可滚切出所需的渐开线齿廓。

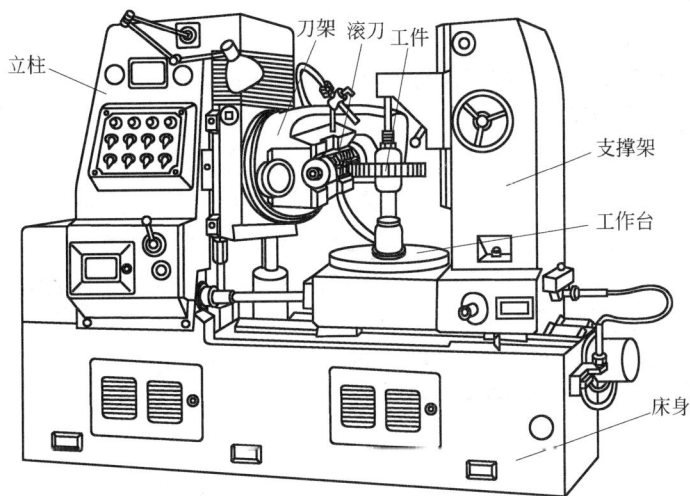

图 3-45　滚齿机

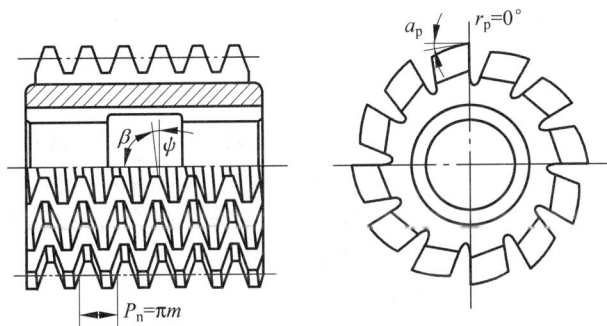

图 3-46　齿轮滚刀

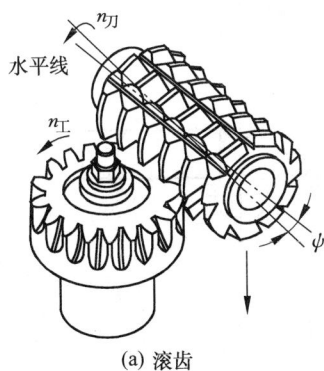

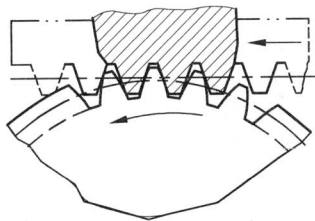

(a) 滚齿　　　　　(b) 滚刀的法向剖面为齿条齿形

图 3-47　滚切原理

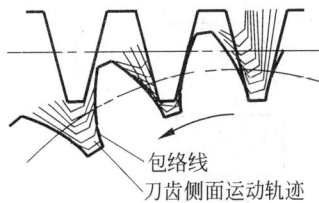

图 3-48　滚齿过程中渐开线
齿形的形成

滚切齿轮需有以下三个运动：

主运动　滚刀的旋转运动称为主运动，用转速 $n_{刀}$（r/min）表示。

分齿运动　强制齿轮坯与滚刀保持齿轮与齿条的啮合运动关系的运动称为分齿运动，即

$$\frac{n_{刀}}{n_{工}}=\frac{z_{工}}{K}$$

式中　$n_{刀}$,$n_{工}$——分别为滚刀和被切齿轮的转速,r/min;

　　　　$z_{工}$——被切齿轮的齿数;

　　　　K——滚刀螺旋线的线数。

　　垂直进给运动　为了在整个齿宽上切出齿形,滚刀须沿被切齿轮轴向向下移动,即为垂直进给运动。工作台每转一转,滚刀垂直向下移动的距离(mm/r),称为垂直进给量。

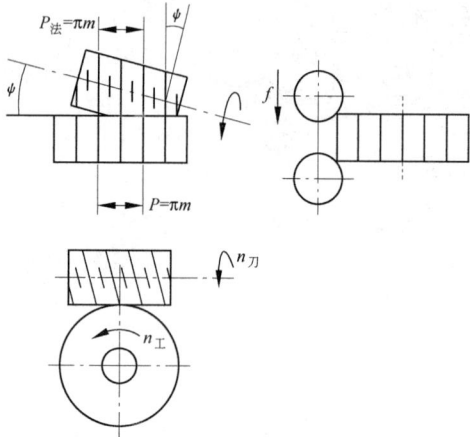

　　滚齿的径向切深,是通过手摇工作台控制的。模数小的齿轮可一次切至全齿深;模数大的齿轮可分两次或三次切至全齿深。

　　(3)滚齿工作范围　滚齿时,为保证滚刀螺旋齿的切线方向与轮齿方向一致,滚刀的刀轴应扳转相应的角度,以适应加工的需要。

　　滚切直齿圆柱齿轮　如图 3-49 所示,滚刀刀轴相对水平面应扳转 ψ 角(即滚刀的螺旋升角)。

　　滚切螺旋齿圆柱齿轮　应根据滚刀与被切齿轮的旋向、滚刀螺旋升角 ψ 和被切齿轮的螺旋角 β 确定刀轴扳转的角度。图 3-50 为右旋滚刀

图 3-49　右旋滚刀滚切直齿圆柱齿轮

滚切右旋齿轮,刀轴扳转 $\beta-\psi$ 角;图 3-51 为右旋滚刀滚切左旋齿轮,刀轴扳转 $\beta+\psi$ 角。滚切过程中滚刀垂直向下进给,由 a 点切入,b 点切出。但轮齿为 ac 方向,为使滚刀由 a 点到达 b 点时,工件上 c 点也同时到达 b 点,被切齿轮还需有一个附加转动 n'。根据螺旋线的形成原理可知,若被切齿轮的导程为 L,在滚刀垂直进给 L 距离的同时,被切齿轮应多转或少转一转。附加转动 n' 就是根据这一关系,通过调整滚齿机内部有关配换齿轮得到的。

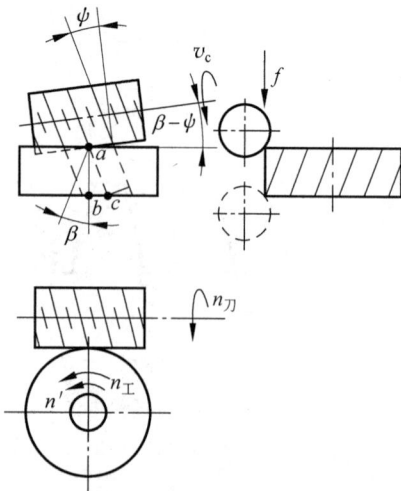

图 3-50　右旋滚刀滚切右旋齿轮

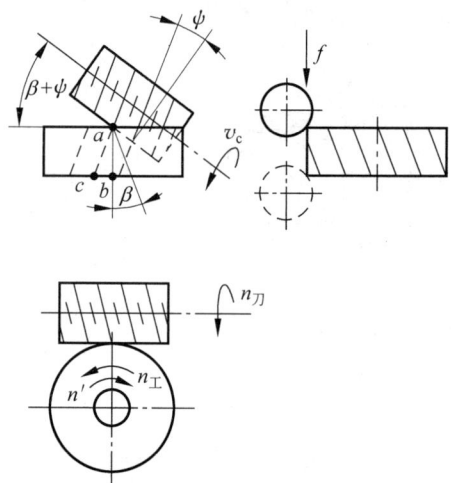

图 3-51　右旋滚刀滚切左旋齿轮

　　3.滚齿与插齿分析比较

　　(1)加工原理相同　滚齿与插齿均属展成法。因此,选择刀具时,只要求刀具的模数和压

力角与被切齿轮一致,与齿数无关(最少齿数 $z \geqslant 17$)。

(2) 加工精度和齿面粗糙度基本相同　精度为 8～7 级,Ra 值为 1.6 μm 左右。

(3) 插齿的分齿精度略低于滚齿,而滚齿的齿形精度略低于插齿　这是由于插齿刀的制造误差、安装误差以及刀轴旋转误差等因素,导致插齿刀在旋转一周的过程中引起被加工齿轮的分齿不均匀;滚刀的制造误差、安装误差以及刀轴旋转误差等因素,容易使滚刀在旋转一周的过程中造成被加工齿轮的齿形误差。

(4) 插齿后的齿面粗糙度略优于滚齿　这是由于插齿刀沿轮齿的全长是连续切削,且插齿可调整圆周进给量,使形成齿形的包络线的切线数目较多,以造成插齿后的齿面粗糙度 Ra 值较小(1.6 μm);而滚齿的轮齿全长是由滚刀刀齿多次断续切出的圆弧面组成,且滚齿形成齿形包络线的切线数目又受滚刀开槽数所限,从而造成滚齿后齿面粗糙度 Ra 值较大,为 3.2～1.6 μm。

(5) 滚齿的生产效率高于插齿　因为滚齿为连续切削,插齿不仅有返回空行程,而且插齿刀的往复运动,使切削速度的提高受到限制。

(6) 加工范围不同　螺旋齿轮在滚齿机上加工比插齿机方便且经济;内齿轮和小间距的多联齿轮受结构所限,只能插齿不能滚齿,而对于蜗轮和轴向尺寸较大的齿轮轴,只能滚齿不能插齿。

(7) 生产类型相同　滚齿和插齿在单件小批及大批大量生产中均被广泛应用。

3.2.5　齿形精加工

滚齿和插齿一般加工中等精度 8～7 级的齿轮。对于 7 级精度以上或经淬火的齿轮,在滚齿、插齿加工之后尚需进行精加工,以进一步提高齿形的精度。常用的齿形精加工方法有剃齿、珩齿、磨齿和研齿。

1. 剃齿

剃齿是用剃齿刀在剃齿机上进行的。主要用于加工滚齿或插齿后未经淬火(35 HRC 以下)的直齿和螺旋齿圆柱齿轮。剃齿精度可达 7～6 级,表面粗糙度 Ra 值可达 0.8～0.4 μm。

剃齿刀的形状类似一个高精度、高硬度的螺旋齿圆柱齿轮,齿面开有许多小沟槽以形成切削刃(图 3-52)。在与被加工齿轮啮合运转的过程中,剃齿刀齿面上众多的切削刃从工件齿面上剃下细丝状的切屑,提高齿形精度并减小齿面粗糙度 Ra 值。

剃削直齿圆柱齿轮的原理和方法如图 3-53 所示,属于一对螺旋齿轮"自由啮合"的展成加工。齿轮固定在心轴上,并安装在剃齿机的双顶尖间,由剃齿刀带动,时而正转,时而反转;正转时剃削轮齿的一个侧面,反转时则剃削轮齿的另一个侧面。由于剃齿刀的刀齿呈螺旋状(螺旋角为 β),当它与直齿轮啮合时,其轴线应偏斜 β 角。剃齿刀高速旋转时,在 A 点的圆周速度 v_A 可分解为沿齿轮圆周切线方向的分速度 v_{An} 和沿齿轮轴线方向的分速度 v_{At}。v_{An} 使工件旋转,v_{At} 为齿面相对滑动速度,即剃削速度。为了剃削轮齿全齿宽,工作台需带动齿轮作纵向往复直线运动。为了剃去全部余量,工作台在每往复行程终了时,剃齿刀需作径向进给运动。进给量一般为 0.02～0.04 mm/str。

剃齿主要提高齿形精度和齿向精度,降低齿面粗糙度。由于剃齿加工时没有强制性的分齿运动,故不能修正被切齿轮的分齿误差。因此,剃齿前的齿轮多采用分齿精度较高的滚齿加工。剃齿的生产效率很高,多用于大批大量生产。剃齿余量一般为 0.08～0.12 mm,模数小的取小值,反之取大值。

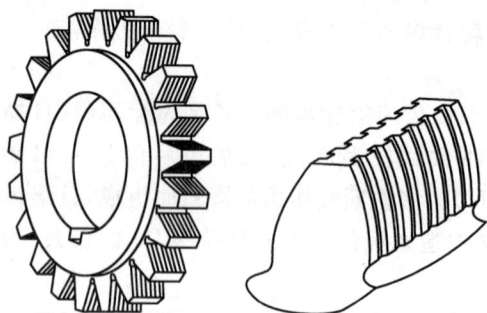

图 3-52   剃齿刀

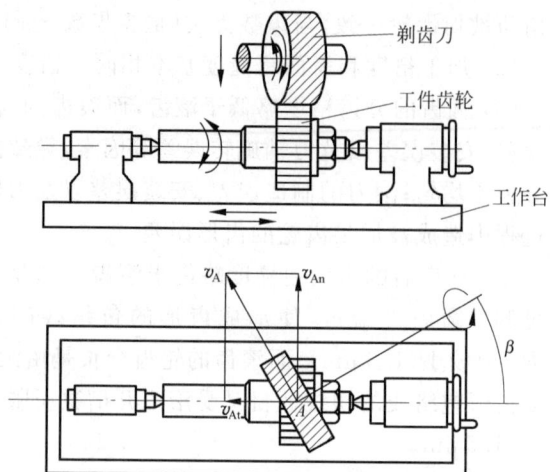

图 3-53   剃齿方法

2. 珩齿

珩齿是用珩磨轮在珩齿机上进行的一种齿形精加工方法,其原理和方法与剃齿相同。被加工齿轮齿面粗糙度 Ra 值可达 $0.4 \sim 0.2\ \mu m$。

珩磨轮(图 3-54)是用金刚砂或白刚玉磨料与环氧树脂等材料合成后浇铸而成的,可视为具有切削能力的"螺旋齿轮"。当模数 $m > 4$ 时,采用带齿芯的珩磨轮;模数 $m < 4$ 时,珩磨轮则不带齿芯。

珩磨时,珩磨轮的转速比剃齿刀高得多,一般为 $1000 \sim 2000\ r/min$。当珩磨轮以高速带动被珩齿轮旋转时,在相啮合的轮齿齿面上产生相对滑动,从而实现切削加工。珩齿具有磨削、剃削和抛光的综合作用。

珩齿主要用于消除淬火后的氧化皮和轻微磕碰而产生的齿面毛刺与压痕,可有效地降低表面粗糙度和齿轮噪声。对修整齿形和齿向误差的作用不大。珩齿可作为 7 级或 766 级淬火齿轮的滚—剃—淬火—珩加工工艺的最后工序,一般可不留加工余量。

3. 磨齿

磨齿是用砂轮在磨齿机上加工高精度齿形的一种精加工方法。精度可达 6～4 级,齿面粗糙度 Ra 值为 $0.4 \sim 0.2\ \mu m$。可磨削淬火或未经淬火的齿轮。磨齿的方法有成形法和展成法两种。

(1) 成形法磨齿   成形法磨齿如图 3-55 所示。其砂轮要修整成与被磨齿轮的齿槽相吻合的渐开线齿形。这种方法的生产效率较高,但砂轮的修整较复杂。在磨齿过程中砂轮磨损

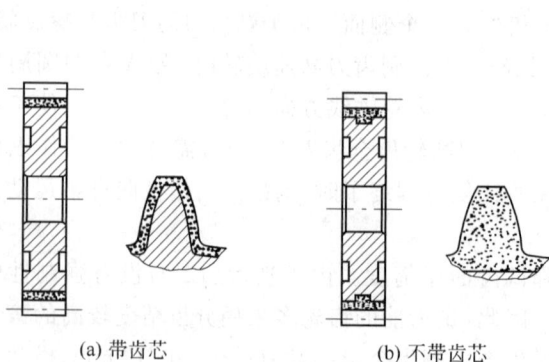

(a) 带齿芯   (b) 不带齿芯

图 3-54   珩磨轮

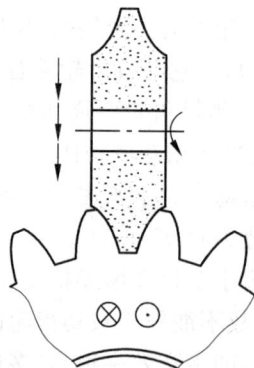

图 3-55   成形法磨齿

不均匀,要产生一定的齿形误差,加工精度一般为 6～5 级。

(2) 展成法磨齿　展成法磨齿有锥形砂轮和双碟形砂轮磨削两种形式。

锥形砂轮磨齿　如图 3-56 所示。砂轮的磨削部分修整成与被磨齿轮相啮合的假想齿条的齿形。磨削时,砂轮与被磨齿轮保持齿条与齿轮的强制啮合运动关系,使砂轮锥面包络出渐开线齿形。为了在磨齿机上实现这种啮合运动,砂轮作高速旋转,被磨齿轮沿固定的假想齿条向左或向右作往复纯滚动,以实现磨齿的展成运动,分别磨出齿槽的两个侧面 1 和 2;为了磨出全齿宽,砂轮沿着齿向还要作往复的进给运动。每磨完一个齿槽,砂轮自动退离工件,工件自动进行分度。

双碟形砂轮磨齿　如图 3-57 所示。将两个碟形砂轮倾斜一定角度,构成假想齿条两个齿的外侧面,同时对两个齿槽的侧面 1 和 2 进行磨削。其原理与锥形砂轮磨齿相同。为了磨出全齿宽,被磨齿轮沿齿向作往复进给运动。

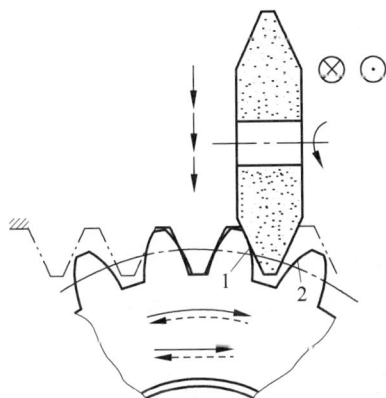

图 3-56　锥形砂轮磨齿　　　　　　　　　图 3-57　双碟形砂轮磨齿

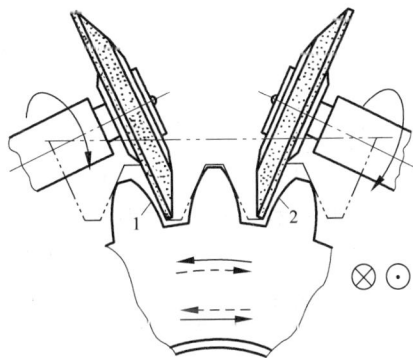

展成法磨齿的生产效率低于成形法磨齿,但加工精度高,可达 6～4 级,表面粗糙度 Ra 值在 0.4 μm 以下。在实际生产中,它是齿面要求淬火的高精度齿轮常采用的一种加工方法。

4. 研齿

研齿在研齿机上进行,其加工原理如图 3-58 所示。被研齿轮安装在 3 个研轮中间,并相互啮合,在啮合的齿面加入研磨剂,电机驱动被研齿轮,带动三个略带负载(或轻微制动状态)的研轮,作无间隙的自由啮合运动。若被研齿轮为直齿轮,则三个研轮中要有两个螺旋齿轮,一个直齿轮。由于直齿轮与螺旋齿轮啮合时,齿面产生相对滑动,加上研磨剂的作用,在齿面产生极轻微的切削,以降低齿面粗糙度。在研齿过程中,为能研磨全齿宽,被研齿轮除旋转外,还应轴向快速短距离移动。研磨一定时间后,改变被研齿轮的转向,研磨齿的另一侧面。

研齿一般只降低齿面粗糙度(包括去除热处理后的氧化皮),Ra 值为 1.6～0.2 μm,不能提高齿形精度,其齿形精度主要取决于研齿前齿轮的加工精度。

研齿机结构简单,操作方便。研齿主要用于没有磨齿机、珩齿机或不便磨齿、珩齿(如大型齿轮)的淬硬齿轮的精加工。在实际生产中,如果没有研齿机,对于淬火后齿轮可采用一种简易的研齿方法,将被研齿轮按工作状态装配好,在齿面间放入研磨剂,运行跑合一段时间,然后拆卸清洗即可。

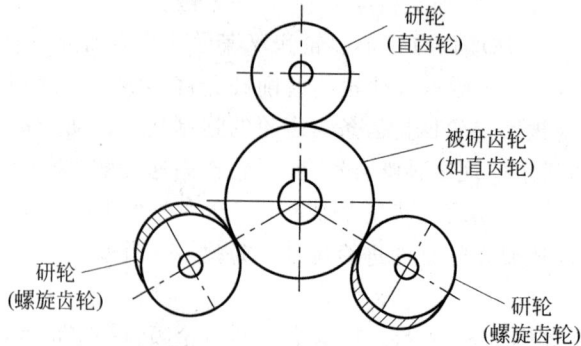

图 3-58   研齿原理示意图

3.3   成形面加工

3.3.1   概述

在实际生产中,有些零件的表面不只是由平面、圆柱面或圆锥面等基本表面组成,往往还包含着一些复杂的形面,我们将这些复杂的形面统称为成形表面。

成形表面的种类很多,按其几何特征,大致可分为以下三种类型:

(1)回转成形面   由一条母线(曲线)绕一固定轴线旋转而成。如各种机床手柄、滚动轴承内外圈的圆弧滚道等,如图 3-59(a)所示。

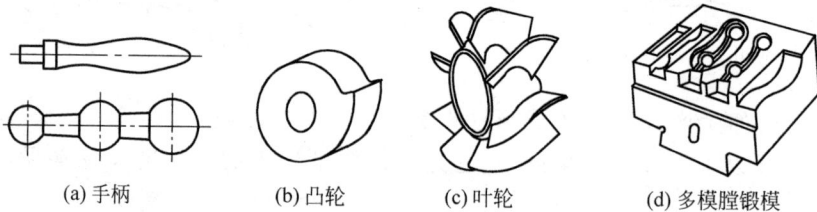

(a)手柄   (b)凸轮   (c)叶轮   (d)多模膛锻模

图 3-59   各种成形面

(2)直线成形面   以一条直线作为母线,沿一条曲线平行移动而成。如各种类型的凸轮,如图 3-59(b)所示。

(3)立体成形面   零件各个剖面具有不同的轮廓形状,如斜流泵导叶及锻模、压铸模的型腔等,如图 3-59(c)、(d)所示。

由于绝大多数的成形面是为了实现某种特定功能而专门设计的,为此成形面的技术要求除了包括尺寸精度和表面粗糙度之外,有的还有严格的形状精度要求。

3.3.2   成形面的加工方法

按成形面的加工原理划分,有如下五种加工方法。

1. 成形刀法

成形刀法是用与被加工工件轮廓形状相符的成形刀具直接加工出成形面的一种加工方法。常见的有成形车刀车成形面、成形刨刀刨成形面和成形铣刀铣成形面,如图 3-60 所示。

(a) 成形车刀加工成形面   (b) 成形刨刀加工成形面   (c) 成形铣刀加工成形面

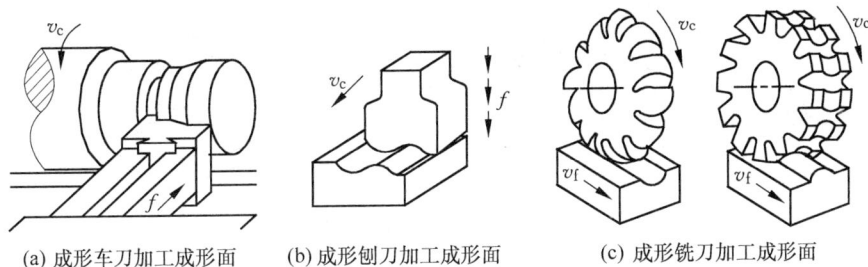

图 3-60　成形刀法加工成形面

这种加工方法生产效率较高,但刀具刃磨困难,加工时容易引起振动,仅适用于批量大,刚度好的成形面加工。

2. 手动控制法

手动控制法是由手工操纵机床,刀具相对工件作成形运动而加工出成形面的一种方法。

图 3-61 为在车床上用双手控制法车回转成形面。车削过程中需用样板度量,以保证成形面的加工质量,如图 3-62 所示。

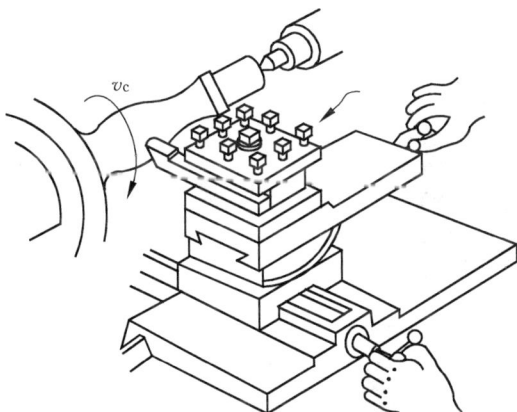

图 3-61　双手控制法车成形面   图 3-62　用样板度量成形面

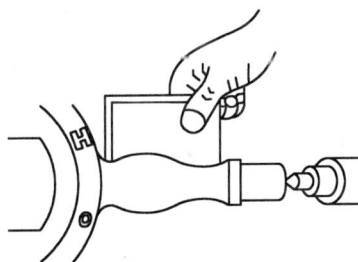

在刨床上用手动控制法刨削直线成形面的加工步骤如图 3-63 所示。

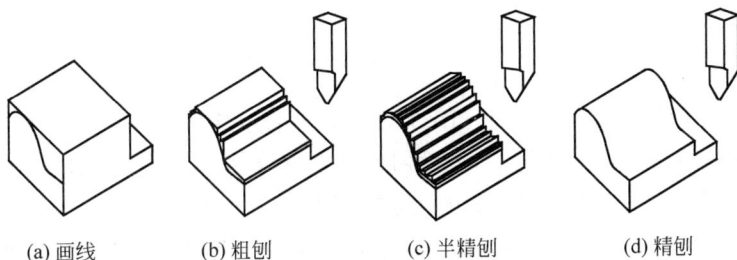

(a) 画线   (b) 粗刨   (c) 半精刨   (d) 精刨

图 3-63　手动控制法刨削成形面的方法和步骤

在立式铣床上用手动控制法铣削成形面的加工步骤如图 3-64 所示。

手动控制法加工成形面无需选择特殊的设备和专用刀具,对成形面的形状和大小也不受限制,但对加工者有较高的操作技能的要求。

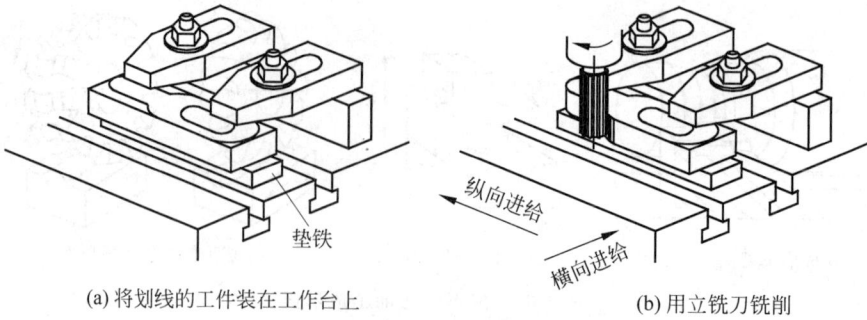

(a) 将划线的工件装在工作台上　　　　　　　(b) 用立铣刀铣削

图 3-64　手动控制法铣削成形面

3. 靠模法

靠模法是刀具由一传动机构带动,跟随一靠模轮廓线移动而加工出与该靠模轮廓线相符的成形面的一种加工方法。常见的有机械传动靠模加工和液压传动靠模加工两种方式。

(1) 机械传动靠模法加工成形面　机械传动靠模法车削成形面如图 3-65 所示。拆去车床中拖板里的横丝杆,将连接板一端固定在中拖板上,另一端与滚柱连接。当大拖板作纵向移动时,滚柱沿着靠模的曲线形槽移动,车刀随之作相应的移动,即可车出所需的成形面。

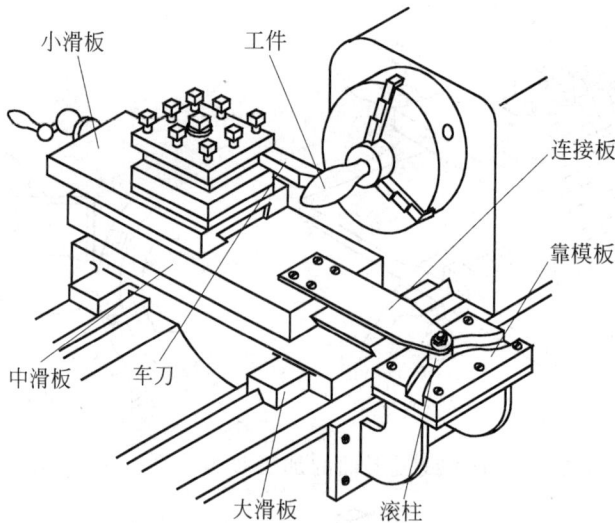

图 3-65　靠模法车成形面

(2) 液压传动靠模法加工成形面　图 3-66 为液压仿形铣床的工作原理图。当铣刀连同靠模销一起作纵向或横向自动进给时,靠模销沿着靠模滑动,靠模外轮廓曲线使靠模销产生了轴向移动。当靠模销向上移动时,柱塞也同时向上移动,这时从油泵出来的压力油经过油管流入油室,再经过油管流入活动油缸的上腔,带动指状铣刀向上移动。此时,与油缸连在一起的壳体也向上移动,这样就关闭了油管,油终止流入油缸内。当上述液压机构上移时,油缸的下腔内的油被挤出,经油路流入油室,再经油管流回油池。当靠模销下移时,在压缩弹簧的作用下,靠模机构产生相反的移动。为此使铣刀始终"跟随"靠模销运动,即可铣出具有相应外轮廓的工件。

这种加工方法适用于大批大量生产中尺寸较大的成形面的加工。

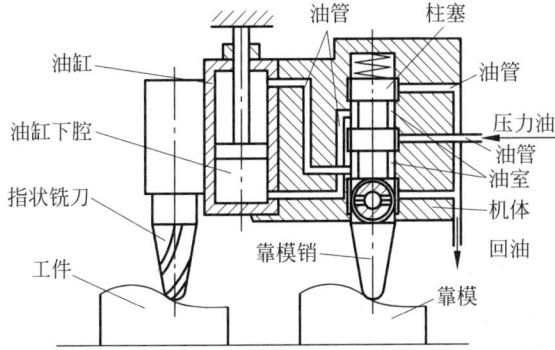

图 3-66　液压仿形铣床工作原理

4．数控加工法

对于批量小,形状复杂且多变的精密成形面,为了保证其加工质量和提高生产效率常采用数控加工法。

数控加工法是利用数控机床加工成形面的一种方法。加工时,操作人员应先将零件成形面按图纸要求编出加工程序,数控机床再按给定程序自动进行加工。

数控车床适宜加工由任意曲线所组成的回转轮廓表面。而要加工图 3-67 所示零件中的曲线轮廓的内、外形,特别是由数字表达式给出的非圆曲线、列表曲线或空间曲线,以选择数控铣床为宜。为此,在运用数控法加工成形面时,应根据成形面的结构特点及尺寸大小来选择合适的数控机床。

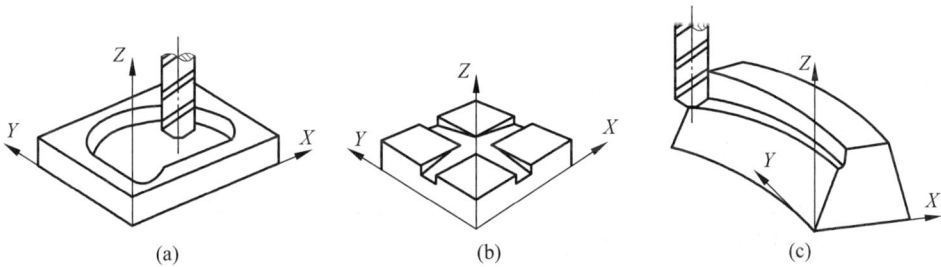

(a)　　　　　　　　　　(b)　　　　　　　　　　(c)

图 3-67　连续控制的成形曲面

5．特种加工法

随着科学技术的发展和生产的需要,一些形状微小、结构复杂的成形面,或由高硬度、高韧性及高脆性材料制成的成形面可选用各种特种加工。

如图 3-68 所示的固体电路冲裁模中的微细窄缝,必须选择电火花线切割加工方法。

又如图 3-69 所示的发动机叶片,其材料为耐热钢或高温合金,则采用电解加工方法为宜。

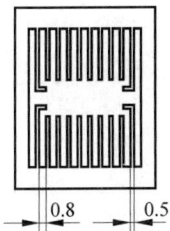

图 3-68　固体电路冲裁模

图 3-69　电解加工的叶片形面

复习思考题

1. 螺纹有哪些种类？在机械装置与设备中各有何作用？

2. 螺纹有哪五个基本要素？分析每个要素的含义。

3. 车削螺纹时，其螺距或导程是如何保证的？如果在加工螺纹时，由于刀具磨损或崩刃需要换刀，如何保证新换的螺纹车刀在加工中不会产生"乱扣"？

4. 在加工蜗杆或大螺距(或大导程)的螺纹时，为什么螺纹车刀的后角要适当改变？

5. 为什么在精加工螺纹时，螺纹车刀的前角应为零度？

6. 为什么在计算配换挂轮时，最后一定要按照给定的公式进行验算？

7. 螺纹加工的方法有哪些？分析其优缺点和应用场合。

8. 齿轮加工中，展成法与成形法的加工原理有何不同，各有何特点？

9. 尺寸精度、螺纹精度和齿轮精度的表述是否采用同一国标？为什么？

10. 齿轮精加工的方法主要有哪几种？如何从齿轮刀具材料来判别该种刀具是否可加工已淬火齿轮？

11. 设计盘状齿轮铣刀的刀齿轮廓时，为什么要选用其加工范围中的最少齿数？

12. 分析插齿、滚齿的工作原理和相应运动，及其所能达到的精度和表面粗糙度。

本章主要参考文献

1. 金问楷. 机械加工工艺基础. 北京：清华大学出版社,1990

2. 张学政. 金属工艺学下册. 北京：中央广播电视大学出版社,1996

3. 谭玉山. 金属工艺学下册. 北京：高等教育出版社,1984

4. 邓文英. 金属工艺学下册. 北京：人民教育出版社,1981

5. 吴桓文. 工程材料及机械制造基础(Ⅲ)——机械加工工艺基础. 北京：高等教育出版社,1991

6. 崔国泰. 机械设计基础. 北京：机械工业出版社,1994

7. 傅水根,左晶,杨锦荣. 超细长不锈钢功能焊杆的放电加工工艺研究. 电加工,1993 年第 4 期

本章推荐选用教学电视片

1. 赵侠. 螺纹加工(20 min). 清华大学音像出版社

2. 赵侠. 齿形加工(20 min). 清华大学音像出版社

4 常见表面加工方案选择

本章介绍了 6 种常见表面加工方案的选择,是前三章内容的归纳总结和综合运用,是后面进行机械加工工艺设计的基础。

选择表面的加工方案时,要掌握如下三点:

一是要掌握选择表面加工方案的 5 条依据,即表面的尺寸精度和粗糙度 Ra 值,所在零件的结构形状和尺寸大小,热处理状况,材料的性能以及零件的批量等。

二是要掌握 6 种表面加工方案框图。对于其中每一类型加工方案的应用场合,应着重于理解,搞清楚为什么要这样应用。

三是要掌握选择加工方案的方法。对于初学者一般有"筛选法"和"关键条件法"两种方法。所谓筛选法,就是根据已知条件,从加工方案框图第①个方案依次向下选择,直到满足已知条件为止。所谓关键条件法,就是找出已知条件中的关键条件,再以关键条件为主,适当考虑其他条件来选择加工方案。

4.1 常见表面的加工方案

机械零件尽管多种多样,但均由一些诸如外圆、内圆、锥面、平面、螺纹、齿形等常见表面所组成。加工零件的过程,实际上是加工这些表面的过程。因此,合理选择这些常见表面的加工方案,是正确制定零件加工工艺的基础。

每一种表面的加工方法,一般不是唯一的,常有许多种。表面的技术要求愈高,加工过程就愈长,采用的加工方法就愈多。将这些加工方法按一定顺序组合起来,依次对表面进行由粗到精的加工,以逐步达到所规定的技术要求。我们将这种组合称为加工方案。下面介绍常见表面的加工方案。

4.1.1 外圆加工方案

外圆是组成轴类和盘套类零件的主要表面。外圆表面的主要技术要求有:

(1) 尺寸精度 外圆表面有直径、长度的尺寸公差。在大多数情况下,直径尺寸公差等级较高,而长度多为未注公差尺寸(常用 IT14)。

（2）形状精度   对要求高的外圆表面，常标注圆度、圆柱度等形状公差。

（3）位置精度   主要有与相关外圆和孔的同轴度公差（或对轴线的径向圆跳动公差），与端面的垂直度公差（或对轴线的端面圆跳动公差）等。

（4）表面质量   主要是表面粗糙度 Ra 值（单位均为 μm）的要求，对某些需要调质或淬火等处理的零件，还有表面硬度等要求。

加工外圆的切削加工方法有车削、普通磨削、精密磨削、砂带磨削、超精加工、研磨和抛光等；特种加工方法有旋转电火花和超声波套料等。

外圆表面常用加工方案如图 4-1 所示。尽管图中列有 11 种加工方案，似乎很复杂，但仔细分析后按其主干大致可归纳为车削类、车磨类和特种加工类三类加工方案。

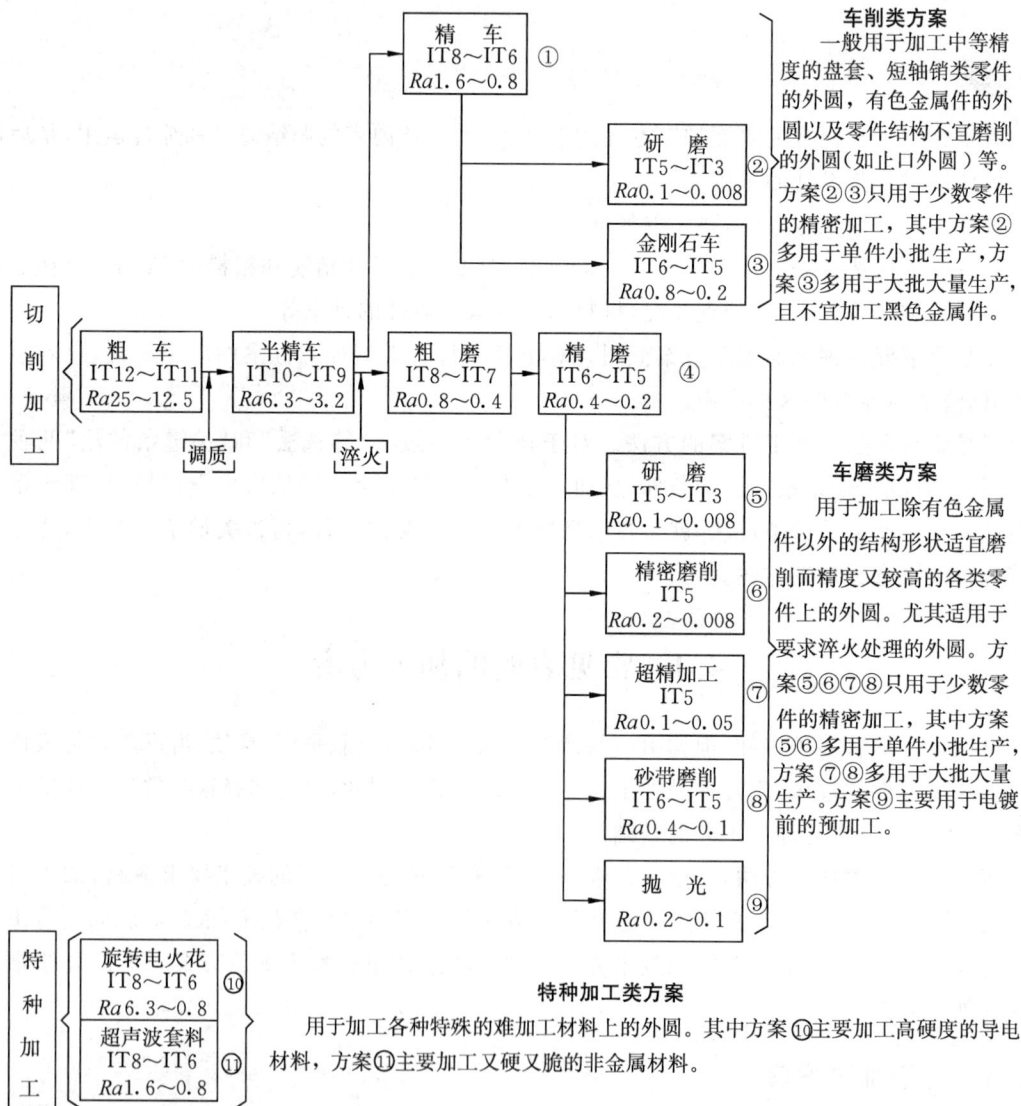

图 4-1   外圆表面常用加工方案框图

4.1.2 内圆加工方案

内圆(即孔)是组成机械零件的基本表面,尤其是盘套类和支架箱体类零件,孔是重要表面之一。

孔的技术要求与外圆基本相同,也有尺寸精度、形状精度、位置精度和表面质量等要求。其中位置精度主要是孔与相关孔和外圆的同轴度公差(或径向圆跳动公差),孔与端面的垂直度公差(或端面圆跳动公差)等。

内圆与外圆相比,有两个显著特点:一是孔的类型多。从用途看,有轴和盘套类零件轴线位置的配合孔、支架箱体类零件的轴承支承孔以及各类零件上的销钉孔、穿螺钉孔、润滑油孔和其他非配合孔等;从尺寸和结构形状看,有大孔、小孔、微孔、通孔、盲孔、台阶孔和细长孔等;从技术要求看,有高精度低粗糙度孔、中等精度孔和精度要求较低的孔。孔类型的多样化给孔的加工方法带来多样性。

二是孔的加工难度大。这是因为加工孔的刀具受孔径限制,刚度差,切削时易产生变形和振动,不能采用大的切削用量;又因为孔加工时近似半封闭式切削,散热和排屑条件极差,刀具磨损快,孔壁易被切屑划伤。该特点致使孔加工的质量不易保证,生产率较低,加工成本较高。

孔的加工方法很多,切削加工方法有钻孔、扩孔、铰孔、车孔、镗孔、拉孔、磨孔以及金刚镗、精密磨削、超精加工、珩磨、研磨和抛光等;特种加工孔的方法有电火花穿孔、超声波穿孔和激光打孔等。

孔的加工方案也很多,最常用的如图 4-2 所示。图中所列的 13 种加工方案,按其主干可归纳成五类,即车(镗)类、车(镗)磨类、钻扩铰类、拉削类和特种加工类。选用时要特别注意其适用的批量、孔径尺寸以及零件的材质等因素。

能进行孔加工的机床也很多,常用的有钻床、车床、铣床、铣镗床、磨床、拉床、珩床以及电火花成型机床、超声波加工机床、激光加工机床等。同一种孔的加工,有时可以在几种不同的机床上进行。例如,钻孔就可以在钻床、车床、铣床和铣镗床进行。因此,在选择孔的加工方案时,要同时考虑机床的选用。孔加工机床选用如下:

(1)轴、盘、套轴线位置的孔,一般选用车床、磨床加工。在大批大量生产中,盘、套轴线位置上的通直配合孔,多选用拉床加工。

(2)小型支架上的轴承支承孔,一般选用车床利用花盘-弯板装夹加工,或选用卧铣加工。

(3)箱体和大、中型支架上的轴承支承孔,多选用铣镗床加工。

(4)各种零件上的销钉孔、穿螺钉孔和润滑油孔,一般在钻床上加工。

(5)各种难加工材料零件上的孔,应选用相应的特种加工机床加工。

4.1.3 锥面加工方案

锥面的应用虽然不如外圆、内圆、平面那样广泛,但仍是一部分零件上不可缺少的一种表面。

锥面一般有三方面的技术要求:

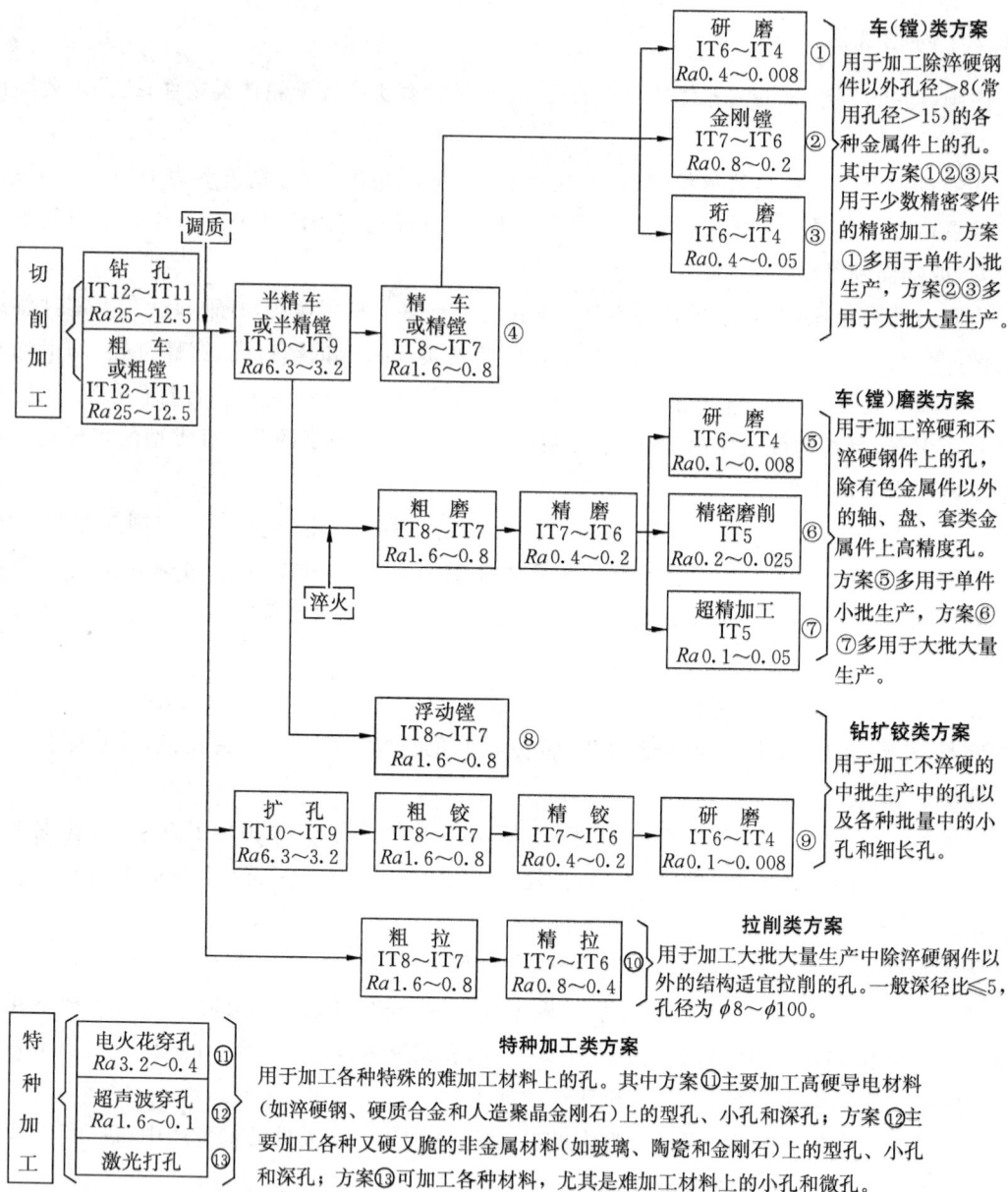

图 4-2　内圆表面常用加工方案框图

（1）直径尺寸　内锥面标注大端直径尺寸,外锥面标注小端直径。

（2）圆锥角及其公差　在实际生产中常用加工的锥面与锥度验规,或与相配锥面研配合的接触面积的百分数来表示。

（3）表面质量　指表面粗糙度和某些需要淬火处理的表面硬度要求。

由于内、外锥面是内、外圆的一种特殊形式,因此锥面的加工与内、外圆的加工类似,常用的方法有车削、磨削、研磨以及钻铰锥孔等。

锥面常用的加工方案如图 4-3 所示,其主干可归纳为车削类、车磨类和钻铰类等三类方案。

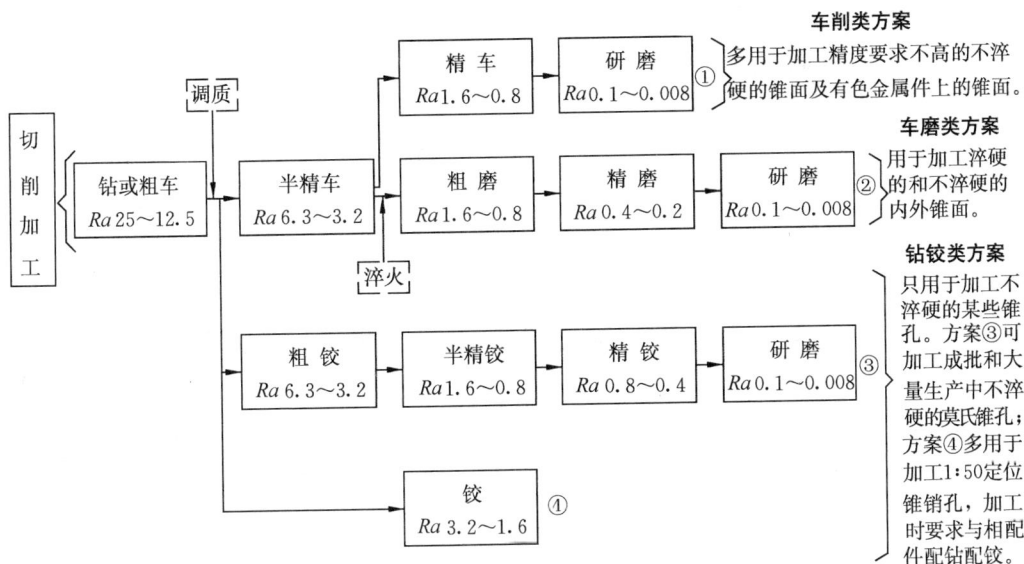

图 4-3 锥面常用加工方案框图

4.1.4 平面加工方案

平面是组成平板、支架、箱体、床身、机座、工作台以及各种六面体零件的主要表面之一。根据加工时所处位置,平面又可分为水平面、垂直面和斜面等。零件上常见的直槽、T 形槽、V 形槽、燕尾槽、平键槽等沟槽可以看作是平面(有时也有曲面)的不同组合。

平面在机械零件上常见的类型有:滑动配合平面(如导轨面)、固定连接平面(如箱体与机座的连接面)、高精度平面(如量块工作面)以及非配合非连接的普通平面(如车床方刀架的外露平面)等。

平面的主要技术要求有:

(1) 形状精度 指平面本身的直线度、平面度公差。

(2) 位置尺寸及位置精度 指平面与其他表面之间的位置尺寸公差及平行度、垂直度公差等。

(3) 表面质量 指表面粗糙度及调质、淬火等热处理后表面硬度等要求。

加工平面常用的切削加工方法有车削、铣削、刨削、刮削、宽刀细刨、普通磨削、导轨磨削、精密磨削、砂带磨削、超精加工、研磨和抛光等;特种加工方法有电解磨削平面和电火花线切割平面等。

平面常用的加工方案如图 4-4 所示。应当指出,平面本身没有尺寸精度,图中的公差等级是指两平行平面之间距离尺寸的公差等级。

按平面加工方案的主干可归纳成六类,即铣(刨)类、铣(刨)磨类、车削类、拉削类、平板导轨类以及特种加工类。其中,最常用的是前两类方案。

4.1.5 螺纹加工方案

螺纹实际上是一种成形表面,常用的切削加工方法有车螺纹、铣螺纹、磨螺纹、攻螺纹和套

粗铣 或粗刨 IT13~IT11 Ra25~12.5	→	半精铣 或半精刨 IT10~IT9 Ra6.3~3.2	→	精铣 或精刨 IT8~IT7 Ra3.2~1.6	①

铣(刨)类方案
用于加工除淬硬件以外各种零件上中等精度的平面。铣削适宜各种批量,刨削适宜单件小批生产和维护工作。

调质

淬火

粗磨 IT8~IT7 Ra1.6~0.4	→	精磨 IT7~IT6 Ra0.4~0.2

研磨 IT5~IT3 Ra0.1~0.008	②

精密磨削 IT5 Ra0.2~0.008	③

超精加工 IT5 Ra0.1~0.05	④

砂带磨削 IT6~IT5 Ra0.4~0.1	⑤

抛光 Ra0.2~0.1	⑥

铣(刨)磨类方案
用于加工除有色金属以外的各种零件上精度较高、Ra值较小的平面。其中方案②③多用于单件小批生产;方案④⑤多用于大批大量生产;方案⑥多用于电镀前的预加工。

粗车 IT13~IT11 Ra25~12.5	→	半精车 IT10~IT9 Ra6.3~3.2	→	精车 IT8~IT7 Ra3.2~1.6	→	金刚石车 IT6 Ra0.8~0.2	⑦

车削类方案
多用于加工轴、盘、套等零件上的端平面和台阶平面。金刚石车主要用于加工高精度的有色金属件或非金属平面。

粗拉 IT11~IT10 Ra6.3~3.2	→	精拉 IT9~IT6 Ra1.6~0.4	⑧

拉削类方案
用于加工大批大量生产中适宜拉削的各种零件上的平面。

粗刨 Ra25~12.5	→	半精刨 Ra6.3~3.2	→	精刨 Ra3.2~1.6

时效   时效   时效

粗铣 Ra25~12.5	→	半精铣 Ra6.3~3.2	→	精铣 Ra3.2~1.6

刮削 Ra0.8~0.4 -:0.01/m	⑨

宽刀细刨 Ra0.8~0.4 -:0.01/m	⑩

导轨磨削 Ra0.8~0.2 -:0.01/m	⑪

平板、导轨类方案
方案⑨多用于加工单件小批生产中的平板、导轨平面等;方案⑩⑪主要用于加工成批和大量生产中的导轨平面。

切削加工

电解磨削平面 Ra0.8~0.1	⑫

线切割平面 Ra3.2~1.6	⑬

特种加工

特种加工类方案
适宜加工高强度、高硬度、热敏性和磁性等导电材料上的平面。

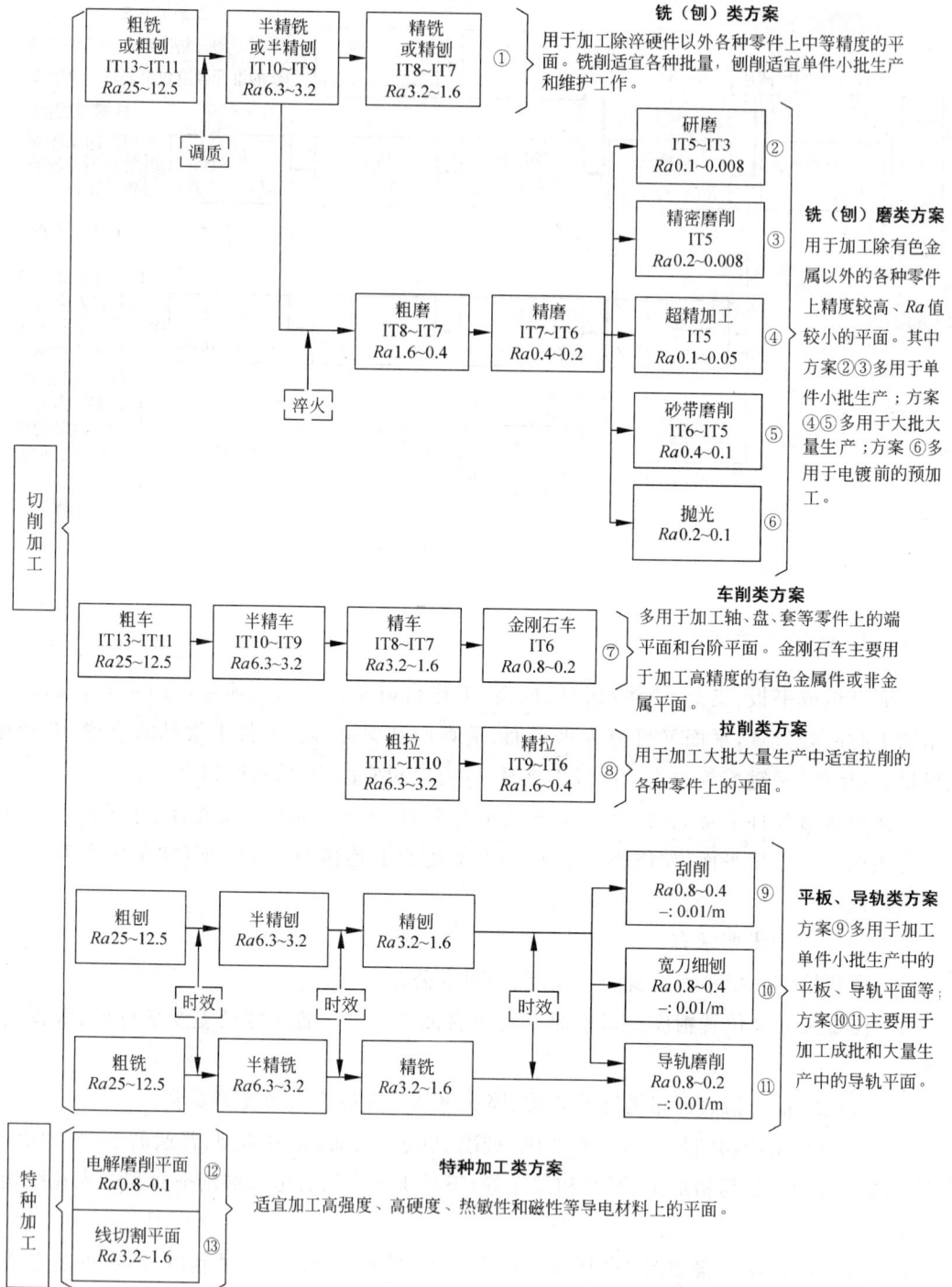

图 4-4 平面常用加工方案框图

螺纹等;少无切削加工方法有搓螺纹和滚螺纹等;特种加工方法有回转式电火花加工和共轭回转式电火花加工等。

螺纹常用的加工方案如图 4-5 所示,可归纳为车(铣)类、车(铣)磨类、攻套类、滚压类以及特种加工类等五类方案,其应用范围各不相同。

车铣类方案

用于加工与零件轴线同心的内外螺纹。方案①多用于轴、盘、套类零件;方案②多用于大直径的梯形螺纹和模数螺纹的加工。

车螺纹 9~4级 Ra3.2~0.8　①

铣螺纹 9~8级 Ra6.3~3.2　②

车(铣)磨类方案

用于加工高精度内外螺纹。在单件小批生产中,磨前多用车螺纹;在大批大量生产中,磨前多用铣螺纹。

磨螺纹 4~3级 Ra0.8~0.2 → 研磨螺纹 3级或更高 Ra0.1~0.05　③

淬火或渗氮

切削加工

攻套类方案

用于加工直径较小的内外螺纹。方案④适用于各种批量生产,用于加工各类零件上的螺孔,直径小于16 mm的可用手攻,直径大于16 mm或大批大量生产中多用机攻。方案⑤用于加工外螺纹,应用不如方案④广泛。

攻螺纹 8~6级 Ra6.3~1.6　④

套螺纹 8~6级 Ra3.2~1.6　⑤

滚压类方案

用于加工大批大量生产中螺钉、螺栓等标准件上的外螺纹,滚螺纹还可以加工传动丝杠。搓螺纹: $d \leqslant 25$mm;滚螺纹: d 为 0.3~120 mm。

无切削加工

搓螺纹 7~5级 Ra1.6~0.8　⑥

搓螺纹 6~4级 Ra0.8~0.2　⑦

特种加工类方案

方案⑧用于加工硬脆难加工材料上的螺纹;方案⑨可加工精密螺纹环规。

特种加工

回转式电火花加工 9~5级 Ra1.6~0.1　⑧

共轭回转式电火花加工 4~3级 Ra<0.1　⑨

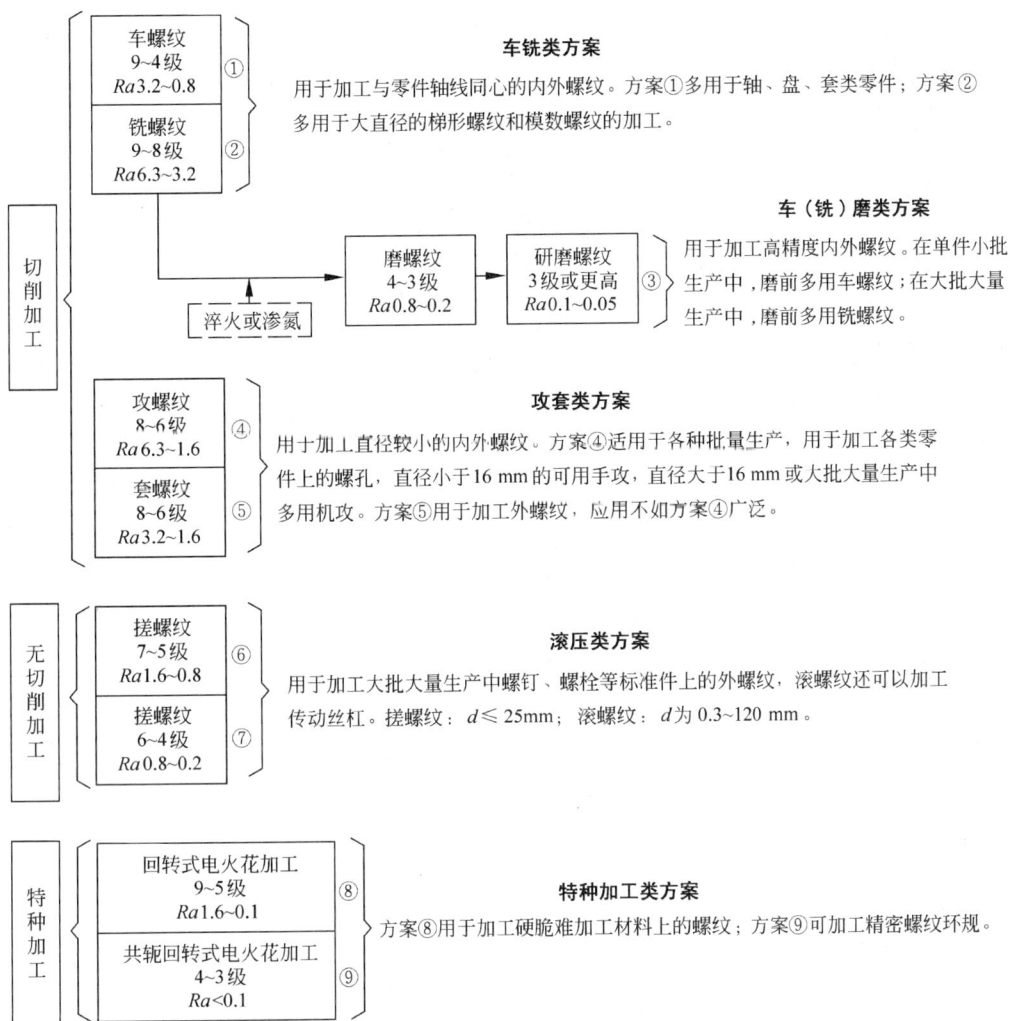

注:图中标注的螺纹精度等级是指普通螺纹的中径公差等级。

图 4-5　螺纹常用加工方案框图

4.1.6　齿形加工方案

齿轮的齿形实际上也是一种成形表面,常用的切削加工方法有铣齿、插齿、滚齿、剃齿、珩齿、磨齿和研齿等;少无切削加工方法有精锻齿轮等;特种加工方法有电解加工和线切割齿轮等。

齿形常用的加工方案如图 4-6 所示。加工方案可分为铣齿类、插(滚)类、插(滚)磨类、滚剃珩类、精锻类和特种加工类等,选用时要根据各自的特点和应用范围。

应当指出,在运用上述各加工方案框图时,应注意如下几点:

(1) 每一种框图中有若干条加工路线(即加工方案),每一条路线不一定从头走到尾,一般以表面的尺寸公差等级和粗糙度 Ra 值两项均达到要求时为止。

(2) 凡是图中虚线框里的内容,表示对某一具体的零件可能有,也可能没有。

(3) 有无热处理,视零件的技术要求而定。如果有,应作为一个工序安排到加工路线中去。

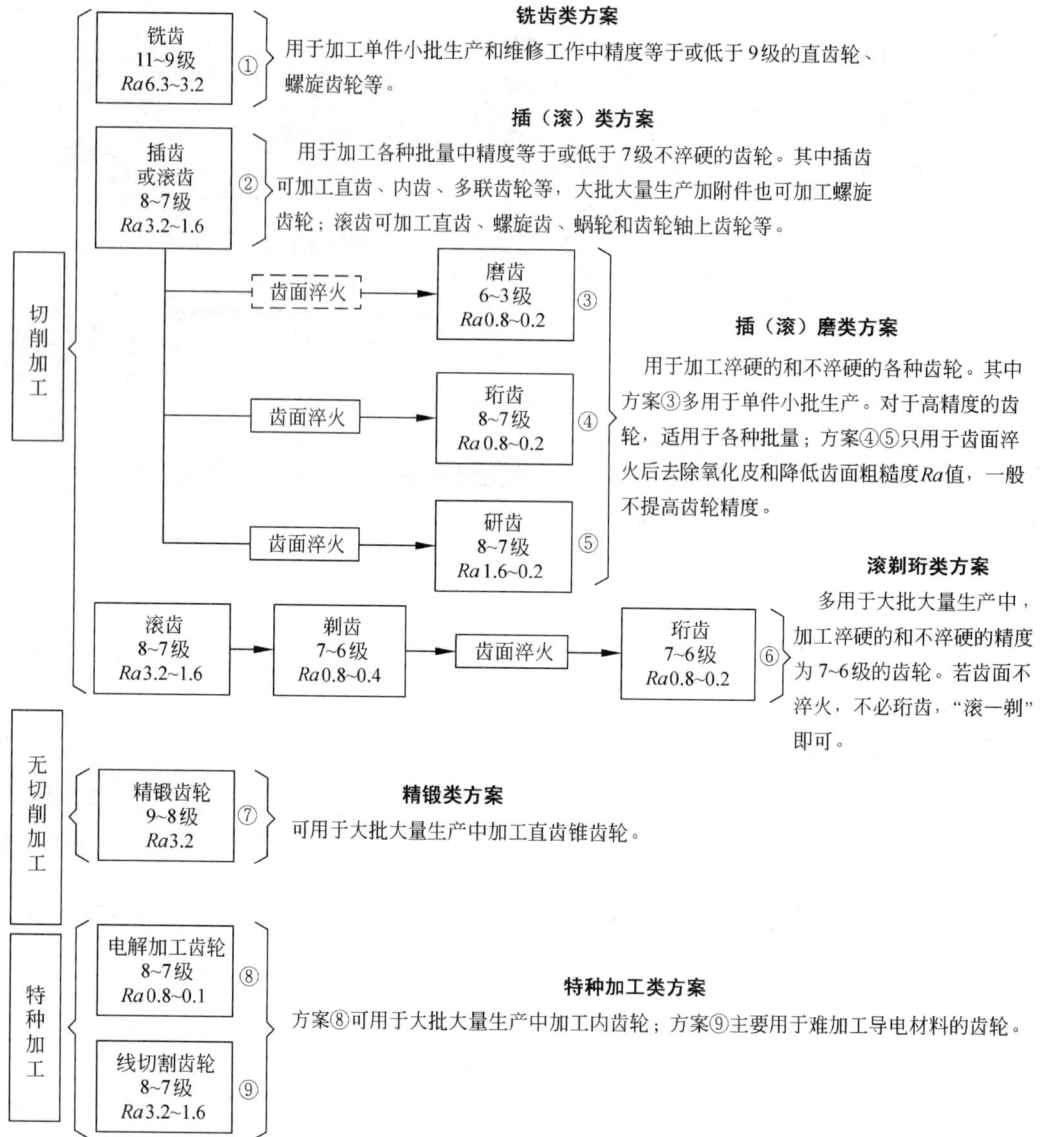

图 4-6　齿形常用加工方案框图

4.2　选择表面加工方案的依据

　　每一种表面的加工方案不是唯一的,常有许多种,随零件的结构形状、材料、精度、批量以及具体的生产条件等因素而异。怎样才能选择出合理的加工方案呢? 一般依照下列主要依据进行。

　　1. 根据表面的尺寸精度和表面粗糙度 Ra 值选择

　　表面的加工方案在很大程度上取决于表面本身的尺寸精度和粗糙度 Ra 值。因为对于精度较高、Ra 值较小的表面,一般不能一次加工到规定的尺寸,而要划分加工阶段逐步进行,以消除或减小粗加工时因切削力和切削热等因素所引起的变形,从而稳定零件的加工精度。

　　例如,在图 4-7 中,图(a)为隔套,图(b)为衬套,其上均有 $\phi40$ 的内圆。二者虽同属轴套,都套装在轴上,且零件的材料、数量都相同,但由于前者是非配合表面,尺寸公差等级为未注公差尺寸(IT14),Ra 值为 6.3 μm;后者是配合表面,尺寸公差等级为 IT6,Ra 值为 0.4 μm,致使二者加工方案不同(见图 4-2)。隔套 ϕ40,Ra6.3 μm 内圆的加工方案为:钻—半精车;衬套 ϕ40H6,Ra0.4 μm 内圆的加工方案为:钻—半精车—粗磨—精磨。

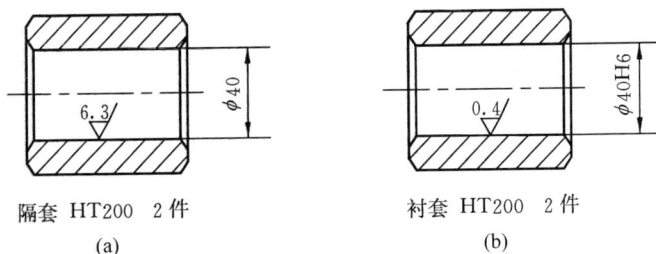

隔套 HT200 2件 (a)　　　　衬套 HT200 2件 (b)

图 4-7　隔套和衬套

2. 根据表面所在零件的结构形状和尺寸大小选择

零件的结构形状和尺寸大小对表面加工方案的选择有很大的影响。这是因为有些加工方法的采用,常常受到零件某些结构形状和尺寸大小的限制,有时甚至需要选用不同类型的机床和装夹方法。

例如,在图 4-8 中,图(a)为双联齿轮,图(b)为齿轮轴,其上均有一个模数 2、齿数 32、精度 8GM 的齿轮,且零件的材料和数量相同,但由于零件的结构形状不同,致使二者齿形的加工方案完全不同。双联齿轮由于两齿轮相距很近,加工小齿轮时只能采用插齿,而齿轮轴由于零件轴向尺寸较长,不宜插齿,最好选用滚齿。

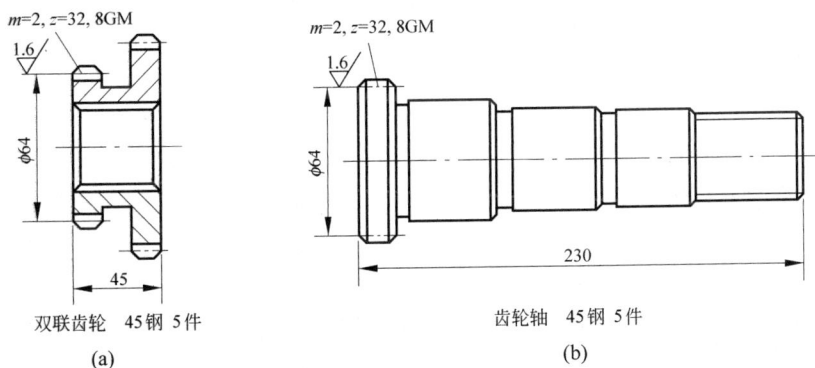

双联齿轮　45钢 5件 (a)　　　　齿轮轴　45钢 5件 (b)

图 4-8　双联齿轮和齿轮轴

又例如,在图 4-9 中,图(a)为轴承套,图(b)为止口套,其上均有 ϕ80h6,Ra0.8 μm 的外圆,零件的材料和数量也相同。如果仅从尺寸公差等级(IT6)、Ra 值(0.8 μm)来看,二者外圆均可采用车、磨方案,但后者外圆只有 5 mm 长,无法磨削,只能靠车削达到。因此,轴承套 ϕ80h6,Ra0.8 μm 外圆的加工方案为:粗车—半精车—粗磨—精磨;止口套 ϕ80h6,Ra0.8 μm 外圆的加工方案为:粗车—半精车—精车。

再例如,在图 4-10 中,图(a)为带槽滑块,图(b)为弹簧锥套,图(c)为冲击试件,材料均为 45 钢。现拟加工这三种零件上的直槽、开口和窄缝。由于三者宽度尺寸差别很大,应选用不同的加工方案。图(a)宽度为 20 mm,可选用铣直槽和刨直槽的方法加工;图(b)宽度为 4 mm,可选用锯片铣刀铣削;图(c)宽度仅为 0.2 mm,前面选用的加工方法均不能采用,而应选用线切割的方法。

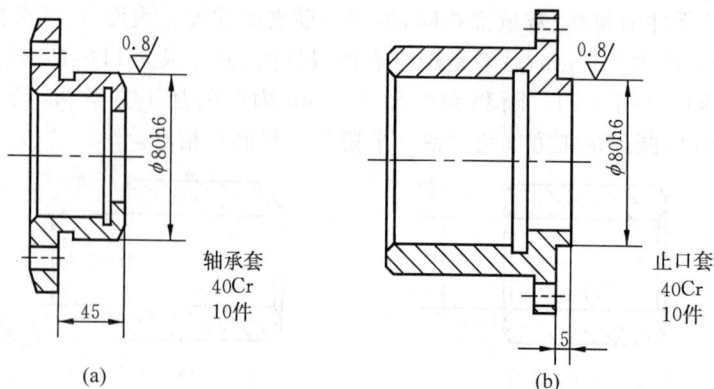

图 4-9   轴承套和止口套

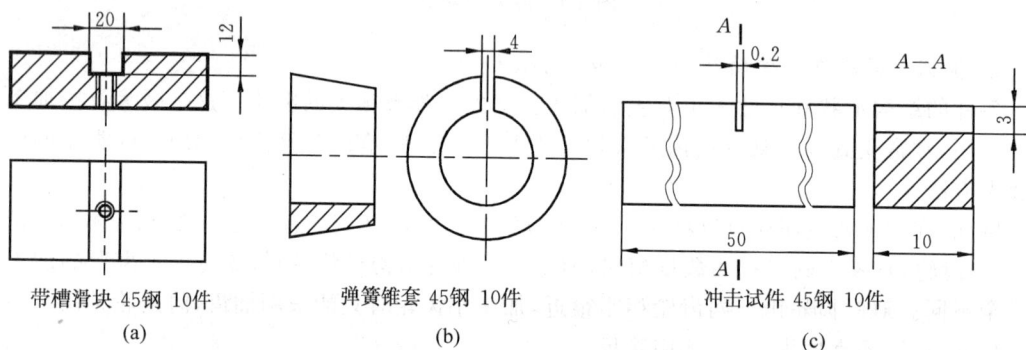

图 4-10   带槽滑块、弹簧锥套和冲击试件

3. 根据零件热处理状况选择

热处理在工艺过程中的安排见图 1-12。零件是否热处理及热处理的方法,对表面加工方案的选择有一定影响,特别是钢件淬火后硬度较高,用刀具切削较为困难,淬火后大都采用磨料切削加工。而且对绝大多数零件来说,热处理一般不能作为工艺过程的最后工序,其后还应安排相应的加工,以便去除热处理带来的变形和氧化皮,提高精度和减小表面粗糙度 Ra 值。

例如,在图 4-11 中,图(a),(b)均为法兰盘零件,现拟加工它们上面的 $\phi30H7,Ra1.6\mu m$ 的内圆,这两种零件其他条件均相同,只因为其中一种要求淬火处理,致使它们的加工方案差别较大。前者不要求淬火处理,其加工方案为:钻—半精车—精车;后者要求淬火处理,其加工方案为:钻—半精车—淬火—磨。

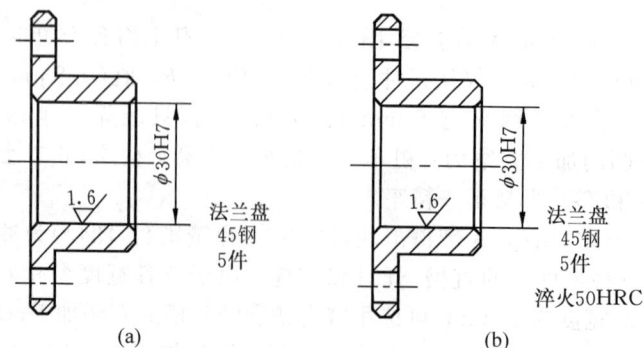

图 4-11   两种法兰盘零件

又例如,在图 4-12 中,图(a)为挡块,图(b)为平行垫铁,现拟加工它们上面的 A、B 平面。由于挡块要求调质处理,其加工方案为:粗铣(或粗刨)—调质—半精铣(或半精刨)—精铣(或精刨);而平行垫铁要求淬火处理,淬火后就不能铣削或刨削了,必须采用磨削加工,其加工方案为:粗铣(或粗刨)—半精铣(或半精刨)—淬火—磨削。

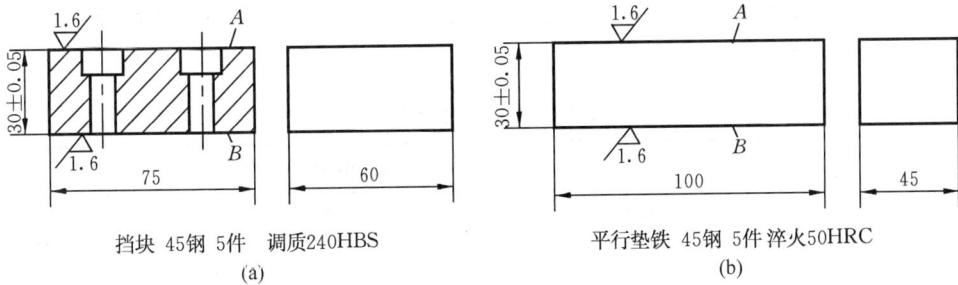

挡块 45钢 5件 调质240HBS
(a)

平行垫铁 45钢 5件 淬火50HRC
(b)

图 4-12 挡块和平行垫铁

4. 根据零件材料的性能选择

零件材料的性能,尤其是材料的韧性、脆性、导电等性能,对切削加工,特别是对特种加工方法的选择有较大的影响。

例如,在图 4-13 中,同为阀杆零件上的 $\phi 25h4$,$Ra0.05\ \mu m$ 的外圆,由于图(a)的材料为 45 钢,其加工方案为:粗车—半精车—粗磨—精磨—研磨;而图(b)的材料为有色金属青铜,韧性较大,磨削时其屑末易堵塞砂轮,不宜磨削,常用精车代替磨削,其加工方案为:粗车—半精车—精车—研磨。

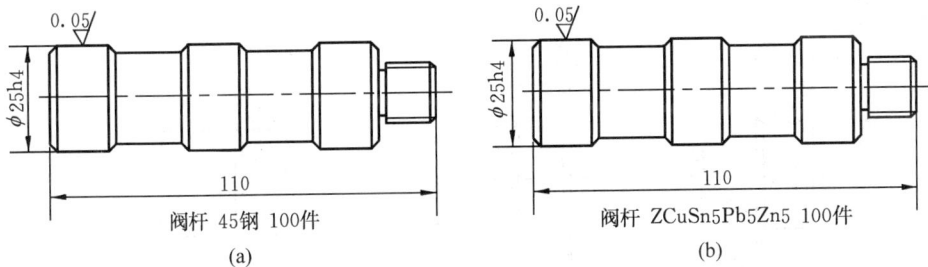

阀杆 45钢 100件
(a)

阀杆 ZCuSn5Pb5Zn5 100件
(b)

图 4-13 两种不同材料的阀杆

又例如,现要加工图 4-14 所示的三种零件上 $\phi 0.15$ mm 的小孔,由于三种零件材料性能截然不同,应选用完全不同的加工方法。图(a)为导电材料,可选用电火花穿孔加工;图(b)为不导电材料,而且又硬又脆,可选用超声波穿孔加工;图(c)为不导电材料,且具有一定韧性,可选用激光打孔。

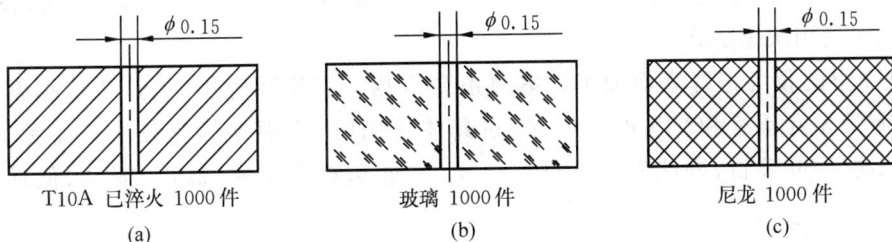

T10A 已淬火 1000件
(a)

玻璃 1000件
(b)

尼龙 1000件
(c)

图 4-14 三种不同材料的块状零件

5. 根据零件的批量选择

零件的批量是指根据零件年产量将零件分批投产,每批投产零件的数量。按照零件的大小、复杂程度和生产周期等因素,可分为单件、成批(小批、中批、大批)和大量生产三种(表4-1)。加工同一种表面,常因零件批量不同而需选用不同的加工方案。这是因为:在单件小批生产中一般采用普通机床上的加工方法;在大批大量生产中应尽量采用高效率(专用机床或生产线)的加工方法。

表 4-1 生产类型的划分

生产类型		零件的年产量/件		
		重型零件	中型零件	轻型零件
单件生产		<5	<10	<100
成批生产	小批	5~100	10~200	100~500
	中批	100~300	200~500	500~5000
	大批	300~1000	500~5000	5000~50 000
大量生产		>1000	>5000	>50 000

例如,现拟加工图 4-15 所示的三种不同批量齿轮上的 $\phi35H7$,$Ra1.6\ \mu m$ 的孔,图(a)为 10 件,属于单件生产,其加工方案可选用:钻孔—半精车—精车;图(b)为 1000 件,属于中批生产,其加工方案可选用:粗车—扩孔—铰孔;图(c)为 100 000 件,属于大量生产,其加工方案应选用:粗车—拉孔。

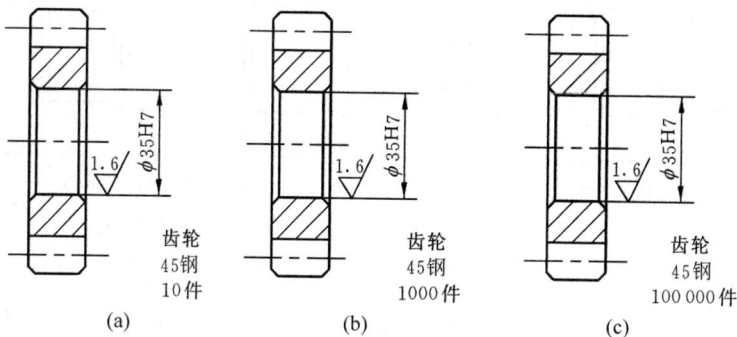

图 4-15 三种不同批量的齿轮

又例如,图 4-16 为三种不同批量的小丝杠,均为 8 级梯形螺纹。其中图(a)丝杠的数量为 5 件,其螺纹可选用车削的方法;图(b)为 500 件,其螺纹可选用铣削的方法;图(c)为 50 000 件,可选用滚螺纹的方法。

以上介绍的仅为选择表面加工方案的主要依据。在实际应用中,这些依据常常不是独立的,而是相互重叠和交叉的。因此,在具体选用时,应根据具体条件全面考虑,灵活运用,决不能一叶障目,顾此失彼。只有这样,才能选择出优质、高产、安全、低耗的加工方案。

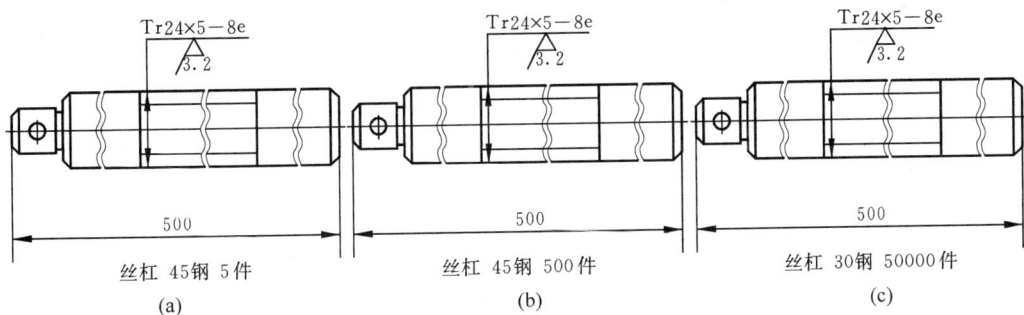

图 4-16　三种不同批量的丝杠

4.3　表面加工方案选用实例

前面介绍了六种常见表面的加工方案框图以及选择表面加工方案的五条主要依据。关键是如何掌握和灵活运用它们,根据具体条件选择出合理的加工方案。下面以几个较典型的零件为例,寻找解决这方面问题的思路和方法。

1. 齿轮轴加工实例

图 4-17 是齿轮轴零件简图。材料 40Cr,数量 10 件,调质和齿面淬火处理。试选择 $\phi32f7$、$\phi28h6$ 外圆和齿形 M、平键槽 N 的加工方案,并确定所用机床、夹具和刀具。

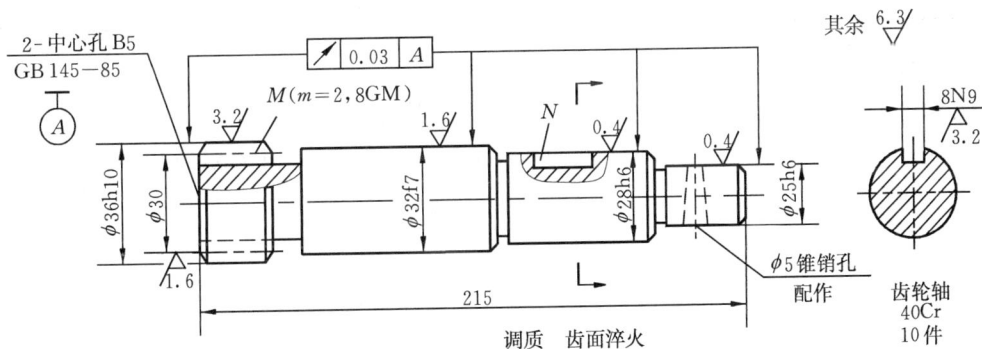

图 4-17　齿轮轴零件简图

分析如下:

(1) 外圆 $\phi32f7$,IT7,$Ra1.6\ \mu m$,40Cr,调质,10 件:根据所给条件,选择图 4-1 所列的加工方案。显然图中车削类方案不符合所给条件,而应选择车磨类方案④。又由于尺寸精度和 Ra 值分别只有 IT7 和 1.6 μm,所以方案④不必走到精磨,到粗磨即可满足要求。调质安排在粗车和半精车之间。$\phi32f7$ 的加工方案为:粗车—调质—半精车—粗磨。由于粗磨后面无精磨,习惯将这里的粗磨写作"磨削",即:粗车—调质—半精车—磨削。所用机床为车床和磨床。由于是轴类零件,车、磨时工件均采用双顶尖装夹。刀具分别是 90° 右偏刀和砂轮。

(2) 外圆 $\phi28h6$,IT6,$Ra0.4\mu m$,40Cr,调质,10 件:与外圆 $\phi32f7$ 一样,也应选择图 4-1 中的方案④,只是由于尺寸精度和 Ra 值要求高一些,分别为 IT6 和 0.8 μm,应到精磨为止。$\phi28h6$ 的加工方案为:粗车—调质—半精车—粗磨—精磨。所用机床、装夹方法和刀具均与

加工外圆 $\phi32f7$ 相同。

(3) 齿形 M,模数 m 为 2,精度为 8 级,齿面 $Ra1.6\,\mu m$,40Cr,调质,齿面淬火,10 件:根据所给条件,选择图 4-6 中的加工方案。由于齿面要求淬火,应选用插(滚)磨类方案④。又由于是齿轮轴,轴向尺寸较长,以滚齿为宜。因此,齿形 M 的加工方案为:滚齿—齿面淬火—珩齿。所用机床为滚齿机和珩齿机。工件在滚齿机上采用三爪自定心卡盘—顶尖装夹;在珩齿机上采用双顶尖装夹。刀具分别为滚刀和珩磨轮。

(4) 平键槽 N,槽宽尺寸精度 IT9,槽侧 $Ra3.2\,\mu m$,40Cr,10 件:两端不通的轴上平键槽应选用铣削加工(见图 1-53),采用立式铣床或键槽铣床,平口虎钳或轴用虎钳装夹,$\phi8$ 的键槽铣刀。

上述分析结果列于表 4-2 中。

表 4-2　齿轮轴有关表面加工方案的选择

序号	表面	加 工 方 案	机床	装夹方法	刀 具
1	$\phi32f7$	粗车、调质、半精车、磨削	车床 磨床	双顶尖	外圆车刀 砂轮
2	$\phi28h6$	粗车、调质、半精车、粗磨、精磨	车床 磨床	双顶尖	外圆车刀 砂轮
3	齿形 M	滚齿、齿面淬火、珩齿	滚齿机 珩齿机	三爪-顶尖 双顶尖	滚刀 珩磨轮
4	键槽 N	铣键槽	立铣 或键槽铣床	平口虎钳 或轴用虎钳	键槽铣刀

2. 法兰盘加工实例

图 4-18 是法兰盘零件简图。材料 45 钢,数量分别为 10 件、1000 件、100 000 件。试选择外圆 $\phi55g6$、内圆 $\phi40H7$、$6\text{-}\phi12$ 孔、6-M6-7H 螺纹孔的加工方案,并确定所用的机床、夹具和刀具。

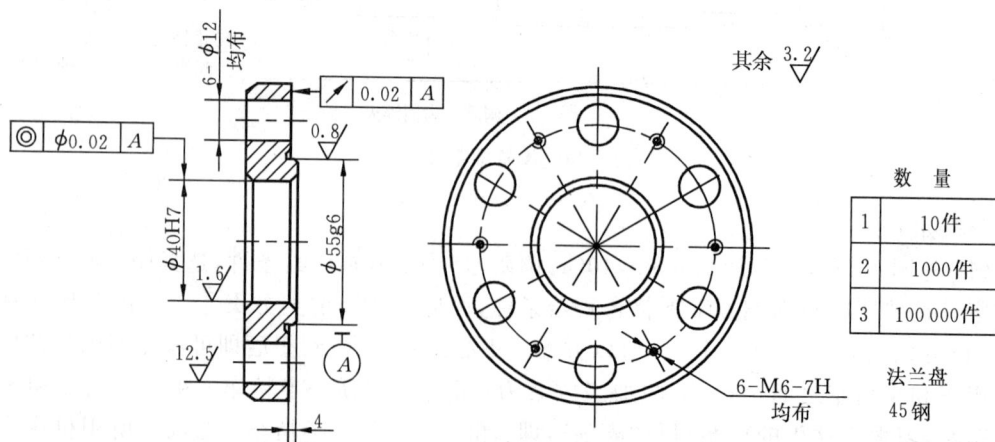

图 4-18　法兰盘零件简图

分析如下:

法兰盘零件数量有 10 件、1000 件、100 000 件三种情况。该零件属轻型零件,10 件、1000 件和 100 000 件分属单件生产、中批生产和大量生产。选择该零件的表面(尤其是内圆)

加工方案时,要充分考虑批量这个因素。

(1) 外圆 $\phi55g6$,IT6,$Ra0.8\ \mu m$,45 钢　根据材料、尺寸精度和 Ra 值,似乎选择图 4-1 中的车削类方案和车磨类方案均可。由于该外圆的长度仅为 4 mm,其结构不宜磨削,只能采用车削类方案,即图中的方案①。不论批量多少,$\phi55g6$ 的加工方案均为:粗车—半精车—精车。采用车床、三爪自定心卡盘和 90°右偏刀。

(2) 内圆 $\phi40H7$,IT7,$Ra1.6\ \mu m$,45 钢　零件的批量对内圆加工方案的选择影响很大。由图 4-2 可知:单件小批生产宜选用车(镗)类方案④;中批生产宜选用钻扩铰类方案⑨;大批大量生产宜选用拉削类方案(即方案⑩)。因此,内圆 $\phi40H7$ 的加工方案随零件批量不同而异。10 件:毛坯选用圆钢棒料,其加工方案为钻—半精车—精车,采用车床、三爪自定心卡盘装夹、麻花钻和车孔刀。1000 件:毛坯选用胎模锻件,孔已锻出,其加工方案为粗车—扩孔—粗铰—精铰,采用车床、三爪自定心卡盘装夹、车孔刀、扩孔钻和铰刀。100 000 件:毛坯选用模锻件,孔已锻出,其加工方案为粗车—拉孔,采用车床和拉床,工件在车床上用三爪自定心卡盘装夹,在拉床上不用装夹,刀具分别为车孔刀和内圆拉刀。

(3) 6-$\phi12$ 孔,IT14,$Ra12.5\ \mu m$,45 钢　均采用钻床钻孔,装夹方法可随零件数量不同而异:单件生产可用平口虎钳装夹按划线钻孔;中批生产可用分度头卡盘垂直装夹,分度钻孔;大批大量生产可用钻模钻孔。

(4) 6-M6-7H 螺纹孔,精度 7 级,$Ra3.2\ \mu m$,45 钢　均采用攻螺纹方案,单件生产可用手攻,批量较大采用机攻。

上述分析结果列于表 4-3 中。

表 4-3　法兰盘有关表面加工方案的选择

序号	表面	零件数量	加 工 方 案	机床	夹 具	刀具
1	$\phi55g6$	10	粗车、半精车、精车	车床	三爪自定心卡盘	90°右偏刀
		1000				
		100 000				
2	$\phi40H7$	10	钻、半精车、精车	车床	三爪自定心卡盘	麻花钻 车孔刀
		1000	粗车、扩孔、铰孔			车孔刀 扩孔钻、铰刀
		100 000	粗车、拉孔	车床 拉床	气动卡盘 /	车孔刀 内圆拉刀
3	6-$\phi12$	10	钻孔	钻床	平口虎钳	麻花钻
		1000			分度头卡盘	
		100 000			钻模	
4	6-M6	10	攻螺纹(可手攻)	/	虎钳	丝锥
		1000	攻螺纹(机攻)	钻床	分度头卡盘	
		100 000			钻模	

3. 柱塞套加工实例

图 4-19 是柱塞套零件简图。材料铝合金,数量分别为 10 件和 100 000 件。试选择 $\phi 9J4$ 孔与 1:12 锥面的加工方案及所用的机床、夹具和刀具。

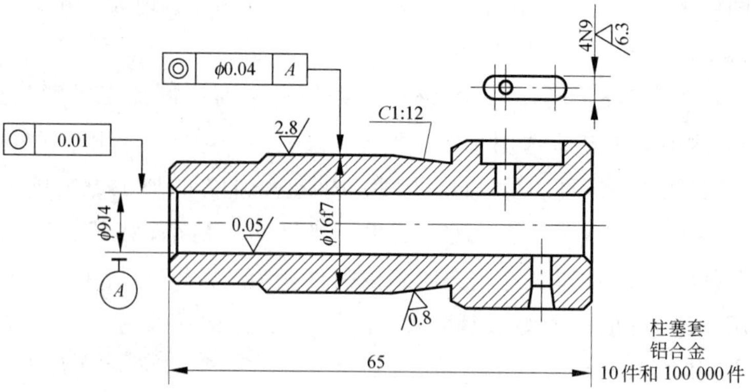

图 4-19 柱塞套零件简图

分析如下:

柱塞套零件有三点值得注意:一是材料为铝合金,属有色金属;二是零件的数量为 10 件和 100 000 件,分属单件生产和大量生产;三是孔径<10,深径比>5,属小孔、细长孔。

(1) $\phi 9J4$,IT4,$Ra0.05\ \mu m$,铝合金 根据图 4-2 选择加工方案。

① 10 件,属单件生产,应选择车(镗)类或车(镗)磨类方案。由于其深径比>5,孔径又很小,车孔难以保证质量,不宜选择车(镗)类方案;又由于零件材料为有色金属,易堵塞砂轮气孔,也不宜选择车(镗)磨类方案。根据小孔、细长孔的条件,应选择钻扩铰类方案。由于孔径<10 mm,应去掉扩孔工序,其加工方案为:钻孔—粗铰—精铰—研磨。采用车床、三爪自定心卡盘装夹、麻花钻、铰刀和内圆研具等。

② 100 000 件,属大批大量生产,应选择拉削类方案。由于拉孔要求孔的深径比≤5,显然,不宜选择拉削类方案。其加工方案仍应选择钻扩铰类方案,与上述 10 件完全相同。

(2) 1:12 锥面,$Ra0.8\ \mu m$,铝合金 根据图 4-3 选择加工方案。很显然,无论 10 件还是 100 000 件,均应选择车削类方案①。由于 Ra 值仅为 $0.8\ \mu m$,不必研磨,到精车为止即可,即粗车—半精车—精车。采用车床、心轴装夹和外圆车刀等。

上述分析结果列于表 4-4 中。

表 4-4 柱塞套有关表面加工方案的选择

序号	表面	零件数量	加工方案	机床	夹具	刀具
1	$\phi 9J4$	10	钻孔、粗铰、精铰、研磨	车床	三爪自定心卡盘	麻花钻、铰刀、内圆研具
		100 000				
2	1:12 锥面	10	粗车、半精车、精车	车床	心轴	外圆车刀
		100 000				

4. V 形铁加工实例

图 4-20 是 V 形铁零件简图。材料为 HT200,数量 2 件,二次时效处理。试选择平面 A,

B,C,D,E,F 和 V 形槽的加工方案及所用机床、夹具和刀具。

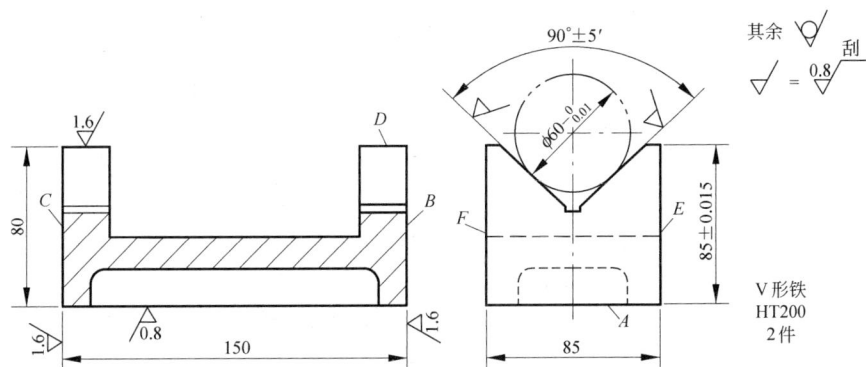

图 4-20　V 形铁零件简图

分析如下:

V 形铁为六面体零件,该零件主要是平面的加工,应根据图 4-4 选择加工方案,并注意二次时效处理的安排。

(1) 平面 A,$Ra0.8\ \mu\mathrm{m}$,HT200,2 件　应选择铣(刨)磨类方案②,即粗刨—时效—半精刨—时效—磨削。刨削时,采用牛头刨床、平口虎钳和平面刨刀;磨削时采用平面磨床、电磁吸盘和砂轮。

(2) 平面 B,C,D,E,F,$Ra1.6\ \mu\mathrm{m}$,HT200,2 件　仅就这 5 个平面来说,可以选择铣(刨)类方案,即粗刨—时效—半精刨—时效—精刨。但从整个零件看,由于平面 A 需要磨削,所以这 5 个表面最好也选用与平面 A 相同的方案,即粗刨—时效—半精刨—时效—磨削。所用机床、夹具和刀具均与平面 A 相同。

(3) V 形槽,$Ra0.8\ \mu\mathrm{m}$(图样标注要用刮削的方法达到),角度为 $90°\pm5'$,检验心轴的中心高为 85 ± 0.015,HT200,2 件　很显然,应选择图 4-4 平板、导轨类方案⑨,即粗刨—时效—半精刨—时效—精刨—刮削。采用牛头刨床、平口虎钳、左偏刀、右偏刀及刮刀等。

将上述分析结果列于表 4-5 中。

表 4-5　V 形铁有关表面加工方案的选择

序号	表　面	加 工 方 案	机床	夹具	刀具
1	平面 A	粗刨、时效、半精刨、时效、磨削	牛头刨床 平面磨床	平口虎钳 电磁吸盘	平面刨刀 砂轮
2	平面 B, C, D, E,F	粗刨、时效、半精刨、时效、磨削	牛头刨床 平面磨床	平口虎钳 电磁吸盘	平面刨刀 砂轮
3	V 形槽	粗刨、时效、半精刨、时效、精刨、刮削	牛头刨床	平口虎钳	左、右偏刀 平面刮刀

5. 支架加工实例

图 4-21 是支架零件简图。材料 HT200,数量 100 件。试选择底平面 B、孔 $\phi140H7$、端平面 C、沉孔 $3\text{-}\phi30$、孔 $3\text{-}\phi22$ 和锥孔 $2\text{-}\phi12$ 的加工方案及所用机床、夹具和刀具。

分析如下:

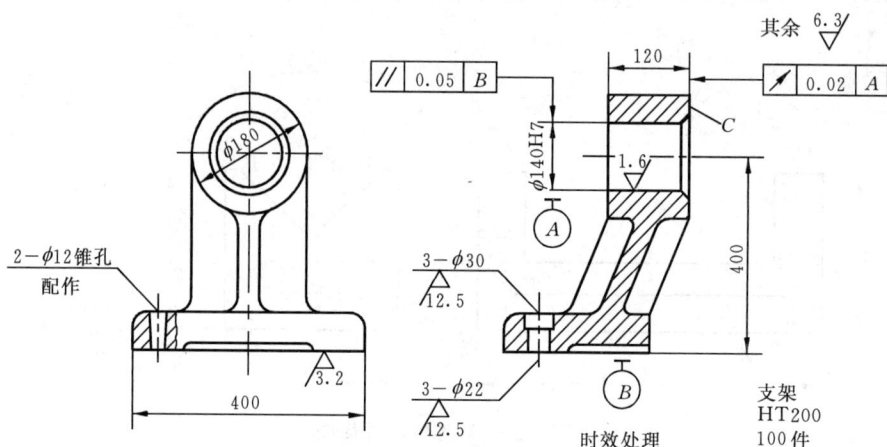

图 4-21　支架零件简图

该支架为中型零件。数量 100 件,属小批生产。

(1) 底平面 B　应在龙门刨床上以端平面 C 定位,用压板螺栓直接将工件压紧在工作台上,多件同时安装,用刨垂直面的方法进行加工,参见图 1-54(e)。

(2) 孔 $\phi140H7$ 和端平面 C　应在铣镗床上,以底平面 B 定位,用压板螺栓直接将工件压紧在工作台上,用平旋盘分别带动安装在径向刀架上的单刃镗刀和端面车刀,在一次装夹中加工出孔和端面,参见图 1-49(d)和图 1-51(c)。

(3) 沉孔 3-$\phi30$ 和孔 3-$\phi22$　应在摇臂钻床上锪沉孔 3-$\phi30$,钻孔 3-$\phi22$,参见图 1-47(a)。

(4) 锥孔 2-$\phi12$　在支架与底座装配完毕以后,在摇臂钻床上(或用手电钻),用麻花钻和 1∶50 的锥铰刀配钻、配铰 $\phi12$ 锥孔。

将上述分析结果列于表 4-6 中。

表 4-6　支架有关表面加工方案的选择

序号	表　面	加　工　方　案	机　床	夹　具	刀　具
1	底平面 B	粗刨、时效、精刨	龙门刨床	压板螺栓	平面刨刀
2	孔 $\phi140H7$ 端平面 C	粗镗、时效、精镗 粗车、时效、精车	铣镗床	压板螺栓	单刃镗刀 端面车刀
3	沉孔 3-$\phi30$ 孔 3-$\phi22$	锪孔 钻孔	摇臂钻床	/	柱孔锪刀 麻花钻头
4	锥孔 2-$\phi12$	钻、铰	摇臂钻床 或手电钻	/	麻花钻 1∶50 锥铰刀

6. 齿轮锻模加工实例

图 4-22(a)是齿轮毛坯,图 4-22(b)是齿轮坯的锻模。锻模材料为 5CrNiMo,为了减小热处理变形,拟在模块粗加工后淬火再加工模膛,试选择模膛的加工方案。

分析如下:

由于模膛要求在淬火之后加工,显然不宜采用刀具切削加工,而应采用特种加工方法。模膛属于型腔成形面,可以加工型腔的特种加工方法有电解加工、电火花成形加工和超声波加工等。根据所给条件,该模膛可选择电火花成形加工方案。

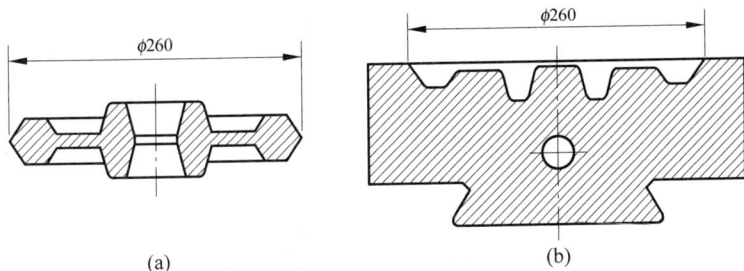

图 4-22　齿轮毛坯及其锻模

复习思考题

1. 本章主要以图示方法,总结了各种表面加工的工艺方案的基本规律,并适合于大多数情况。但是,随着工艺技术的发展,以及制定工艺方案所考虑问题的综合性和复杂性,使工艺方案的选择有很大的灵活性和可优化性。因此,本章所列举的各种表面加工方案属于一般规律,同学们应在参透其丰富内涵、理清其基本脉络、了解其基本规律的基础上,针对不同零件、不同加工表面灵活运用,决不能生搬硬套。

2. 选择表面加工方案的主要依据有哪些?希望同学们在学习分析所列举实例的基础上,建立起制定表面加工工艺方案的系统观。

本章主要参考文献

1. 孟少农. 机械加工工艺手册. 北京:机械工业出版社,1991
2. 王先逵. 机械制造工艺学. 北京:清华大学出版社,1989
3. 张学政. 金属工艺学. 北京:中央广播电视大学,1996

本章推荐选用教学电视片

黄德胜. 挂轮轴加工(27 min).清华大学音像出版社

5

数控加工技术

导 学

机械加工自动化技术包括较早期发展的至今仍在制造业中发挥着重要作用的单机自动化机床和生产自动线。它们为满足大批量生产中提高生产效率和增加经济效益的要求,均采用刚性机械加工自动化设备。20 世纪 50 年代开始起步的数控技术,使单件小批生产的零件加工自动化成为可能,并出现了计算机控制的数控车床、数控铣床和数控钻床等。这就使机械制造由刚性自动化逐步扩展到计算机控制的柔性自动化。

随着 20 世纪 80 年代微机技术的迅猛发展,微机的功能不断扩大与完善,市场价格不断大幅度下降,而信息技术又借助于计算机网络技术得以长足进展,不但使加工中心、柔性制造单元和柔性制造系统的发展成为现实,而且大大推动了计算机集成制造系统的发展,也为具有更高水平的智能制造系统的发展奠定了基础。以相似性零件构成族为特征的成组技术的出现,为制造业的生产现代化提供了科学思路。

然而,大量的实践表明,企业制造水平的高低,不仅取决于先进的数控设备,而且在很大程度上取决于人们对数控加工技术的熟悉、掌握和使用水平以及企业的综合管理水平。否则,再好的工艺装备也难以发挥其应有的功能,更不用说开发其潜力了。

5.1 成 组 技 术

随着科学技术的迅速发展和社会产品需求的多样化,多品种规格和小批量生产在机械制造业中的比例日益扩大。为了解决多品种、小批量零件生产的机械化和自动化问题,必须对这类零件提出合理的管理技术措施,这就是成组技术(group technology,GT)。成组技术不但是使单品种刚性生产自动线增加柔性,是进行少品种大批量生产的柔性生产自动线的基础技术之一,而且也是现代数控技术、柔性制造技术和计算机集成制造系统的基础技术之一。当前,成组技术已成为中小批量生产中缩短生产周期、降低产品成本、改善经营管理和提高劳动生产率的有效技术措施。

1. 成组技术的基本原理

机械产品中的零件虽然千变万化,但仍存在着大量的相似性。这主要体现在零件的结构形状、尺寸大小、精度等级以及材料选择等方面。由于上述相似性,导致这些零件的制造工艺过程也出现一定的相似性。充分利用这种相似性,把相似的零件构成组(或族)是实施成组技术的关键。图 5-1 所示为机床齿轮按零件形状和加工工艺相似性划分零件族的简图。成组工艺的实质就是通过对制造系统的输入加以合理组织,把小批量生产的多种相似零件组合成批量较大的零件族,从而为提高制造系统的自动化程度创造条件。因此,成组技术的基本原理是将企业全部产品中结构尺寸和加工工艺相似的零件分类编组,对各零件组制定统一的工艺方案,配备相应的工艺装备,采用合理的机床布置形式组织成组加工,从而达到扩大批量、提高效率、降低成本、增加效益的目的。成组技术的原理和优势如图 5-2 所示。

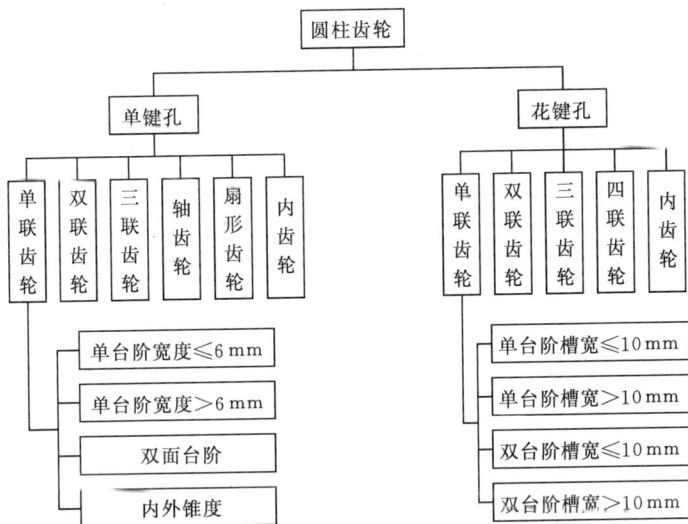

图 5-1　机床齿轮零件划分图

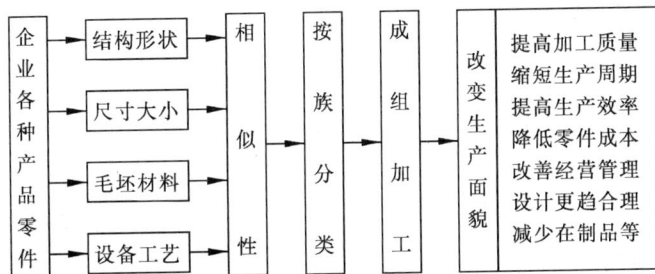

图 5-2　成组技术原理图

　2. 零件分类编码

　　对零件进行分类编码,是用以标识零件相似性的一种手段。它通过对每个零件赋予规定的数字符号,描述零件设计和工艺的基本特征信息来实现。分类编码的方法要综合考虑设计和工艺两个方面,使之既有利于零件的标准化,统一零件结构设计要素,减少零件的种类和图纸数量,又要设法使具有相同工艺路线的零件便于分类。因此通常的编码数字综合体现了以设计为基本特征的主码和以工艺为基本特征的副码。

　　我国制定的《机械工业成组技术零件分类编码系统(JLBM-1)》的基本构成见表 5-1。

　　上述分类编码系统共有 15 个码位,每个码位又分 0,1,2,…,9 共 10 个等级。每个等级各代表一定的含义。下面以表 5-2 所示的短轴编码为例予以说明。

表 5-1　JLBM-1 分类编码系统的基本构成

码　位	主　码									副　码					
	1	2	3	4	5	6	7	8	9	10	11	12	13	14	15
特　征	名称类别粗分类	名称类别细分类	外部基本形状	外部功能要素	内部基本形状	内部功能要素	外平面、曲面加工	内平面加工	辅助加工	材料	毛坯原始状态	热处理	最大直径或宽度	最大长度	精度

表 5-2　短轴编码举例

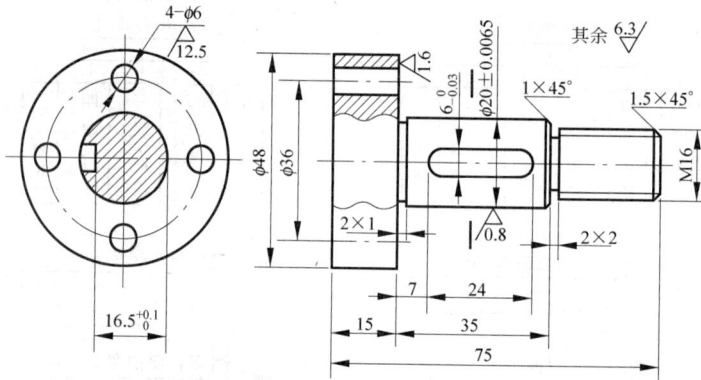

码　位	1	2	3	4	5	6	7	8	9	10	11	12	13	14	15
编　码	2	4	1	2	0	0	3	0	1	3	6	0	4	3	4
特　征	销杆轴类	短轴	外部有单向台阶	外部有螺纹	内部无轴线孔	内部无功能要素	外部有键槽加工	内部无平面加工	轴向有均布孔	优质碳钢	锻件	无热处理	回转直径大于30至58	长度大于50至120	外圆有高精度

3. 成组技术的应用

最早成组技术是作为解决重复性、相似性和批量生产问题的有效方法而在制造业中享有盛名。随着计算机辅助(computer aided)技术的发展,成组技术以能提供制造工艺数据而成功地与计算机辅助工艺过程设计(computer aided process planing,CAPP)结合起来。

长期以来,人们在零件的分类、建立相似的零件族、进行编码以及成组夹具设计、回转体零件、箱体零件设计和成组作业计划编制等方面进行了大量的应用研究工作。例如利用 GT(成组技术)编码来检索现有零件库中是否存在与所设计零件相同或类似的零件特征,以确定重新设计新零件还是对相似零件进行修改,来满足设计要求,并以此提高计算机辅助设计(computer aided design,CAD)的效率。其次,在数控机床上利用零件族的辅助编程,可以自动编制出该零件族中任一零件的数控纸带。人们还可以利用成组技术中的分类编码法高效、快捷地设计零件的工艺过程。因此,成组技术已成为计算机辅助设计和计算机辅助制造(computer aided manufacturing,CAM)之间的接口和桥梁。

　　然而,迄今为止,国内在成组技术方面的研究与开发,大多数还停留在零件这个层次上,几乎没有涉及部件和产品等更高层次。事实上,GT 应与 CAD/CAM 有更为广泛深入的联系和应用。例如,目前推广的 GT 技术,都是采用具有固定码长的刚性零件分类和编码系统。这样的系统,远没有包括设计和装配所必须的产品性能规格信息和部件信息,而且难以包含详细描述零件的全部结构和工艺信息。因此,如果能开发出一种码长不固定、并能包含产品、部件、零件及其特征信息的多层次柔性编码系统,就能够更好地满足管理信息系统和信息集成的需要。如果产品设计实现了系列化和模块化,就有可能在以上多层次柔性编码系统的基础上开发出从产品到零件的 GT—CAD/CAPP/CAM 系统。

　　总之,GT 不应该仅仅看作是一种技术,而且应看作是一种科学的思路。不但应该用于狭义的制造本身,而且应在制造企业中的生产决策、计划和管理中发挥重大作用。

5.2　数控加工技术

5.2.1　概述

　　1952 年美国麻省理工学院(MIT)首次把机床技术与电子技术巧妙地结合在一起,研制成功了世界上第一台有信息存储和处理功能的新型机床,这就是数控机床。50 多年来,在控制技术方面,数控机床已经历了电子管控制、晶体管控制、集成电路控制、计算机数控,直到今天的微机数控五个阶段。

　　所谓数控加工,指的是一种可编程的由数字和符号实施控制的自动加工过程。

　　所谓数控加工工艺,是指利用数控机床加工零件的一种工艺方法。

　　数控机床仍采用刀具和磨具对材料进行切削加工,这点在本质上和普通机床并无区别。但在如何控制切削运动等方面则与常规切削加工存在本质上的差别(图 5-3)。

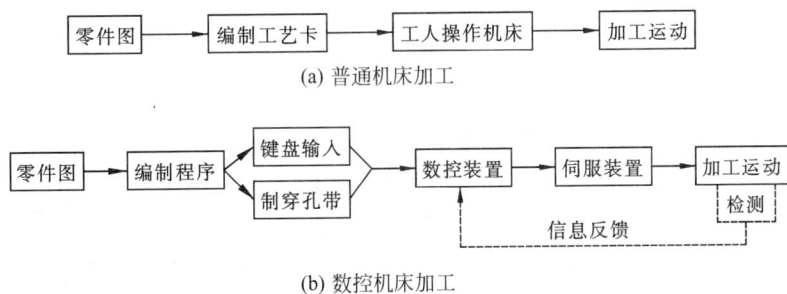

(a) 普通机床加工

(b) 数控机床加工

图 5-3　普通机床与数控机床工作过程

数控机床加工的主要特点如下:

　　(1) 加工的零件精度高　数控机床在整机设计中考虑了整机刚度和零件的制造精度,又采用高精度的滚珠丝杠副传动,机床的定位精度和重复定位精度都很高,特别是有的数控机床具有加工过程自动检测和误差补偿等功能,因而能可靠地保证加工精度和尺寸的稳定性。

　　(2) 生产效率高　数控机床在加工中零件的装夹次数少,一次装夹可加工出很多表面,可省去划线找正和检测等许多中间工序。据统计,普通机床的净切削时间一般为 15%～20%,而数控机床可达 65%～70%,带有刀库可实现自动换刀的数控机床甚至可达 75%～80%。加工复杂零件时,效率可提高 5～10 倍。

（3）特别适合加工形状复杂的轮廓表面　如利用数控车床加工复杂形状的回转表面和利用数控铣床加工复杂的空间曲面。

（4）有利于实现计算机辅助制造　目前在机械制造业中，CAD/CAM 的应用日趋广泛，而数控机床及其加工技术正是计算机辅助制造系统的基础。

（5）初始投资大，加工成本高　数控机床的价格一般是同规格的普通机床的若干倍，机床备件的价格也很高，加上首件加工进行编程、调整和试加工等的准备时间较长，因而使零件的加工成本大大高于普通机床。

此外，数控机床是技术密集性的机电一体化产品，数控技术的复杂性和综合性加大了维修工作的难度，需要配备素质较高的维修人员和维修装备。

5.2.2　数控机床加工

数控机床发展至今，已有数控铣床、数控车床、数控钻床和数控齿轮加工机床等 16 大类。本节仅简介数控铣床、数控车床和数控齿轮加工机床。

1. 数控铣床

1952 年世界上诞生的第一台数控机床就是数控铣床。

（1）数控铣床的工作原理　图 5-4 所示的三坐标数控立式铣床的工作原理如下：

① 根据零件图样按国际标准代码编写加工程序；

② 利用纸带穿孔机将编好的加工程序制作穿孔纸带；

③ 利用光电输入机将穿孔纸带上的数据以脉冲形式输入数控装置；

④ 数控装置将数据处理后，转换成驱动伺服（或步进）电机运动的控制信号；

⑤ 由伺服（或步进）电机带动滚珠丝杠控制机床的加工运动。

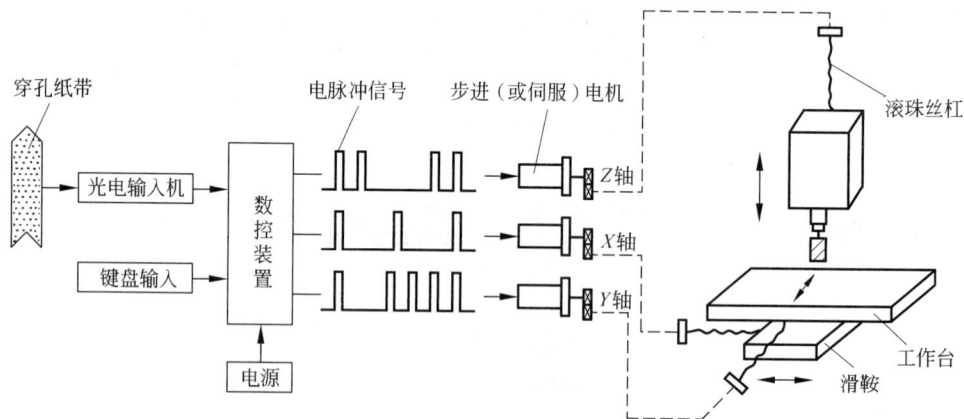

图 5-4　三坐标立式数控铣床

目前的数控装置，既可以用纸带输入，也可以直接用键盘手动输入，以便随时进行修改或编辑，还可以通过自动编程机用 RS232C 输入。用空运行的方式检查无误后即可按预定程序加工。目前的数控机床由于采用大扭矩的直流伺服电机或交流伺服电机驱动，因而在结构上省去了液压扭矩放大器和齿轮箱。对于复杂的零件结构，手工编程已经不能胜任。可以采用CAXA、Pro/E 等高级软件，在计算机上完成三维实体造型之后，随后进行数据的自动传输，驱动数控机床进行加工。

当数控装置分别向三个坐标方向的步进电机(或伺服电机)发出不同的脉冲信号时,采用球头铣刀(图 5-5)就可以完成三维空间曲面的加工。

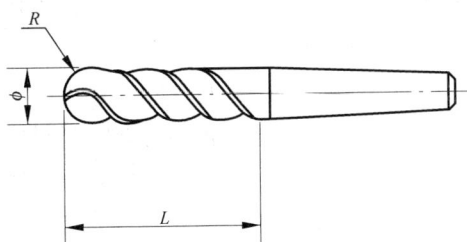

图 5-5 球头铣刀

(2) 数控铣床的主要加工对象 数控铣床除有立式的外,还有卧式的和立卧两用的。它们主要用于铣削加工,也可用于钻、扩、铰、锪、攻螺纹与镗孔加工等。

① 加工平行、垂直于水平面或与水平面的夹角为定角的平面类零件(图 5-6)。

② 加工空间曲面。采用三坐标数控铣床加工时只需要两个坐标联动,另一个坐标按一定的行距进给即可。此法常用于如图 5-7 所示的不太复杂的空间曲面的加工。

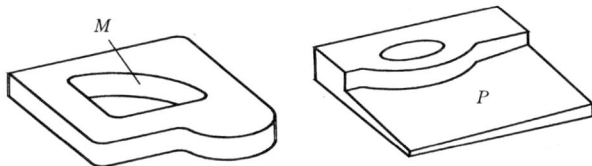

图 5-6 典型的平面类零件

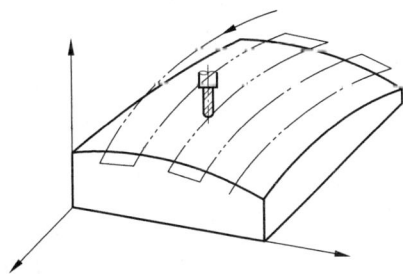

图 5-7 三坐标数控铣床加工空间曲面

2. 数控车床

数控车床在国内数量最多,应用最广,约占数控机床总数的 25%。图 5-8 所示为卧式数控车床。

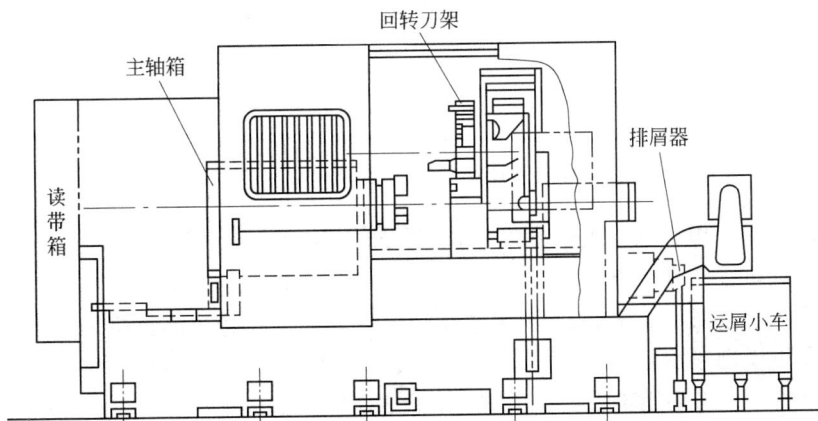

图 5-8 卧式数控车床

数控车床的加工功能与普通车床大体一样,主要用于加工各种回转表面。但在车削特殊螺纹和复杂回转成形面时有其突出的特点。

普通车床一般只能车削有限的等螺距的各种螺纹,而数控车床由于其很强的控制功能,不但能车削任何等螺距的螺纹,而且能车削各种增节距、减节距,以及要求等节距、变节距之间平滑过渡的螺纹。

　　在普通车床上可用样板法或靠模法加工复杂形状的回转成形面,但加工精度都不高。由于数控车床具有圆弧插补功能,因而可直接利用圆弧插补指令加工由任意平面曲线构成的回转成形面并得到较高的精度。

　　从生产批量上看,数控车床一般适合于多品种和中小批量的生产。但随着数控车床制造成本的降低,目前不论国内国外,使用数控机床进行大批量生产也变得较为普遍。

　　国内数控车床的价格还较高,在进行大批量生产时,在满足加工要求的前提下,数控车床的档次应尽可能选低些,功能尽可能选少一些,以便降低机床费用,从而获得较高的经济效益。

　　3. 数控插齿机

　　我国于 20 世纪 70 年代初,先后研制成功了数控非圆齿轮插齿机和数控非圆齿轮铣齿机,加工精度可达 7 级。到 80 年代中期,采用计算机控制的插齿机和滚齿机研制成功,精度可达6 级。其控制系统采用 FANUC 3M 系统,执行机构采用直流伺服电动机驱动。图 5-9 所示为Y5130 CNC 插齿机的传动链示意图。

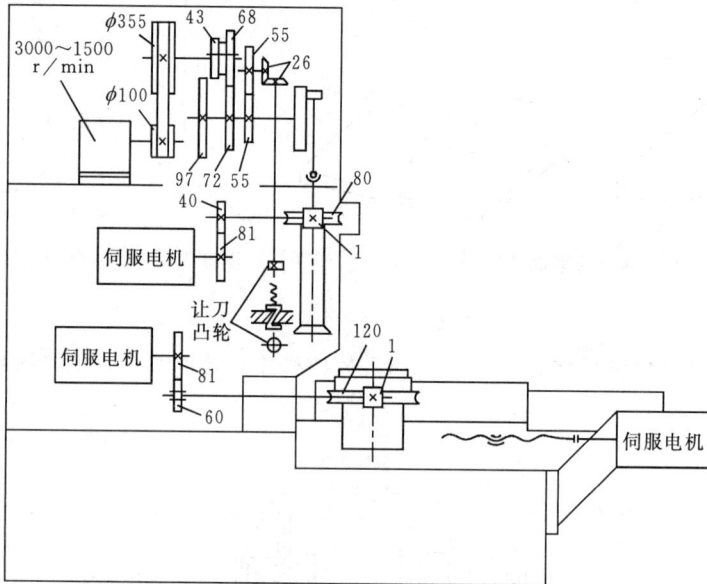

图 5-9　Y5130 CNC 插齿机传动示意图

　　普通插齿机主要用于加工内外直齿轮和相距很近的双联或多联齿轮。而数控插齿机主要用于普通插齿机难于实现的下列加工:

　　(1) 非圆齿轮加工　如图 5-10 所示的非圆齿轮的加工在普通插齿机上是不可能实现的,而在数控插齿机上则很容易实现。

　　(2) 凸轮加工　当采用不带刀齿的插刀,在 Y5130 CNC 机床上就能加工出各种不同形状的凸轮(图 5-11)。

　　(3) 精密圆柱齿轮加工　普通插齿机的加工精度只能达到 8～7 级,而数控插齿机由于其传动链的累积误差小,能加工出 6～5 级的精密圆柱齿轮。对于调质钢齿轮,可省去剃齿甚至磨齿的精加工工序。

　　4. 加工中心

　　加工中心(machining center,MC)是一种功能较全的数控加工机床。它一般分为镗铣类加工中心和车削类加工中心两类。

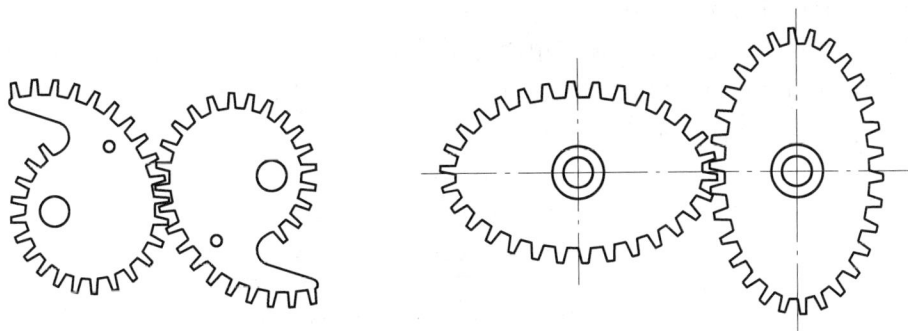

图 5-10　非圆齿轮

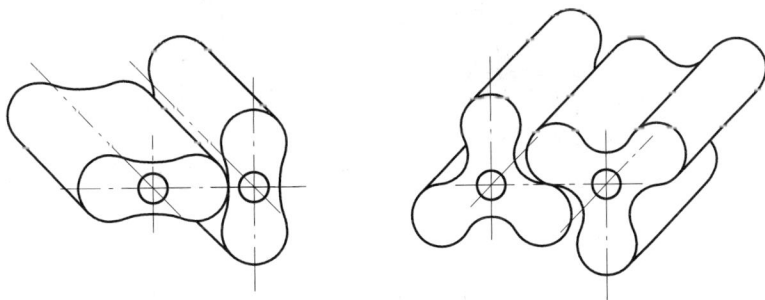

图 5-11　各种凸轮

（1）镗铣类加工中心　　它把镗削、铣削、钻削和螺纹切削等功能集中在一台数控设备上，使之具有多种工艺手段。更重要的是，加工中心设置有刀库，刀库中存放有十几种甚至上百种刀具或验具，在加工过程中可实现由程序自动选用。这是它区别于数控镗床和数控铣床的重要特征（图 5-12）。

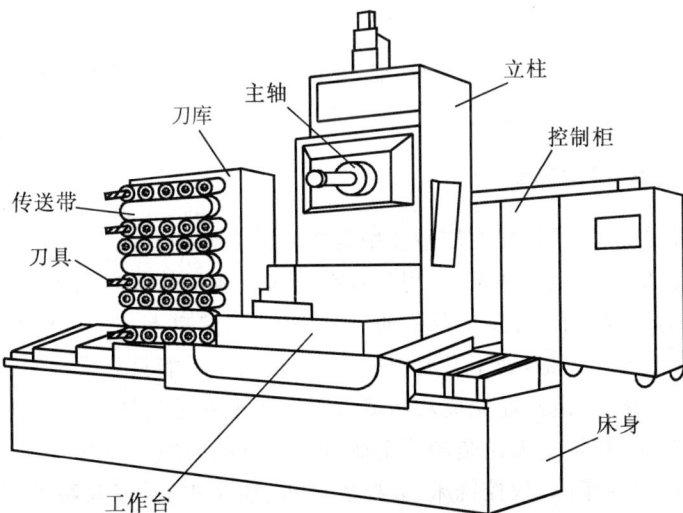

图 5-12　镗铣类加工中心

加工中心具有较强的综合加工能力，它能将若干个加工过程集中起来，在工件的一次装夹中，按预定程序自动实现多种加工，可简化工艺过程设计，减少零件的周转时间，加工精度高，加工效率是普通设备的5～10倍。

（2）车削类加工中心　车削加工中心的主体是数控车床,再配置上刀库和换刀机械手(图5-13)就可使自动选择的刀具数量大为增加。对卧式车削中心来说,与普通数控车床的本质差别在于它具备下面两种先进功能。

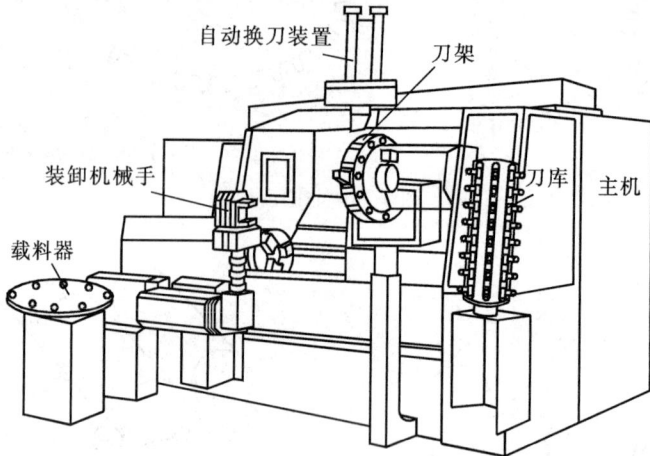

图 5-13　卧式车削中心

① 动力刀具功能　这是通过刀架的内部机构,使刀架上某一刀位或全部刀位上的铣刀或钻头等刀具回转的功能。

② C 轴位置控制功能　C 轴是指以卡盘与工件的回转中心轴(即 Z 轴)为中心的旋转坐标轴。车削中心 C 轴的位置控制功能可达到 $0.001°$ 的高精度角度分辨率,同时还可使主轴和卡盘按进给脉冲作任意的低速回转。在原有 X,Z 坐标的基础上,再加上 C 坐标,就可使车床实现三坐标两联动轴廓控制。例如圆柱铣刀轴向安装,$X—C$ 坐标联动就可在工件端面铣削;圆柱铣刀径向安装,$Z—C$ 坐标联动,就可在工件外径上铣削。因此车削中心能够铣削凸轮槽和螺旋槽。

有了动力刀具功能和 C 轴位置控制功能,车削中心就比普通的数控车床的工作范围大为增加。

5.2.3　离散化数控制造系统

直到今天,常规制造技术仍然在制造业中发挥着重要作用。无论是毛坯成形中的铸造、锻压与焊接,还是零件的机械切削加工,常规技术在很多企业仍然大有用武之地。许多国家级重点工程、重点项目的完成,尤其在新产品的研制过程中,仍然离不开常规技术,离不开掌握常规技能和技巧的技术工人。但是,处于发展中的我国制造业,不能只靠常规制造技术。只靠常规制造技术一定没有出路,一定不能完成从制造大国向制造强国的转化。因此,近年我国大力发展数控技术和特种加工技术。无论是制造企业,还是高校、高职高专和职业技术学校的工程训练中心或类似机构,数控车床、数控铣床、数控雕刻机、加工中心,以及特种加工中的电火花加工、激光加工、超声波加工和快速原型制造等新技术、新工艺快速引入,并用于培训学生。

然而,这些设备很多是以单机方式在企业和高校中运行的。事实上,除了在计算机网络条件下的数字化制造系统外,离散型数控制造系统是目前我国制造业一种应用很广泛的系统。从表面上看,构成系统的各设备间没有采用计算机联网,属于一台台单机,不仔细分析,很难看出其内部的必然联系。但如果作为一个整体来分析,就可以清醒地看到,这是一个离散型的制造系统。而只有围绕着1~2台主设备,全部设备成龙配套,才足以构成一个完整的制造系统,才能够真正发挥出工作效率,也才能体现出工作效益。

例如,目前我国高校的不少工程训练中心采购了三坐标、四坐标,甚至五坐标的立式或卧式加工中心。但如果在设备采购中,只有一台孤立的加工中心,无论其水平多高,都不足以形成一个制造系统,都难以发挥出其潜在的工作效率和效益。例如,一个高精度的复杂箱体或一个复杂曲面的加工,依靠普通的游标卡尺和千分尺是不能准确地测量出其尺寸、形状和位置精度的,而必须采用三坐标测量仪等。如果采购的设备不配套,不能构成系统,在实际应用中就难以避免出现上述的尴尬局面。

因此,设备采购需要围绕某台或某几台关键数控设备,尽可能形成一个较为完整的离散型数控制造系统。如果一台或几台加工中心,配备有一台三坐标测量仪、一台磨刀机、一台对刀仪、足够的刀具和刀柄,就可以胜任实际生产中选刀、磨刀、对刀、加工,以及高精度和复杂几何形面测量的全部工作(图5-14)。虽然这些设备并没有采用计算机联网,仍然属于单机运行,但在实际上,已经形成了一个完整、可靠、方便使用的制造系统。这样的制造系统,看起来离散,但

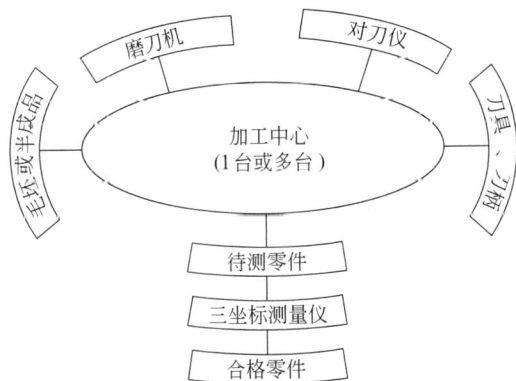

图 5-14　离散化数控制造系统

毕竟是一个灵活、可用、好用的系统,是一个可以发挥出整体效率和效益的系统。在工程训练中,我们应该做好这类系统的顶层设计,并积极引导学生学习、分析这类系统。如果顶层设计没有做好,花费几十万、甚至上百万元采购的设备只能进行单机教学演示,而不能产生数控制造系统的整体效益,其教育教学功能就不能充分发挥出来。

5.2.4　柔性制造单元和柔性制造系统

1. 柔性制造单元

柔性制造单元(flexible manufacturing cell,FMC)技术是在加工中心的基础上发展起来的。它增加了机器人或托盘自动交换装置,刀具和工件的自动测量装置,加工过程的监控装置。与加工中心相比,它具有更好的柔性、更高的生产率,是多品种、中小批量生产中机械加工系统的基本构成单元。图5-15所示为FMC的基本布局形式。

随着计算机技术和单元控制技术的发展及网络技术的应用,FMC具有更好的可扩展性和更强的柔性:

(1) 在单元计算机的控制下,可实现不同或相同机床上不同零件的同步加工。

(2) 加工过程中除了可自动更换刀具,实现机器人的物料搬运或多工位托盘的自动交换外,工件的加工时间与装卸时间可以重叠,比加工中心进一步缩短了辅助时间。

(3) 可实现加工过程自动监控,如具有自适应功能和刀具破损的监控功能等。

(4) 相对柔性制造系统,其投资的规模小,实现周期短,见效快。

(5) 在单元计算机控制下,易扩展成柔性制造系统。

由于FMC具有上述优点,因此其发展前景见好,市场需求也比柔性制造系统大。

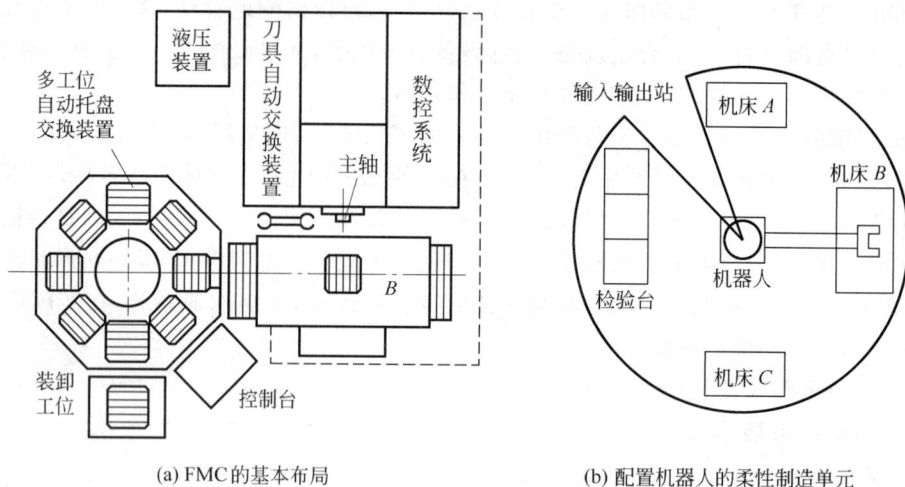

(a) FMC 的基本布局　　　　　　　(b) 配置机器人的柔性制造单元

图 5-15　FMC 的基本布局

2. 柔性制造系统

柔性制造系统(flexible manufacturing system，FMS)是由一组数控机床或一组柔性制造单元,通过一个公用的自动物料输送系统和计算机控制系统相结合的加工综合体。它能自主地完成多品种中小批量生产任务。FMS 由下列三部分组成:

(1) 计算机控制的信息系统;

(2) 多功位的数控加工系统;

(3) 自动化物料输送和存储系统。

"柔性"主要相对"刚性"而言。刚性自动线是固定不变的自动线,生产率高,适合大批大量生产。其弱点是加工零件的形状和尺寸不能改变,极不利于产品的更新换代。而柔性制造系统无论在硬件或软件方面都具有适应不同加工对象和采用不同工艺方法的能力,因此适合于中小批量的生产规模。图 5-16 为柔性制造系统的组成。图中空心箭头表示信息流,实线箭头表示物料流。虚线框内表示 FMS 范围。

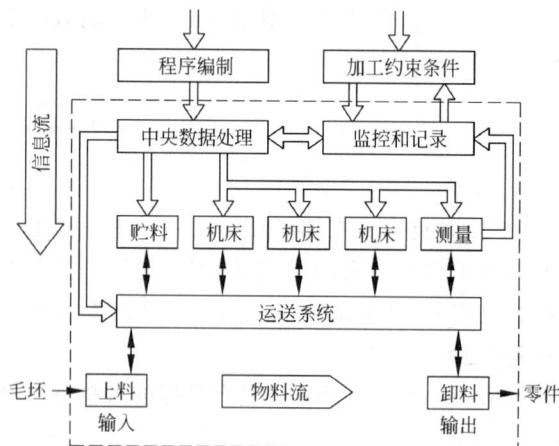

图 5-16　柔性制造系统组成原理

FMS 系统是在成组技术、计算机技术、数控技术和自动检测等技术基础上发展起来的,它具有以下主要功能:

(1) 以成组技术为核心的零件分析编组功能;

(2) 以托盘和运输系统为核心的物料输送和存放功能;

(3) 以数控中心(或加工中心)为核心的自动换刀、换工件的自动加工功能;

(4) 以各种自动检测装置为核心的故障诊断、自动测量、物料输送和存储系统的监视等功能;

(5) 以微型计算机为核心的编排作业计划的智能功能。

由于柔性制造系统实现了集中控制和实时在线控制,缩短了生产周期,解决了多品种、中小批量零件的生产率和系统柔性间的矛盾,并具有较低的生产成本,因此发展很快。据联合国统计,1985 年全世界拥有 360 套 FMS,其中应用最多的国家依次是日本、美国和德国,这三个国家 FMS 的拥有量约占世界总拥有量的 70%。

5.2.5　计算机集成制造系统

计算机集成制造系统(computer integrated manufacturing system,CIMS)是在信息技术、自动化技术、计算机技术及制造技术的基础上,通过计算机及其软件,将制造工厂的全部生产活动——市场信息、设计制造和经营管理与整个生产过程有关的物料流和信息流,实现高度统一的综合化管理,从而将各种分散的自动化系统有机地集成起来,构成一个优化的完整的生

产系统,从而实现产品优质、高产、低耗和短周期的目标,提高了企业对市场的竞争力和应变力。美国制造工程师学会计算机和自动化系统分会的技术委员会于 1985 年提出了图 5-17 所示的CIM 轮。轮的外层是来自市场的竞争信息,结合企业的人、财、物等资源制定出企业相应的战略规划。在战略规划指导下,借助计算机辅助技术、自动化系统技术,对企业的经营计划与控制,产品设计和工艺,工厂生产过程自动化等建立各自的子系统,通过数据库和通信网络,对各子系统的信息进行管理和通信,从而使整个企业集成为一个有机的大系统。这也就是所谓的未来工厂的模式。

图 5-17　CASA/SME 技术委员会提出的 CIM 轮

采用计算机集成制造系统的效益是明显的。1985 年美国科学院对美国在 CIMS 方面处于领先地位的 5 家公司进行了调研,结果表明采用CIMS 可获得以下多方面的效益:

(1) 产品质量提高	200%～500%
(2) 生产率提高	40%～70%
(3) 设备利用率提高	200%～300%
(4) 生产周期缩短	30%～60%
(5) 在制品减少	30%～60%
(6) 工程设计费减少	15%～30%
(7) 人力费用减少	5%～20%
(8) 提高工程师的工作能力	300%～3500%

这是因为集成度的提高,可更好地对生产要素实行优化配置,更好地发挥其潜力,并可最大限度地减少企业存在的各种资源浪费,从而获得更好的整体效益。

中国是一个机械制造业大国,然而又是一个按人均估算综合国力相对薄弱的发展中国家。无论在经济和技术上,目前都不可能全面推行 CIMS 计划。面对国际上技术和经济的严峻挑战,必须制定一条符合国情的行之有效的发展我国 CIMS 的途径。我国在 1986 年制定国家高技术研究发展计划时,明确规定了 2000 年 863/CIMS 的战略目标是:跟踪国际上 CIMS 高技

术的发展,掌握 CIMS 的关键技术,同时在制造业中建立能获得综合经济效益并能带动全局的一些 CIMS 工厂,取得经验,逐步推广 CIMS 技术。为达到此目标并减少实施 CIMS 计划时的风险,我国卓有成效地实施了 CIMS 实验工程计划,有力地促进了 CIMS 技术的发展和应用。图 5-18 为我国 CIMS 实验工程系统结构。

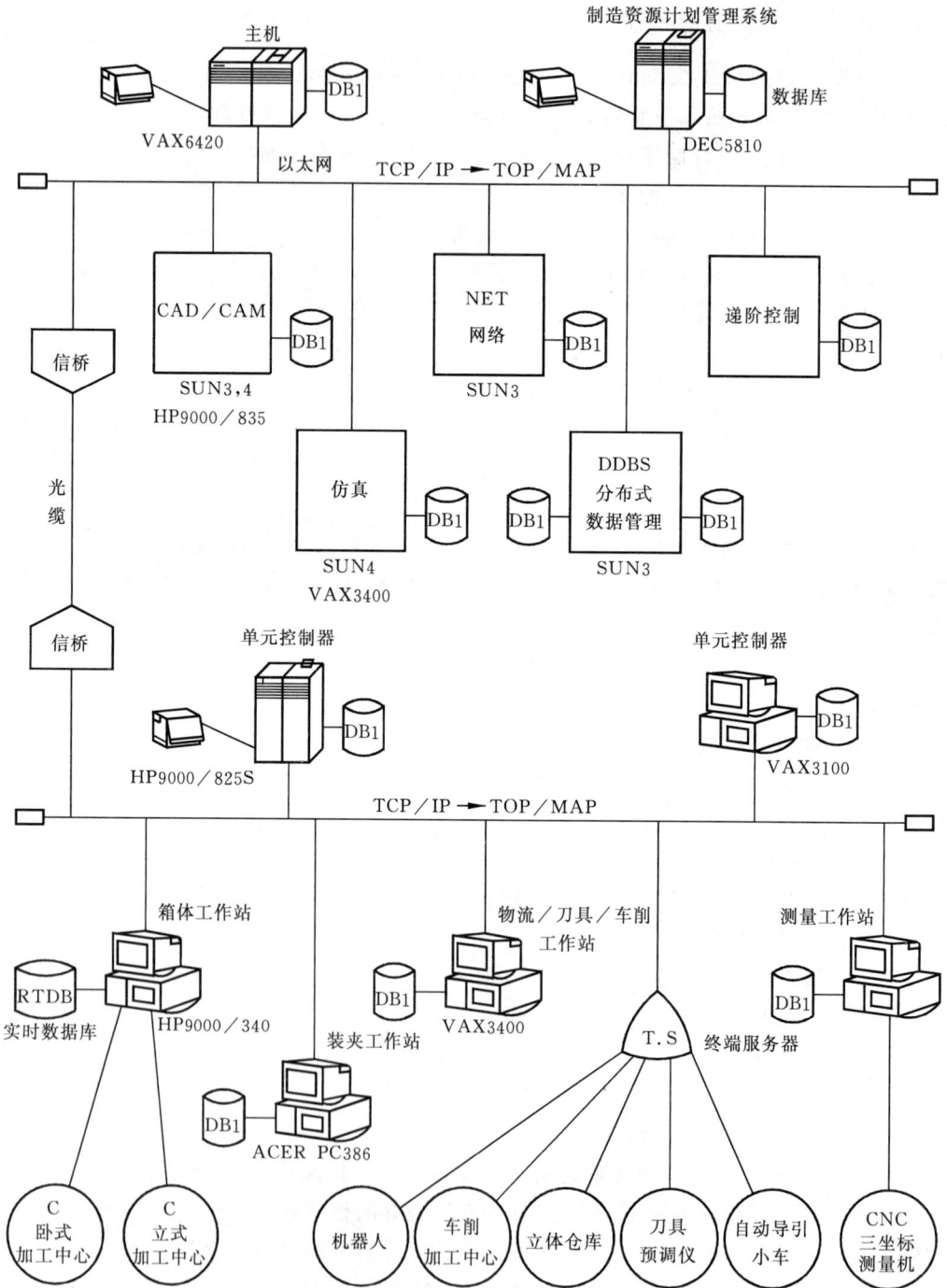

图 5-18　CIMS 实验工程系统结构图

5.2.6 智能制造技术与智能制造系统

随着时代的发展,社会对产品的需求正从大批大量生产逐步转向能够体现个性特征的中小批量,甚至单件生产。面对市场竞争的加剧和信息革命的推动,企业要在这样的环境中取胜,必须进一步提高其在生产活动中的机敏性和智能,以便从产品的生产周期、质量、成本和服务等方面提高自身的竞争力。而智能制造技术和智能制造系统正是在现代科技高度发达的基础上顺应这种形势发展起来的。

1. 智能制造技术

智能制造技术(intelligent manufacturing technology,IMT)是指在制造工业的各个环节,以高度柔性和高度集成的方式,通过计算机模拟人类专家大脑的智能活动,进行分析、推理、构思、判断和决策。它旨在取代或延伸制造环境中的部分脑力劳动,并对人类专家的制造智能进行收集、整理、完善和共享,并达到继承与发展。

2. 智能制造系统

智能制造系统(intelligent manufacturing system,IMS)是在智能制造技术的基础上,借助计算机及其网络技术,综合运用制造技术、信息技术、自动化技术、并行工程(concurrent engineering,CE)和系统工程技术,在互换性和国际标准化的基础上,使制造大系统中的经营决策、生产规划、制造加工和质量控制等各个相关子系统分别智能化,成为网络集成的高度自动化系统。

IMS 应具有下列突出特点:

(1) 系统有自组织能力 IMS 中的各种智能设备,如智能数控车床、智能加工中心、智能机器人和自动导向小车(automated guided vehicle,AGV)等,能够按照工作任务的要求,以最优化方式,自行集结成一种最合适的系统进行运行。任务一旦完成,该系统随即自行解体,以备在下一项任务中集结成新的优化系统。

(2) 系统有自律能力 IMS 能根据周围环境和自己的作业状况进行自动监测和处理,并可根据处理结果调整控制策略,以采用最佳行动方案。

(3) 系统有自学习和自维护能力 IMS 能以原有的专家知识为基础,在实践中学习,不断增进系统知识库中有用的知识,并删除过时的甚至错误的知识,使系统知识库日益完善,并实现最优化。

(4) 系统注重整个制造环境的智能集成 IMS 涵盖了产品的市场、开发、制造、管理和服务整个过程,它在强调各个生产环节智能化的同时,注重整个制造环境的整体智能集成。

CIMS 注重企业内部物料流和信息流的集成,而 IMS 则注重大范围内的整个制造过程的自组织能力,因而难度更大。然而 CIMS 中有许多研究内容正是 IMS 发展的基础,而 IMS 又对 CIMS 提出更高的要求。总之,集成是智能的基础,而智能又推动集成达到更高水平,即智能集成。

智能制造被誉为 21 世纪的制造技术,它早已引起世界各工业发达国家的广泛关注和重视,并投入巨资进行研究。我国在国家自然科学基金委员会的资助下,对智能制造系统的基础理论、智能化单元技术以及智能机器人等方面进行了较系统的研究并取得阶段性成果。可以相信,随着智能制造技术研究的不断深入,21 世纪的制造业必将发生革命性的变化。

复习思考题

1. 成组技术的基本原理是什么？其编码的原则主要体现在哪几方面？成组技术在生产中起何作用？

2. 数控机床主要有哪几类？与普通机床相比，其优势主要体现在哪几方面？

3. 数控铣床和加工中心的主要区别是什么？

4. 何谓数字化制造系统？何谓离散型数控制造系统？各有何特点？

本章主要参考文献

1. 实用数控加工技术编委会.实用数控加工技术.北京：兵器工业出版社,1995

2. 沈斌,钱增新.计算机辅助制造技术.北京：高等教育出版社,1995

3. 金问楷.机械加工工艺基础.北京：清华大学出版社,1990

4. 张明.美国 CIM 的现状与趋势.机床.1988 年第 3 期

5. 唐立新,杨叔子,等.智能制造——21 世纪的制造技术.机械与电子.1996 年第 2 期

本章推荐选用教学电视片

1. 周文娟.切削加工自动化生产(21 min).清华大学音像出版社
2. 于华.加工中心(20 min).清华大学音像出版社

6 零件表面处理技术

导 学

零件表面处理技术是在零件的基本形状和结构形成之后,通过不同的工艺方法对零件表面加工处理,使其获得与基体材料不同的表面特性的一项专门技术。其实,从广泛意义上讲,这种构想和做法早在人类有了文明史之后就已经逐步产生。例如,人们使用护肤品既能美白肌肤,又能延缓衰老;在家具表面涂漆既美观漂亮,又可防潮防水。本章将从工程角度重点介绍工业生产中常用的一些表面处理技术。学习本章时应从三个方面来学习和掌握:一是要弄清常用的表面处理技术的原理、特点;二是各种表面处理技术的应用范围;三是获得同一或相近的表面特性,可能有多种不同的工艺方法,能从最经济实用的角度进行合理选用。希望通过本章的学习,把这门技术更好地应用到以后的工程实践中去,为提高我国产品的设计、制造水平做出贡献。

6.1 概　　述

零件的表面处理技术在工业生产和人民生活中得到了广泛的应用,它对改善零件的使用性能和提高机器的寿命有着十分重要的意义。

1. 可提高零件可靠性、延长使用寿命

随着工业现代化的发展,对各种机械零件的表面性能要求愈来愈高。一些在高速、高温、高压、重载、腐蚀介质等条件下工作的零件,往往因表面局部损坏而导致整个零件报废,严重时甚至造成设备停产。为了提高零件的可靠性,延长使用寿命,工程上常根据零件使用条件的不同,对零件表面采用相应的表面处理方法,赋予零件表面比基体材料更高、更好的性能,以提高零件的可靠性,延长其使用寿命。

2. 可降低成本、提高经济效益

在某些机器设备中的零件,由于起着特殊的作用,需要用某些昂贵的材料制造。如果整个零件都用这种材料,会使成本大为提高。在满足使用要求的前提下,若在某种普通材料的表面涂镀一层昂贵的材料,则会取得显著的经济效益。

3. 可修旧利废

对于有相对运动的零件,由于长期磨损,尺寸精度降低。有些零件甚至由于腐蚀和受力不均,使表面出现斑坑,严重时造成整台机器不能正常工作,而其他零件则完好无损。如果采用刷镀的工艺方法,在受损零件的表面刷镀一层所需金属,使其尺寸超过原有尺寸,然后用磨削或研磨的方法达到配合精度和表面粗糙度要求。经这样处理后的设备又可投入使用,使生产投入大为减少。

零件的表面处理技术种类繁多,具体的工艺方法有上百种,本章仅以工艺方法为主线简要介绍表面强化处理、电镀及表面氧化处理的原理、工艺方法和主要用途。

6.2 表面强化处理

6.2.1 表面机械强化

1. 喷丸

喷丸处理是利用高速喷射出的砂丸或铁丸,对工件表面进行撞击,以提高零件的部分力学性能和改变表面状态的工艺方法。

喷丸的方法通常有手工操作和机械操作两种。图 6-1 是手工操作所使用的喷丸机和喷枪。工作时,工件放在喷丸机的工作箱内,操作者手持喷枪从操作孔伸进工作箱,喷枪嘴对准工件表面喷射。通过透明的观察窗,操作者可随时观察工件的处理状况。

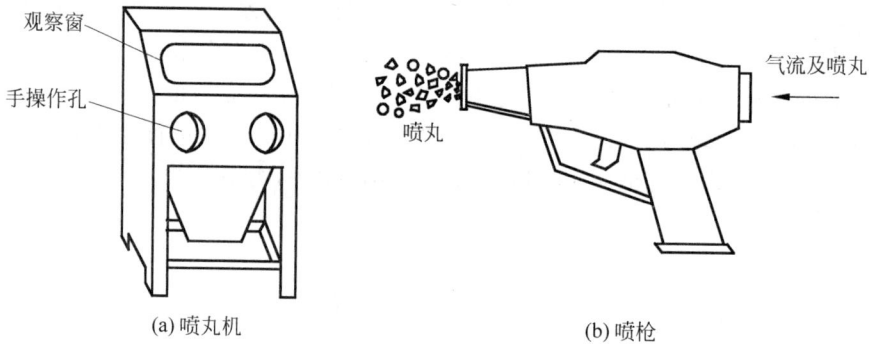

(a)喷丸机   (b)喷枪

图 6-1   手工喷丸示意图

图 6-2 是机械喷丸的一种方式。工件放在一个密闭的工作箱里,箱内装有一个或数个喷射头,根据需要喷射头可沿任何方向布置。工作时只需控制喷射时间和速度。

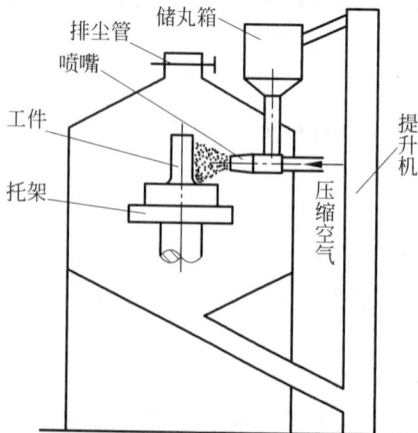

图 6-2   机械喷丸

喷丸通常是直径为 0.5～2 mm 的砂粒或铁丸,砂粒的材料多为 Al_2O_3 或 SiO_2。表面处理的效果与丸粒的大小、喷射速度和持续时间有关。

喷丸处理是工厂广泛采用的一种表面强化工艺,其设备简单、成本低廉,不受工件形状和位置限制,操作方便,但工作环境较差。喷丸广泛用于提高零件机械强度以及耐磨性、抗疲劳和耐腐蚀性等。还可用于表面消光、去氧化皮和消除铸、锻、焊件的残余应力等。

2. 滚、挤压加工

滚、挤压加工是在常温下利用专门的滚、挤压工具对工件表面施加一定压力,使其产生塑性变形,从而在工件表面形成冷硬层和残余压应力,以提高其硬度和强度的工艺方法。按照滚挤压工具与被加工表面接触时工具(钢球、滚轮和滚针等)是否能绕其轴线旋转,滚挤压加工可分为滚压和挤压两种。

(1) 滚压加工　图 6-3(a)是在车床上滚压外圆的示意图,图 6-3(b)是滚压外圆所使用的滚轮式弹性滚压工具。使用时,将杆体安装在车床方刀架上,使滚轮与工件接触,通过横向进刀对工件施加一定压力。弹力大小通过拧动螺塞,调节弹簧的压缩量来实现。而弹簧力通过加压杆使滚轮对工件表面产生一定压力。为了有利于金属塑性变形,减小滚轮与工件的接触面积,提高单位面积滚压力,通常将滚轮轴线与工件轴线偏斜一定角度 η。也可用钢球做滚压工具的工作头。

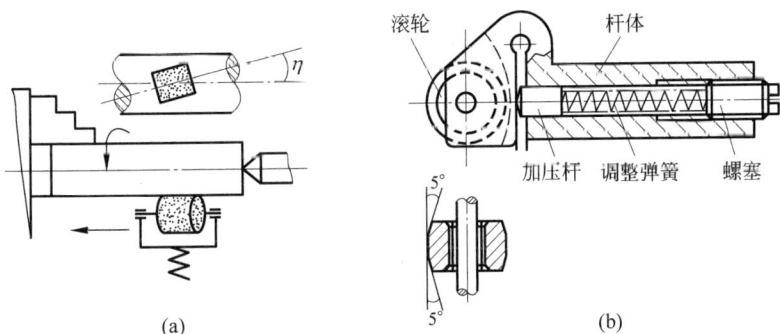

图 6-3　滚压外圆及所用工具

图 6-4(a)是在车床上滚压内圆的示意图,图 6-4(b)是滚压内圆所使用的多滚柱刚性可调式滚压头。锥滚柱被支承在滚道上,承受径向滚压力,要求转动灵活。轴向滚压力通过支承钉作用于止推轴承上。滚压头右端有支承柱,承受全部轴向力。由于滚道与滚柱接触面带有锥角,利用调节套可在一定范围内调节滚压头工作直径。

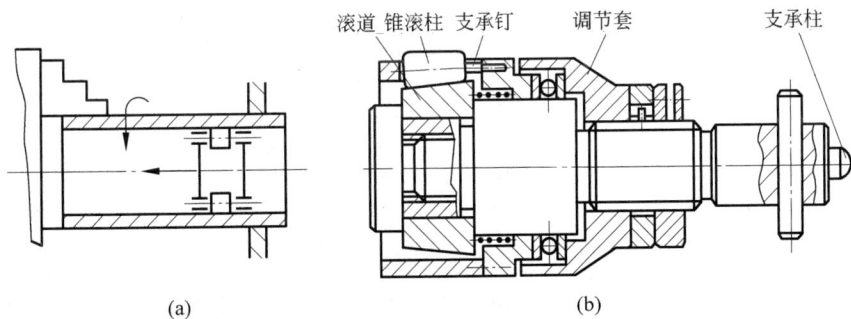

图 6-4　滚压内圆及所用工具

滚压不仅可以滚压内外圆柱面,也可滚压内外锥面。既可滚压通孔,也可滚压台阶孔和盲孔。除了可在车床上进行外,也可在镗床、钻床、铣镗床等机床上进行。若用于对工件表面精加工,在一定范围内可取代并优于磨、珩磨、研磨、精铰、精镗等常规工艺。

(2) 挤压加工　图 6-5 是挤压加工的两种形式。挤压加工因挤压头通过内孔时表面被挤胀变大,故又称为胀孔。图(a)为推挤加工,一般在压力机上进行。图(b)是拉挤加工,通常在拉床上进行。用钢球挤压内孔时,因钢球本身不能导向,为获得较高的轴线直线度的孔,挤压前孔轴线应具有较高的直线度要求。此方法适用于加工较浅的孔。

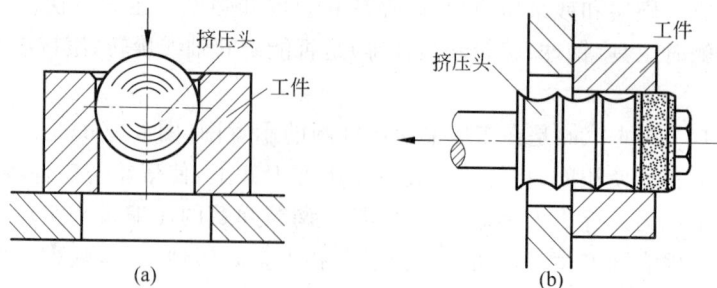

图 6-5　挤压加工方式

当滚挤压的工件材料硬度小于 38 HRC 时,常用 G Cr15,W18Cr4V 或 T10A 等材料制造工具(主要指滚柱、钢球等)。对于热处理后硬度在 55 HRC 以上的零件,可使用硬质合金或红宝石等材料做工具进行滚挤压。

滚挤压工艺广泛用于零件的表面强化和表面精整加工。其工艺特点主要有:

(1) 降低表面粗糙度 Ra 值　如图 6-6 所示,工件被加工表面在滚挤压工具的压力作用下,表面微观凸峰被挤压平,从而降低了表面粗糙度 Ra 值。一般可从 $Ra6.3 \sim 3.2 \mu m$ 减小至 $Ra1.6 \sim 0.05 \mu m$(甚至 $0.025 \mu m$)。

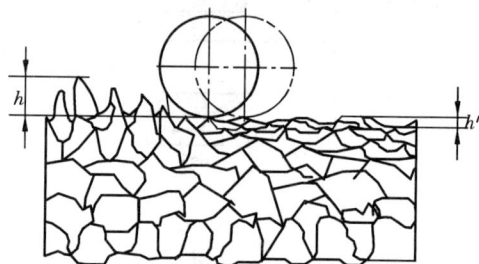

图 6-6　滚压前后的表面状态

(2) 强化被加工表面　表面经滚挤压加工后产生残余压应力,减小了切削加工时留下的刀纹痕迹等表面缺陷,从而降低了应力集中程度,疲劳强度一般可提高 5%～30%。承受较大交变应力的轴类零件,其轴肩圆角经滚压后疲劳强度可提高 60%以上。

从图 6-6 还可看出,滚挤压时金属表面层晶粒沿受力方向变得细长而致密,表面形成冷硬层,其硬度可提高 5%～50%。此外,滚挤压后的表面易形成稳定的油膜,可改善润滑条件,可提高零件耐磨性。同时由于基本消除了表面细微裂纹,致使腐蚀性介质不易进入零件表层,从而可提高工件耐腐蚀性。

(3) 生产率高　与其他光整加工相比,生产率可提高 3～10 倍。

滚压加工一般提高尺寸精度不明显;挤压加工若过盈量合适,则能提高尺寸精度,一般可达 IT7～IT6。对弹性变形较大的材料,滚挤压加工修正形状误差的能力较差,若材料的弹性变形较小,修正形状误差的能力较强。不论何种材料,滚挤压加工都不能修正位置误差。

6.2.2　表面电火花强化

电火花不仅可以作为金属材料的一种特种加工方法,也可以用作金属的表面强化处理(图 6-7)。在工具和工件之间接直流或交流电源,由于振动器的作用,使工具与工件之间的放电间隙频繁变化,在气体介质中不断产生火花放电,使金属表面产生物理化学变化,从而强化表面,改变表面性能。

电火花强化过程如图 6-8 所示。当工具与工件表面之间距离较大时(图 6-8(a)),电源经过电阻 R 对电容器 C 充电(图 6-7),同时工具电极在振动器带动下逐渐向下靠近工件表面。当间隙接近某一距离时(图 6-8(b)),间隙中的空气被击穿,产生火花放电。此时工具和工件

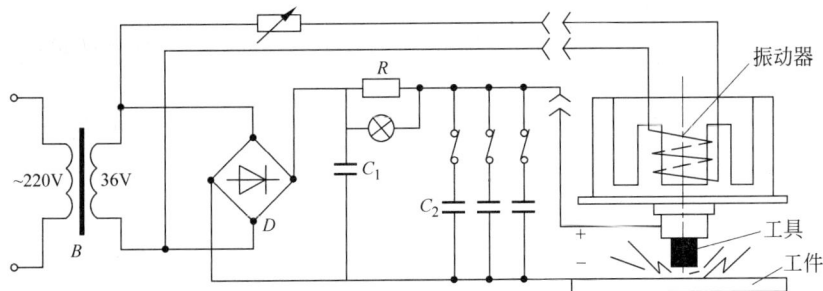

图 6-7　金属电火花强化加工原理图

相对的表面材料局部熔化,其至汽化。当工具继续靠近工件并以一定压力接触工件表面后(图 6-8(c)),火花放电停止,在接触点流过短路电流,使该处继续被加热熔化,熔化了的材料相互粘结,从而在工件表面扩散形成一层工具材料的熔渗层。当工具在振动器带动下离开工件表面时(图 6-8(d)),由于工件的热容量比工具大,使工件表面的熔化层首先急剧冷却,在工件表面便形成具有工具材料的硬化层。

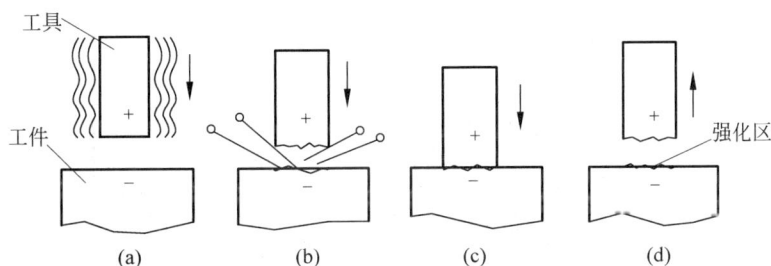

图 6-8　电火花表面强化过程示意图

表面电火花强化工艺方法简单、经济、效果好,广泛应用于模具、刃具、量具、凸轮、导轨、水轮机和涡轮机叶片的表面强化。其工艺特点如下:

(1) 硬化层厚度约为 0.01～0.08 mm。

(2) 当采用硬质合金作工具材料时,硬度可达 1100～1400 HV(约 70 HRC 以上)或更高。

(3) 当使用铬锰合金、钨铬钴合金、硬质合金作工具强化 45 钢时,其耐磨性比原表层提高 2～2.5 倍。

(4) 用石墨作工具强化的 45 钢,用食盐水作腐蚀性试验,其耐腐蚀性提高 90%。用 WC、CrMn 作工具强化的不锈钢,耐腐蚀性提高 3～5 倍。

(5) 疲劳强度提高 2 倍左右。

6.2.3　表面激光强化

表面激光强化是利用激光的能量,对金属表面进行强化处理的一种工艺方法。当激光束照射在金属表面时,其能量被吸收并转化为热,由于激光转化为热的速率是金属材料热传导率的数倍乃至数十倍,材料表面所获得的热量还来不及向基体扩散,就使得表面迅速达到相变温度以上。当激光束移开被处理表面的瞬间,表面热量很快被扩散传至基体,即自激冷却产生淬火效应。

激光强化的能量约为 1000 W/cm²。表面强化深度视工件材料及操作工艺而定,最深可达

2.5 mm。控制照射能量密度及照射时间,即可得到不同的淬火层深度。低碳钢淬火层深度可达
0.25 mm,中碳钢可达 1.3 mm。利用激光表面强化的方法,对含碳量较低的钢(如 $w_c = 0.18\%$ 的
碳钢)亦能获得表面强化的效果。

图 6-9 是多工位激光淬火机床示意图。其工作台上有 12 个工位,工位转换由步进电机 1
带动。激光束为带状,为了使工件端面全部得到强化,在激光照射工件端面时工件须自转一
周,工件自转由步进电机 2 带动。工位转换速度和工件自转速度可根据工作需要,由计算机实
现程序控制。整个激光淬火过程,除安装工件是人工操作外,其余过程全部实现自动化。

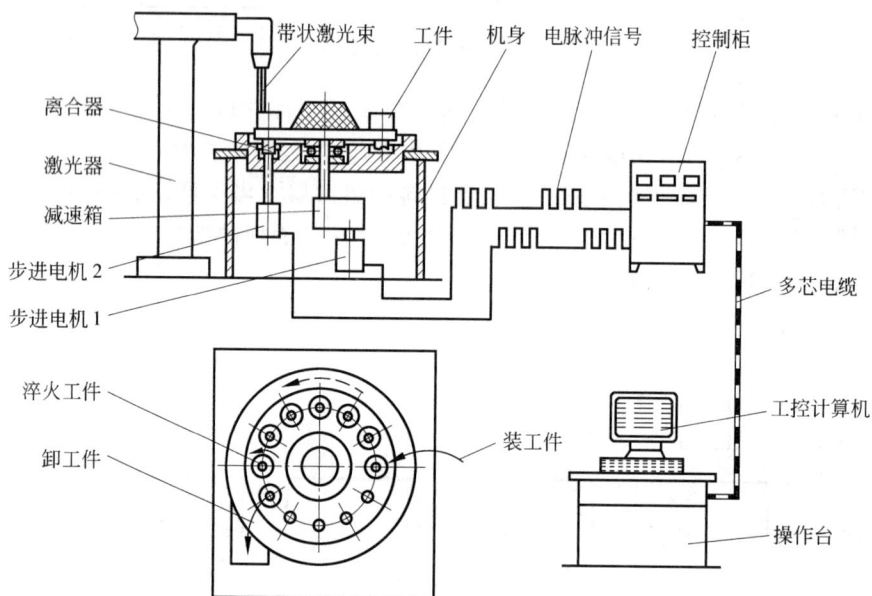

图 6-9   12 工位数控激光淬火机床示意图

激光表面强化的工艺特点:
(1) 热影响区小,表面变形极小;
(2) 一般不受工件形状及部位的限制,适应性较强;
(3) 加热与冷却均在正常的空气中进行,不用淬火介质,工件表面清洁,操作简便;
(4) 淬硬层组织细密,具有较高的硬度(达 800 HV),强度、韧性、耐磨性及耐腐蚀性也较高;
(5) 激光淬火后的硬化层较浅,通常为 0.3~1.1 mm;
(6) 激光淬火机床费用昂贵,使应用受到一定限制。
激光表面强化适用于许多场合(图 6-10)。

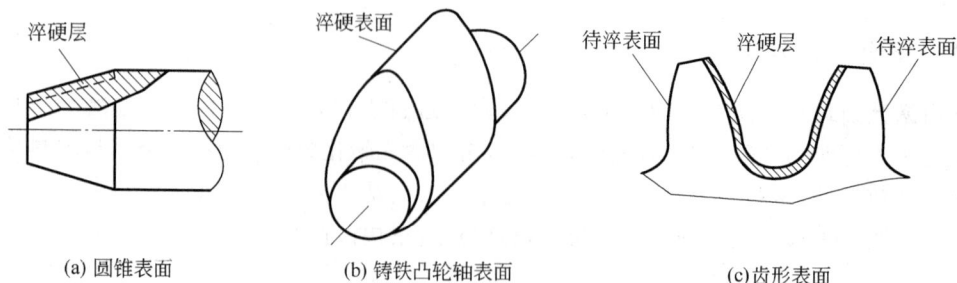

(a) 圆锥表面   (b) 铸铁凸轮轴表面   (c)齿形表面

图 6-10   激光表面强化处理应用示例

　　激光不仅可以用作单一的表面强化,而且可以对工件表面进行复合处理。这就是表面激光合金化和表面激光熔覆工艺。

　　表面激光合金化　如图 6-11 所示,在工件基体的表面采用沉积法预先涂一层合金元素,然后用激光束照射在涂层的表面。当激光转化为热量后,合金元素和基体薄层被熔化,使基体与合金元素混合而形成合金。

　　采用这种工艺方法,能使诸如铬、钴和镍熔入低级而价廉的钢表面。表面合金化与整体合金化相比,能节约大量贵重金属。

　　表面激光熔覆　如图 6-12 所示,当激光对工件表面进行处理时,用气动喷注法把粉末注入熔池中,连同工件表层一起熔化形成表面熔覆层。除了用气动喷注法把粉末注入熔池中外,还可以在工件表面预先放置松散的粉末涂层,然后用激光重熔。不过前一种方法被认为能效较高。因为激光束与材料的相互作用区被熔化的粉末层所覆盖,这样可提高对激光能量的吸收能力。

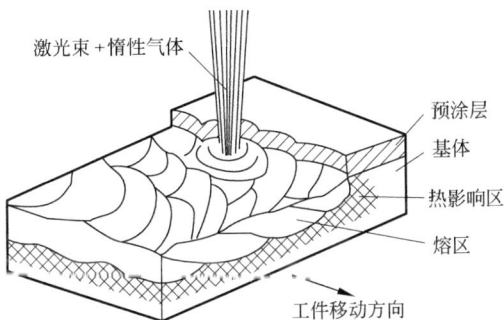

图 6-11　激光表面合金化示意图

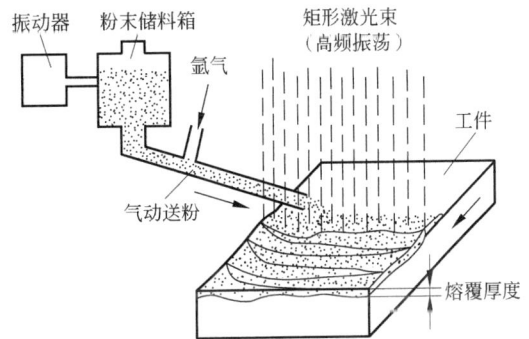

图 6-12　激光熔覆技术示意图

　　激光表面熔覆的主要优点是:能在低熔点工件上熔覆一层高熔点的合金,并可局部熔覆,具有良好的熔接性;微观结构细致,热影响区小,熔覆层均匀而无缺陷。

　　零件表面强化处理,除了上述所介绍的几种工艺方法外,表面高频淬火也是最常用的方法之一,这里不再赘述。

6.3　表面电镀与氧化处理

6.3.1　电镀

　　电镀是用电解的方法,在金属、非金属基体上沉积所需的金属或合金的过程。其实质是进行装饰性保护或获得某些新的表面性能的一种电化学加工技术。电镀有槽镀、刷镀、流镀、摩擦电喷镀和脉冲镀等形式,此处仅介绍槽镀和刷镀。

　　1. 槽镀

　　所谓槽镀就是作为阳极的镀层金属和作为阴极的工件,在装有电解液的电解槽中进行电镀(图 6-13)。电镀时,在两极之间流过适当大小的直流电,电镀工作即开始进行,此时在电解槽中的阴极和阳极发生如下反应:

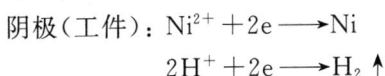

　　阴极(工件):$Ni^{2+} + 2e \longrightarrow Ni$

$$2H^+ + 2e \longrightarrow H_2 \uparrow$$

阳极(镍板)：$Ni-2e \longrightarrow Ni^{2+}$

$$4OH^- - 4e \longrightarrow 2H_2O + O_2 \uparrow$$

$$2Ni + 3[O] \longrightarrow Ni_2O_3$$

$$2Cl^- - 2e \longrightarrow Cl_2 \uparrow$$

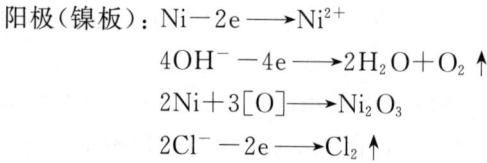

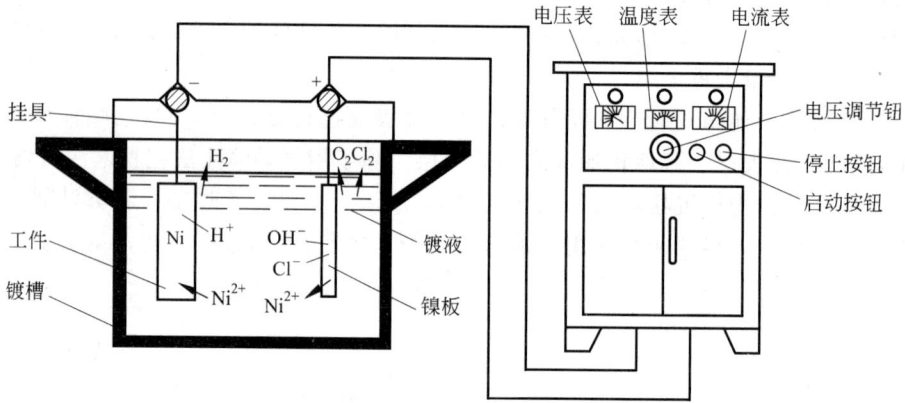

图 6-13　电镀原理图

当上述过程反复进行时,被镀工件的表面上就形成一层厚度均匀、结晶致密、平滑而光亮的镀层。

在工业上常用的镀层有铜、锌、锡、铅、镍、铁、镉、金、银等单一金属,也有铜-锌、铜-锡、铅-锡、镍-钴、锌-镍-铁、铜-锡-镍等合金镀层。根据对镀层的用途不同,镀层可分为抗蚀层、反光层、耐磨层、润滑层、焊接层、导电层、磁性层、抗高温氧化层等。

实现槽镀工艺最基本的条件是电镀溶液、镀槽和电源。

电镀溶液的基本成分为主盐、导电盐和缓冲盐。主盐指含有所镀金属元素的盐类或氧化物,是镀层金属的来源。导电盐用来提高溶液的导电性。缓冲盐用来稳定镀液的酸碱值,提高镀层质量和分散能力。除此之外,还可以根据需要,有目的地选择阳极活化剂、结合剂和添加剂等成分,以保证电镀质量和电镀过程的顺利进行。镀槽是提供实施电镀的场所,容纳电镀溶液和镀件等,要求耐酸碱,不与镀液发生作用,能耐一定的温度。电源提供电镀所需的动力,输出电压应具有一定的调节范围。现代电源还有安全保护装置和镀层厚度测定装置。

为了改善工作环境及防止污染,作为电镀的车间还应装有排风装置和废水、废气的净化处理设备。此类工厂最好建在远离城区的地方。

槽镀的工艺过程较长,以钢铁零件镀镍为例,一般工艺流程如图 6-14 所示。

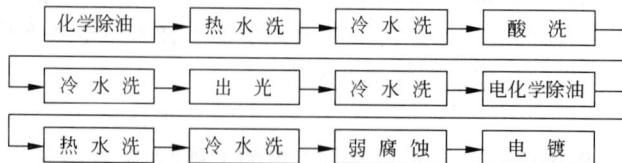

图 6-14　槽镀工艺一般流程图

上述 12 道基本工序中,除热水洗和冷水洗工序外,其余 6 道工序都要按照相应的规范要求严格控制。

槽镀一般适用于大批量生产,通常能在工件全部表面形成镀层。这种工艺在工业生产中得到广泛应用。

2. 刷镀

刷镀也称涂镀或无槽电镀,是在金属工件表面局部快速电化学沉积金属的新技术,图 6-15 为其加工示意图。工件接直流电源的负极,正极与镀笔相接。镀笔端部为不溶性石墨电极,并用脱脂棉套包住。镀液饱蘸在脱脂棉中,或另行浇注,多余的镀液流回容器。镀液中的金属正离子在电场作用下,在阴极(工件)表面获得电子而沉积涂镀在阴极表面,可得到 0.001～0.5 mm 以上的厚度。对于回转表面的工件,为了在长度方向能够获得均匀的镀层,工作时工件除转动外,镀笔和工件表面在工件轴线方向须有相对运动。

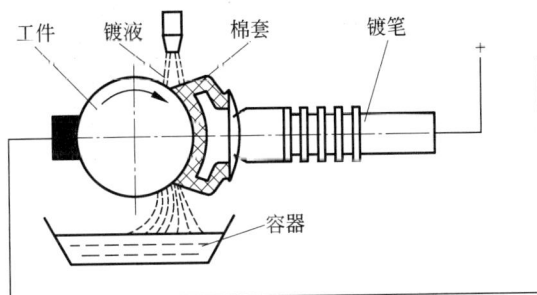

图 6-15　刷镀加工示意图

刷镀工艺在工业生产中应用越来越广泛,因为它有着独特的工艺特点:

(1) 不需要镀槽,可以对局部表面进行刷镀,设备简单、操作容易,可在现场就地施工,不受工件大小、形状限制,甚至不必拆下零件即可对其局部进行刷镀;

(2) 刷镀液种类很多,可刷镀的金属比槽镀多,选用和更改都很方便,易实现复合镀层,且一套设备可镀金、银、铜、铁、锡、镍、钨等多种金属;

(3) 镀层与基体金属的结合力比槽镀的牢固,刷镀速度比槽镀快(镀液中离子浓度高),镀层厚度可控性强;

(4) 因工件与镀笔之间须保持相对运动,故一般需人工操作,很难实现高效率的大批量、自动化生产。

刷镀扩大了电镀技术的应用领域,其主要应用范围有:

(1) 修复零件磨损表面,恢复其尺寸和几何形状,实施超差品补救。例如各种轴、轴瓦和套类零件磨损后,以及加工中尺寸超差报废时,可用表面刷镀恢复尺寸。

(2) 填补零件表面划伤、凹坑、斑蚀、孔洞等缺陷。例如机床导轨、活塞油缸、印刷电路板的局部修补等。

(3) 大型、复杂、单件小批生产的工件表面局部镀镍、铜、锌、镉、钨、金、银等防腐层、耐磨层等,以改善表面性能。例如各类塑料磨具表面刷镀镍层后,很容易达到 $Ra \leqslant 0.1\ \mu m$ 的表面粗糙度。

6.3.2　表面氧化处理

氧化处理能提高工件表面的抗蚀能力,有利于工件残余应力的消除,减少变形。还可以使工件表面光泽美观。氧化处理可分为化学法和电解法。化学法多用于钢铁零件的表面处理,它又分为碱性法及无碱性法,碱性法应用最多。电解法多用于铝及铝合金零件的表面处理,其实质是阳极氧化法。

1. 钢铁氧化处理

将钢铁零件放入一定温度的碱性溶液(如苛性钠、亚硝酸钠溶液)中处理,使零件表面生成 $0.6 \sim 0.8\,\mu m$ 致密而牢固的 Fe_3O_4 氧化膜的过程,称为钢铁的氧化处理。依处理条件的不同,该氧化膜呈现亮蓝色直至亮黑色,所以这种方法又称发蓝处理或煮黑处理。

钢铁氧化处理(化学法)的一般工艺过程如图 6-16 所示。

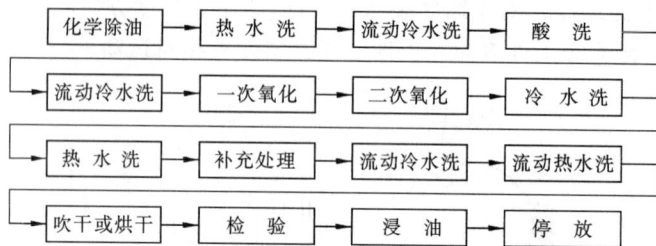

图 6-16　钢铁氧化处理一般工艺流程图

钢铁零件的氧化处理不影响零件的精度,所以前道工序也不需要留加工余量。它常用于工具、武器、仪器和某些机器零件的装饰性保护。

2. 铝及其合金的氧化处理

如图 6-17 所示,将以铝(或铝合金)为阳极的工件置于电解液中,然后通电。由于在阳极上产生氧气,使铝或铝合金发生化学和电化学溶解,结果在阳极表面形成一层氧化膜,所以,这种氧化处理方法也称阳极氧化法。该工艺有些像槽镀的逆过程:

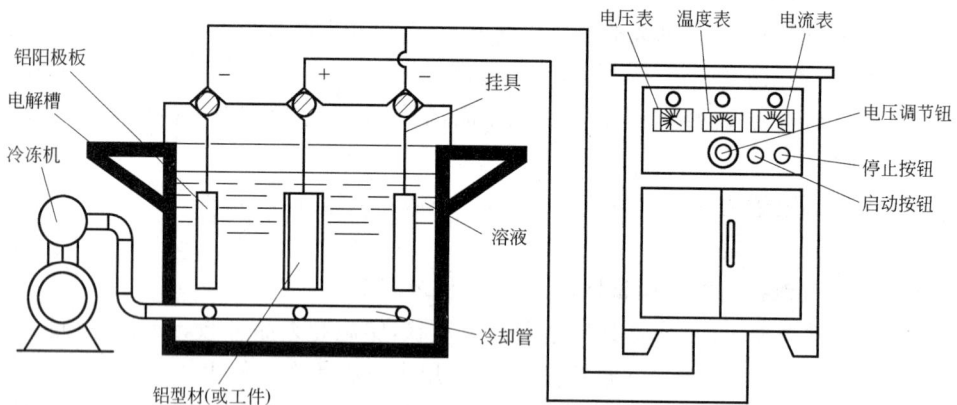

图 6-17　铝阳极氧化原理图

(1) 工件为电解电路的阳极;

(2) 不是将一层材料加到工件表面上,而是进行内部的反应,在工件表面形成一层氧化铝薄膜。

阳极氧化膜不仅具有良好的力学性能与抗蚀性能,而且还具有较强的吸附性。采用各种着色方法后,还可获得各种不同颜色的装饰外观。

为了在铝及铝合金表面获得不同性质的氧化膜,通常采用不同种类的电解溶液来实现。常用的电解液有 $15\% \sim 20\%$ 的硫酸电解液、$3\% \sim 10\%$ 的铬酸电解液和 $2\% \sim 10\%$ 的草酸电解液等。其中以硫酸电解液最为常用。

阳极氧化膜形成后,在硫酸和其他强酸溶液中,由于电场等因素的作用,工件基体最外面的致密氢氧化合物(即阻挡层)开始溶解形成多孔的膜层。在此后的工艺安排中(或染色后),阳极氧化膜可用水煮,使氧化膜变成含水氧化铝,因体积膨胀而封死氧化膜松孔。也可用重铬酸钾溶液处理而封孔。封闭处理的目的是为了改善氧化膜的防蚀能力,增强牢固性,提高使用寿命。

铝及其合金氧化处理的基本工艺流程如图 6-18 所示。

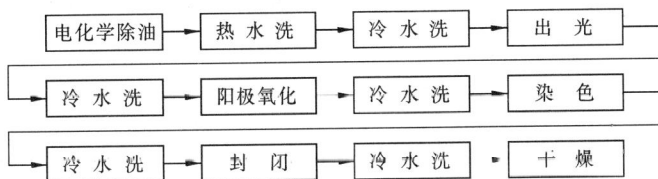

图 6-18　铝及其合金氧化处理流程图

复习思考题

1. 零件表面处理技术主要有哪几种? 各起何主要作用?
2. 分析激光表面强化的原理,并归纳其主要工艺特点和应用场合。
3. 分析表面电镀、刷镀和氧化处理的工作原理,归纳其应用场合。

本章主要参考文献

1. [美]SUDARSHAN T S 著. 范玉殿,等译. 表面改性技术——工程师指南. 北京:清华大学出版社,1992
2. 孙桐章. 机械加工工艺学. 北京:航空工业出版社,1990
3. 赵一善. 金属材料热处理及材料强韧化基础——工程材料及工艺学第一分册. 北京:机械工业出版社,1990
4. 王宝玺. 汽车拖拉机制造工艺学. 北京:机械工业出版社,1988

本章推荐选用教学电教片

1. 沈其文. 钢的表面热处理(13 min). 清华大学音像出版社
2. 沈其文. 表面处理技术(29 min). 清华大学音像出版社

7 其他新技术新工艺

导 学

随着生产的发展,人们日益认识到零件制造过程中的切削加工在使毛坯转化为零件的同时,也使大量宝贵的原材料变成了屑末,实在太可惜! 通过一代又一代人的奋斗与探索,终于研究出滚压、滚轧和粉末冶金等少无切削的崭新加工方法,以及诸如爆炸成形、液压成形、旋压成形和喷丸成形等多种新型的成形方法。

刀具和磨具切削加工,人们早已司空见惯。但借助高压水射流竟可以切割厚达数十毫米的钢板,真不能不令人惊叹! 而快速激光原型和零件制造技术则将人们对零件的加工带入了一个全新的境界。它使常规加工中对材料逐步切除式的做"减法"演变为对材料渐增式的做"加法",向人们展示出一种崭新的思维方式。超精密加工使零件的加工精度进入毫微米,甚至纳米级,而微细加工则使我们有可能得到尺寸为几十微米的轴、齿轮甚至机构,从而有可能使微型机构和微机电系统成为 21 世纪的重要新产品。

特种加工和数控加工是应用最普遍的新技术新工艺,本章所介绍的各种新技术新工艺有的已有较长应用历史,有的正处于发展时期。本章内容将以自学为主,旨在进一步拓宽学生的知识视野。事实上,还有许许多多新的尚未问世的崭新工艺方法正等待我们这一代人去创造与开发!

7.1　直接成形技术

1. 爆炸成形

爆炸成形分半封闭式和封闭式两种。图 7-1(a)是半封闭式爆炸成形示意图。坯料钢板用压边圈压在模具上,并用黄油密封。将模具的型腔抽成真空,炸药放入介质中,介质多用普通的水。炸药爆炸,时间极短,功率极大,1 kg 炸药的爆炸功率可达 450 万千瓦,坯料塑性变形移动的瞬时速度可达 300 m/s,工件贴模压力可达 2 万个大气压。炸药爆炸后,可以获得与模具型腔轮廓形状相符的板壳零件。

图 7-1(b)是封闭式爆炸成形示意图。坯料管料放入上、下模的型腔中,炸药放入管料内。炸药爆炸后即可获得与模具型腔轮廓形状相符的异形管状零件。

爆炸成形多用于单件小批生产中尺寸较大的厚板料的成形(图 7-2(a)),或形状复杂的异形管子成形(图 7-2(b))。爆炸成形多在室外进行。

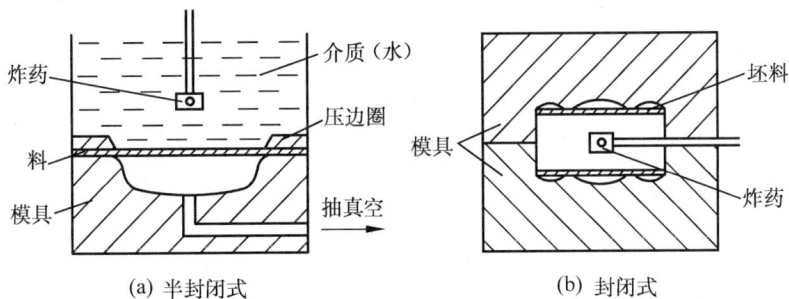

图 7-1 爆炸成形示意图

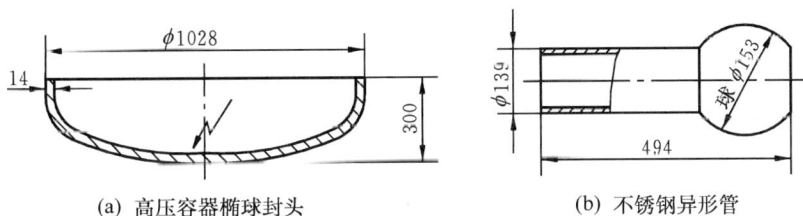

图 7-2 爆炸成形应用实例

2. 液压成形

图 7-3 是液压成形示意图。坯料是一根通直光滑管子,油液注入管内。当上、下活塞同时推压油液时,高压油液迫使原来的直管壁向模具的空腔处塑性变形,从而获得所需要的形状。零件液压成形多用于大批大量生产中薄壁回转零件。图 7-4(a)为自行车中接头零件,原来采用 5 mm 厚的低碳钢钢板冲压、焊接而成,需要经过落料、冲 4 个孔、4 个孔口翻边、卷管、焊缝等 15 道工序。后改为直径 41 mm、厚 2.2 mm 的焊缝管液压成形,压出 4 个凸头,切去 4 个凸头端面的封闭部分,即成为图示的中接头零件,使生产率大为提高。

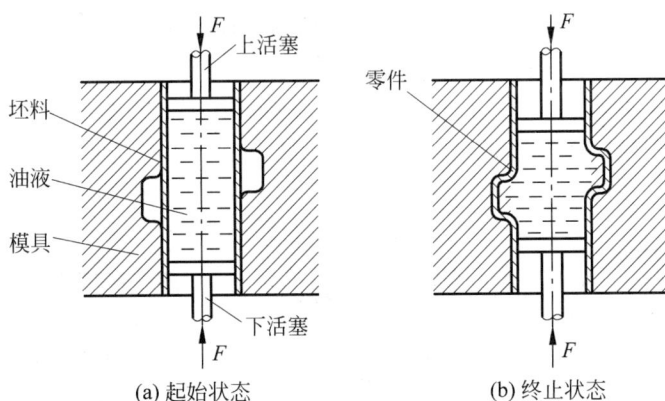

图 7-3 液压成形示意图

图 7-4(b)为汽车发动机风扇三角带带轮。液压成形前的坯料是由钢板拉伸出来的。使用时,将三角带嵌入轮槽即可。这种带轮与切削加工的带轮相比,重量轻,体积小,节省金属材料。

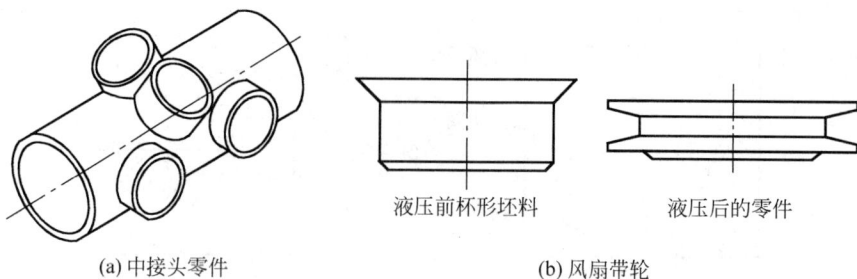

(a) 中接头零件   (b) 风扇带轮

液压前杯形坯料   液压后的零件

图 7-4   液压成形应用实例

3. 旋压成形

图 7-5(a)是在卧式车床上旋压成形示意图。旋压模型安装在三爪卡盘上,板料坯料顶压在模型端部,旋压工具形似圆头车刀,安装在方刀架上。模型和工具的材料均要比工件材料软,多用木料或软金属制成。坯料旋转,工具从右端开始,沿模型母线方向缓慢向左移动,即可旋压出与模型外轮廓相符的壳状零件。

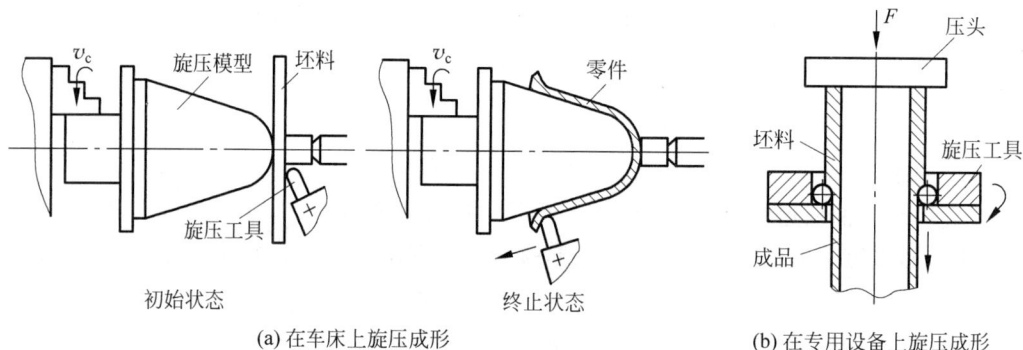

初始状态   终止状态

(a) 在车床上旋压成形   (b) 在专用设备上旋压成形

图 7-5   旋压成形示意图

图 7-5(b)是在一种专用设备上旋压成形示意图。坯料为管壁较厚的管子,旋压工具旋转,压头向下推压使坯料向下移动,从而获得薄壁管成品。此处的旋压工具材料应比工件硬,以提高旋压工具的使用寿命。旋压成形要求工件材料具有很好的塑性,否则成形困难。

旋压成形适用于壳状回转零件或管状零件,如日常生活中的铝锅、铝盆、金属头盔以及各种弹头、航空薄管等(图 7-6)。

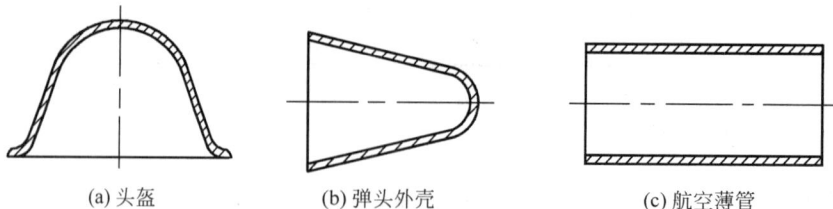

(a) 头盔   (b) 弹头外壳   (c) 航空薄管

图 7-6   旋压成形应用实例

4. 喷丸成形

喷丸本来是一种表面强化的工艺方法。这里的喷丸成形是指利用高速金属弹丸流撞击金属板料的表面,使受喷表面的表层材料产生塑性变形,逐步使零件的外形曲率达到要求的一种成形方法,如图 7-7 所示。工件上某一处喷丸强度越大,此处塑性变形就越大,就越向上凸起。为什么向上凸起而不是向下凹陷呢? 这是因为铁丸很小,只使工件表面塑性变形,使表层表面积增大,而四周未变形,所以铁丸撞击之处,只能向上凸起,而不会像一个大铁球砸在薄板上向下凹陷。通过计算机控制喷丸流的方向、速度和时间,即可得到工件上各处曲率不同的表面。与此同时,工件表面也得到强化。

喷丸成形适用于大型的曲率变化不大的板状零件。例如,飞机机翼外板及壁板零件,材料为铝合金,就可以采用直径为 0.6~0.9 mm 的铸钢丸喷丸成形。图 7-8 为飞机机翼外板。

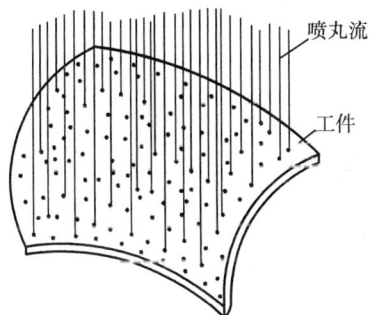

图 7-7　喷丸成形示意图　　　　　图 7-8　喷丸成形的机翼外板

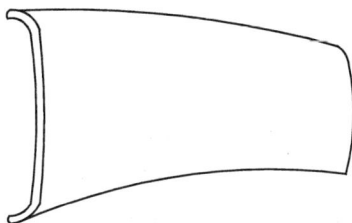

7.2　少无切削加工

1. 滚挤压加工

滚挤压加工作为零件表面强化的一种工艺方法,在第 6 章中已做了详尽的介绍。在本节中,滚挤压加工作为一种无切削的加工方法,主要用来对工件进行表面光整加工,以获得较低的表面粗糙度,Ra 值可达 1.6~0.05 μm。这里所采用的工艺方法与表面强化工艺方法完全相同,故不再赘述。

2. 滚轧成形加工

零件滚轧成形加工是一种无切削加工的新工艺。它是利用金属产生塑性变形而轧制出各种零件的方法。冷轧的方法很多,在 4.1 节中介绍螺纹的加工方法时,介绍了螺纹的滚压加工,其实质就是滚轧成形加工。除此之外,滚轧加工还可以滚轧花键等零件。

图 7-9 是用多轧轮同时冷轧汽车刹车凸轮轴花键示意图。工件在油压机锤头的驱动下通过装有一组轧轮的专用模具,使工件发生塑性变形而轧制出花键。

图 7-10 是冷打花键示意图。工件的一端装夹在机床卡盘内,另一端支承在顶尖上。在工件两侧对称位置上各有一个轧头,每个轧头上各装有两个轧轮。轧制时,两轧头高速同步旋转,轧轮依靠轧制时与工件之间产生的摩擦力使其绕自身的轴线旋转。轧头旋转时,轧轮在极短的瞬间以高速、高能量打击工件表面,使其产生塑性变形,形成与轧轮截面形状相同的齿槽,故该冷轧方法得名为冷打花键,亦称为滚轧花键。

在轧制过程中,除上述轧头高速旋转运动外,还有轧头每转一周,工件要转过两个齿槽,此运动为分齿运动,分齿运动可以是间歇的,也可以是连续的。为了沿工件轴线方向加工出全部花键齿槽,轧轮在不断打击工件表面的同时,工件还需沿轴线方向作进给运动。

滚轧加工要求工件坯料力学性能均匀稳定,并具有一定的延伸率。由于轧制不改变工件

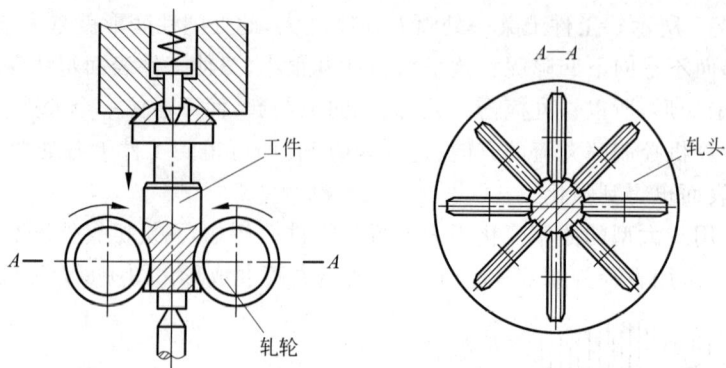

图 7-9　冷轧花键轴示意图

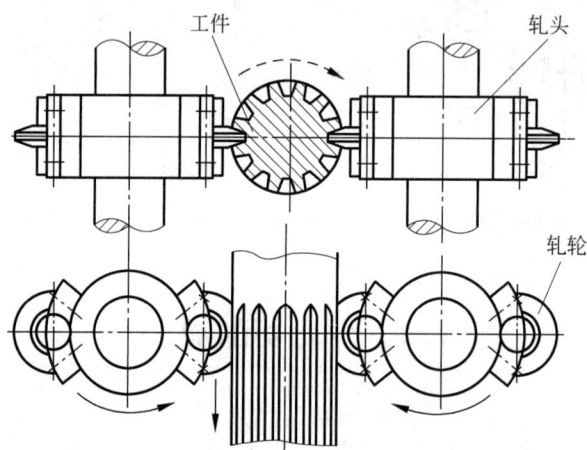

图 7-10　冷打花键轴示意图

体积,故坯料外径尺寸应严格控制,太大会造成轧轮崩齿,太小不能使工件形状完整饱满。精确的坯料外径尺寸应通过试验确定。

滚轧加工具有如下特点:

(1) 滚轧加工属成形法冷轧,其工件齿形精度取决于轧轮及其安装精度。表面粗糙度 Ra 值可达 $1.6\sim0.8\ \mu m$。

(2) 提高工件的强度及耐磨性。因为金属材料的纤维未被切断,并使表面层产生变形硬化,其抗拉强度提高 30% 左右,抗剪强度提高 5%,表面硬度提高 20%,硬化层深度可达 $0.5\sim0.6\ mm$,从而提高工件的使用寿命。

(3) 生产率高。如冷轧丝杠比切削加工生产率提高 5 倍左右;冷轧汽车传动轴花键,生产率达 $0.67\sim6.7\ mm/s$;节约金属材料 20% 左右。

冷轧花键适宜大批量生产中加工相当于模数 4 mm 以下的渐开线花键和矩形花键,特别适宜加工长花键。

7.3　水射流切割技术

早在古代,人们就懂得"滴水穿石"的道理,但直到 20 世纪 60 年代,经过研究人员的不懈探索,才真正把这一简单原理变成水射流切割技术。利用在高压下由喷嘴喷射出的高速水射流对材料进行切割的技术,称为水射流切割(water jet cutting,WJC);利用带有磨料的水射流对材料进行切割的技术,称为磨料水射流切割(abrasive water jet cutting,AWJC)。前者由于单纯利用水射流切割,切割力较小,适宜切割软材料,喷嘴寿命长;后者由于混有磨料,切割力大,适宜切割硬材料,喷嘴磨损快,寿命短。

1. 水射流切割原理

水射流切割是利用高速高压的液流对工件的冲击作用来去除材料的。使水获得压力能的方式有两种:一种是直接采用高压水泵供水,压力可达到 35~60 MPa;另一种是采用水泵和增压器,可获得 100~1000 MPa 的超高压和 0.5~25 L/min 的较小流量。用于切割的水射流速度可达 500~900 m/s。图 7-11 所示为带有增压器的水射流切割系统原理图。经过滤的水经水泵后通过增压缸增压,蓄能器可使脉冲的液流平稳。水从 0.1~0.6 mm 直径的人造宝石喷嘴喷出,以极高的压力和流速直接压射到工件的切割部位。当射流的压强超过材料的破坏强度时,便可切割材料。图 7-12 所示为带有数控系统的双喷嘴水射流切割设备。

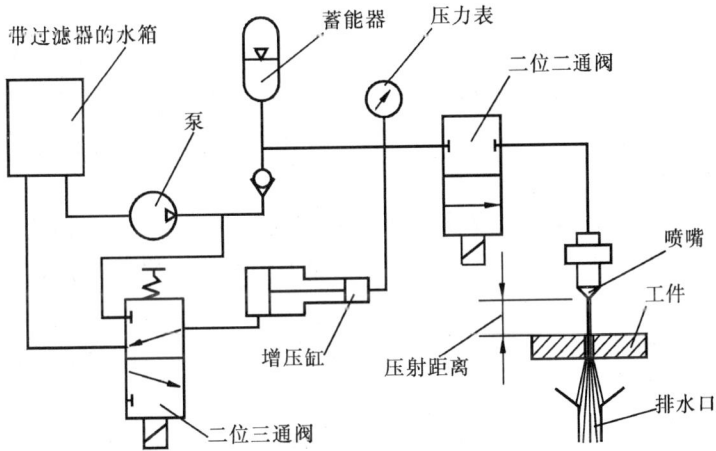

图 7-11 水射流系统液压原理图

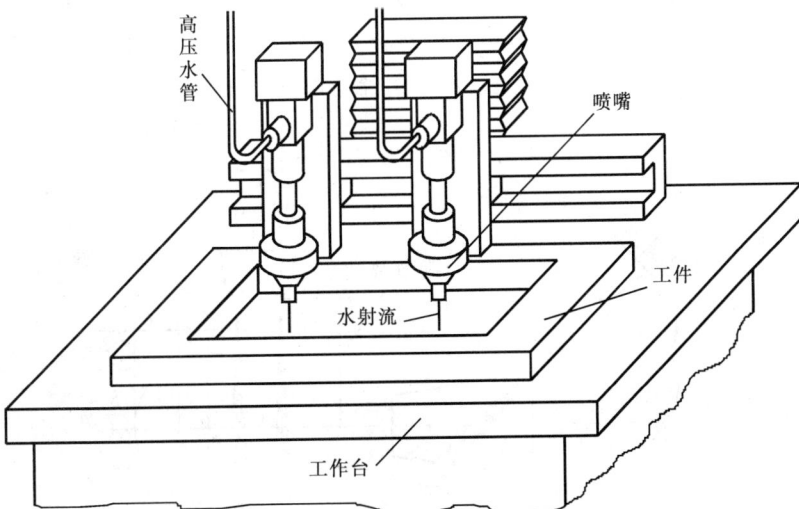

图 7-12 双喷嘴水射流切割设备

在世界各国,各制造厂家已经安装的水射流切割装置已超过 2500 套,而且其年增长率可望达到 20%。因此,有一些工业评论家预言,将来的制造厂家会把重点放在高压水上,就像他们今天普遍采用空气和蒸汽一样。

2. 水射流切割特点

水射流切割与其他切割技术相比,具有一些独有的特点:

(1) 采用常温切割对材料不会造成结构变化或热变形,这对许多热敏感材料的切割十分有利。是锯切、火焰切割、激光切割和等离子体切割所不能比拟的。

(2) 切割力强,可切割 180 mm 厚的钢板和 250 mm 厚的钛板等。

(3) 切口质量较高,水射流切口的表面平整光滑、无毛刺,切口公差可达 ＋0.06～±0.25 mm。同时切口可窄至 0.015 mm,可节省大量的材料消耗,尤其对贵重材料更为有利。

(4) 由于水射流切割的流体性质,因此可从材料的任一点开始进行全方位切割,特别适宜复杂工件的切割,也便于实现自动控制。

(5) 由于属湿性切割,切割中产生的"屑末"混入液体中,工作环境清洁卫生,也不存在火灾与爆炸危险。

水射流切割也有其局限性,整个系统比较复杂,初始投资大。如一台 5 自由度自动控制式水射流设备,其价格可高达 10～50 万美元。此外,在使用磨料水射流切割时,喷嘴磨损严重,有时一只硬质合金喷嘴的使用寿命仅为 2～4 h。尽管如此,水射流切割装置仍发展很快。

3. 水射流切割的应用

由于水射流切割有上述特点,它在机械制造和其他许多领域获得日渐增多的应用。

(1) 汽车制造与维修业采用水射流切割技术加工各种非金属材料。如石棉刹车片、橡胶基地毯、车内装潢材料和保险杠等。

(2) 造船业用水射流切割各种合金钢板(厚度可达 150 mm),以及塑料、纸板等其他非金属材料。

(3) 航空航天工业用水射流切割高级复合结构材料、钛合金、镍钴高级合金和玻璃纤维增强塑料等。可节省 25% 的材料和 40% 的劳动力,并大大提高劳动生产率。

(4) 铸造厂或锻造厂可采用水射流高效地对毛坯表层的型砂或氧化皮进行清理。

(5) 水射流技术不但可用于切割,而且可对金属或陶瓷基复合材料、钛合金和陶瓷等高硬材料进行车削、铣削和钻削。图 7-13 是磨料水射流车削加工示意图。

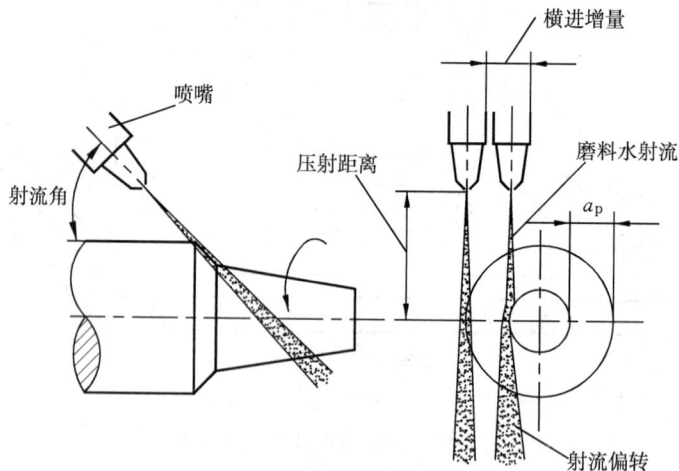

图 7-13　磨料水射流车削

7.4 快速激光原型制造技术

无论常规的切削加工还是较现代的数控加工和特种加工技术,其基本思路都是去除原材料的多余部分最后得到符合图样要求的零件。20 世纪 80 年代中期,美国的三维系统公司(3D-systems)推出了一种全新的零件制造装置——立体光刻装置(stereolithography apparatus, SLA)。它根本无需采用刀具或磨具,而是通过紫外线激光固化光敏性聚合材料、涂胶线或 ABS 塑料,从而得到原型、零件或模具。

7.4.1 快速激光原型制造技术的基本原理

快速激光原型制造技术也称为生长型制造技术,其基本思路起源于三维实体可以被切割成一系列连续薄切片的逆过程。也就是说,只要用二维的制造方法制成一系列的连续薄切片,就可堆叠成任意形状的三维零件。其制造过程是将材料不断地按需要添加在未完成的在制品上,直到零件制造完毕。这个过程即所谓的"材料生长的制造过程"。本质上是一个由渐变、累积到质变的过程。这样就将传统的"去除"式加工模式转变为"渐增"式的生长模式,从而在根本上改变了关于零件制造的传统观念。图 7-14 可大体说明这种新型的制造系统和制造原理。

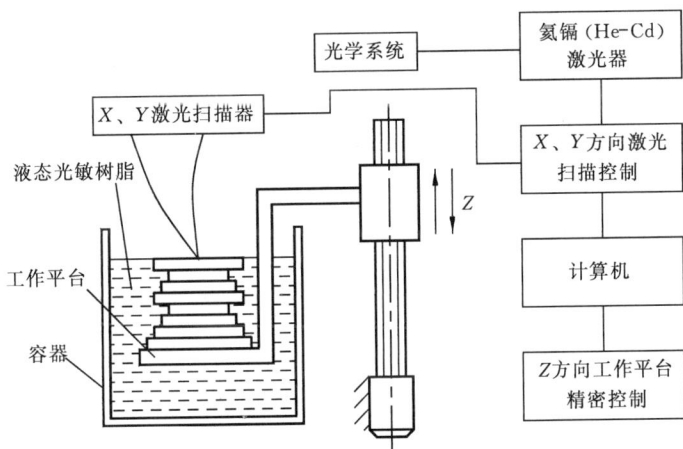

图 7-14 快速激光原型制造原理

实际工作时,先根据零件的三维 CAD 模型,经过计算机处理变成面化的模型,然后经过计算机处理将面化模型"切片"形成一系列横截面,激光束则在数控装置的驱动下进行扫描,使工作平台上的液态光敏树脂逐层固化。固化过程从工作平台上的第一层液体开始,此层固化后,数控装置驱动工作平台沿 Z 方向下降一段距离,使新的一层液态树脂覆盖在已固化层上面。此时,数控装置再使工作平台精密上升到预定高度,激光束开始扫描固化第二层。该过程反复进行,直到最后一层液态光敏树脂固化完毕,便"生长"成为三维实体的塑胶零件。

图 7-15 所示为另一种类型的快速激光原型制造系统。它的工作循环如下:步进电机带动进给机构辊芯沿逆时针方向转动,原材料(卷纸)自右向左移动预定距离,工作台升高至上切割位置,热压辊自左向右滚动,将涂胶纸热粘在基底上,计算机根据样品模型的截面轮廓线信

息驱动激光切割头,在材料上切出轮廓线并在中间余料上切出方形小网格,工作台连同被切出的轮廓层下降到预定高度,步进电机再次驱动主动芯辊沿逆时针方向转动,重复下一个工作循环,直至构成产品样品。

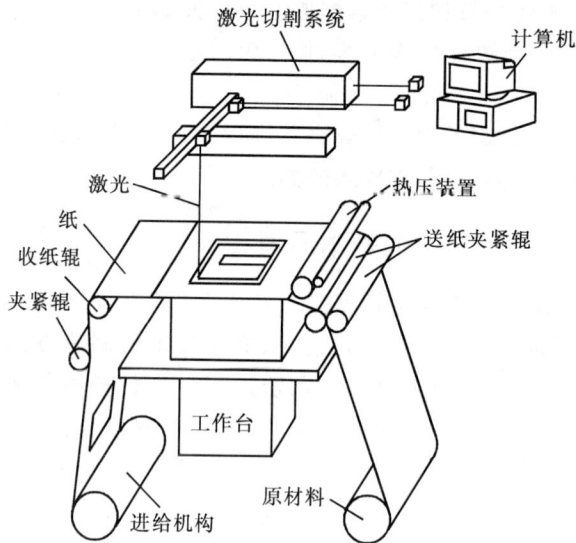

图 7-15　快速激光原型制造系统

7.4.2　快速激光原型制造的技术后盾

快速激光原型制造技术是一种涉及多门学科的新型综合制造技术。它综合运用了计算机数控技术、计算机辅助设计和辅助制造、激光技术和新型材料等领域的最新成果。

1. 计算机数控技术

快速激光原型制造技术所采用的系统类似于普通数控系统。对于大多数立体光刻系统和激光烧结系统,Z 轴工作台只需要提供有固定规律的单向精密位移控制。对于激光扫描固化,则必须提供二维的两轴联动控制。但如果要制造出高质量的薄层,数控系统必须能够实现对光学参数和几何参数进行实时补偿。这是因为激光在偏转扫描过程中,液态树脂表面的光斑尺寸是随机变化的,这直接影响到薄层的固化。为了补偿光斑尺寸的变化,激光束的扫描速度就必须实时变化。与此同时,随着所加工材料薄层厚度的不同,激光扫描的速度也有所不同。只有采用能够进行实时补偿的高速数控系统才能高效率高精度地"生长"零件。

2. 计算机辅助设计(CAD)和辅助制造(CAM)技术

几乎可以说,没有已趋成熟的 CAD/CAM 技术就没有快速激光原型制造技术。因为该技术的所有应用系统在制作零件的过程中都是从 CAD 入手。首先利用 CAD 系统设计出三维零件模型,再利用 CAD 软件对零件离散化,以形成生长型制造系统的文件。继后用 CAM 软件对设计好的零件模型进行薄切片,每片厚度为 0.13~0.76 mm。每一切片还必须确定其生成制作的最佳扫描路径。然后将切片的几何信息和生成的最佳路径信息存入直接控制数控系统的命令文件。图 7-16 所示显示了零件在 CAD/CAM 中的处理过程。

若已存在三维零件,则可利用工业扫描技术(CT)获得该零件的一系列连续的层面信息。快速激光造型制造技术的计算机集成制造过程如图 7-17 所示。

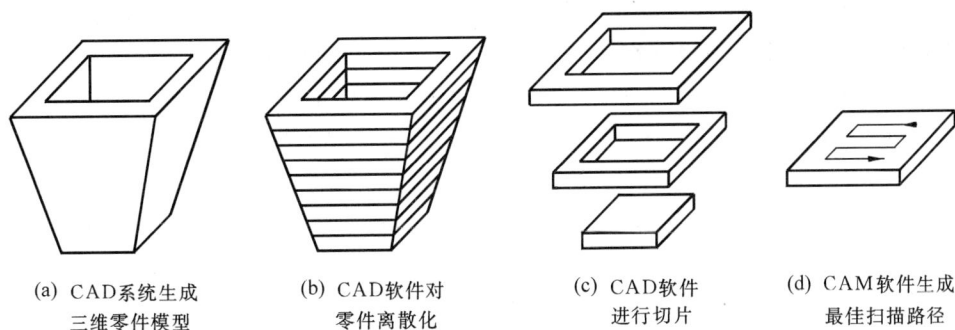

(a) CAD系统生成
三维零件模型

(b) CAD软件对
零件离散化

(c) CAD软件
进行切片

(d) CAM软件生成
最佳扫描路径

图 7-16　快速激光原型制造中的 CAD/CAM 系统

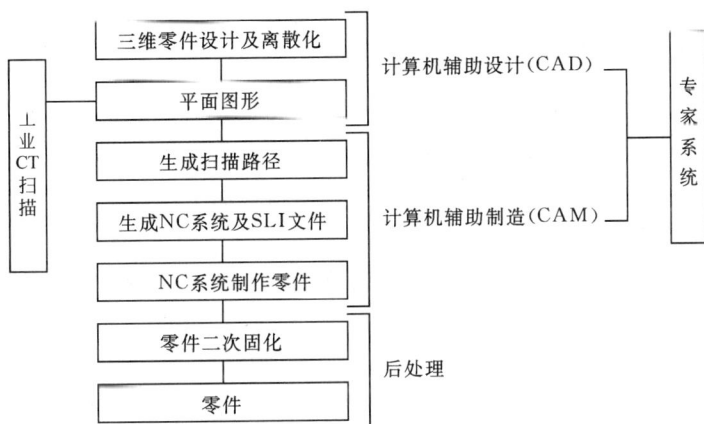

图 7-17　快速激光造型技术的计算机集成制造过程

3. 激光技术

快速激光原型制造技术采用的能源一种是氦镉(He-Cd)激光器产生的紫外激光;另一种是氩(argon)离子激光器产生的紫外激光。液态光敏树脂固化时,激光束的扫描靠数控扫描系统实现。有两种常见的扫描方式,一种为 X-Y 绘图仪方式。在整个扫描过程中,激光束与光敏树脂表面垂直,可获得大尺寸的高精度原型或零件。还有一种为电流计驱动式的扫描镜方式,其最高扫描速度为 15 m/min。在实际应用时,还必须考虑聚焦时光斑的直径以及散焦等其他因素。

4. 新型材料技术

现阶段快速激光原型制造技术采用的材料主要有三种:液态光敏聚合物;陶瓷或其他材料制成的粉剂;涂胶纸和 ABS 塑料。由于材料的特性直接影响零件的性能、制作时间和最终精度,因此对这种全新制造技术所选用材料的研究一直属热门研究方向。

7.4.3　快速激光原型制造技术的特点和应用

快速激光原型制造技术的主要特点和应用如下:

(1)可借助计算机集成制造技术(CIM)将零件设计图纸直接制成零件,而无需设计或制造相应模具。不但可大大缩短生产周期,而且能制造出任意复杂的零件而无需加工。

(2)可利用快速制得的硅橡胶模具和熔模铸造模具等实现高效率大批量地生产金属零件。

(3) 易于制出试验模型,用以评判仿真分析的正确性,是进行创造性设计的有效工具。

快速激光原型制造技术也存在一些实际问题。最大的问题是系统复杂,造价昂贵,运行费用高。制作零件的材料光敏树脂每千克 100～200 美元。与此同时,还必须考虑材料的力学性能、固化时的收缩率以及颜色、导电性和可燃性等特性。目前国产的设备和原料正逐步进入市场。

总之,快速激光原型制造技术是一种完全新型的制造技术,它以材料的逐步增长方式部分取代已有的对材料切除或变形的常规制造技术。随着对这种技术研究的日渐深入与完善,它势必对今后工业产品的设计和制造带来重大影响,并取得巨大的社会经济效益。

7.5　精密加工和超精密加工技术

7.5.1　精密加工和超精密加工概念

零件加工的精密程度,是随着时代的发展和科学技术的进步不断向前推进的。因而精密加工是指某一历史时期,零件的加工精度和表面质量达到最高程度的加工工艺。当前,零件加工的精密程度大体可划分为一般加工、精密加工和超精密加工。

1. 一般加工

一般加工的尺寸公差等级为 IT7～IT5,加工精度为 10 μm 左右,表面粗糙度 Ra 值为 1.6～0.2 μm。常采用的加工方法有车、铣、刨、磨、铰和拉等。机床、汽车和拖拉机制造中的绝大多数零件均可用一般加工实现。

2. 精密加工

精密加工的尺寸公差等级为 IT5～IT3,加工精度为 10～0.1 μm 左右,表面粗糙度 Ra 值小于 0.1 μm。常采用的加工方法有金刚石车削、金刚石镗削、珩磨、研磨、超精加工、砂带磨削和镜面磨削等。精密加工在制造业中处于十分重要的地位,常用于精密丝杠、精密齿轮、精密蜗轮、精密导轨和精密轴承等关键零件的加工。

3. 超精密加工

超精密加工可达到的尺寸公差为 0.1～0.01 μm,表面粗糙度 Rz 值为 0.001 μm(注:在超精密加工中,表面粗糙度常用 Rz 表示)。

进行精密和超精密加工,不但要有高精度和高刚度的设备,相应的量测技术和量测装置,而且还要有良好的工作环境,例如室内恒温、空气净化和地基防震等。

7.5.2　精密加工和超精密加工方法

精密和超精密加工的方法很多,第 1 章已介绍了刮削、宽刀细刨、低粗糙度磨削、珩磨、研磨、超精加工和砂带磨削等方法,这里仅重点介绍金刚石精密车削。

在精密和超精密切削加工中,用天然单晶金刚石刀具切削铝、铜、无氧铜或其他软金属材料,已取得尺寸精度为 0.1 μm 和表面粗糙度 Rz 值为 0.01 μm 的超精密加工表面。20 世纪 70 年代以后,人们利用高温高压技术,将粉末状的人造金刚石合成了大尺寸聚晶金刚石,继而又研制成功了聚晶金刚石刀具,其价格比天然金刚石刀具便宜得多。但由于聚晶金刚石刀具材料本身的多晶性质,到目前为止,多用于一般加工和精密加工,而难以抵达超精密加工领域。

1. 金刚石精密切削的机理

和常规切削加工不同的是,金刚石精密切削的屑片厚度往往小于 1 μm,因此切削主要不是在金属材料的晶界进行,而往往在晶粒内进行。此时要顺利地进行切削,刀具上承受的切削力一定要超过晶体内部强大的原子结合力。有资料表明,当屑片厚度为 $1\,\mu m$ 以下的磨削加工时,剪切应力可高达 $1300\ N/mm^2$。这时磨粒或刀具的尖端将处于高应力和高温状态。普通的刀具材料,由于其刃口难以刃磨得非常锋利和平直,在高应力和高温下会急剧软化而磨损。即使是砂轮磨粒,也会很快磨损而得不到所需的镜面磨削表面。由于金刚石材料硬度极高,质地致密,其切削刃圆弧半径可研磨至 $0.02\,\mu m$,刀刃可达极高的平直性。因此,天然金刚石是精密加工中最好的刀具材料。

2. 金刚石精密切削的影响因素

金刚石精密切削除了要采用高精度的精密机床这一必备条件外,还有以下几方面的影响因素:

(1) 刀具的刃磨质量 天然金刚石是具有各向异性的材料,存在着硬面和软面。因此对于新的金刚石,必须首先找出正确的金刚石刀具刀刃的位置和研磨方向,先研磨出一个基准面,再以此为基准刃磨其他各面,这样才能磨出锋利的耐用度极高的金刚石刀具。

一般在铸铁研磨盘上研磨金刚石刀具。为了保证研磨盘有较高的回转精度并能较长久地保持这种精度,由电机驱动的铸铁研磨盘支承在两个红木制成的顶尖上(图 7-18)。

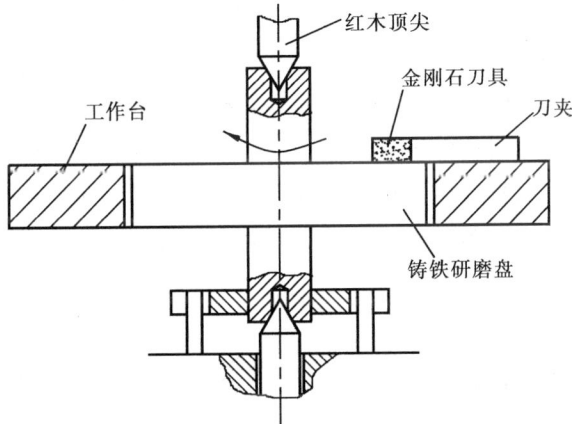

图 7-18 金刚石刀具的研磨

(2) 刀具的几何角度 采用金刚石刀具切削铜和铝时,刀具的几何角度符合一般切削规律。如副偏角 κ_r' 较小时,表面粗糙度 Rz 值较小;刀尖圆弧半径 R 愈小,表面粗糙度 Rz 值愈小。图 7-19 表示两种钎焊式金刚石车刀的几何角度。其中图(a)是一把刀体上翘 $45°$ 的车刀。由于刀头部分向上弯曲,刀杆能抵抗变形产生的反弹力,有助于刀具靠向工件,因此能达到很小的背吃刀量。此外,为了保证对刀准确,金刚石刀具对刀时要采用显微镜。

(3) 工件材料的匀质性和微观缺陷 由于金刚石精密切削时的背吃刀量往往小于 $1\,\mu m$,刀刃往往在晶粒内部进行穿晶式切割,因此工件材料本身的匀质性和微观缺陷对表面粗糙度有重大影响。

(4) 工作环境 用切削加工方法进行精密和超精密加工时,工件表面极易被划伤。主要原因是屑片未能及时排除,以及空气中存在尘埃所致。因此,一方面要喷注充足的冷却润滑液,以及时冲走屑末,另一方面要在净化间进行工作,以防止尘埃进入工作区域。与此同时,为保证尺寸的稳定性,还必须在恒温室内进行精密和超精密加工。

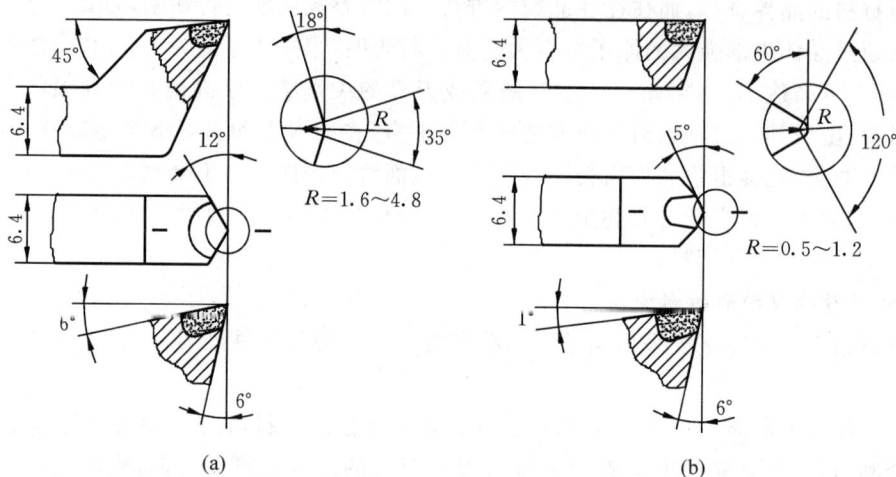

图 7-19　两种金刚石车刀

从以上分析可以看出,精密和超精密加工,反映的是综合的制造工艺技术。只有制造工艺系统具有整体的高水平,才能真正实现精密和超精密加工。

3. 金刚石精密切削的应用

金刚石精密切削最初主要应用于加工各种精密的光学反射镜。随着计算机技术、激光技术和精密测量技术的发展,也采用金刚石精密切削来加工精度和表面粗糙度要求极高的零件。例如电视录像机中的关键零件磁鼓就是采用金刚石车刀大批量地进行精密车削的。

(1) 各类金属反射镜的精密加工　用金刚石切削光学反射镜,不但可以有效地降低加工费用,而且有可能达到 $0.254\,\mu m$ 的精度。特别在高能激光系统中用于加工各种特殊形状的光学零件(图 7-20)。

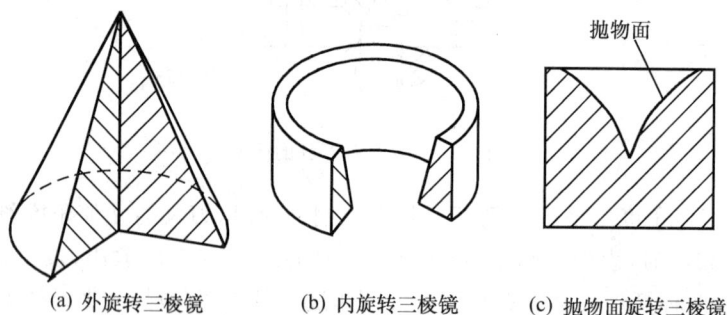

(a) 外旋转三棱镜　　　(b) 内旋转三棱镜　　　(c) 抛物面旋转三棱镜

图 7-20　特殊形状的高能激光光学零件

(2) 双非球面镜面的精密加工　图 7-21 所示的 VLP 电视密纹唱机用的双非球面镜面是在一台高精度的 CNC 金刚石车床上加工的。其轮廓形状精度可达 $0.1\sim0.2\,\mu m$,表面粗糙度 Ra 值可达 $0.02\,\mu m$。

图 7-22 所示的铝合金半球是在一台高精度数控立式车床上用金刚石车刀加工的。半球的尺寸公差和圆度均可控制在 $0.38\,\mu m$ 以内,表面粗糙度 Ra 值可达 $0.025\,\mu m$。

目前,金刚石车削不仅用于超精密的镜面加工,而且用于表面粗糙度 Ra 值较小的高效切削中。如加工钟表零件,高硅铝合金活塞外圆和活塞销孔,光学仪器上的镜筒等。近十年来,除超精密的镜面车削外,聚晶金刚石车刀已在精密加工中发挥作用。此外,聚晶金刚石材料与

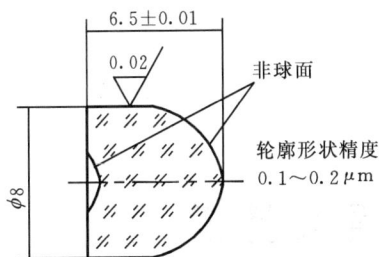

图 7-21 双非球面镜面

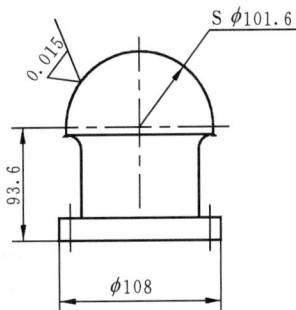

图 7-22 铝合金半球

天然金刚石相比,不但价格便宜,而且具各向同性,加工前不存在较复杂的晶面定向问题。与此同时,聚晶金刚石具有弱导电性,既可用金刚石砂轮磨削加工,又可采用放电加工,刀具的制造费用较低,在精密加工中有广泛的应用前景。

金刚石切削在加工材料方面有所限制。它主要适用于加工铜和铜合金,铝和铝合金等有色金属以及光学玻璃、大理石和碳素纤维板等非金属材料。

复习思考题

1. 有哪几种直接成形技术?各有何特点?
2. 为什么要发展少无切削加工技术?滚压加工有何特点?
3. 分析水射流切割的原理、特点和应用。
4. 分析快速激光原型制造的基本原理、特点和应用。
5. 分析金刚石刀具精密加工的机理、影响因素和应用。

本章主要参考文献

1. 《粘接》编辑部. 粘接. 1993—1994 年各期
2. 邹僖,魏月贞. 钎焊与胶接. 北京:机械工业出版社,1981
3. 刘晋春,赵家齐. 特种加工(第 2 版). 北京:机械工业出版社,1994
4. 勉知. 机电一体化磨料水切割技术的新进展. 机电一体化,1995 年第 1 期
5. 张运祺. 美国水射流切割技术. 中国机械工程,1992 年第 3 期
6. 张运祺. 磨料水射流车削、铣削与钻削. 中国机械工程,1992 年第 5 期
7. 王运赣,林国才,等. 世界一流的快速成形系统. 机械与电子,1996 年第 2 期
8. Bjoke O. How to Make Stereolithography into a Practical Tool for Tool Production. CIRP Annals, 1991,40(1)
9. 王先逵. 机械制造工艺学. 北京:清华大学出版社,1994
10. [美]E. 保罗·迪加莫著. 曹正铨,等译. 林丞,等校. 机械制造工艺及材料. 北京:机械工业出版社,1985

本章推荐选用教学电视片

于华. 加工中心(22 min). 清华大学音像出版社

8

零件的结构工艺性

导 学

在设计产品及其零件的过程中,设计者不仅要考虑产品及其零件的使用性能,还要考虑所设计的零件结构是否便于加工、装配和维修等问题,即考虑零件的结构工艺性问题。

长期以来,人们对机器及其零件结构的研究多侧重于技术性能方面,而对影响机器及其零件制造成本的结构工艺性重视不够。在生产实践中常有一些零件,结构虽然满足使用要求,但加工、装配或维修却很困难,致使零件成本提高,生产周期延长,经济效益下降。有的零件甚至因为结构不合理而根本无法加工或装配,以致造成人力、物力和财力的浪费。这种不正常的状况,已不能适应当前我国国民经济发展的形势。

本章介绍了零件结构工艺性的概念,通过列举实例,重点讲述零件结构的切削加工工艺性和装配工艺性。学好本章的关键在于更多地参与生产实践,将理论与实践更加紧密地结合起来。

8.1 零件结构工艺性概念

零件的结构工艺性,是指零件所具有的结构是否便于制造、装配和拆卸。它是评价零件结构设计优劣的一个重要指标。如果某零件在一定的生产条件下,能高效低耗地制造出来,则认为该零件具有良好的结构工艺性。

设计零件结构一般应考虑以下几方面内容:

第一,所设计的结构必须满足使用要求。这是考虑零件结构工艺性的前提。如果不满足使用要求,零件的结构工艺性再好也毫无意义。

第二,零件的结构工艺性必须综合考虑。产品及零件的制造包括毛坯生产、切削加工、热处理和装配调试等多个阶段,在设计零件的结构时,应尽可能使各个阶段都具有良好的工艺性。如果不能兼顾,也要分清主次,保证主要方面,照顾次要方面。因此,设计者应具备较全面的机械制造工艺知识,并有较为丰富的实践经验。

第三,要依据生产的类型考虑零件的结构工艺性。生产的批量不同,零件的结构工艺性差异很大,往往在单件小批生产时具有良好工艺性的结构,在大批量生产时会变得不好。例如,图 8-1(a)所示的铣床工作台端部结构,在小批生产时,其结构工艺性良好,但在大批量生产时,为了提高生产率,需要龙门刨床一次装夹多个零件进行加工。但由于 a 壁挡刀,刨刀在刨 T 形槽时不能从一个工件切至下一个工件,此时该结构的工艺性就变得不好。改成图 8-1(b)所示的结构,使 a 壁顶面低于 T 形槽底面,则可以实现一次走刀同时加工多个工件。

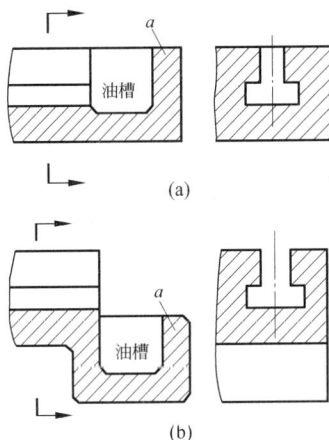

图 8-1　铣床工作台的结构工艺性

第四,零件结构工艺性好坏是相对的,随着科学技术的发展以及新的工艺方法的出现,原来认为不易加工的某些结构会变得容易加工。例如,图 8-2(a)所示的锥齿轮精锻模用常规的加工方法很难加工,而利用电火花型腔加工方法则较容易实现。

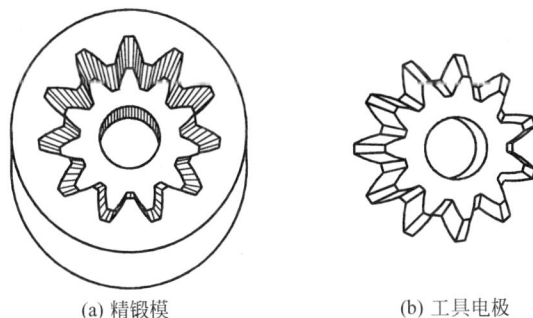

(a) 精锻模　　　　　　　(b) 工具电极

图 8-2　锥齿轮精锻模及工具电极

8.2　零件结构的切削加工工艺性

机器中大部分零件的尺寸精度、表面粗糙度、形状精度和位置精度,最终要靠切削加工来保证。因此,零件结构的切削加工工艺性好坏就显得尤其重要。本节在表 8-1 中通过举例的形式来说明切削加工工艺性对零件结构的要求。

8.3　零件结构的装配工艺性

所有机器都是由一些零件和部件装配调试而成。装配工艺性的好坏,对于机器的制造成本、机器的使用性能以及将来的维修都有很大影响。零部件在装配过程中,应该便于装配和调试,以便提高装配效率。此外,还要便于拆卸和维修。本节在表 8-2 中举例说明考虑零件结构装配工艺性应注意的问题。

表 8-1　零件结构的切削加工工艺性举例

序号	设计原则	零件结构工艺性图例		说　明
		改　进　前	改　进　后	
1	尽量采用标准化参数	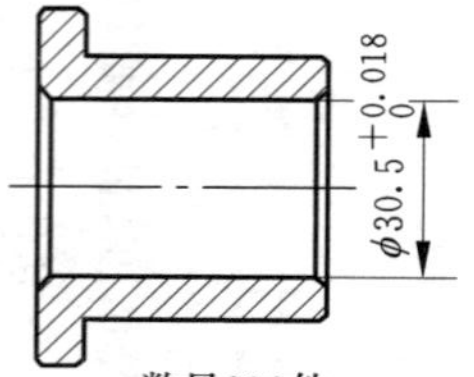 $\phi30.5^{+0.018}_{0}$　数量200件	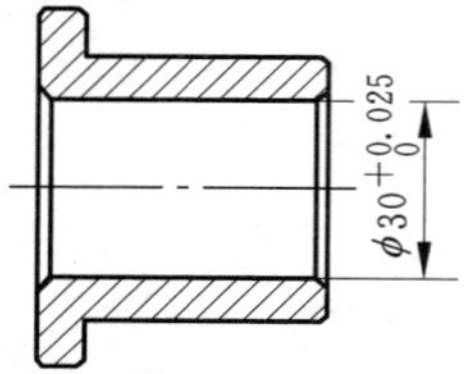 $\phi30^{+0.025}_{0}$　数量200件	改进前,孔径的基本尺寸及公差都是非标准值。由于零件数量是200件,孔的加工应该采用钻—扩—铰方案,使用标准铰刀可大大提高生产效率,并保证质量。改进后即可实施钻—扩—铰方案
		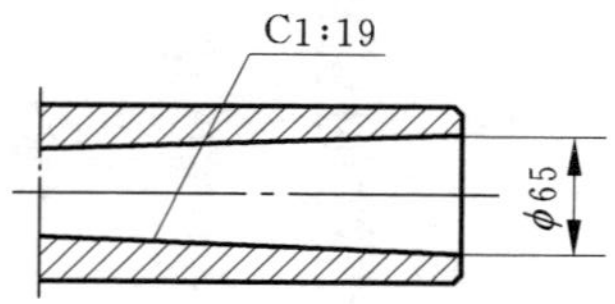 C1:19　$\phi65$	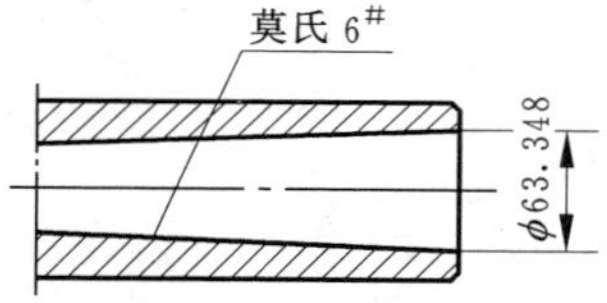 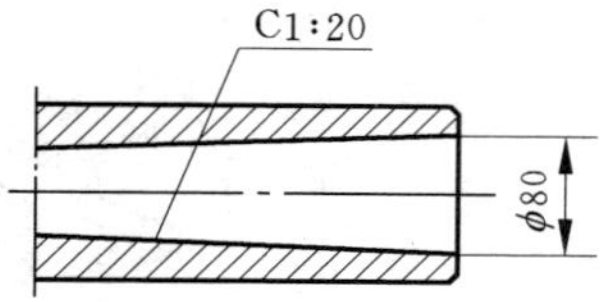 莫氏6#　$\phi63.348$　(a)　　C1:20　$\phi80$　(b)	原设计中的锥孔锥度值和尺寸都是非标准的。既不能采用标准锥度塞规检验,又不能与标准锥面配合使用。改进后,锥度与标准直径都采用标准值:图(a)为莫氏锥度;图(b)为米制锥度
		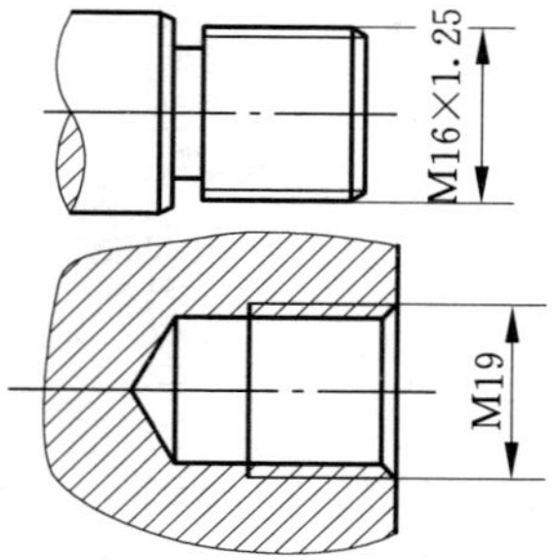 M16×1.25　M19	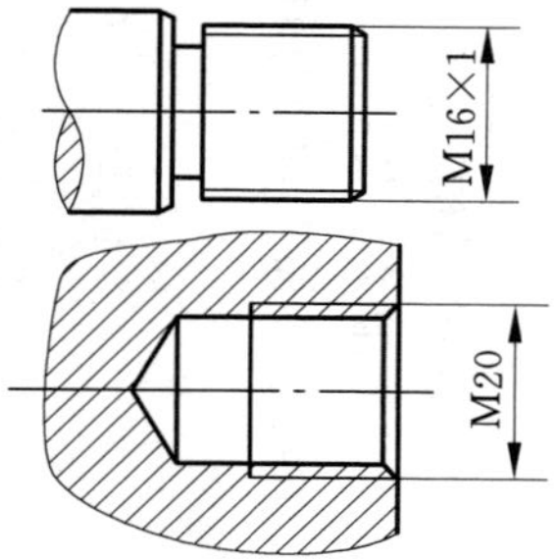 M16×1　M20	螺纹的大径和螺距要取标准值。这样才能使用标准丝锥或板牙加工,也能利用标准螺纹量规进行检验

续表

序号	设计原则	零件结构工艺性图例		说　明
		改　进　前	改　进　后	
2	便于装夹	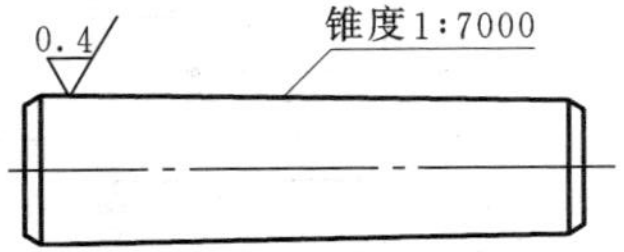 锥度1:7000　0.4	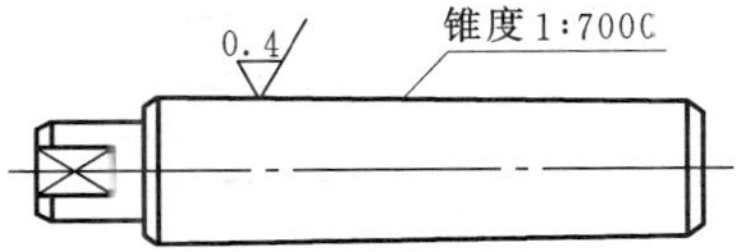 锥度1:700C　0.4	锥度心轴的外锥面需要在车床和磨床上加工。必须要有安装卡箍的部位
		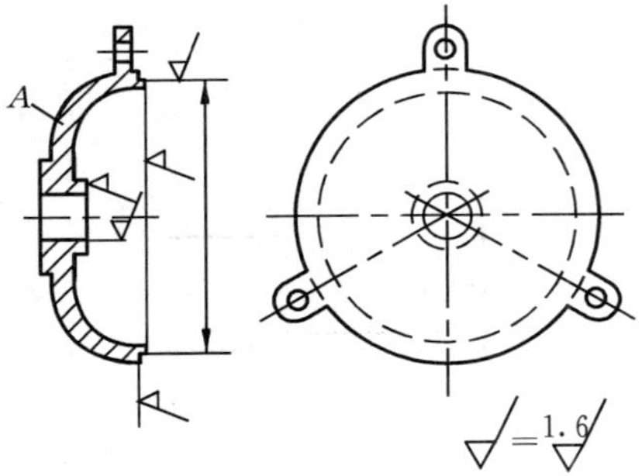	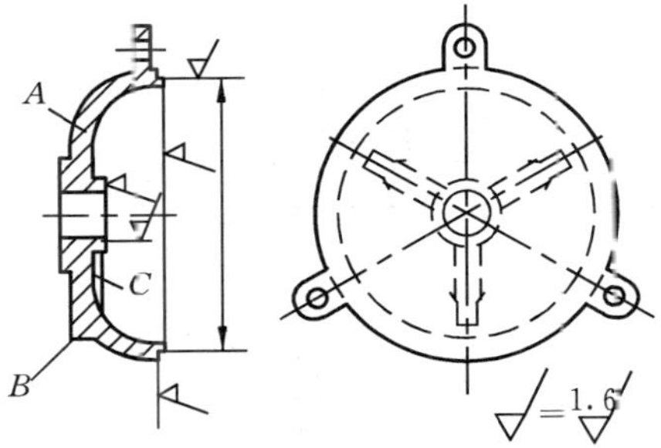	电机端盖上标有√的各表面要求在一次装夹中加工完成。原设计A表面无法用三爪装夹。改进后，在弧面A上均布三个工艺凸台B用于装夹。为防止装夹变形，增设了三个筋板C
		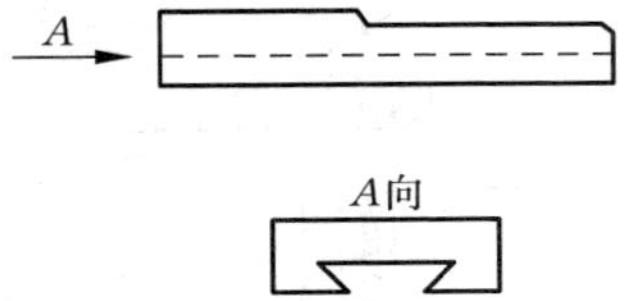 A向	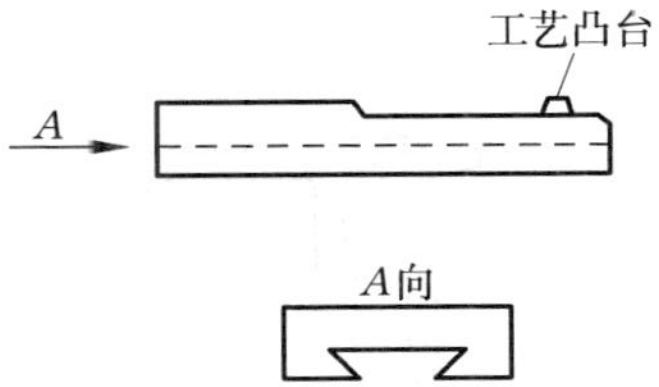 工艺凸台　A向	在车床小滑板上设置工艺凸台，以便加工下部的燕尾槽。加工完毕，再去掉此凸台
		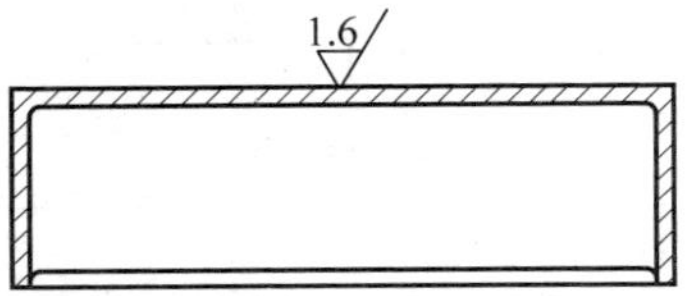 1.6	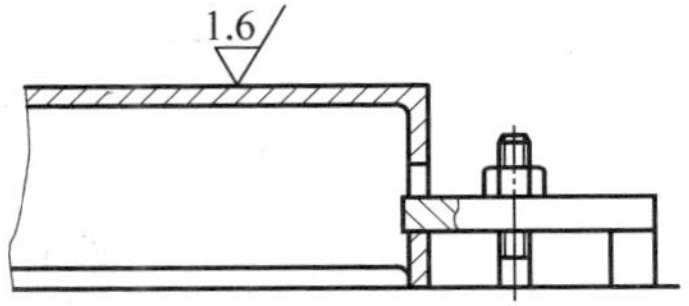 1.6	用于划线的大平板上表面要求刨削。改进前的结构无法用压板夹紧工作。改进后，装夹问题可以解决，同时也便于吊运

续表

零件结构工艺性图例

序号	设计原则	改进前	改进后	说明
3	便于进刀和退刀	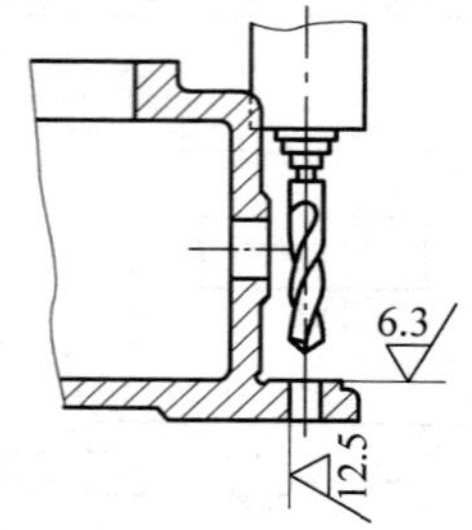	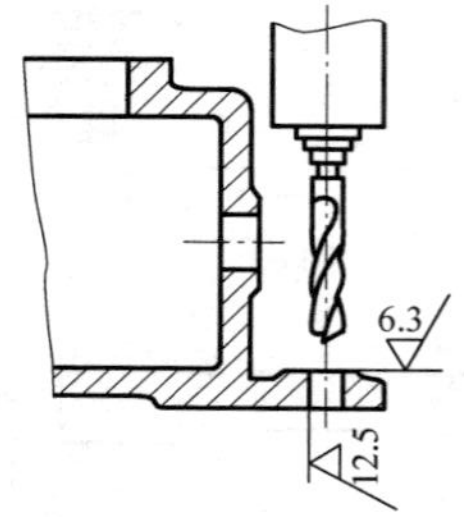	箱体底板上的小孔距离箱壁太近,钻头向下进给时,钻床主轴碰到箱壁。改进后,底板上的小孔与箱壁留有适当的距离
				螺纹无法加工到轴肩根部,必须设置螺纹退刀槽,见图(a)。也可以改成图(b),但由于螺尾牙形不完整,尺寸 l 要大于实际旋合长度
				阶梯轴的轴肩处,外圆和端面要求磨削,必须在根部设置砂轮越程槽
				需要刨削的两个相交平面,其根部要有退刀槽

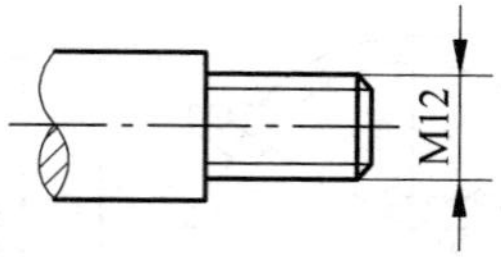

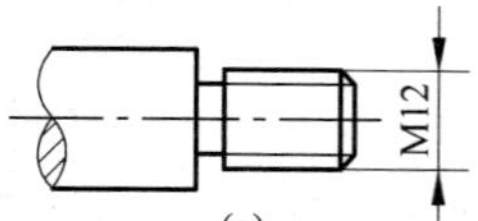

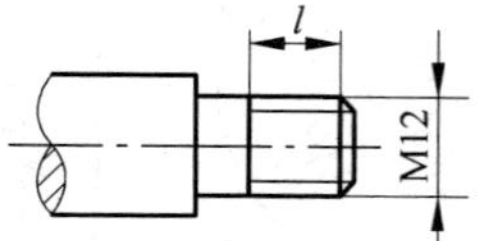

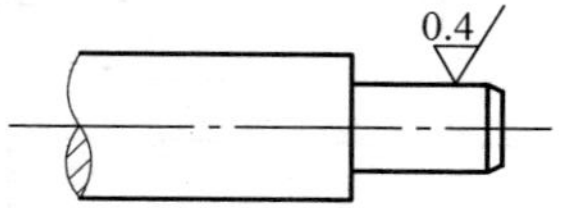

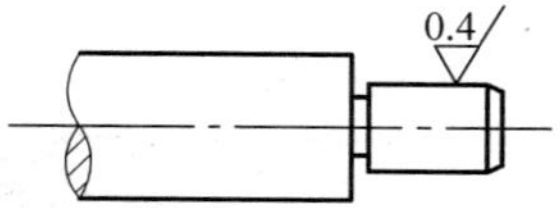

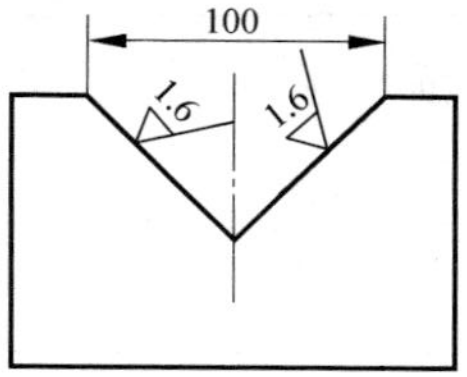

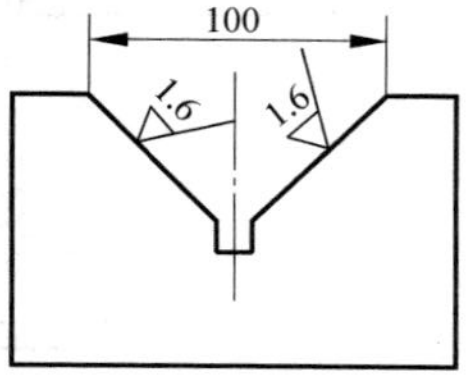

续表

序号	设计原则	零件结构工艺性图例		说　明
		改　进　前	改　进　后	
3	便于进刀和退刀	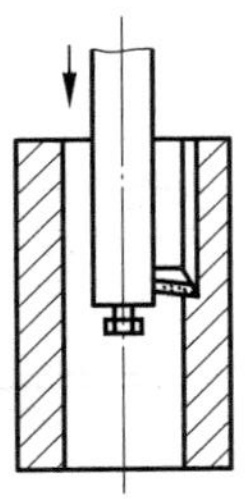	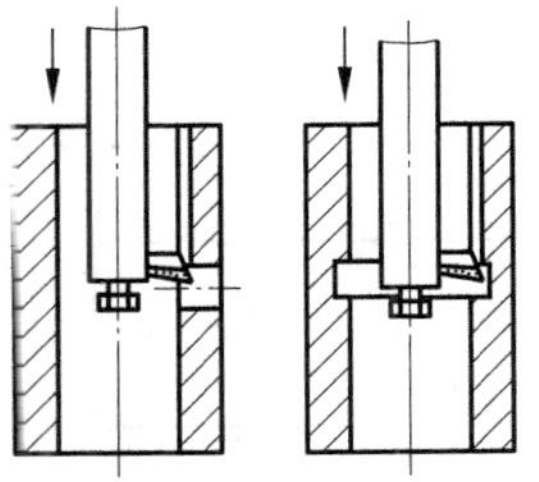 　(a)　(b)	刨削或插削时，刨刀或插刀要超越加工面一段距离。此零件孔内键槽只需插削一段，应在键槽前端设计一孔（见图(a)），或一环形越程槽（见图(b)）
4	避免给加工带来困难			原设计的凹槽内表面四个侧壁之间为直角，侧壁与底面之间为圆角，用铣削加工的方法无法实现。改进后，即可铣削加工 加工内表面一般比加工外表面困难。所以应尽量把内表面加工改为外表面加工。

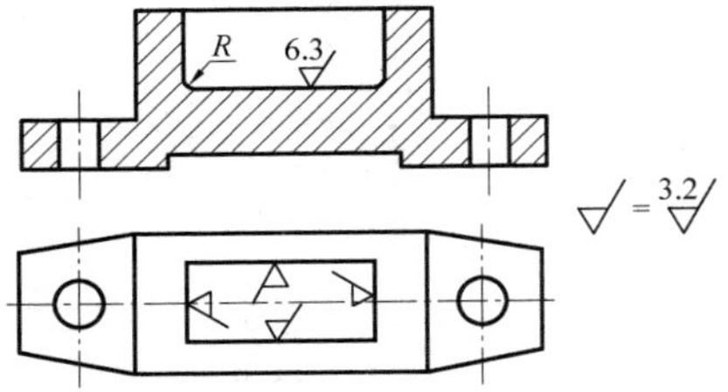

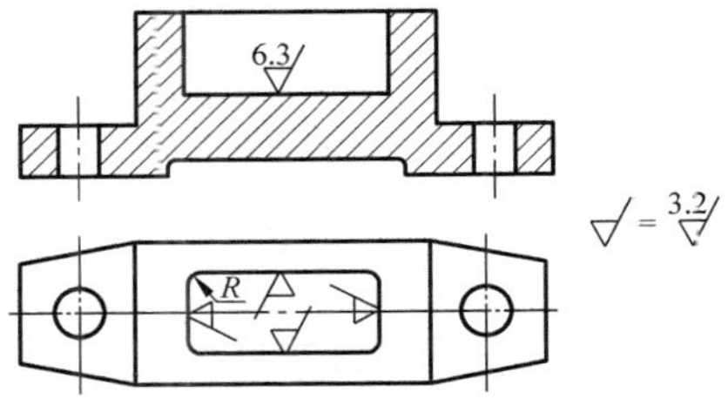

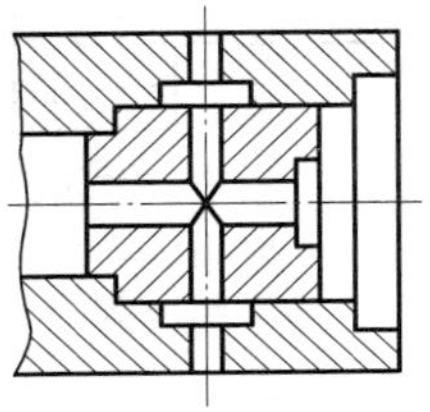

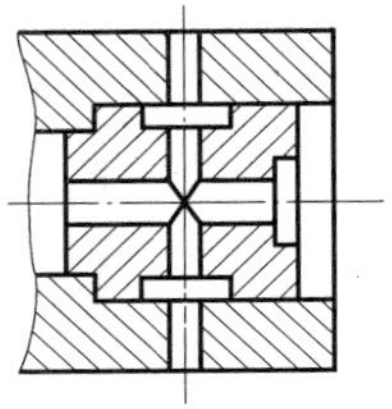

续表

序号	设计原则	零件结构工艺性图例 改进前	零件结构工艺性图例 改进后	说　明
4	避免给加工带来困难	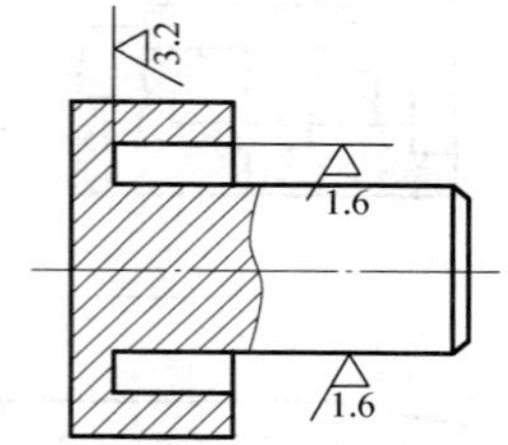	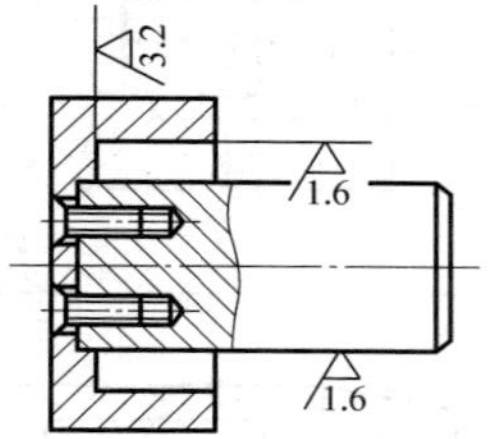	原设计中的环形槽既窄又深，加工起来非常困难。采用组合结构，既不影响使用，又便于加工
		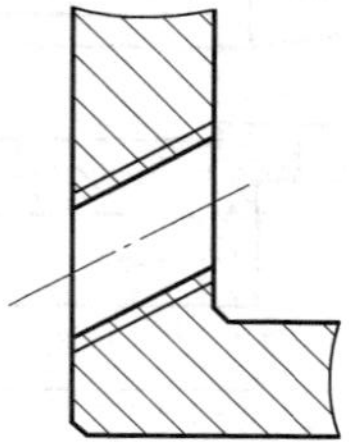	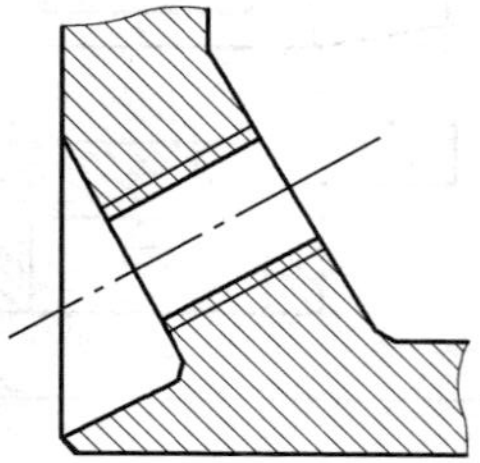	钻头钻孔时切入和切出表面应与孔的轴线垂直，以便钻头两个切削刃同时切削。否则，钻头易引偏，甚至折断
5	零件结构要有足够的刚度	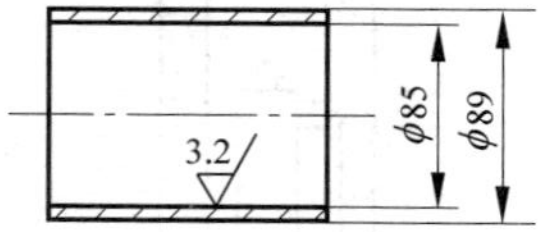	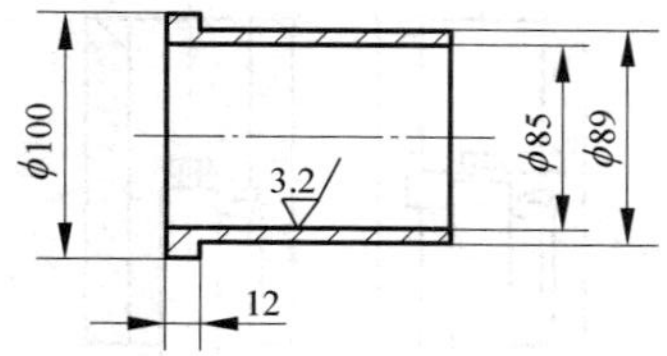	原设计壁厚较薄，易因而变形，增设凸缘，提高了零件的刚度
		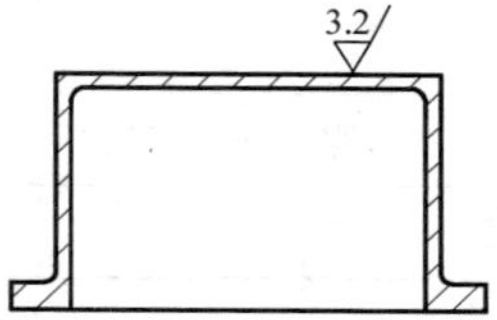	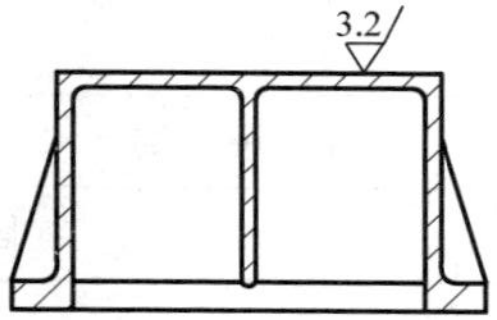	改进前结构单薄，刨削上平面时易因切削力的作用，造成工件变形。改进后，增加了筋板，提高了刚度，可以采用较大切深和进给量加工，可提高生产率

续表

序号	设计原则	零件结构工艺性图例		说　明
		改　进　前	改　进　后	
6	尽量减少零件在机床上的装夹次数	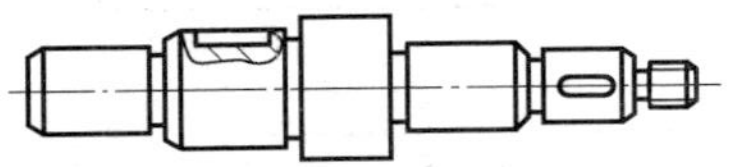	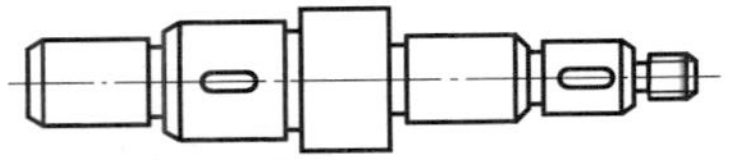	原设计的两个键槽,需要在轴用虎钳上装夹两次,改进后只需要装夹一次
		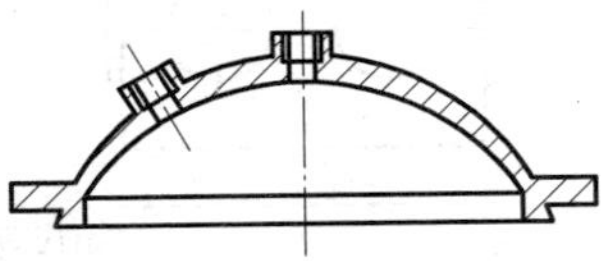	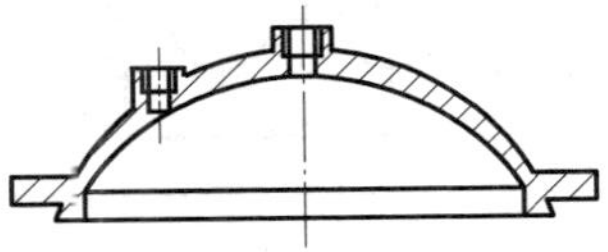	改进前,一个螺纹孔及其凸台分别为斜孔和斜面。钻孔时需要装夹两次或扳转一次刀轴,改进后,只需装夹一次
7	尽量减少机床的调整次数	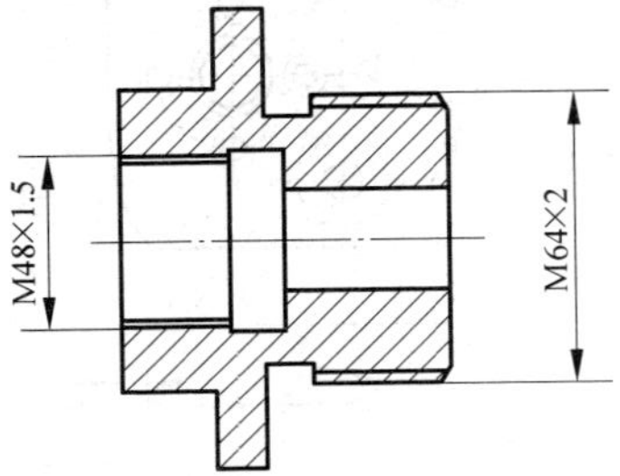 M48×1.5 M64×2	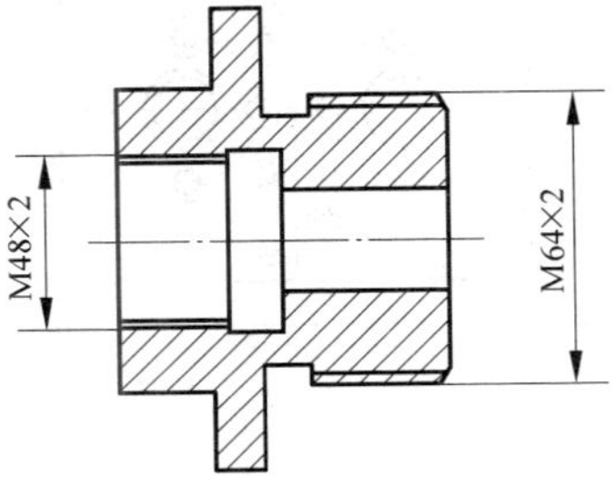 M48×2 M64×2	改进前,零件上的两处螺纹的螺距值不一致,在车床上加工时,需要调整两次机床。应尽量使直径相差不大的同一零件上的螺距值一致
		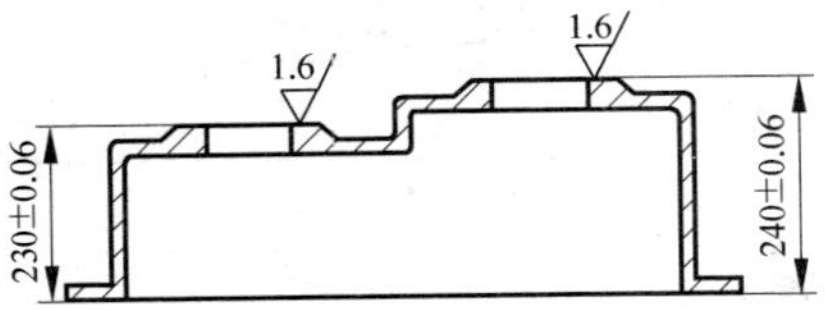 230±0.06 240±0.06 1.6	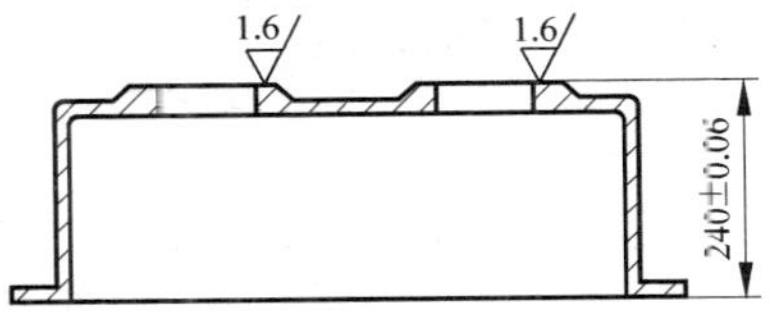 240±0.06 1.6	零件同一方向上的加工面,高度尺寸如果相差不大,尽可能等高,以减少机床的调整次数

续表

序号	设计原则	零件结构工艺性图例 改进前	零件结构工艺性图例 改进后	说　明
8	尽量减少刀具的种类	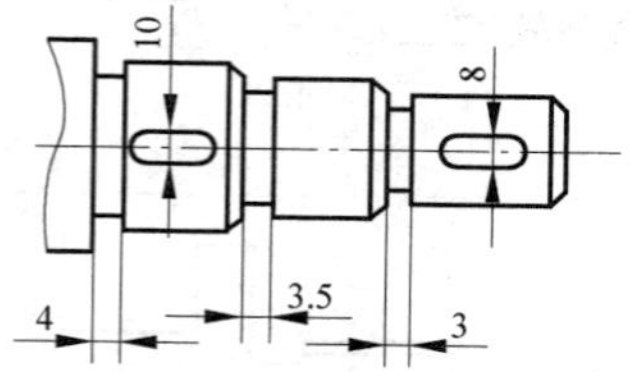 	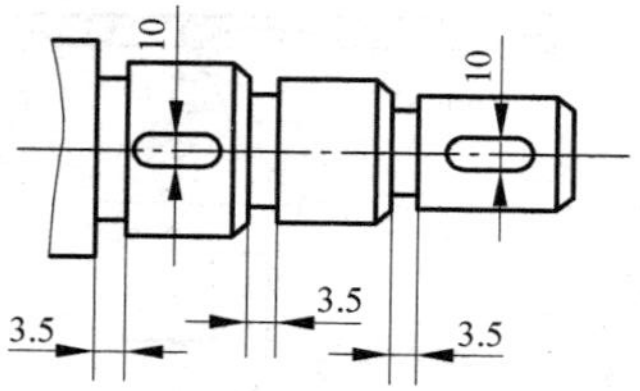 	轴上的砂轮越程槽宽度、键槽宽度尽可能分别一致，以减少刀具种类
8		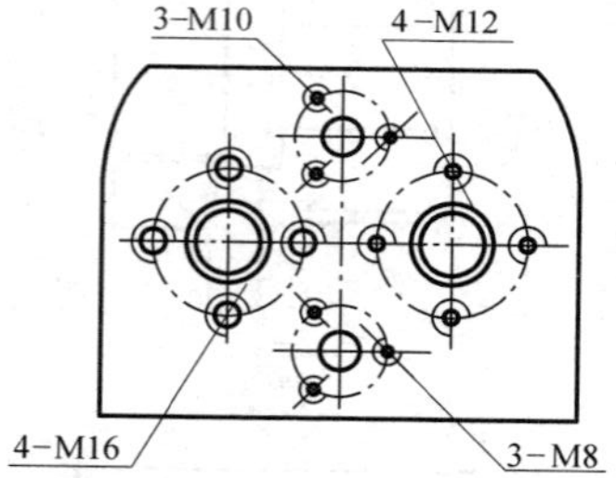	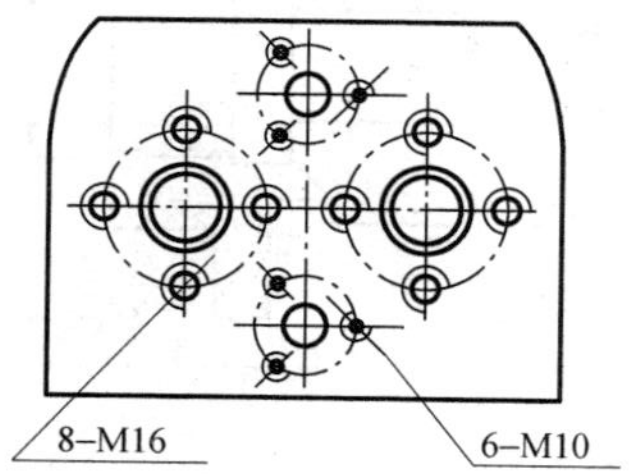	箱体上的螺纹孔种类要尽量减少，以减少底孔钻头和丝锥的种类
9	减少加工面积	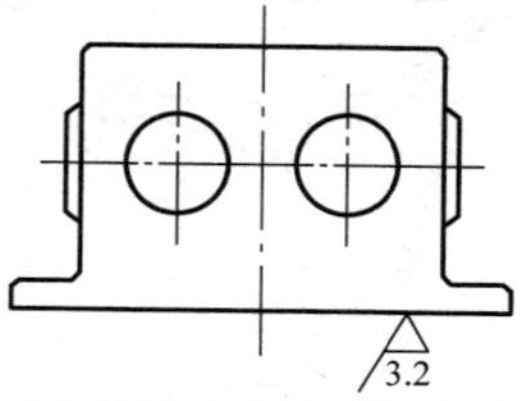	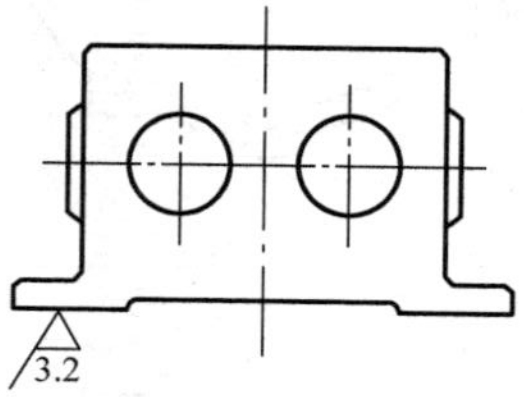	箱体底面要安装在机座上，只需加工工部分底面，如改进后所示。既可减少加工工时，又提高了底面的接触刚度
9		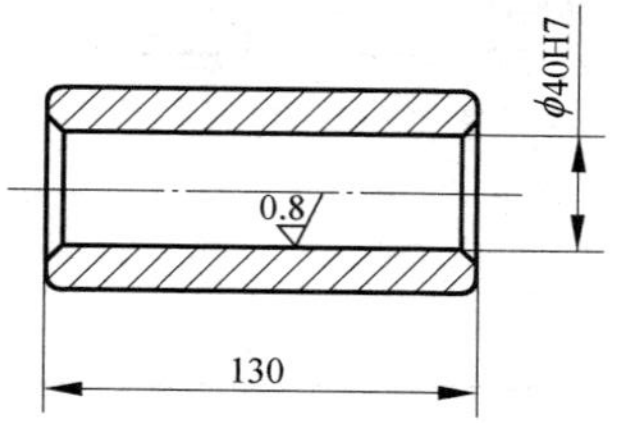	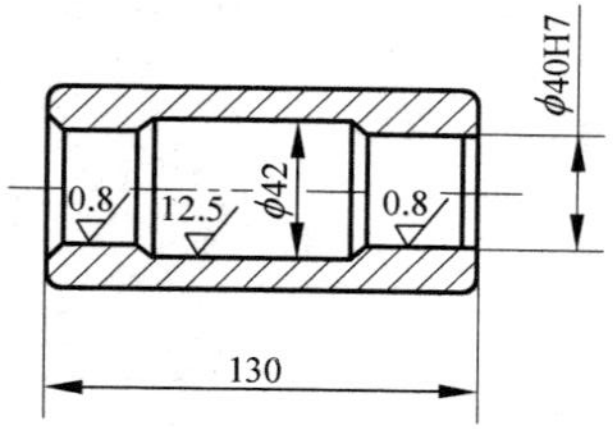	长径比较大，有配合要求的孔，不应在整个长度上都精加工。改进后的结构更有利于保证孔的加工精度

续表

序号	设计原则	零件结构工艺性图例 改进前	零件结构工艺性图例 改进后	说　明
10	便于多件加工	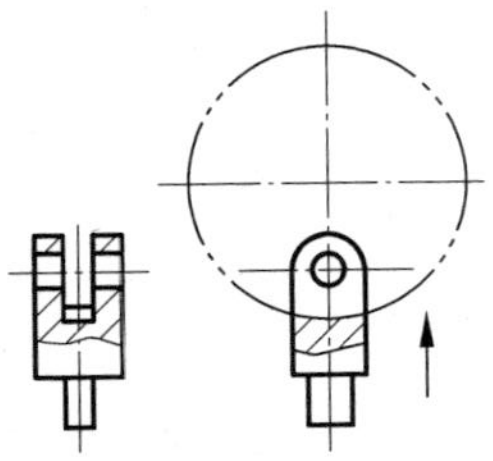	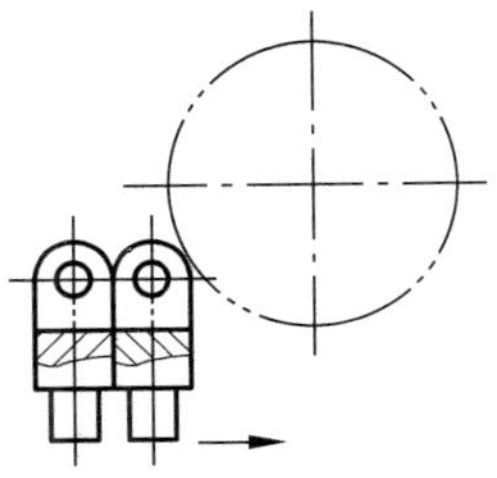	改进前的沟槽底部为圆弧形,只能用与圆弧直径相等的铣刀对单个零件进行加工。改成平面后,可以选任意直径的铣刀对多个零件顺序加工
11	便于度量	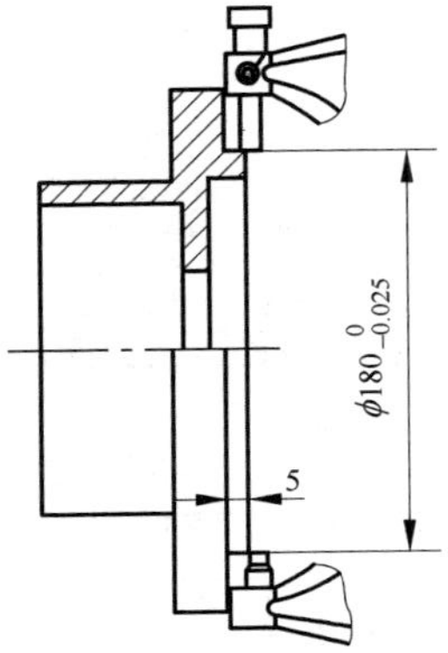 　数量:2件	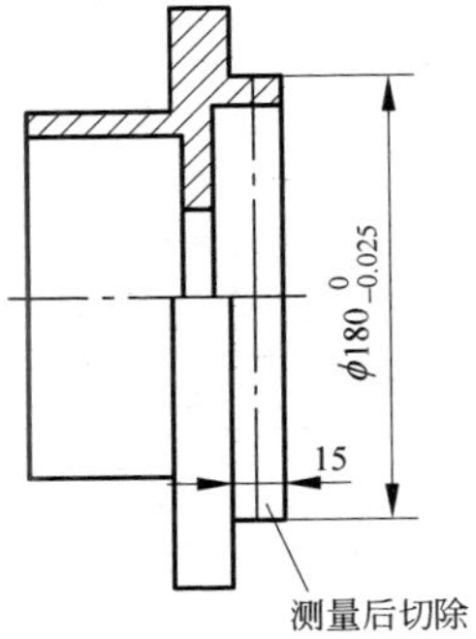 　数量:2件	壳体法兰止口长度只有 5 mm,用百分尺度量,测头无法测到需要度量的表面。若结构允许,加长 $\phi180_{-0.125}$ 外圆的长度,便可解决度量尺寸问题,如果结构尺度不允许,先加长 $\phi180_{-0.025}^{\ 0}$ 外圆,待尺寸合格后,再切除多余部分

续表

序号	设计原则	零件结构工艺性图例		说　明
		改　进　前	改　进　后	
11	便于加工和度量	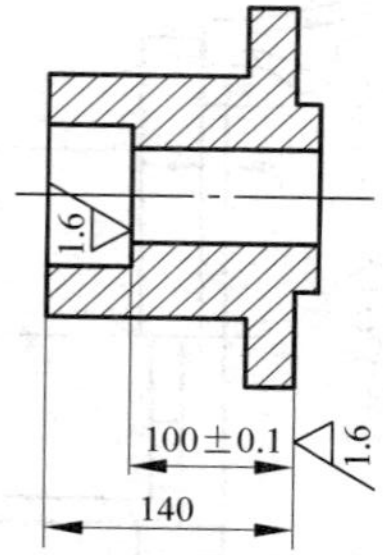	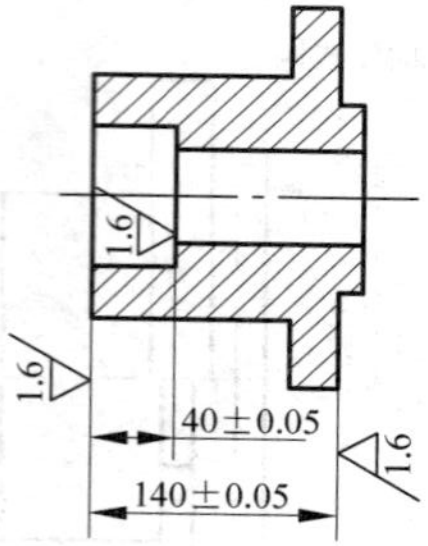	零件的尺寸标注要便于加工和度量。改进前,标注的尺寸由100±0.1不便加工和度量,改进后,改100±0.05和40±0.05来保证100±0.1,便于加工和度量
12	需要热处理的零件要避免设计易产生开裂和变形的结构	 (a)	 (b)	零件的锐边和尖角,在淬火时容易产生应力集中,造成开裂。因此,在淬火前,型阶梯轴的轴肩根部应设计成圆角及轴端上要有倒角 改进前,由于零件壁厚不均匀,在热处理时容易产生变形。改进后,增设一个工艺孔,以使零件壁厚均匀

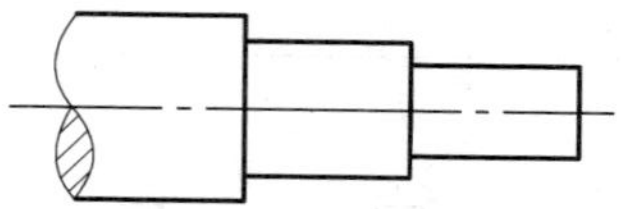

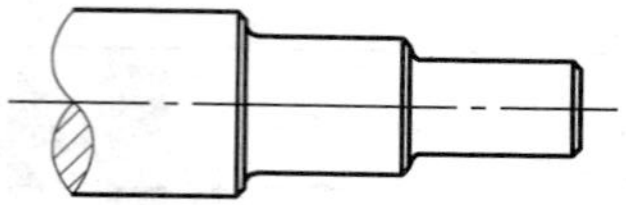

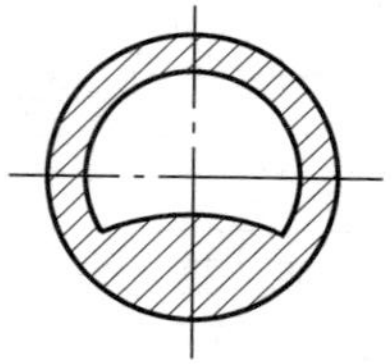

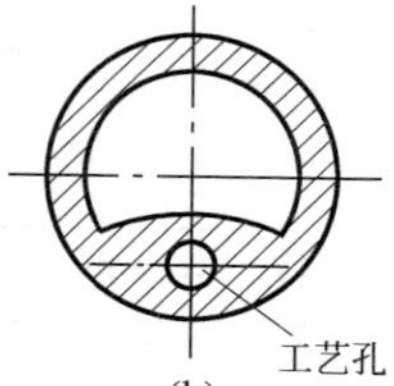

表 8-2　零件结构的装配工艺性举例

序号	设计原则	零件结构工艺性图例		说　明
		改　进　前	改　进　后	
1	便于装配	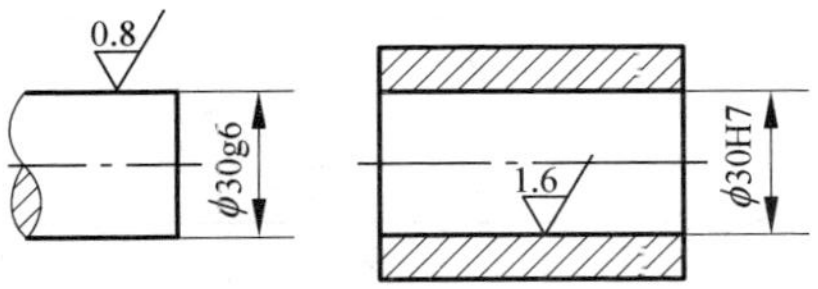	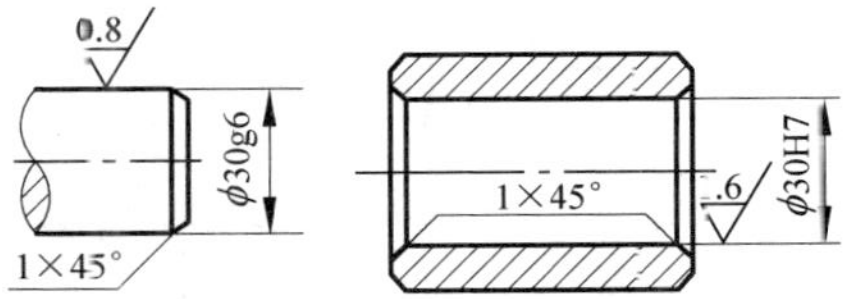	有配合要求的零件端部应有倒角,以便装配,还能使外露部分比较美观
		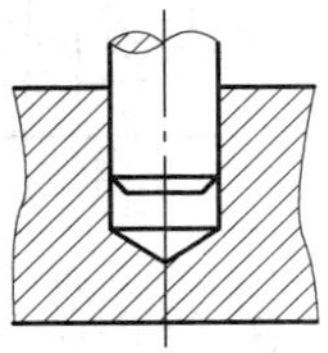	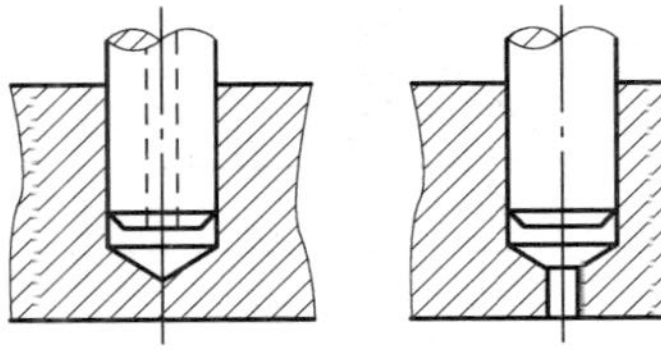	圆柱销与盲孔配合,要考虑放气措施。图(a)表示在圆柱销上设置放气孔,图(b)表示在壳体上设置放气孔
		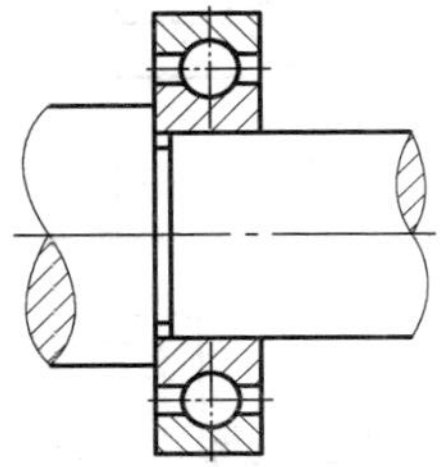	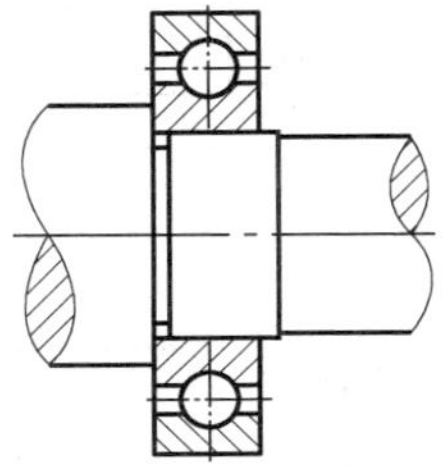	与轴承孔配合的轴径不要太长,否则装配较困难。改进前,轴承右侧有很长一段与轴承配合的轴径相同的外圆。改进后,轴承右侧的轴径长度减小
		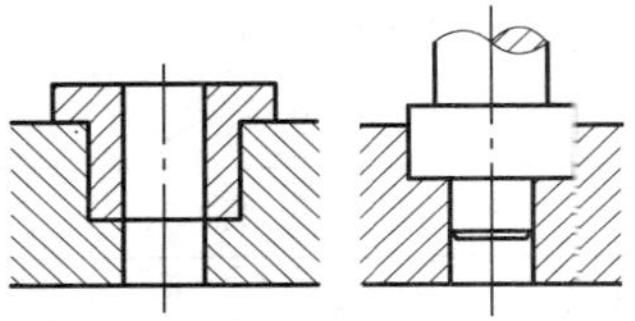	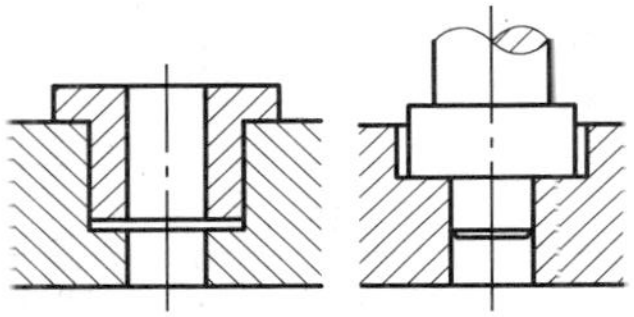	互相配合的零件在同一方向上的接触面只能有一对。否则,必须提高有关表面的尺寸精度和位置精度。在许多场合,这是没有必要的

续表

序号	设计原则	零件结构工艺性图例 改进前	零件结构工艺性图例 改进后	说　明
1	便于装配	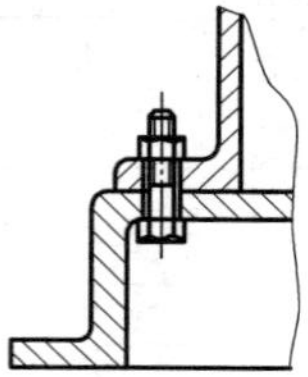	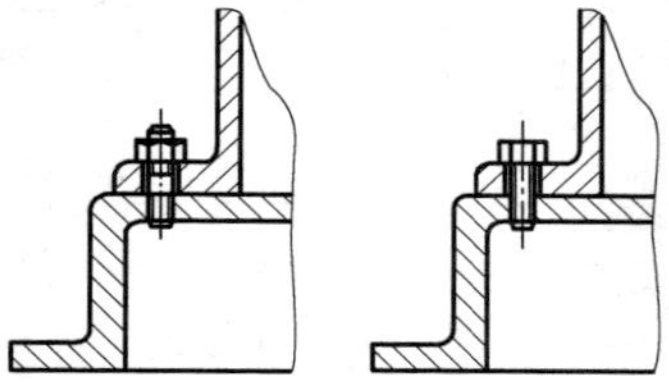 (a)　(b)	在大底座上安装机体，采用改进前的连接形式，对装配位置、进入装配空间都不利，螺栓或双头螺柱或螺钉直接拧入底座，进行连接。改进后，采用改进的连接位置。螺柱或螺钉直接拧入底座，进行连接。分别见图(a)和图(b)
		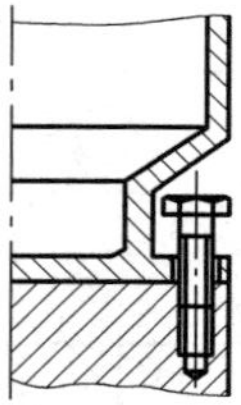	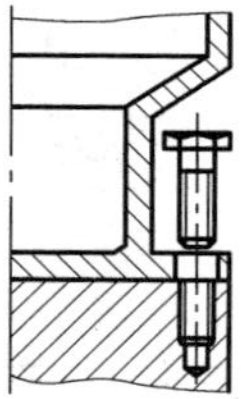	采用螺钉连接，要留出安放螺钉的空间
		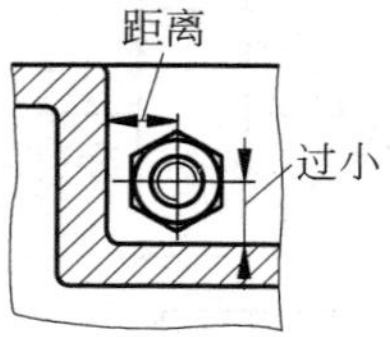 距离过小	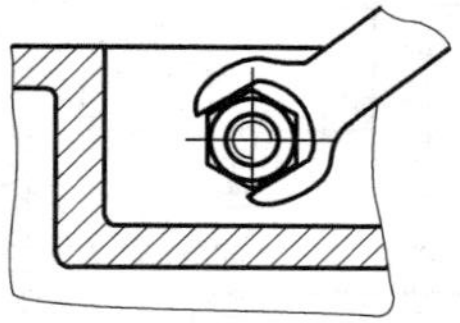	确定螺栓的位置时，一定要留出扳手到位后的活动空间
2	尽可能分解成独立的装配单元	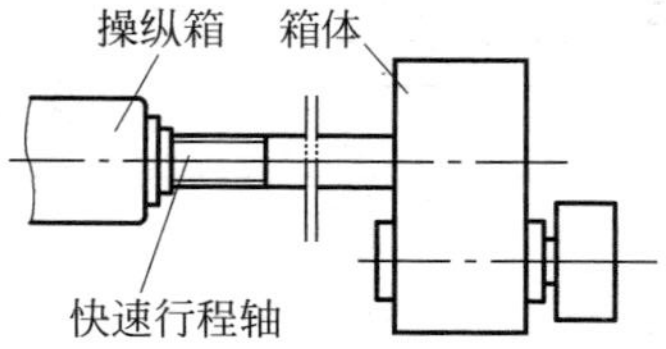 操纵箱　箱体 快速行程轴	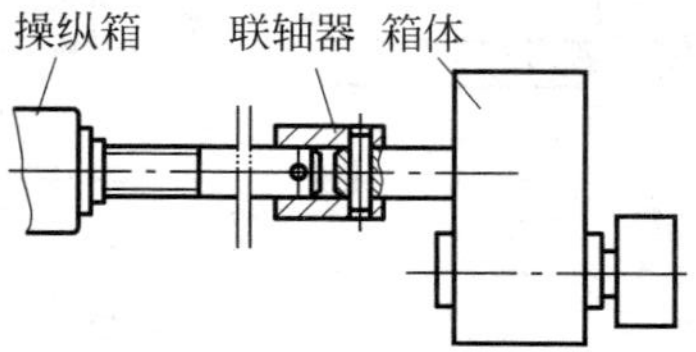 操纵箱　联轴器　箱体	六角车床改进前，快速行程轴的一端装在箱体内，另一端装在溜板上的操纵箱内。将一根轴在两个箱体内非常不便。改进后，使快速行程轴分为两段，中间用联轴器连接后，箱体与操纵箱各自成为独立的装配单元，可以平行装配

续表

序号	设计原则	零件结构工艺性图例		说　明
		改　进　前	改　进　后	
3	尽量避免在箱体内进行装配	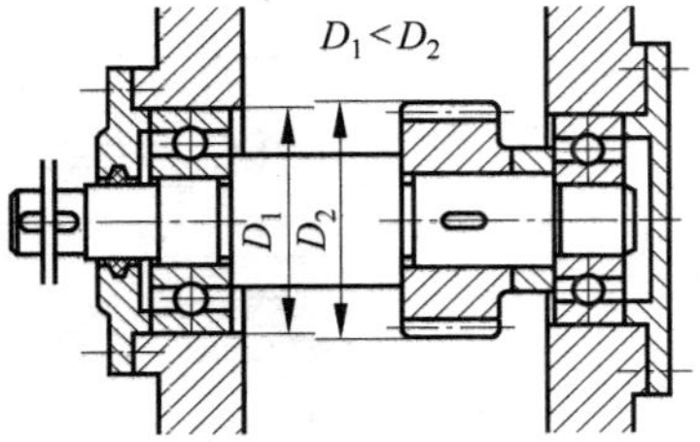 $D_1 < D_2$	 $D_1 > D_2$	改进前，由于齿轮直径大于箱体支承孔直径，须先把齿轮放入箱体内，才能安装轴，配过程很不方便。改进后使箱体左侧支承孔直径大于齿轮直径，可以在箱体外把零件装在轴上，再装入箱体
4	便于拆卸	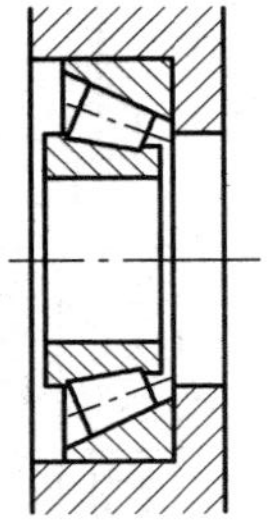	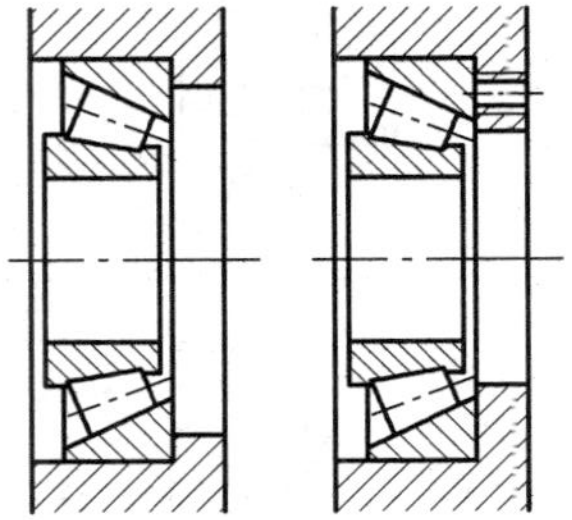 　(a)　(b)	改进前由于支承孔台肩直径小于轴承外圈内径，无法拆卸轴承外圈。改进后，使台肩内径大于轴承外圈内径，见图(a)，或设置工艺孔，见图(b)，这样才能将轴承外圈拆卸下来
				滚动轴承安装在轴上，其内圈外径应高出于轴肩外径，以便轴承拆卸

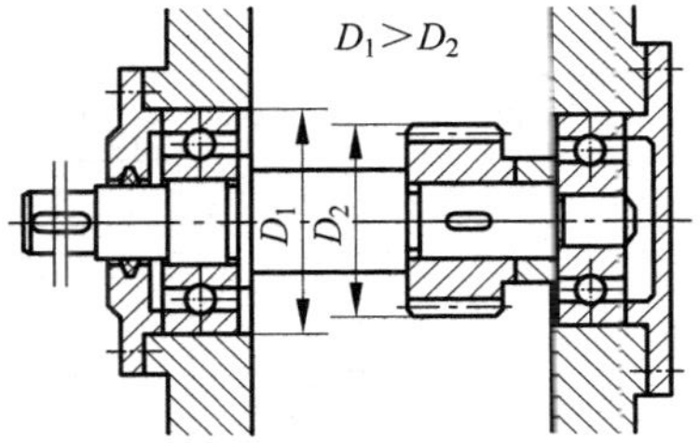

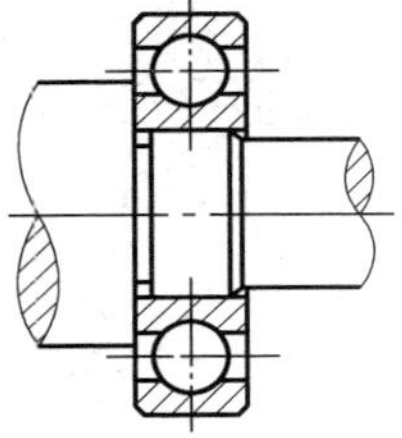

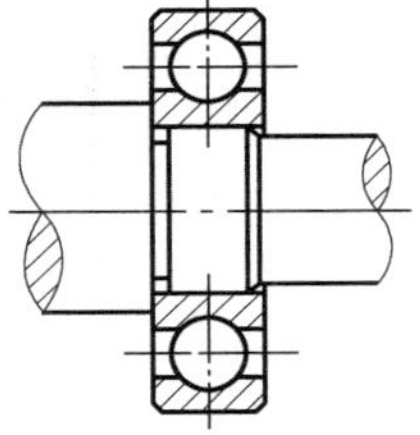

续表

序号	设计原则	零件结构工艺性图例		说　明
		改　进　前	改　进　后	
4	便于拆卸	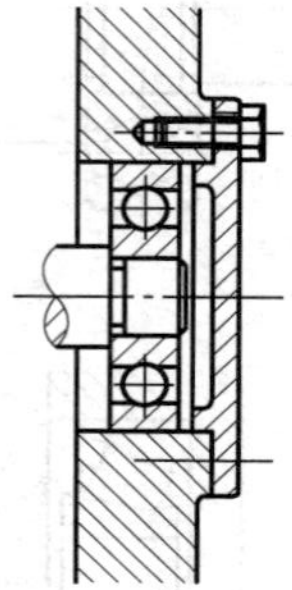	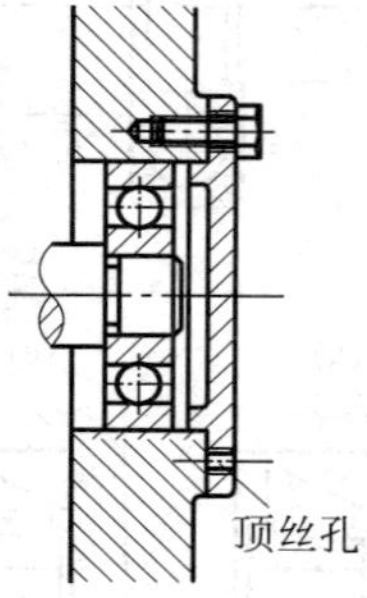 顶丝孔	由于轴承端盖与箱体支承孔有配合要求。在拆卸轴承端盖时,由于配合面有油,将轴承端盖粘住,不易拆卸。改进后,在轴承端盖上设2~3个螺孔,拆卸时,拧入螺钉,螺钉的螺纹端部顶在箱体端面上,把端盖从箱体支承孔内顶出
5	要有正确的装配基面	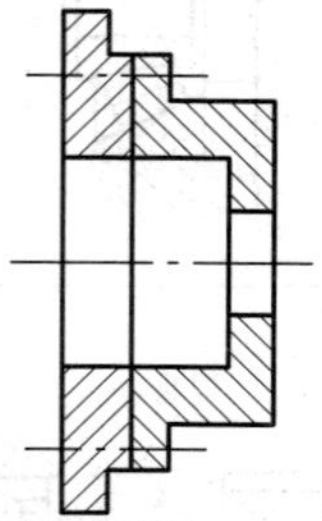	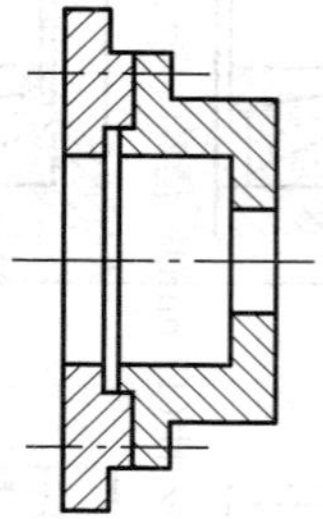	两个有同轴度要求的零件连接时,必须有正确的装配基面。改进前结构缺乏定位基准;改进后,靠止口定位,结构合理
6	应选择合适的调整补偿环	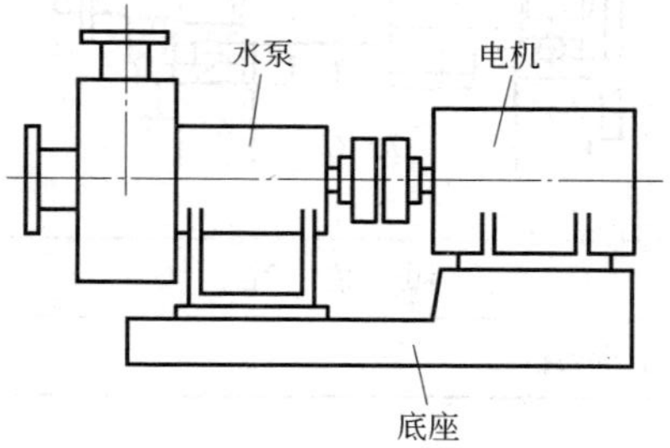 电机 水泵 底座	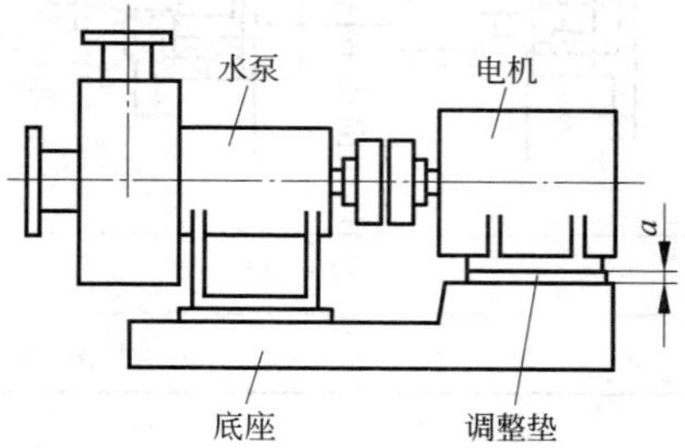 电机 水泵 底座 调整垫 b	水泵与电机安装在同一个底座上。由于水泵与电机的轴端之间有同轴要求。安装时必须对两个轴进行找正。水平方向可以通过移动水泵与电机之间的相互位置找正。垂直方向必须进行电机底部加入人垫的调整找正。调整垫的厚度要在装配时,根据实测的尺寸 a 进行配制

复习思考题

1. 为什么在设计中要重视零件的结构工艺性?
2. 零件结构的切削加工工艺性主要体现在哪几方面?
3. 零件结构的装配工艺性主要体现在哪几方面?

本章主要参考文献

1. 金问楷. 机械加工工艺基础. 北京:清华大学出版社,1990
2. 张万昌,金问楷,赵敖生. 机械制造实习. 北京:高等教育出版社,1991
3. 李振明,陈祖寿. 金属工艺学. 北京:高等教育出版社,1989
4. 潘筠. 机器及其零部件结构工艺性. 北京:机械工业出版社,1993

本章推荐选用教学电教片

艾长征. 零件切削加工结构工艺性(17 min). 清华大学音像出版社

9 零件的制造工艺过程

导 学

在实际生产中,切削加工和特种加工的对象不是一个个孤立的和抽象的表面,而是由基本表面或特形表面构成的各种零件。要制定合理的零件制造工艺过程,首先要掌握目前有哪些可供选用的加工方法,并针对零件不同的技术要求合理地选用。其次还必须解决各表面的加工顺序和热处理如何合理安排的问题。要做到后一点,不仅需要工艺理论知识,而且需要丰富的生产实践经验。

另外,零件的工艺过程不仅是生产过程,而且也是材料和能量的消耗过程。它涉及面广、灵活性大,在一定的生产条件下,可实施的方案有多种。因此在寻求最佳的工艺方案时,应充分了解和合理利用本企业和社会协作渠道所能提供的优势工艺资源,以便获得最佳的社会经济效益。

近 10 年来,制造业中的工艺技术发展非常迅速。因此,在拟订工艺方案时,除了合理选择常规的工艺装备和工艺方法外,还应密切关注新材料、新技术和新工艺的发展动向,以便不失时机地掌握和应用它们,并在实践中不断地丰富和发展它们,尽快使我国的制造业赶上发达国家的水平。

9.1 零件加工工艺的基本知识

9.1.1 工艺过程的有关概念

1. 生产纲领

生产纲领也称为年产量。产品的某零件的生产纲领 N,可用下式计算:

$$N = N_n(1+\alpha)(1+\beta)$$

式中　　N——产品的生产纲领;

n——产品中包含该零件的数量;

α——该零件的备件率;

β——该零件的平均废品率。

零件的生产纲领确定后,要根据全年实际的生产安排和产品的装配周期将零件分批投产。每批零件投产的数量称为批量。

2. 生产类型

根据零件的大小、复杂程度、生产纲领和产品的生产周期,一般可分为三种不同的生产类型:单件生产、成批(小批、中批、大批)生产和大量生产。不同生产类型的工艺特征见表9-1。

表 9-1 各种生产类型的工艺特征

	单 件 生 产	成 批 生 产	大 量 生 产
机床设备	通用(万能)设备	通用的和部分专用的设备	高效率专用的设备
夹具	很少用专用夹具	广泛使用专用夹具	高效率专用夹具
毛坯	木模砂型铸件和自由锻件	部分采用金属模铸件、胎模锻件和模锻件	机器造型、压力铸造、模锻、滚锻等
对工人的技术要求	技术熟练	技术比较熟练	调整工要求技术熟练,操作工要求熟练程度铰低

随着生产的发展和为了满足人们日益增长的个性化产品的需求,生产的组织方式正在发生着巨大的变化。像汽车等原来属于大量生产的标准化产品,由于采用了柔性很高的自动生产线,使得生产方式正向大批量定制的方向转变。在这种生产方式下,人们只要付出大量生产的优势价格,就可以从市场上买到自己所希望的、具有个性化特征的产品。

3. 生产过程

制造机器时,由原材料到成品之间各个相互关联的劳动过程的总和称为生产过程。它包括原材料运输和仓储、生产准备工作、毛坯制造、零件加工和热处理、产品装配调试、检测以及外观修饰和包装等。

4. 工艺过程

工艺过程是生产过程的主要部分。在生产过程中,直接用来改变原材料或毛坯的形状、尺寸和性能,使之变为成品的过程称为机械加工工艺过程。在装配生产车间,利用手工、机械或机器人,将已加工的零件和其他外购件(如电机、减速器、轴承、传感器,以及其他电子元器件等)装配、调试成机器的过程称为装配工艺过程。

5. 工序

工艺过程是由一个或若干个工序组成的。在工艺过程中,一个(或一组)工人在一台机床(或一个工作场地)上,对一个(或同时几个)工件连续进行加工的那一部分工艺过程称为工序。如图9-1所示的传动轴,在单件生产中可按表9-2的顺序加工,这时分为三个工序。由于一个工人操作一台车床连续完成车端面、钻中心孔、粗车各外圆、半精车各外圆及切槽、倒角、车螺纹之后再换第二个零件重复上述操作,故这部分工艺过程就称为一个工序。在成批生产中,一个工人操作一台车床只连续车端面、钻中心孔便更换第二个零件,再重复这一内容。零件其他表面的加工在另外的机床上进行,则车端面、钻中心孔这部分工艺过程亦称为一个工序。

表 9-2 传动轴加工过程

工序	工 序 内 容	机床或场地
1	车端面,钻中心孔,粗车各外圆,半精车各外圆,切槽,倒角,车螺纹	车床
2	磨$\phi30\pm0.0065$,$\phi35\pm0.008$及$\phi45\pm0.008$外圆至尺寸要求,靠磨$\phi50$台肩面	外圆磨床
3	检验	

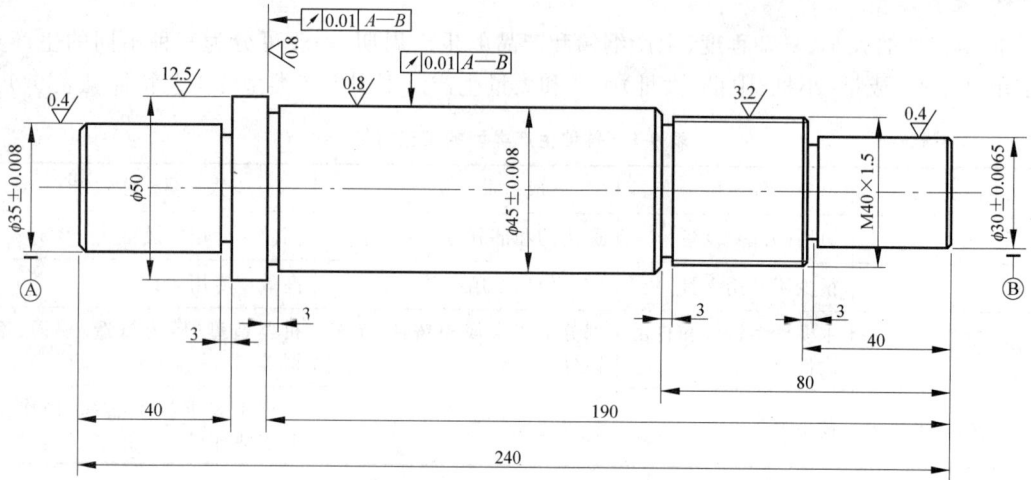

图 9-1　传动轴

在制定零件工艺时,单件、小批生产由于广泛使用通用机床、通用夹具和通用量具,工序安排通常尽可能集中。当产品相对固定且生产批量很大时,由于有条件采用各种专用机床、专用工夹具和专用量具,则一般采用工序分散的原则。当选用数控机床加工时,由于一次安装可以加工尽可能多的表面,一般采用工序集中的原则。

9.1.2　工件的安装

在机床上加工工件时,必须使工件在机床工作台或夹具上处于某一正确的位置,这一过程称为定位。为了保证工件在切削过程中能够承受切削力而不改变定位时的正确位置,必须将工件夹牢压紧。将工件按定位位置夹牢、压紧称为夹紧。定位和夹紧则统称为工件的安装。

必须注意,定位和夹紧是两个不同的概念。它们一般是分开进行的,如采用压板螺栓和V 形铁安装工件;但有时也同时进行,如采用的三爪自定心卡盘和心轴安装工件。

工件安装以后,它与刀具运动轨迹的相对位置便随之确定,从而决定了工件加工表面与其他表面的相互位置。工件安装是否正确、快捷,直接影响到零件的加工精度、生产效率和制造成本。根据生产条件的不同,有直接找正安装、划线找正安装和专用夹具安装三种安装方法。

1. 直接找正安装

将工件轻轻地夹持在机床的工作台或通用夹具(如三爪自定心卡盘、四爪单动卡盘、V 形铁或平口钳等)上,以工件上某个表面作为找正的基准面。用目测或划针盘、直角尺、百分表等工具找正,以确定工件在机床或夹具上的正确位置,找正后再予以夹紧。这种方法称为直接找正安装。例如,在图 9-2(a)中,装夹法兰盘毛坯时,常用目测法或用划针盘检查端面,使其与车床主轴的回转轴线大致垂直,则该端面称为找正面或定位基准。又例如,在图 9-2(b)中,零件外螺纹和内孔有同轴度要求,内孔要求磨削。如果外螺纹、外圆、端面和内孔已经在一次装夹中精车完成,则在磨孔之前,只要用百分表找正零件外圆和端面的位置,就可保证内孔与外螺纹的同轴度要求。

直接找正安装的定位精度,取决于找正表面的加工精度、表面粗糙度,以及找正用的工具

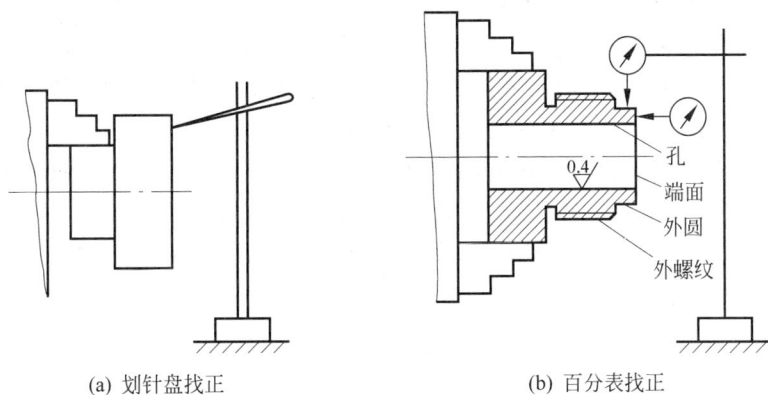

(a) 划针盘找正　　　　　　　　　(b) 百分表找正

图 9-2　直接找正安装

和工人的操作技术水平。采用目测法或划针盘找正法,定位精度低,多用于粗加工时毛坯的找正。采用百分表找正,则定位精度较高,可达 0.01 mm 左右,多用于精加工工件的找正。这种安装方法的找正时间长,生产率低,一般只用于单件小批生产。

2. 划线找正安装

参照图纸,用划针、划规或高度尺在毛坯上划出加工表面的轮廓线或加工线作为找正的依据,以确定工件在机床或夹具上的正确位置,找正之后再夹紧,这种方法称为划线找正安装。

例如,在铣床上用端面铣刀铣削图 9-3 所示的支承座的底面,需用划针按底面加工线在平口钳上找正。此时找正用的加工线即为定位基准。由于线条有一定的宽度,又存在划线误差和视角误差,致使工件的定位精度一般只能达到 0.2~0.5 mm。划线找正安装多用于单件小批生产中。

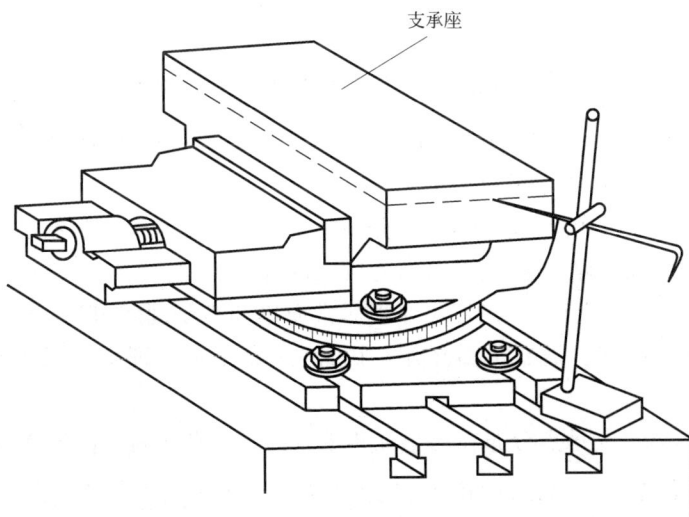

图 9-3　支承座的划线找正安装

3. 夹具安装

这里所指的"夹具"为专用夹具。它是根据工件的形状、结构、技术要求,以及工序的具体情况而专门设计、制造的。利用夹具的定位元件和夹紧机构,可以快速、准确地安装工件,这种方法称为夹具安装。图 9-4 是在钻床上采用钻夹具安装轴套完成钻孔的实例。这种安装方法由于不用找正,因此不但生产率高,而且加工精度易于保证,但生产准备的时间较长,多用于大批大量生产。在单件小批生产中,有时当零件加工表面的位置精度要求高而用其他方法难以保证时,也采用专用夹具。为了节省专用夹具的费用,可采用标准夹具元件组装成的组合夹具。

由此可知,无论采用何种安装方法,都必须根据工件上特定的表面(或划的线)作为基准来决定工件在机床或夹具上的正确位置,因此正确选择定位基准非常重要。

从图 9-4 还可以看出,夹具是由夹具体、定位元件(图中的定位销和钻套)和夹紧元件(图中的螺母和开口垫圈)组成的。用这种方法,可以分析实际生产中更为复杂的各种夹具。

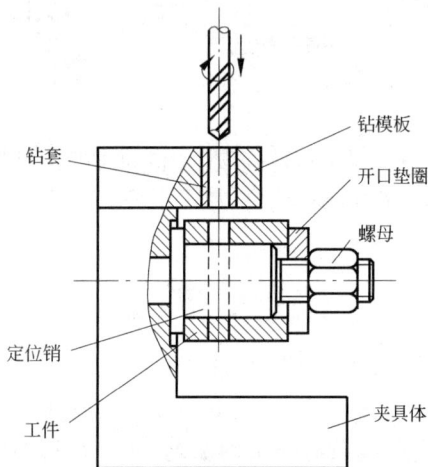

图 9-4   轴套孔加工专用夹具

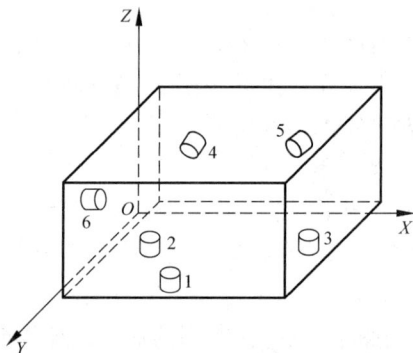

图 9-5   工件的六点定位原理

9.1.3   六点定位原理

不受任何约束的物体,在空间的三维坐标系中有六个自由度,即沿三个坐标轴方向的移动(用 $\vec{X}$、$\vec{Y}$、$\vec{Z}$ 表示)和绕三个坐标轴方向的转动(用 $\hat{X}$、$\hat{Y}$、$\hat{Z}$ 表示)。因此,要使物体在空间占有确定的位置,必须限制相应数量的自由度。

要完全确定工件在机床上的位置,要用分布适当的六个支承点来限制工件的六个自由度,这就是工件的六点定位原理。但是,是否所有的工件都要限制这六个自由度呢,则需要对具体问题作具体分析。从原理上讲,六点定位原理非常简单和易于理解,但在实际应用中,面对不同种类的工件,却千变万化,需要灵活运用。因此,六点定位原理也就成为夹具设计的重要基础。

如图 9-5 所示,六个支承点分布在三个互相垂直的坐标平面内。位于 XOY 平面上的支承点 1、2、3 限制 $\vec{Z}$、$\hat{X}$、$\hat{Y}$ 三个自由度;位于 XOZ 平面上的支承点 4、5 限制 $\vec{Y}$、$\hat{Z}$ 两个自由度;位于 YOZ 平面上的支承点 6 限制 $\vec{X}$ 一个自由度。

如图 9-6 所示,在圆柱体工件上钻一个与已加工的键槽对称且与端面距离为 a 的小孔。工件用图示的 V 形夹具安装,两个等高的短 V 形铁相当于四个支承点,限制 $\vec{X}$、$\vec{Z}$、$\hat{X}$、$\hat{Z}$ 四个自由度;定位销相当于一个支承点,限制 $\hat{Y}$ 一个自由度;端面的定位支承相对于一个支承点,限制 $\vec{Y}$ 一个自由度。此例限制了工件的六个自由度,称为完全定位。

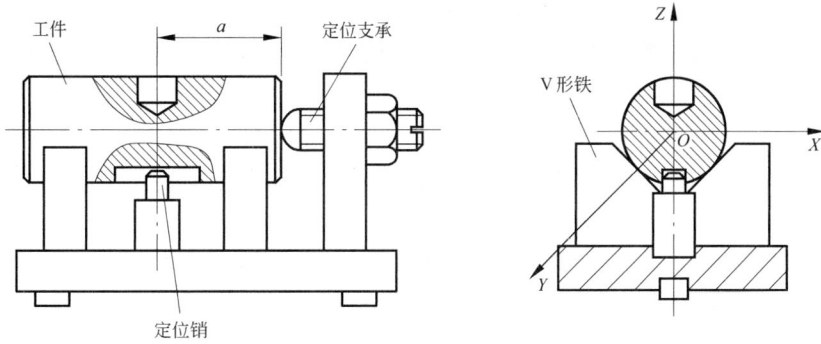

图 9-6　工件的完全定位

在实际生产中,并非对工件都需要完全定位。在铣床上铣削台阶面工件(图 9-7)时,影响尺寸 a 和 b 的自由度是 $\vec{X}$、$\vec{Z}$、$\hat{X}$、$\hat{Y}$、$\hat{Z}$,而与 $\vec{Y}$ 无关。因此只要将工件安装在平口钳上限制五个自由度即可。这种限制少于六个自由度的定位,称为不完全定位。由于不完全定位可以简化夹具结构,因此在生产中应尽可能采用不完全定位。

如果定位的支承点超过六个,或者虽然不超过六个,但存在几个支承点同时限制同一个自由度,这种定位则称为过定位。生产中除了有时候采用过定位来提高零件的刚度(如加工细长轴时增加跟刀架),一般不允许采用过定位。这是因为过定位经常会使工件或定位元件在工件夹紧后产生变形,降低工件的定位精度。例如,在图 9-8 中,轴的两端已经加工出中心孔,用三爪自定心卡盘和顶尖装夹工件。若卡爪夹持工件的部分较长时,相当于四个支承点,限制了 $\vec{Y}$、$\vec{Z}$、$\hat{Y}$、$\hat{Z}$,后顶尖虽然可沿 X 轴移动,不能限制 $\vec{X}$,但却再次限制了 $\hat{Y}$、$\hat{Z}$,故属于过定位。这时当卡爪夹紧后,后顶尖经常不能顶入端面的中心孔。如果强制顶入,工件会产生变形。要防止变形,卡爪的夹持部分要短,此时相当于两个支承点,只能限制 $\vec{Y}$、$\vec{Z}$,过定位就转化为不完全定位。

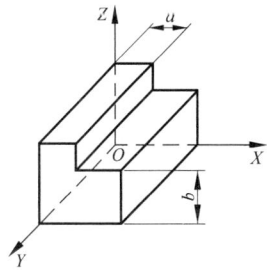

图 9-7　工件的不完全定位

若支承点少于应该限制的自由度数目,工件不能实现正确定位,这种定位属于欠定位。欠定位不能实现工件的正确定位,因此在实际生产中绝对不允许。例如要加工一批图 9-9 所示的轴槽,当铣刀与夹具的位置确定后,若 Y 轴方向无支承点,则轴槽的位置尺寸 a 就难以控制。

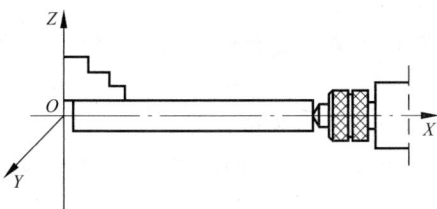

图 9-8　工件的过定位

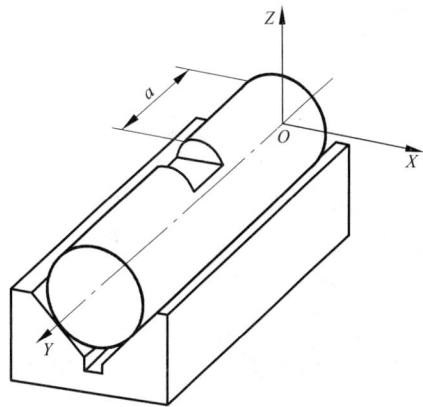

图 9-9　工件的欠定位

必须指出,六点定位原理是从空间几何概念建立起来的规律,它实用于分析任何无论是简单还是复杂工件的定位。需要指出的是,夹具上限制自由度的定位元件不一定是上面阐述的典型的支承点,而经常采用实际的变种形式,如定位板、定位销、定位套、V形铁或心轴上的有关表面等。

掌握了六点定位原理,对设计新夹具和分析已有的夹具就基本入了门。

9.1.4　基准

在零件图样和实际零件上,总要依据一些指定的点、线、面来确定另一些点、线、面的位置。这些作为依据的点、线、面就称为基准。按照基准的不同作用,常将其分为设计基准和制造基准两大类。

1. 设计基准

在零件图样上用于标注尺寸和表面相互位置关系的基准,称为设计基准。例如图 9-10 中表面 2 和孔 3 的设计基准是表面 1;孔 4 的设计基准是孔 3 的中心线。

2. 制造基准

在加工零件和装配机器的过程中所使用的基准,称为制造基准。根据用途不同,制造基准又分为定位基准、测量基准和装配基准。

定位基准　工件在加工过程中,用于确定工件在机床或夹具上的正确位置的基准称为定位基准。例如,精车图 9-11 齿轮的大外圆 C 和大端面 B 时,为了保证它们对孔轴线 A 的圆跳动要求,工件以精加工后的孔定位安装在锥度心轴上,孔的轴线 A 即为定位基准。在零件制造过程中,定位基准尤为重要。

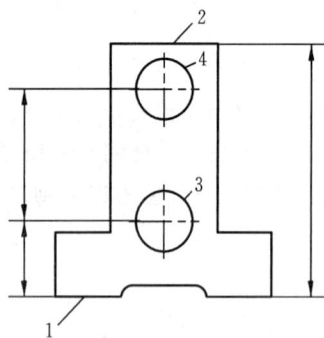

图 9-10　双孔机架

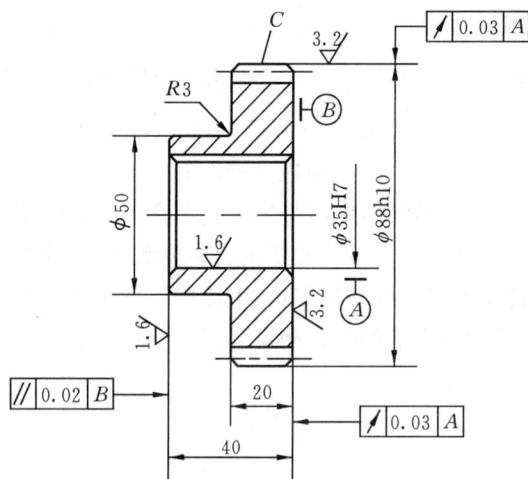

图 9-11　齿轮

测量基准　用于测量已加工表面的尺寸及各表面之间位置精度的基准称为测量基准。如图 9-12 所示,在偏摆仪上利用锥度心轴检验齿轮坯外圆和两个端面相对孔轴线的圆跳动时,孔的轴线即为测量基准。

装配基准　在机器装配中,用于确定零件或部件在机器中正确位置的基准称为装配基准。例如,图 9-13 所示支架,基准平面 B 安装在基座上,用以确定孔 C 的轴心线的位置,则平面 B 为装配基准。

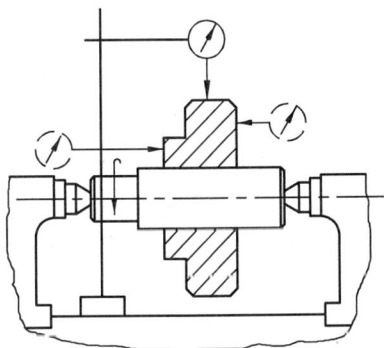

图 9-12 齿轮坯圆跳动检验

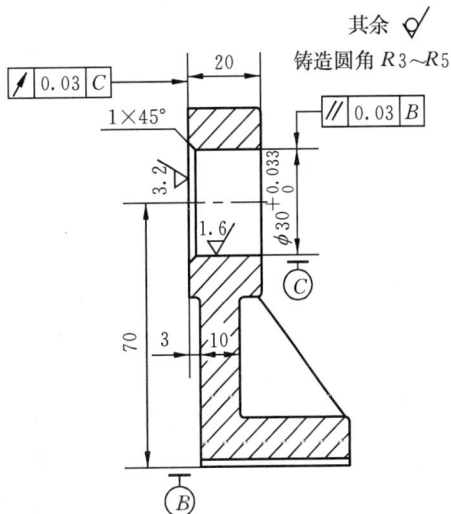

图 9-13 支架

9.1.5 定位基准的选择原则

在零件加工过程中,合理选择定位基准对保证零件的尺寸精度尤其是位置精度起着决定性的作用。

定位基准有粗基准和精基准两种。用毛坯表面作为定位基准的为粗基准;用加工过的表面作为定位基准的为精基准。

(1) 粗基准的选择

① 应选择不加工表面为粗基准。这样可使加工表面与不加工表面之间的位置误差最小,有时还可以在一次装夹中加工出更多的表面。如图 9-14 所示的铸件,以不需要加工的外圆面作为粗基准,可以在一次安装中把绝大部分表面加工出来,且能保证外圆与内孔同轴,以及端面与孔轴线的垂直。

② 选择加工余量最小的表面为粗基准。如图 9-15 所示,自由锻件毛坯大外圆 A 余量小,小外圆 B 余量大,且 A,B 的轴线偏差较大。若以 A 为粗基准车削外圆 B,则在调头车削外圆 A 时,可使 A 得到足够而均匀的余量。反之若以 B 为粗基准,则外圆 A 可能因余量过小而车不圆。

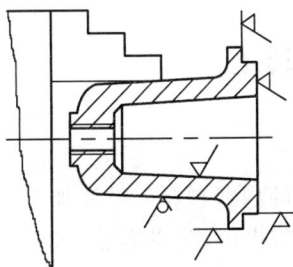

图 9-14 用不加工表面作粗基准

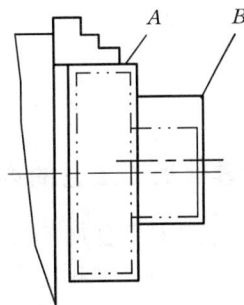

图 9-15 用余量最小的表面作粗基准

③ 选作粗基准的表面应尽可能平整,并有足够大的面积。要除去飞边、毛刺,使之定位准确,夹紧可靠。

④ 粗基准一般只在第一道工序中使用一次。因为粗基准表面粗糙,定位精度不高,若重复使用,在两次装夹中会使加工表面产生较大的位置误差。对于相互位置精度要求高的表面,常常会造成超差而使零件报废。

(2) 精基准的选择

选择精基准的目的是使装夹方便正确可靠,以保证加工精度。为此一般遵循如下原则:

① 基准重合原则   应尽可能选用设计基准作为精基准,即为“基准重合”的原则。例如图 9-16(a)所示的轴承座,1、2 表面已精加工完毕,现欲加工孔 3,要求孔 3 轴线与设计基准面 1 之间的尺寸为 $A^{+\delta A}$。如果按图 9-16(b)所示,用 2 面作为定位精基准,则因 2 面与 1 面之间的尺寸有公差 δB。当加工一批零件时,在孔 3 轴线与 1 面之间尺寸 A 的误差中,除因其他原因产生的加工误差外,还应包括因定位基准与设计基准不重合引起的定位误差。该项误差值 $\varepsilon_{定位}=\delta B$。如果按图 9-16(c)所示,用 1 面作为精基准,此时的定位基准与设计基准相重合,则 $\varepsilon_{定位}=0$。

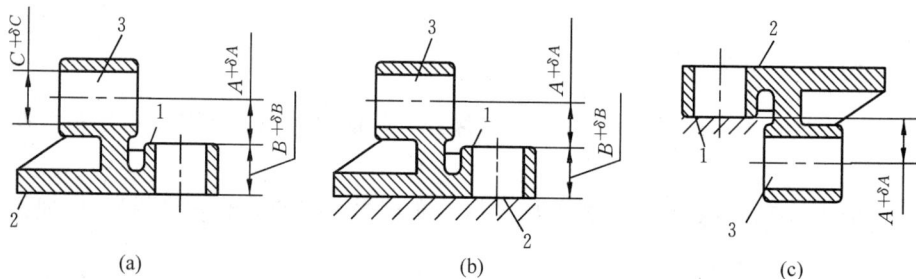

图 9-16   定位误差与定位基准选择的关系

为此,定位精基准应尽量与设计基准重合,否则会因基准不重合而产生定位误差,有时还会因此造成零件尺寸超差而报废。

② 基准同一原则   在加工位置精度较高的某些表面时,应尽可能选用同一个定位精基准,这就是通常所说的“基准同一”原则。例如,精加工图 9-11 所示的齿轮,一般要先精加工孔 A,然后以孔作精基准安装在心轴上依次精加工大外圆、端面和齿形,这样就可以保证各表面的位置精度,如径向圆跳动、端面圆跳动或同轴度及垂直度等。

在实际生产中,选择定位粗、精基准有时是相互矛盾的,这时就需结合实际情况,从解决主要问题着眼,对整个加工过程中的定位基准通盘考虑,确定出最符合实际的合理方案。

9.2   零件加工工艺的制定

9.2.1   制定零件加工工艺的内容和要求

零件加工工艺就是零件加工的方法和步骤。制定工艺的内容包括:排列加工工序(包括毛坯制造、切削加工、热处理和检验工序),确定各工序所用的机床、装夹方法、加工方法、测量方法、工夹量具、加工余量、切削用量和工时定额等。将这些内容用工艺文件形式表示出来,就是机械加工工艺规程,即通常所说的“机械加工工艺卡片”。

制定零件加工工艺必须满足如下要求:①确保零件的全部技术要求;②生产效率高;

③生产成本低；④劳动生产条件好。在制定零件加工工艺时,尤其对较复杂零件的加工工艺,要根据客观生产条件,经过反复实践反复修改,才能使之合理与完善。

9.2.2 制定零件加工工艺的步骤

1. 研究零件图样及其技术要求

仔细阅读零件图样,对零件的形状、结构、尺寸、精度、表面粗糙度、材料、热处理、数量等要求进行全面系统的了解和分析,做到心中有数。

2. 选择毛坯的类型

常用的毛坯有型材、铸件、锻件和焊接件等。应根据零件的材料、形状、尺寸、批量和工厂的现有条件等因素综合考虑。

3. 零件的工艺分析

在拟定零件工艺过程之前,要认真进行工艺分析,重点处理好三个问题:

(1) 确定主要表面的加工方法和步骤　主要表面的加工质量直接影响零件和产品的质量,因此要根据零件的全部技术要求,合理选择主要表面的加工方案。选择时可参考4.2节的有关插图(图4-1至图4-6)。

(2) 确定定位基面　在加工过程中,合理确定定位基面,对保证零件的技术要求和工序的安排有着决定性的影响。一般在选择主要表面加工方法的同时就要确定其定位基面。对于三类典型零件,常作如下选择:

① 阶梯轴类零件,常选择两端中心孔作为定位基面。如图 9-17 所示,采用双顶尖装夹,车削或磨削外圆、螺纹和轴肩端面,这样能较好地保证各外圆、螺纹的同轴度(或径向圆跳动)和轴肩对轴线的垂直度(或端面圆跳动)要求。在热处理后或磨削前,一般要研磨中心孔,以提高中心孔的定位精度。

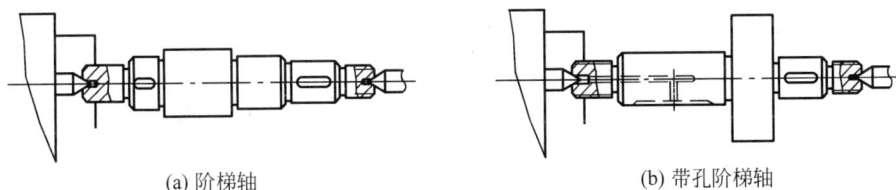

(a) 阶梯轴　　　　　　　　　　(b) 带孔阶梯轴

图 9-17　阶梯轴的主要精基准

中心孔有不带保护锥的(A 型)、带保护锥的(B 型)和带螺孔的(C 型)三种。A 型中心孔如图 9-18(a)所示,由圆柱孔和圆锥孔两部分组成。圆锥孔的锥角一般为 $60°$(重型零件用 $90°$),它与顶尖配合,用来定心、承受工件的重量和切削力。圆柱孔用以保证中心孔锥面与顶尖锥面紧密配合,并可储存润滑油。B 型中心孔如图 9-18(b)所示,是在 A 型中心孔的端部另加上 $120°$ 的圆锥面,以保护 $60°$ 锥面不致受到磕碰。精度要求较高、工序较多,需经热处理的轴类零件一般要采用 B 型中心孔。若有其他零件需用螺钉固定在轴的端部,则轴端一般采用 C 型中心孔(图 9-18(c))。

② 盘套类零件,一般以轴线部位的孔作为定位基面,采用心轴装夹,如图 9-19(a)所示。车削或磨削其他表面,能较好地保证各外圆和端面对孔轴线的圆跳动要求。值得注意的是,如果零件结构允许,常在一次装夹中完成孔及与其有关表面的精加工(俗称"一刀活"),不仅可获得较高的位置精度,而且加工十分方便,如图 9-19(b)所示。

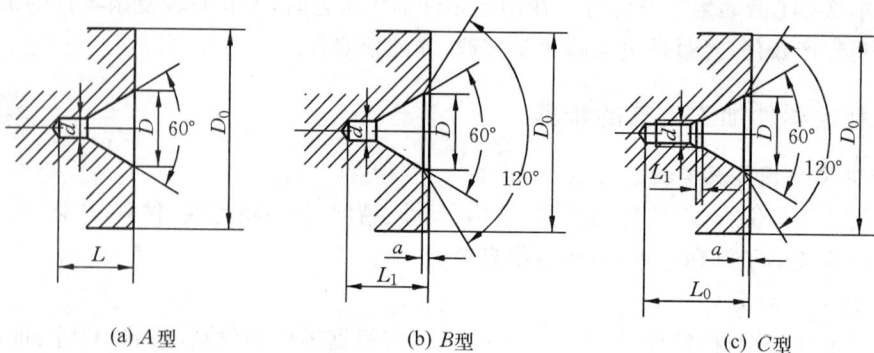

(a) A型　　　　　(b) B型　　　　　(c) C型

图 9-18　中心孔

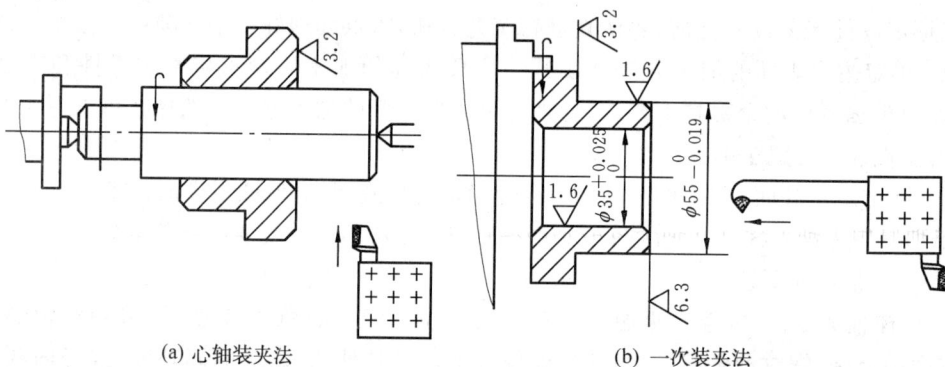

(a) 心轴装夹法　　　　　(b) 一次装夹法

图 9-19　盘套类零件定位精基准的选择

③ 支架箱体类零件,多选择主要平面(即装配基面)作为定位基面,采用压板、螺栓装夹,加工轴承孔。图 9-20 为一支座零件,加工时,通常先加工出底平面 A,再以 A 面为定位基面,加工 ϕ40H7 孔及其端面。

(3) 安排热处理工序

热处理工序的安排,是由热处理的目的及其方法决定的,并与零件的材料有关。具体方法的选择及其工序安排参见图 1-12。

4. 拟定工艺过程

拟定工艺过程就是把零件各表面的加工,按先后顺序作合理的安排,这是制定零件加工工艺的关键。安排工艺过程时一般考虑以下两条原则:

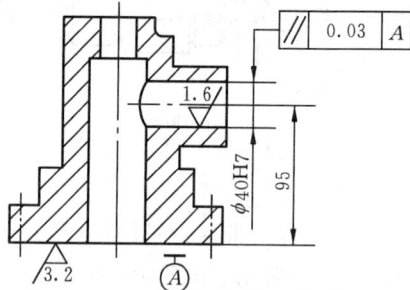

图 9-20　支座的定位基面

① 基面先行原则　定位基面一般应首先加工,然后用它定位加工其他表面。例如,阶梯轴的中心孔、支架箱体的主要平面大都首先加工。

② 粗精分开原则　切削加工一般划分为粗加工、半精加工和精加工三个阶段。对于极少数高精度、低表面粗糙度的零件,在精加工之后还要经历精密加工,甚至超精密加工阶段。这样有利于减小或消除粗加工、半精加工时因切削力和切削热等因素所引起的应力和变形,以稳定零件的加工精度,保证加工质量。另外,粗加工切除的余量较大,容易发现毛坯的内部缺陷,便于及时处理。

在拟定工艺过程中,还要确定各工序所用的机床、装夹方法、加工方法和测量方法。

③ 确定各工序加工余量、切削用量和工时定额。

单件小批生产时,中小型零件常见工序的加工余量(回转表面为半径方向余量,平面为单边余量)简述如下:粗加工余量约为1~1.5 mm;半精加工余量约为0.5~1 mm;高速精车余量约为0.4~0.5 mm;低速精车余量约为0.1~0.3 mm;磨削余量约为0.15~0.25 mm;研磨余量约为0.005~0.02 mm。

切削用量和工时定额一般在大批大量生产中有相关工艺文件规定。在单件小批生产中工时定额一般由工艺员确定,而切削用量则一般根据加工者的经验自行确定。

9.3 典型零件加工工艺过程

9.3.1 轴类零件的加工过程

轴类零件是一种常见的典型零件。虽然按其结构特点可分为简单轴、阶梯轴、空心轴和异形轴四大类,但因它们主要用于支承齿轮、带轮等传动零件及传递运动和扭矩,故其结构组成中少不了外圆、轴肩、螺纹、螺尾退刀槽、砂轮越程槽和键槽等表面。外圆用于安装轴承、齿轮、带轮等;轴肩用于轴上零件和轴本身的轴向定位;螺纹用于安装各种锁紧螺母和调整螺母;螺尾退刀槽供加工螺纹时退刀用;砂轮越程槽则是为了能完整地磨削出外圆和端面,键槽用来安装键块,以传递扭矩。图9-21所示传动轴则是轴类零件中使用最多、结构最为典型的一种阶梯轴。现以它为例介绍一般阶梯轴的工艺过程。

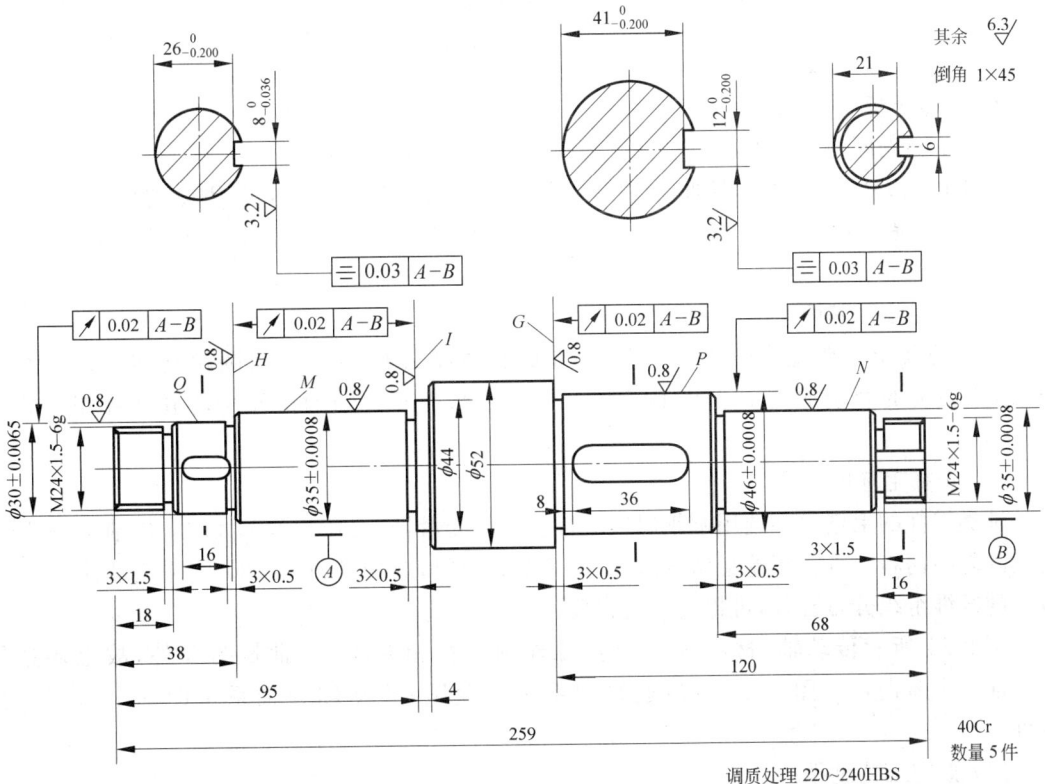

图 9-21 传动轴

1. 传动轴零件的主要表面及其技术要求

由图 9-21 和其装配图 9-22 可知,传动轴的轴颈 M,N 是安装轴承的支承轴颈,也是该轴装入箱体的安装基准。轴中间的外圆 P 装有蜗轮,运动可通过蜗杆传给蜗轮,减速后,通过装在轴左端外圆 Q 上的齿轮将运动传出。为此,轴颈 M,N,外圆 P,Q 尺寸精度高,公差等级均为 IT6。轴肩 G,H,I 的表面粗糙度 Ra 值为 $0.8\,\mu m$,并且有相互位置精度的要求。此外,为提高该轴的综合力学性能,还安排了调质处理。生产数量 5 件。

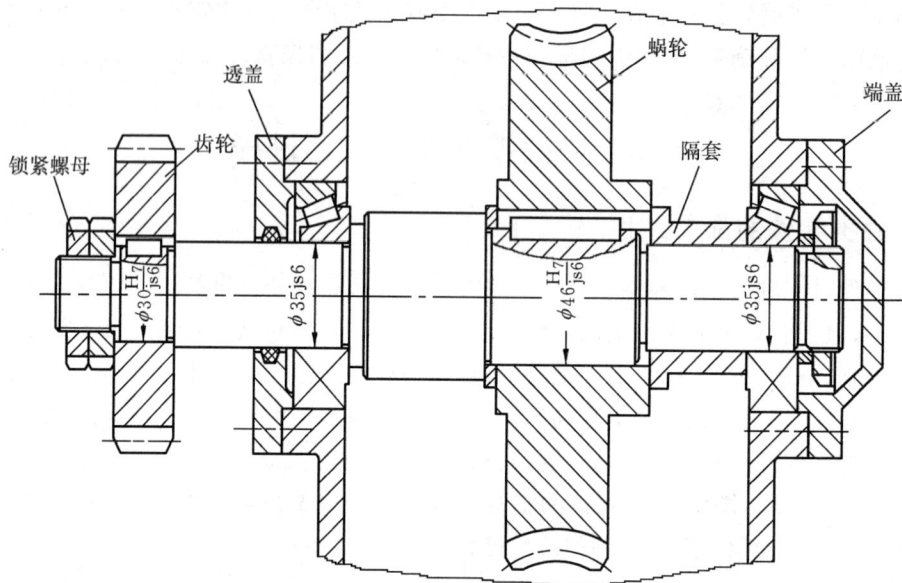

图 9-22 减速箱轴系装配简图

2. 工艺分析

（1）主要表面的加工方法

由于该轴大部分为回转表面,应以车削为主。又因主要表面 M,N,P,Q 的尺寸公差等级较高,表面粗糙度 Ra 值小,车削加工后还需进行磨削。为此这些表面的加工顺序应为:粗车—调质—半精车—磨削。

（2）确定定位基面

该轴的几个主要配合表面和台阶面对基准轴线 $A\text{-}B$ 均有径向圆跳动和端面圆跳动要求,应在轴的两端加工 B 型中心孔作为定位精基准面。轴的两端中心孔要在粗车之前加工好。

（3）选择毛坯的类型

轴类零件的毛坯通常选用圆钢料或锻件。对于光滑轴、直径相差不大的阶梯轴,多采用热轧或冷轧圆钢料。直径相差悬殊的阶梯轴,为节省材料,减少机加工工时,多采用锻件。此外,锻件的纤维组织分布合理,可提高轴的强度。

图 9-21 所示传动轴,材料为 45 钢,各外圆直径相差不大,批量为 5 件,故毛坯选用 $\phi60$ 的热轧圆钢料。图 9-22 为减速箱轴系装配简图,传动轴为轴系中的一个重要支撑零件。

（4）拟定工艺过程

拟定该轴的工艺过程中,在考虑主要表面加工的同时,还要考虑次要表面的加工及热处理要求。要求不高的外圆在半精车时就可加工到规定尺寸,退刀槽、越程槽、倒角和螺纹应在半精车时加工,键槽在半精车后进行划线和铣削,调质处理安排在粗车之后。调质后一定要修研中心孔,以消除热处理变形和氧化皮。磨削之前,一般还应修研一次中心孔,以提高定位精度。

综上所述,该零件的工艺过程卡片见表9-3。

表 9-3 传动轴工艺卡片

工序号	工种	工序内容	加工简图	设备
1	下料	$\phi60\times265$		
2	车	三爪自定心卡盘夹持工件,车端面见平,钻中心孔。用尾架顶尖顶住,粗车三个台阶,直径、长度均留余量 2 mm	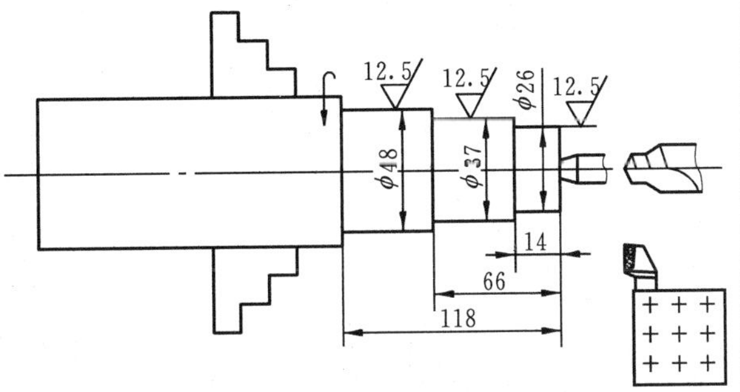	车床
		调头,三爪自定心卡盘夹持工件另一端,车端面保证总长 259 mm,钻中心孔。用尾架顶尖顶住。粗车另外四个台阶,直径、长度均留余量 2 mm	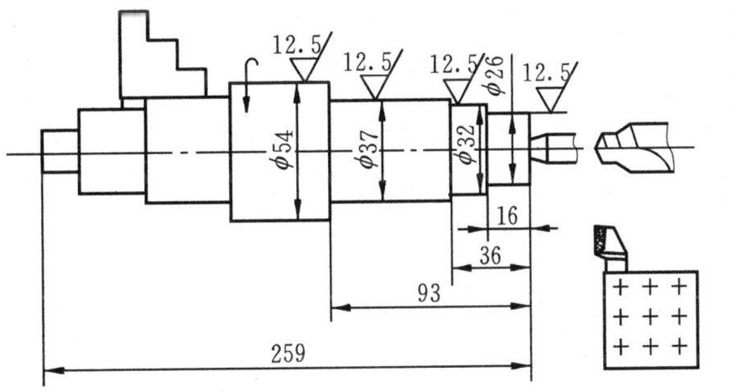	
3	热	调质处理 220～240 HBS		
4	钳	修研两端中心孔	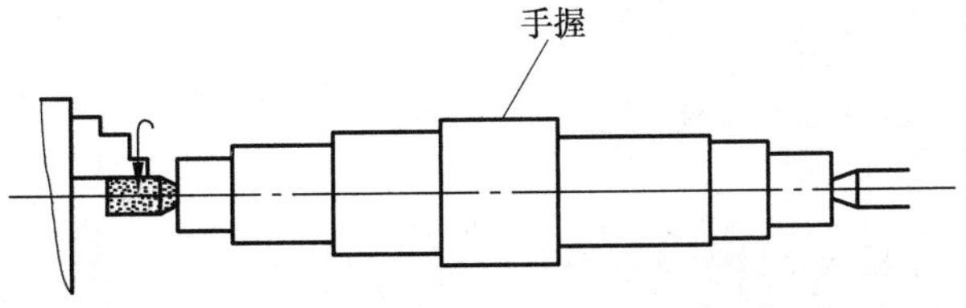	车床

工序号	工种	工 序 内 容	加 工 简 图	设备
5	车	双顶尖装夹 半精车三个台阶。螺纹大径车到$\phi 24_{-0.2}^{-0.1}$,其余两个台阶直径上留余量0.5mm,切槽三个,倒角三个	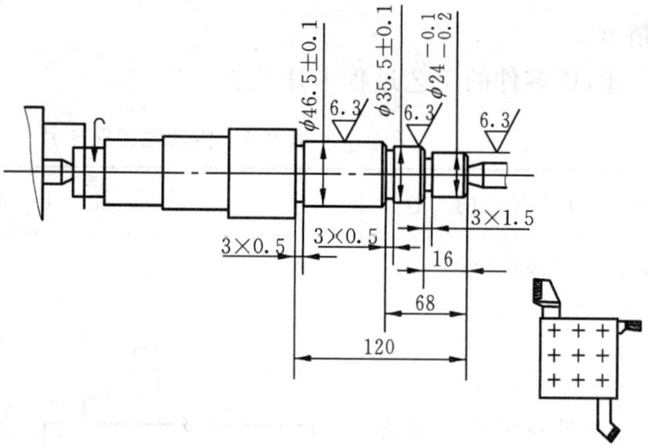	车床
		调头,双顶尖装夹,半精车余下的五个台阶。$\phi 44$及$\phi 52$台阶车到图样规定的尺寸。螺纹大径车到$\phi 24_{-0.2}^{-0.1}$,其余两台阶直径上留余量0.5 mm,切槽三个,倒角四个	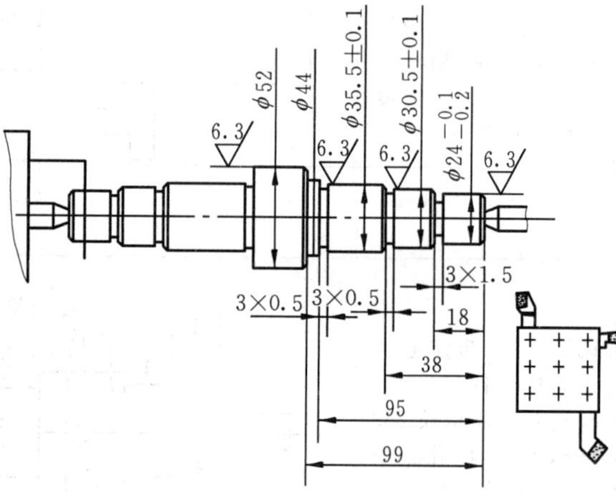	车床
6	车	双顶尖装夹,车一端螺纹 M24×1.5-6g。调头,双顶尖装夹,车另一端螺纹M24×1.5-6 g	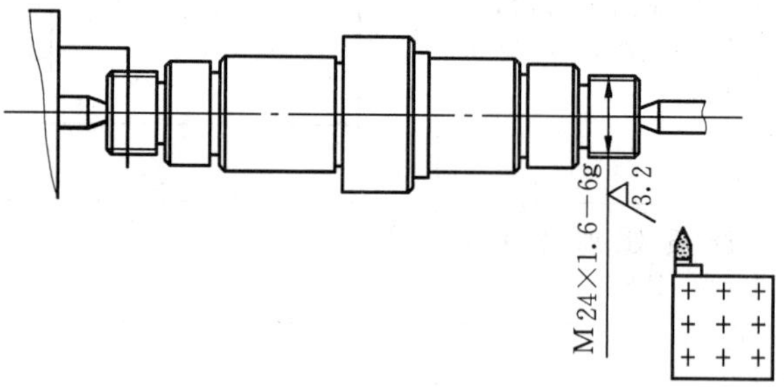	车床
7	钳	划键槽及一个止动垫圈槽加工线		
8	铣	铣两个键槽及一个止动垫圈槽。键槽深度比图样规定尺寸多铣0.25 mm,作为磨削的余量	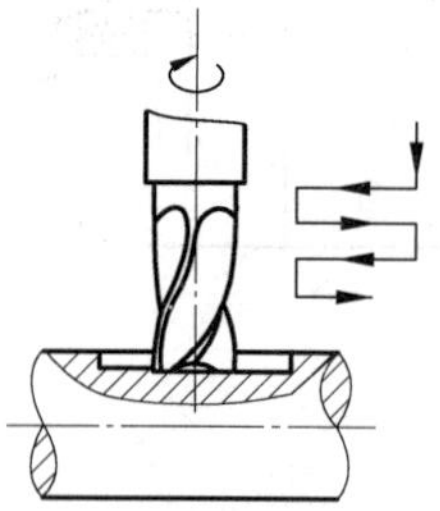	键槽铣床或立铣

续表

工序号	工种	工 序 内 容	加 工 简 图	设备
9	钳	修研两端中心孔		车床
10	磨	磨外圆 Q,M,并用砂轮端面靠磨台肩 H,I。调头,磨外圆 N,P,靠磨台肩 G		外圆磨床
11	检	检验		

9.3.2　盘套类零件的加工过程

　　盘套类零件一般由孔、外圆、端面和沟槽组成。其技术要求除表面粗糙度和尺寸精度要求之外,位置精度一般有外圆对内孔轴线的径向圆跳动(或同轴度),端面对内孔轴线的端面圆跳动(或垂直度)等,如图 9-23 所示。为此在加工盘套类零件时,毛坯无论选择铸件、锻件或型钢,加工时必须体现粗精加工分开和"一刀活"的原则。当两端的外圆和端面相对孔的轴线都有位置精度要求时,则应以孔定位上心轴精车另一端外圆和端面,或在平面磨床上磨削对应端面。

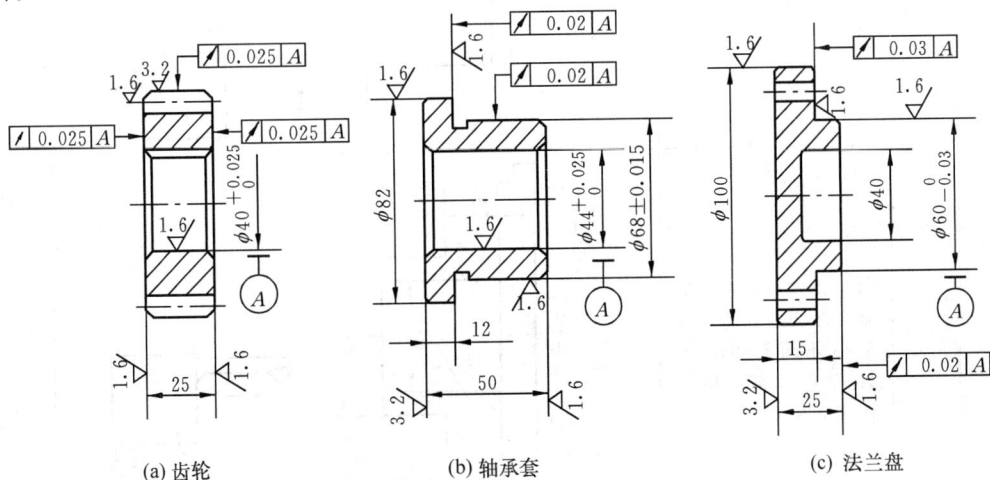

图 9-23　盘套类零件示例

　　在安排加工工序时,应先装夹哪一端,需经过几次调头装夹进行车削加工,与毛坯的形状、尺寸和技术要求等多种因素有关,应综合分析,灵活掌握。

　　图 9-24 所示接盘零件的工艺过程见表 9-4。

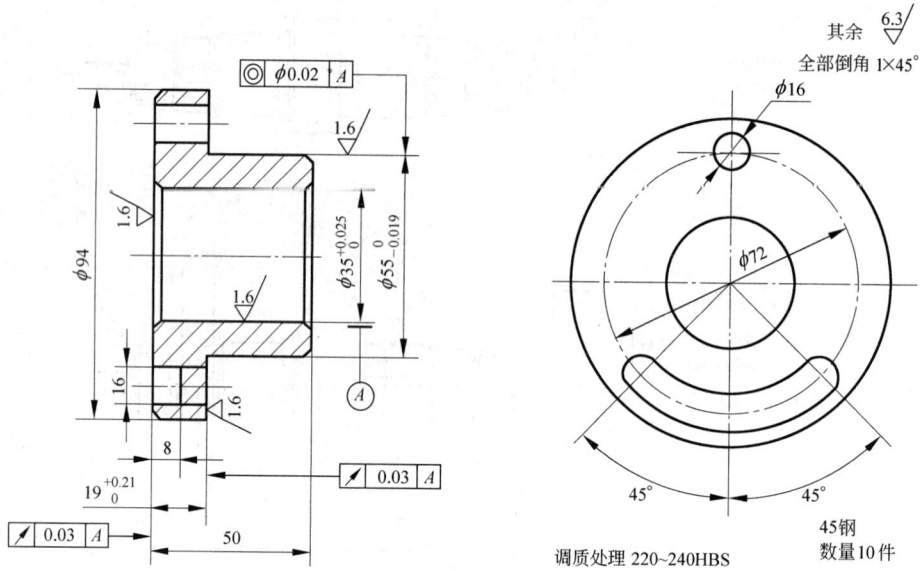

图 9-24　接盘

表 9-4　接盘工艺卡片

工序号	工种	工 序 内 容	加 工 简 图	设备
1		锻造毛坯		
2	车	三爪自定心卡盘夹小端,粗车大端面见平,粗车大外圆至 φ96		车床
		调头夹大端,粗车小端面保证总长 52,粗车小外圆至 φ57 长 31,钻孔至 φ25,粗车孔至 φ33		

续表

工序号	工种	工 序 内 容	加 工 简 图	设备
3	热	调质处理 220～240 HBS		
4	车	精车小端面保证总长 50.5，精车孔至 $\phi 35^{+0.025}_{0}$，精车小外圆至 $\phi 55^{0}_{-0.019}$，精车台阶端面保证小外圆长 31。内、外倒角 $1 \times 45°$	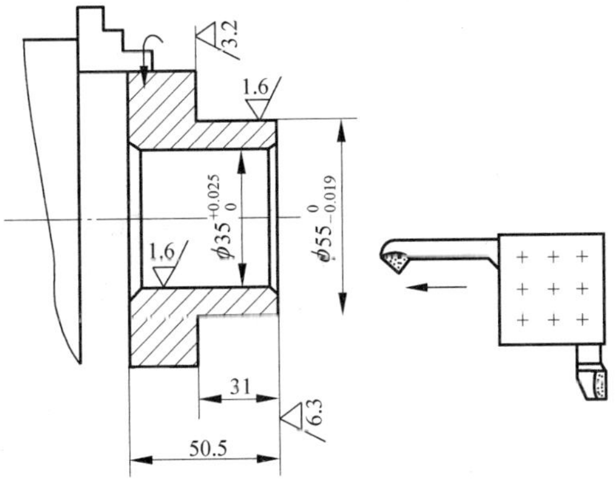	车床
5	车	顶尖、心轴装夹，精车大外圆至 $\phi 94$，精车大端面保证 $\phi 94$ 外圆长 $19^{+0.21}_{0}$，倒角 $1 \times 45°$	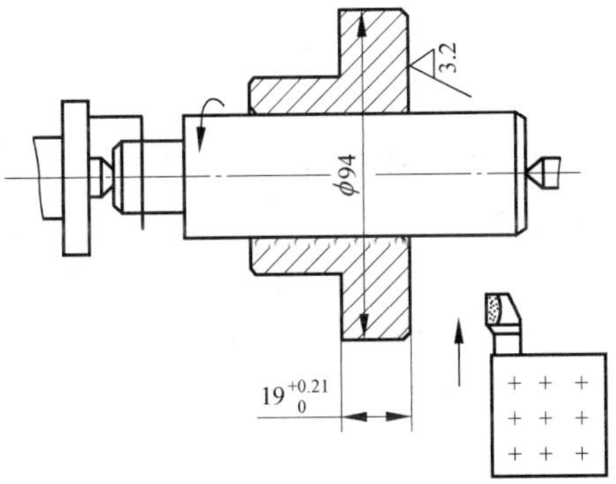	车床
6	钳	划圆弧槽线，划 $\phi 16$ 孔中心线		
7	铣	圆工作台-三爪自定心卡盘装夹，钻 $\phi 16$ 通孔，铣宽 16 深 8 的圆弧槽	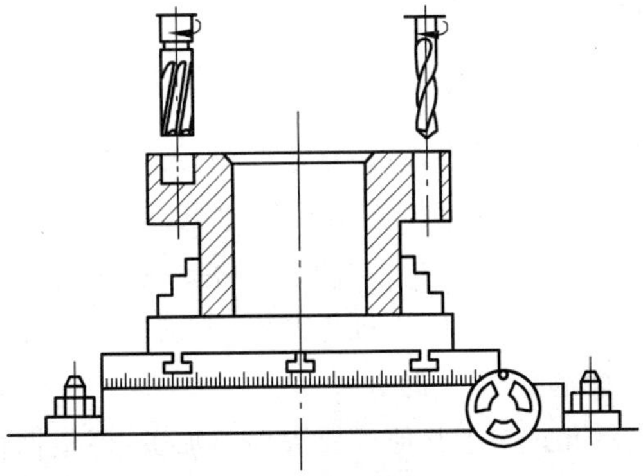	立铣
8	检	检验		

9.3.3 支架箱体类零件的加工过程

常见的支架箱体类零件如图 9-25 所示。箱体的结构比较复杂,箱壁有互相平行或垂直的孔系,这些孔大多是安装轴承的支承孔。箱体的底平面(有的是侧平面或上平面)既是装配基准,也是加工过程中的定位基准。支架的结构简单些,它上面有安装轴承的支承孔(有的孔本身起滑动轴承的作用),底面一般是装配基准和定位基准。

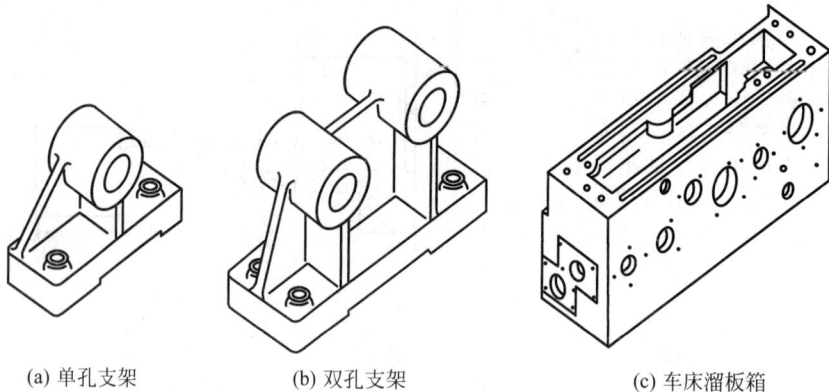

(a) 单孔支架   (b) 双孔支架   (c) 车床溜板箱

图 9-25 常见支架箱体类零件

1. 拟定支架、箱体类零件工艺过程的原则

(1)先面后孔

支架箱体类零件基本由平面和支承孔组成。一般应先加工主要平面(也可能包括一些次要平面),后加工支承孔。这样,可为孔的加工提供稳定可靠的定位基准面。此外,主要平面是支架和箱体在机器上的装配基准,先加工主要平面可使定位基准与装配基准重合,从而消除因基准不重合而引起的定位误差。

(2)粗、精加工分开

对于刚度较差、要求较高的支架箱体类零件,为了减少加工后的变形,一般要粗、精加工分开,即在主要平面和支承孔的粗加工之后,再进行主要平面和各支承孔的精加工。

(3)合理选用机床

要根据支架、箱体的结构特点、尺寸和精度要求,选择适当的设备进行加工。支架、箱体主要平面的加工,对于中小件,一般在牛头刨床或普通铣床上进行;对于大件,一般在龙门刨床或龙门铣床上进行。支架、箱体支承孔的加工,对于小件,一般在铣床或车床上进行;对于中型件,可在铣床或铣镗床上进行;对于大型件,一般在铣镗床上进行。

根据上述分析,在单件、小批生产中,要求较高的支架箱体类零件的主要工艺过程可安排如下:铸造毛坯(包括铸件退火)—划线—粗加工主要平面—粗加工支承孔—精加工主要平面—精加工支承孔。至于其他次要表面的加工,可根据情况穿插进行。螺钉孔的加工往往放在最后进行。

2. 单孔支架的加工工艺

图 9-26 为一单孔支座。其结构简单,工艺也不复杂,但反映了支架箱体类零件的基本工艺过程。该支架的工艺过程见表 9-5。

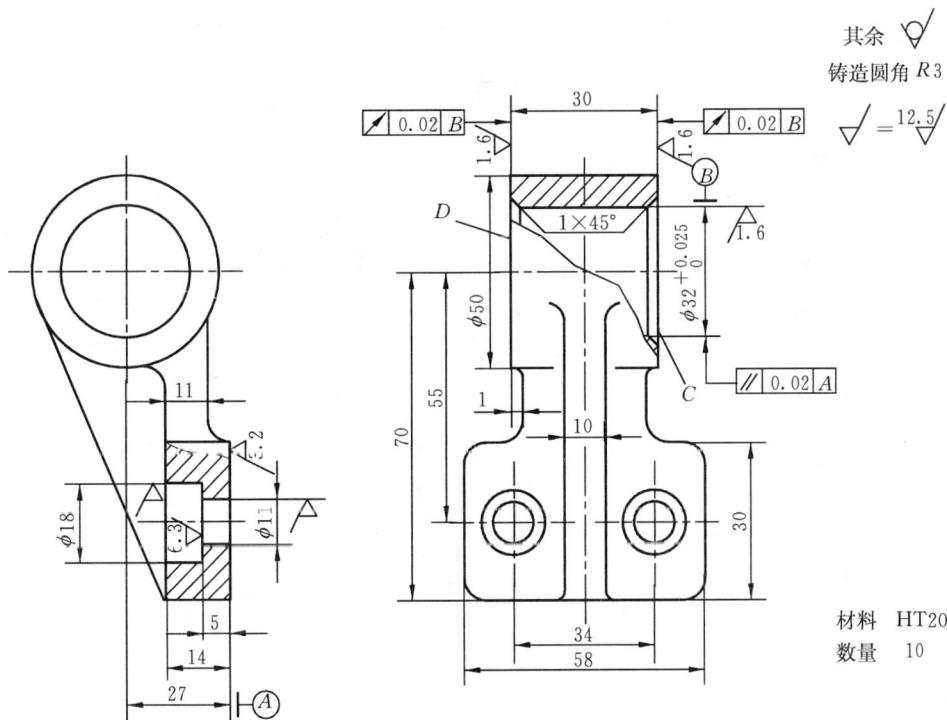

图 9-26 支座

其余 $\sqrt{}$
铸造圆角 $R3$
$\sqrt{} = 12.5\sqrt{}$

材料 HT200
数量 10

表 9-5 支架工艺卡片

工序号	工种	工 序 内 容	加 工 简 图	设备
1	铸	铸造毛坯		
2	热	退火		
3	钳	划 $\phi32^{+0.025}_{0}$ 支承孔的十字线及孔线;划底面 A 及两个 $\phi11$ 通孔及两个 $\phi18$ 的台阶孔加工线		
4	刨	平口钳装夹工件,粗刨、精刨底平面 A,保证 Ra 值 $3.2\,\mu m$		牛头刨床

续表

工序号	工种	工 序 内 容	加 工 简 图	设备
5	车	花盘-弯板装夹工件 参照孔十字线车右端面 Ra 值 3.2 μm；钻、车 $\phi32^{+0.025}_{0}$ 支承孔，且 Ra 值 1.6 μm，孔右内倒角 $1\times45°$；端面刮刀刮左端面保证总长 30，Ra 值 3.2 μm，孔左端内倒角 $1\times45°$		车床
6	钻	平口钳装夹工件，钻两个 $\phi11$ 通孔；锪两个 $\phi18$ 台阶孔		钻床
7	检	检验		

9.3.4　切削加工与特种加工综合工艺例题

图 9-27 所示的前列腺治疗器的送药套零件，是为迅速、安全、可靠地将可挥发性药剂送入病灶附近而设计的。它是前列腺炎治疗仪的一个关键零件。其前端由一光滑的外成形面和曲

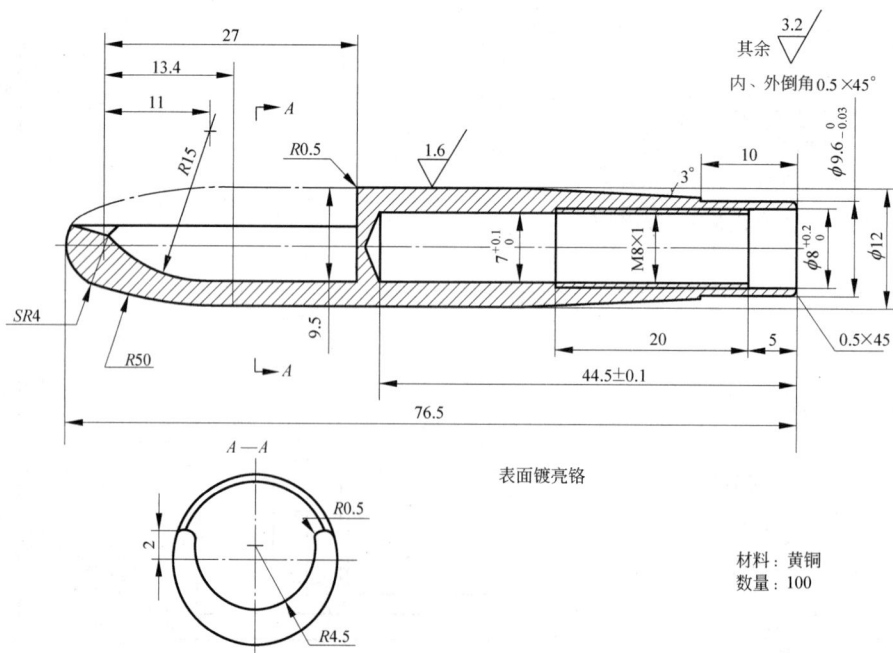

图 9-27　送药套

率变化的内凹圆弧槽组成。这种结构仅用常规的机械加工,不但效率低,而且难以达到要求。针对这种情况,先采用数控车床车出光滑的外成形面,接着铣去上表面,再用立铣刀粗铣内圆弧槽,最后选用电火花成形加工机床,利用成形电极精确地加工出内圆弧槽。零件的后半部分结构简单,可采用常规的切削加工方法。

综上所述,该零件的工艺过程见表 9-6。

表 9-6　送药套工艺卡片

工序号	工种	工 序 内 容	加 工 简 图	设备
1	下料	$\phi15\times80$　100 件		手锯
2	车	三爪自定心卡盘装夹,将 $\phi12$ 外圆粗车至 $\phi12.5$; 车端面见平,截总长 76.5; 钻 $\phi6.8$ 孔深 44.5; 铰孔至尺寸 $\phi7^{+0.1}_{0}$; 精车孔 $\phi8^{+0.2}_{0}$ 深 5; 攻螺纹 $M8\times1$ 深 20; 精车外圆 $\phi12$ 长 76.5; 精车外圆 $\phi96^{0}_{-0.03}$ 长 10; 精车 3° 锥面至尺寸; 内外倒角 $0.5\times45°$	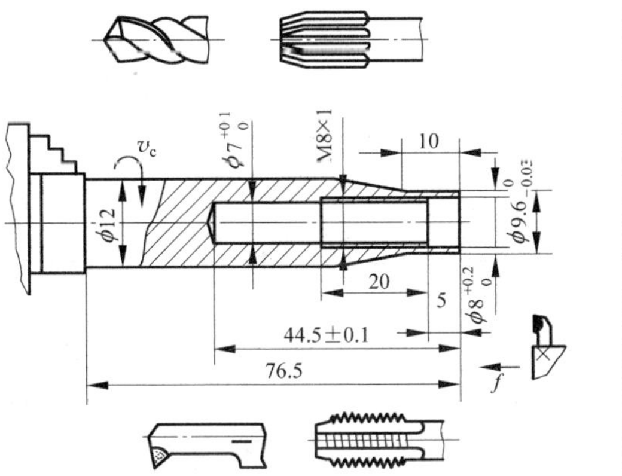	车床
3	数控车	调头,采用三爪自定心卡盘装夹,采用数控车削送药套外成形表面	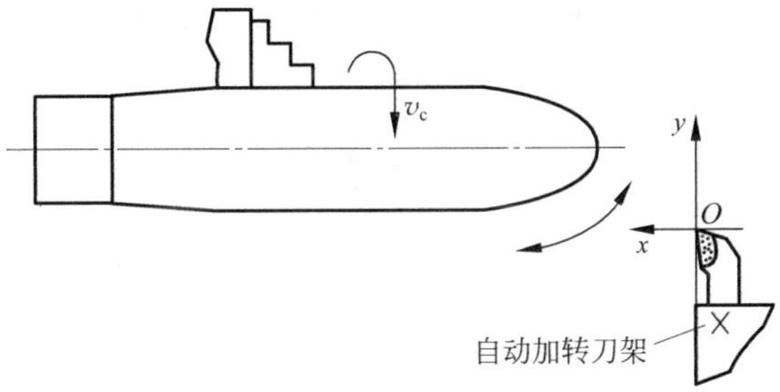	微机数控车床
4	铣	V 形铁＋压板螺钉装夹工件,在立铣床上用立铣刀粗加工内成形面	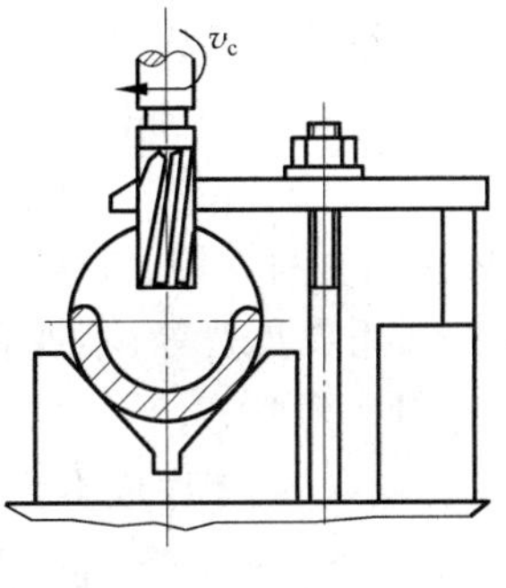	立铣床

续表

工序号	工种	工 序 内 容	加 工 简 图	设备
5	电火花加工	采用成形电极,电火花加工内成形面至尺寸	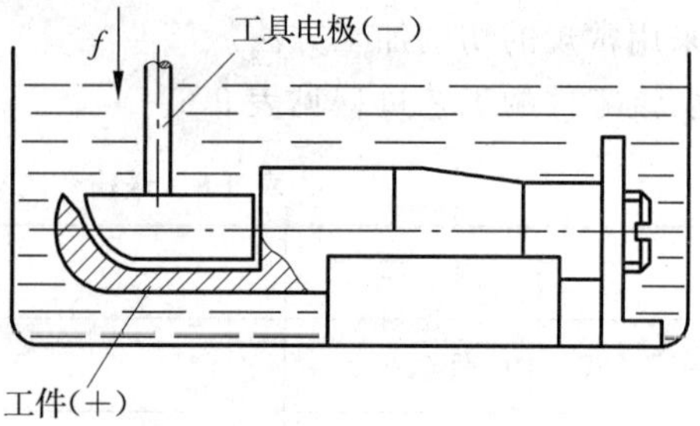	电火花成形加工机床
6	表面处理	表面镀亮铬		
7	检	检验		

9.4   工艺设计及工艺管理中的技术经济分析

机械制造过程不仅是生产过程,而且也是消耗过程。因此,工艺的最高原则是以最少的社会劳动创造出最多的物质财富,在保证产品质量和数量的前提下,在材料、设备、工具、能源和劳动力消耗总和中求最小值。根据这一原则,制造过程中某项技术采用与否,就不仅仅要看技术性能的优劣,而且要看它在经济上是否合算。技术经济分析就是对某一技术方案进行技术和经济上定性分析比较和定量计算论证,为正确决策提供依据。技术经济分析包括政策性审查、技术先进性和可靠性论证及经济效果分析,并有其完整的方法和步骤。这里仅就工艺成本加以介绍。

9.4.1   机械零件加工工艺成本

技术经济分析所考虑的诸多因素中,生产成本是最重要的一个。生产成本是制造一个零件或一台产品所必需的一切费用的总和,其中工艺成本占 70%～75%。

1. 工艺成本

工艺成本是与工艺过程直接有关的生产费用。它不是零件的实际成本,而是构成实际成本的最重要部分。

一个零件(或工序)全年的工艺成本 E 由可变费用 V(与年产量 N 有关并与之成比例的费用)和不变费用 S(与年产量 N 没有直接关系的费用)构成,即:

$$E = VN + S$$

其中,可变费用 V 包括材料费用、机床操作工人工资、机床电费、通用机床折旧费、通用机床维修费、刀具使用费、通用夹具费等;不变费用 S 包括机床调整工人的工资、专用机床折旧费、专用机床维修费、专用夹具费等。

与此对应,单件工艺成本(或工序成本)为:

$$E_d = V + \frac{S}{N}$$

以上二式中诸参数涉及生产中几乎所有问题。由此可见,工艺成本是在生产运动的全过

程中形成的。因此,首先应对这个过程的全貌有所认识。工艺系统的组成如下:

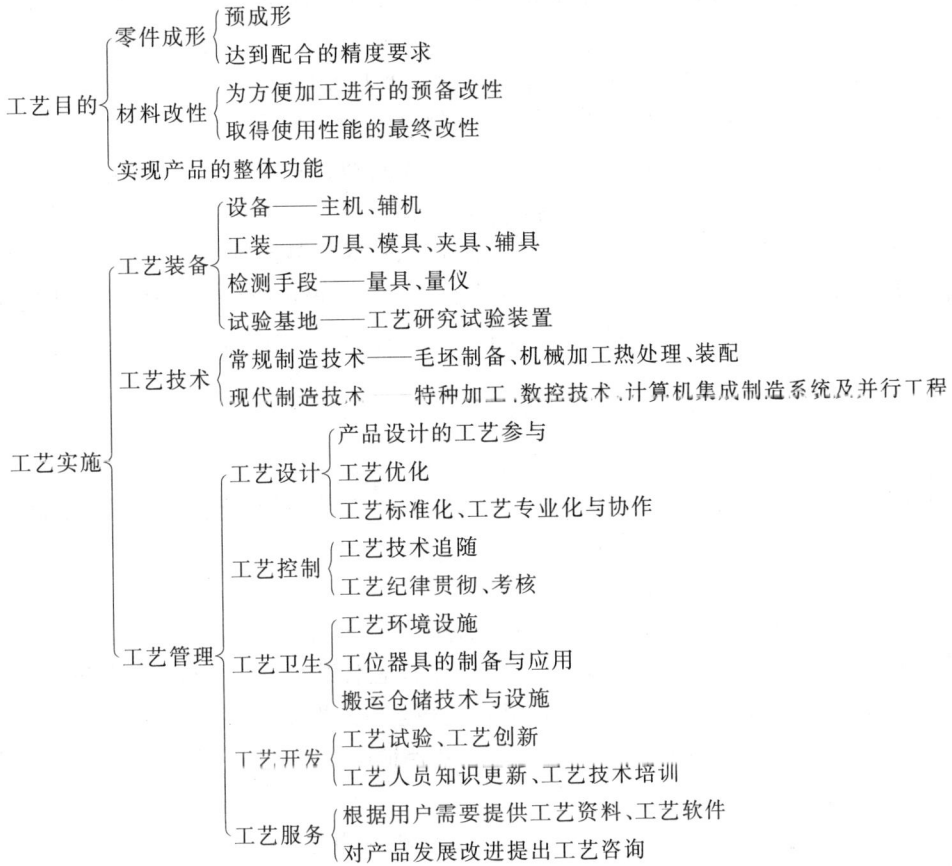

工艺目的 {
　零件成形 { 预成形 / 达到配合的精度要求
　材料改性 { 为方便加工进行的预备改性 / 取得使用性能的最终改性
　实现产品的整体功能
}

工艺实施 {
　工艺装备 {
　　设备——主机、辅机
　　工装——刀具、模具、夹具、辅具
　　检测手段——量具、量仪
　　试验基地——工艺研究试验装置
　}
　工艺技术 {
　　常规制造技术——毛坯制备、机械加工热处理、装配
　　现代制造技术——特种加工、数控技术、计算机集成制造系统及并行工程
　}
　工艺管理 {
　　工艺设计 {
　　　产品设计的工艺参与
　　　工艺优化
　　　工艺标准化、工艺专业化与协作
　　}
　　工艺控制 {
　　　工艺技术追随
　　　工艺纪律贯彻、考核
　　}
　　工艺卫生 {
　　　工艺环境设施
　　　工位器具的制备与应用
　　　搬运仓储技术与设施
　　}
　　工艺开发 {
　　　工艺试验、工艺创新
　　　工艺人员知识更新、工艺技术培训
　　}
　　工艺服务 {
　　　根据用户需要提供工艺资料、工艺软件
　　　对产品发展改进提出工艺咨询
　　}
　}
}

2. 工艺成本的经济性分析

全年工艺成本 E 与零件年产量 N 呈线性比例关系(图 9-28),而单件工艺成本 E_d 则与年产量 N 成双曲线关系(图 9-29),后者对工艺成本的经济性分析更为重要。

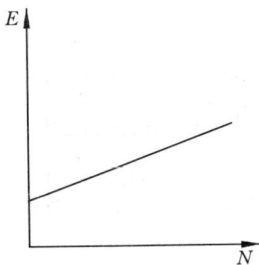

图 9-28　全年工艺成本与年产量的关系　　　　图 9-29　单件工艺成本与年产量的关系

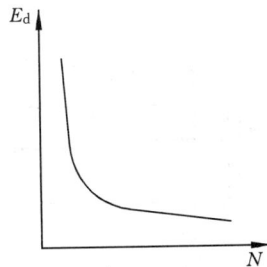

双曲线变化关系表明,某一工艺方案当不变费用 S 值一定时(它代表专用设备费用),就应该有与此设备生产能力相适应的产量范围(生产纲领)。产量小于这一范围时,由于 S/N 比值增大,工序成本增加,经济效益下降。相反,当产量超过这个范围时,由于 S/N 比值变小,说明可以采用投资更大、生产率更高的设备,技术创新将会使 V 减少而获得更好的经济效益。这就是为什么高效专用机床在大量生产条件下采用是经济合理的,而在单件小批生产中将因这种机床不能充分利用而变得不经济、不合理;在大批大量生产条件下使用专用工装是合理

的,而单件小批生产则采用组合夹具更合适。不同的方法在不同的生产条件下,它的技术经济效果完全不同。因此,在现代机械制造业中,一个零件随着企业生产结构的不同可以有多种不同的工艺方案。

在实际生产中,往往若干主要零件占据整个产品成本的大部分(10%左右的零件往往占据成本的60%～70%),因此对这些主要零件要进行重点分析计算。

然而,年产量一般不能主观确定,盲目扩大规模将造成大量库存积压、损失是很大的。最佳生产纲领最终取决于社会需求和企业对市场的把握。面对市场多变的现实,今后生产方向将是多品种小批量生产,应充分利用现有生产条件,从扩大产品品种来寻求经济性。因此,今后的生产模式会有很大变化。刚性流水线、无人化工厂将会逐步减少或被改造,而快速反应的计算机辅助下的人工干预占主要地位的灵活生产方式将会逐步增多。

9.4.2　降低工艺成本的途径

工艺决定着整个生产过程,它既包括工艺作业本身,也包括排序、储运和技术监督。也就是说,现代的工艺范畴应是包括工艺装备、工艺技术和工艺管理的完整系统。因此,降低工艺成本的路径也必须从系统本身来寻找。

1. 明确工艺过程的基本要求

工艺过程的灵活性较大,可谓是"条条大道通罗马"。但对不同技术要求、不同批量的零件和产品,使之全面达到安全、质量、成本、生产率四方面基本要求的方法和条件却不是任意的。因此,我们应该深入研究各种典型零件与产品在这些方面的规律性,对工艺过程提出恰如其分的要求,调动本企业或社会协作渠道的工艺资源,在保证质量的前提下用最经济的办法高效地制造出来。

例如,图 9-30 所示为一个活塞杆。经分析,其外圆 $\phi45h6$ 是主要表面,工作时该表面不仅与密封填料接触,而且还有相对运动,既是摩擦面又是密封面。所以对它提出 IT6 的尺寸公差等级的要求,同时对圆柱度和直线度等形状精度以及表面硬度和表面粗糙度也有一定要求。如何达到这些要求呢?

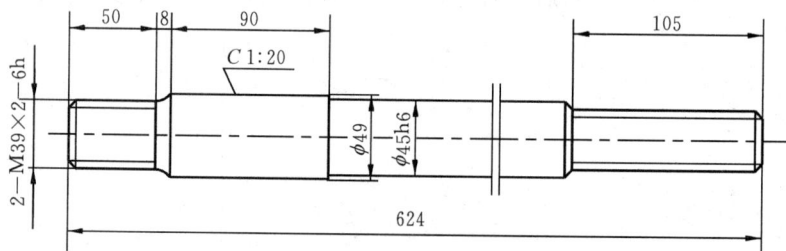

图 9-30　活塞杆简图

首先,对于毛坯是选择热轧优质钢锻造成形,还是选用外径合适的冷拉圆钢棒料?为了达到硬度要求是采用表面淬火还是氮化处理或表面渗碳淬火处理?不同的热处理方案对工序安排和加工余量有何要求?为达到精度和表面粗糙度要求,是先车后磨,还是车后进行滚压加工?为保证1:20外圆锥面与 $\phi45h6$ 圆柱面的同轴度要求,以及后工序与活塞配研加工的方便,应选择什么表面作为加工时的定位基面?另外,该零件细长,加工和储运时易产生变形,为此应作哪些特殊考虑?这些问题都是编制工艺规程时要回答的。必须结合零件生产纲领,生产条件等因素加以优化。

2. 合理选配机器设备和工艺装备

零件的加工均要借助于一定的设备进行。设备的选择应该适合工艺的最高原则。传统的通用设备适应性广,但效率较低,并对操作工人的技术水平要求较高,因此加大了工艺成本。在大批量生产中,加工对象相对固定,可选用组合机床(图 9-31)、多工位机床、专用机床等进行加工。机床的规格和精度等级也应与被加工零件的尺寸及技术要求相适应,并且要注意配套。只有配套的设备才能形成生产能力。

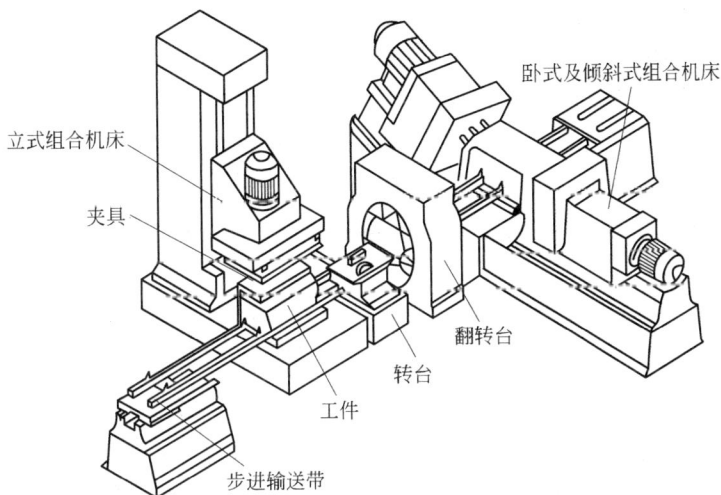

图 9-31　组合机床自动线组成示意图

工艺装备包括夹具、刃具、量具、模具及工位器具(为防止工件在储运中磕碰变形而专门设计的容器或挂架)等。在某种意义上它们比机器设备更重要。机器可以买到,而工艺装备的设计、制造、使用和管理却是一整套技术,往往凝聚着很多技术诀窍。如果只有机床而工艺装备不能配套,就如有马无鞍,仍然不能获得高效益。

工艺装备也可以分为通用和专用两类,前者已经标准化,由专门的工厂进行生产,以商品形式通过市场供应各企业;后者则通常由企业自己或委托专业厂设计制造。它只能适应一定的工件。

在机床上使用易于操作的工艺装备,不仅直接提高机床的生产率,而且降低了对操作工人的技术要求。这里面隐含技术转移问题。工艺装备一般需要认真地设计、加工和调整,这就需要技术人员、熟练工人并使用精密设备。在此过程中已将较高的技术含量转移到工装中去,以后即可由技术等级较低的工人通过使用工艺装备而生产出较高精度的工件来。这可用下式表示:

加工工件所需的总的技术含量＝转移到工装中的技术＋对操作工人的技术要求

在机器制造中,这是一个非常重要的关系。转移到工艺装备中去的技术越多,制造调整得越精确,在机床上安装每个零件所需要的时间就越少,对工人的技术要求就越低,因此也就提高了生产率,降低了成本。对社会来说,也提高了商品的利用率。在使用昂贵的高效机床时,非机动时间的减少是非常重要的。在引进先进设备时,应有意识地连带引进(或自行消化、开发)这方面的技术,才能做到花费小、见效快。

3. 合理选择毛坯、提高毛坯质量

正确选择毛坯类型有着重要的技术经济意义。选择不同的毛坯,不仅影响着毛坯本身的

制造,而且对零件机械加工的工序数目、设备、工具消耗、物流、能耗、工时定额都有很大影响。对于高效率的自动机床或自动化生产线,由于初投资很大,因而利用率必须很高。它对毛坯的精度尤有严格要求,不可能在装夹定位时进行个别调整,毛坯的一致性甚至是其正常运行的必要条件。为此,毛坯制造与机械加工两方面的工艺人员必须密切配合,以兼顾冷、热加工两方面的要求。选择毛坯时应注意以下几点:

①　加工与材料的作用是双向的。材料的可加工性决定其加工的难易程度;而工艺过程对材料的组织和性能又产生一定影响。这个关系可直接影响成品的品质和成本。

②　零件的结构形状和外形尺寸往往使毛坯的选择受到很大限制,设计时应照顾到毛坯制造的方便。在选用特殊方法时尤其要注意其在结构形状等方面的特殊要求。

③　要考虑生产纲领的要求。当产量较大时,应尽量选择精度和生产率较高的毛坯制造方法。尽管此时费用可能较高,但可从材料消耗的减少和机加工费用的降低来补偿。

④　既要考虑现有生产条件,又要考虑毛坯是否可以专业化协作生产。要学会通过市场采购毛坯。

⑤　选择毛坯时,应注意采用新材料、新工艺、新技术的可能。在改进毛坯制造工艺和提高毛坯质量后,往往可以大大地节省机加工劳动量,甚至比采用某些高生产率的机械加工工艺措施更加有效,例如采用精铸、精锻、精冲、冷轧、冷挤压、粉末冶金、压塑注塑成形等。用这些方法制造毛坯,只需要少量的切削加工,甚至不需要加工就可以直接装配使用。总之,确定毛坯时,在兼顾各方面因素的条件下,总的目标是尽可能提高毛坯质量,减少机加工量,提高材料利用率,降低制件的工艺成本。

4. 改进机械加工方法

产品生产与国情有着密切的关系。国情决定了我国的机械工业在今后一个时期内仍必须肩负双重任务。一方面面对新的技术革命迫切需要为各行各业提供高新技术的装备;另一方面又要面对自身 80% 仍处于传统产业阶段的生产能力进行改造。因此我国工艺工作的方针必然是既要创造条件进行技术创新,又要注意优化传统装备和工艺,使其充分发挥作用。

(1) 优化传统工艺,首先,机床的型号及主要规格尺寸应与被加工零件的外廓尺寸相适应,做到合理使用设备,避免大马拉小车;其次,机床的精度与工序中要求最高的加工精度相适应,使机床能尽其用,对高精度的零件加工有时还可通过旧设备改造,以粗适精;再者,机床选择还要结合现场的实际情况,结合生产对象、设备类型及规格与精度、设备负荷的平衡、设备的排列分布等情况,采用动作分析、流程优化、成组加工等 IE(工业工程)技术,予以改造,充分挖掘生产潜力。

(2) 合理选用高生产率的机床和工艺装备,并采用先进的加工方法。如在大批量生产时可选用多工位或专用、组合机床加工以及高速切削、以磨代刮、拉削等高效加工方法。要逐步扩大数控机床的使用范围。

(3) 实现工艺过程的机械化和自动化。

5. 优化工艺参数,减少时间定额

时间定额也称工时定额,是指在一定生产条件下规定生产一件产品或完成一道工序所需消耗的时间。常用的指标为工序单件时间 T_d。

$$T_d = T_j + T_f + T_{fw} + T_x + T_z$$

式中　T_j——基本时间,对机械加工来说就是机动时间(包括刀具的切入、切出时间)。例如车
削外圆的基本时间可用下式计算:

$$T_j = \frac{L}{nf} \cdot \frac{h}{a_p} = \frac{L\pi d_w h}{1000 v_c f a_p}(\text{min})$$

式中　L——车刀行程长度(mm),它包括加工表面长度和车刀切入、切出长度;

　　　n——工件转速(r/min);

　　　h——工件半径上的加工余量(mm);

　　　d_w——工件直径(mm);

　　　v_c, f, a_p——切削用量,单位分别为 m/min,mm/r 和 mm。

T_f——辅助时间,是指为实现该工序加工所必须进行的各种辅助动作消耗的时间。它
包括工件的定位和找正,装卸和检验,机床的调整,刀具的刃磨和调整,进退刀
和空程返回等;

T_{fw}　布置工作地时间,它是指为使加工正常进行,工人照管工作地(如更换刀具、润
滑机床、清理切屑、收拾工具等)所消耗的时间;

T_x——休息与生理需要时间,是指工人在工作班内为恢复体力和满足生理上的需要所
消耗的时间;

T_z——准备与终结时间,是指工人为加工一批零件进行准备和结束工作所消耗的时
间,如熟悉图样和工艺文件、领取毛坯材料、安装工艺装备、送发成品、归还工艺
装备等。若一批零件的数量为 n,则分摊到每个零件则为 T_z/n。T_z 一般与该批
零件数量无关。因此,批量越大,T_z/n 越小,在大批大量生产中几乎可以忽略
不计。

提高切削加工生产率,其基本途径就是要设法减少零件加工时以上各项的时间。

减少加工时的切削时间,可从提高切削速度、加大进给量和切深、减少加工余量及缩短刀
具的工作行程等方面考虑。

多刀、多刃、成形加工也是行之有效的办法。在一个工序中,对一个工件的几个不同表面
同时进行加工,或者用成形刀具同时加工几个表面,使这些步骤或进给过程合并,使若干个表
面的基本时间重合,从而缩短机加工的基本时间和部分辅助时间(图 9-32)。这种方法在成批
生产中使用很多。但必须注意,由于各刀具间的相对位置直接影响加工精度,所以安装和调整
刀具必须仔细进行,并严格进行首件检验和定期抽检或随机抽检。

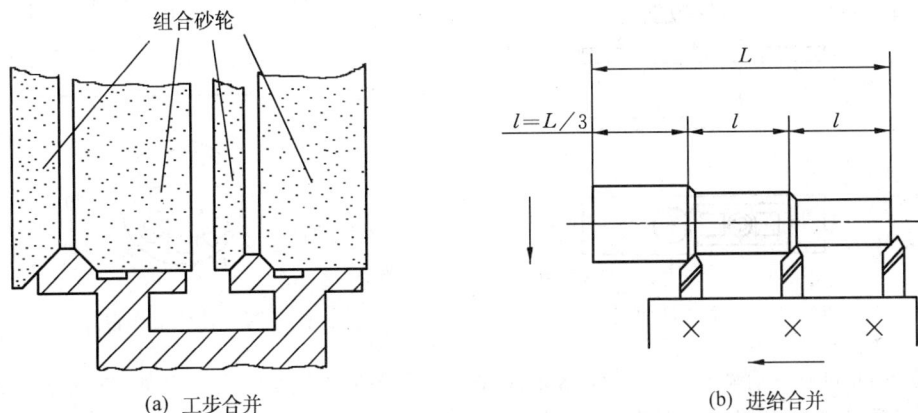

(a) 工步合并　　　　　　　　　　(b) 进给合并

图 9-32　工步、进给合并

　　可能的情况下还可考虑多件加工,即一次加工几个工件。如图 9-33 所示,在滚齿机上顺序加工若干齿轮,减少切入切出时间,亦可减少安装夹紧的辅助时间。又如图 9-34 所示,在卧铣上用一组刀具同时加工几个平行排列的工件。从提高生产率的角度看,比顺序加工更为有利。还可将顺序加工和平行加工相综合,更适用于大批量生产,其切削效率更高。

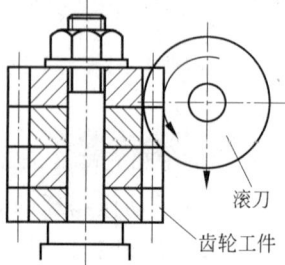

图 9-33　顺序加工

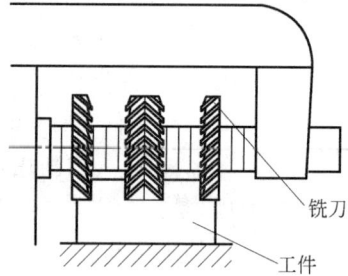

图 9-34　平行加工

　　在单件生产中,辅助时间占有较大比重,有时甚至超过基本时间。改进措施中,一类针对直接缩短辅助时间,如广泛采用先进夹具(对于大批量生产,可采用气动、液压驱动等高效率的专用夹具;对于中小批量的生产,可采用通用可调夹具或租用组合夹具)以缩短工件的装卸时间。又如采用定程装置和刀具微调机构,以减少加工过程中对刀、试切和测量工件的时间。在机床上配备数字显示装置,可在加工过程中连续显示工件尺寸变化的情况,并能准确地显示刀具的位移量,可大大缩短停机测量的辅助时间,容易保证零件的尺寸精度。再一类缩短辅助时间的办法是将其与基本时间重合。例如,在车床、多刀半自动车床或外圆磨床上用心轴定位加工盘套类工件外圆表面时,可采用两根同样的心轴,一根在机床上工作,另一根装卸工件,以交替连续地进行加工。再如,可在机床上使用转位夹具或转位工作台。采用转位夹具如图 9-35 所示,夹具的一边在加工工件,另一边装卸工件。切削完毕后,夹具转动 180°,下一工件即进入切削位置。采用转位工作台如图 9-36 所示,机床可连续进行加工,工人随行装卸工件。此外,还可在加工过程中采用在线测量,既能保证加工精度,又能减少辅助时间。如果采用自动测量,生产效率可进一步提高。

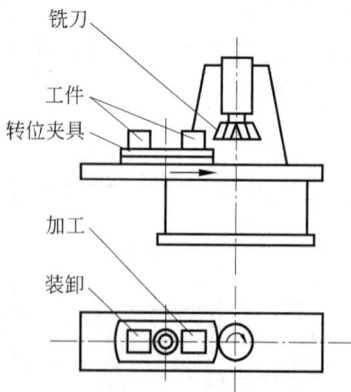

图 9-35　转位夹具加工

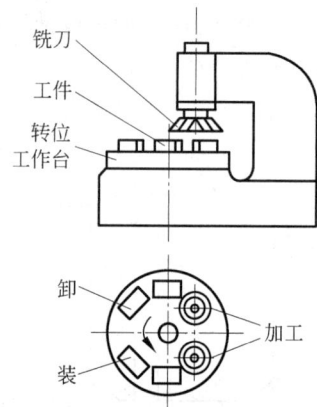

图 9-36　转位工作台加工

　　其他时间的减少有赖于提高科学管理水平,合理安排和调度生产。例如,缩短工作地服务时间,除可采用刀具和砂轮补偿装置及时调整刀具的磨损和砂轮的磨耗外,还应对刀具进行标准化管理,缩短每次更换刀具的时间;提高砂轮和刀具的耐用度,以增加在一次修整或刃磨后所加工的零件数。又例如缩短准备与终结时间,除采用液压仿形机构和数控机床以减少工人熟悉图纸时间外,还可采用成组加工技术以减少工艺装备准备时间。

6. 开展工艺试验,求得工艺发展

一个机械产品,大体要经历开发研制、批量生产、市场饱和和衰退四个阶段。这个经济寿命周期正呈现出越来越短的趋势,研制新产品的压力越来越大。新产品占有市场,不仅设计要创新,而且工艺上也要有所突破。国外有些产品的工艺连专利都不报,属严格保密的技术诀窍。即使是已引进的技术,也要解决好消化、吸收、培训、配套、维护的问题,以提高引进效益。工艺技术是制造业中的关键技术,是构成企业核心竞争力的重要组成部分,因此必须引起足够的重视。

9.4.3 加强工艺管理

工艺管理是工艺装备和工艺技术之间的纽带和桥梁,是一种无形的、潜在的资源。它着眼于工艺装备和工艺技术的综合,综合可以出新质,就可以形成新的生产力。一般说来,一个企业更新装备是耗资巨大且不易实施的,但在现有装备条件下更新工艺思想,加强组织管理,或在有效管理基础上再科学地进行革新、改造却往往能收到事半功倍的效果。所以单独从静态资源的水平高低来确定工艺水平的高低是片面的。我们应该转变观念,向工艺管理要效益,促进我国制造业由粗放型向集约型转变,以适应社会主义市场经济的要求。

1. 产品设计应与工艺设计相结合

为了合理、经济地进行生产,应从设计开始,以至确定结构材料、选择加工方法和设备,安排生产计划等等,都应考虑到制造工艺的要求,将生产中可能出现的问题解决在技术准备阶段,而不是等到生产中损失已经出现再去弥补,届时一个卓越的设计很可能因为不能经济地制造而失去市场和机会。虽然确定工艺是工艺工程师的职责,但是采用什么方法和设备来加工零件,设计师却起着间接的,却又十分关键的作用。例如,设计师的设计是使用压铸件,显然就必须使用压铸机并制备昂贵的压铸模具。又如设计师将零件加工公差确定为 0.005 mm,在本质上他已将"磨削加工"写在图纸上,因为一般的切削加工方法是达不到这个精度的。如果实际上并不需要这么严格,采用这种花费较大的加工就是一种浪费。还有一个很典型的例子:某国一飞机工厂,花费了大量精力和财力以完成一个精度要求很高的宇航器薄板覆盖件的外协加工。为此制备了高精度的模具,甚至还专门购进一台昂贵的大台面高精度冲压机床,理由是图纸技术要求中标有"全部尺寸公差为 0.05 mm",而调查表明,放在这个特殊凹坑中的唯一东西竟是驾驶员的鞋尖。可见设计的结构,确定的精度要求等等,是多么直接关系着将要采用的加工方法和成本。此外,设计师也必须考虑到所设计零件的产量,使其结构、材料能适应经济规模的要求。总工程师要负责协调上述工作。设计阶段就要工艺人员参与,并且往往要反复多次才能最后确定下来。

近年迅速发展起来的计算机集成制造系统(CIMS)使整个生产系统跃上了一个新的台阶。设计过程采用并行工程(CE),将串行的各个环节并行起来进行。组成多学科的设计小组(人员可不在一地),甚至包括市场人员和售后服务人员。设计中可在计算机互联网上进行异地信息交换,充分考虑可制造性、可装配性、可测试性。最新的波音 777 的生产便是按照并行工程思想进行的成功案例。它的实施组织了 238 个不同的小组,遍及全球,甚至包括各配套公司的人员,采用数字化定义及数字化预装配,实现了整机无图纸生产,不需制作一架样机便一次成功,并投入批量生产。

2. 工艺的统筹

编制工艺规程的过程,实际上就是根据产品零部件的技术要求和企业的生产条件,以科学理论和方法为指导,选择加工方法,合理拟定加工程序,是在对各种加工方法、工具、设备的优缺点进行全面分析的基础上进行统筹安排的过程。这个过程的落实为各工序之间的协调。例如,合理、稳定的毛坯尺寸对热加工制备毛坯,工具部门设计制造工艺装备,机械加工部门编制工艺卡,检验部门进行质量控制等环节都是重要的前提。为缩短生产周期这些环节又都几乎是并行进行的。凡事预则立,不预则废。协调工作做在前面,可收事半功倍之效。

3. 工艺的实施、控制及其追随

工艺管理也是一个系统工程。工艺部门对所设计的工艺规程、专业工艺守则、工艺装备设计质量等还应在实际生产中进行核验和改进。对于新产品更应如此,并且贯穿样机、小批试制、批量投产等各环节。样机的技术追随重点应放在产品设计和结构工艺性上;正式投产后,工艺追随则更应注重生产过程的合理化和工艺纪律的贯彻执行。

4. 工艺纪律的贯彻和考核

工艺纪律是指由全部技术文件和工艺管理程序所确定的应遵守的纪律,包括工艺管理机构工作的科学性;工艺操作人员素质(如关键岗位持证上岗);工艺技术文件和工艺规程的正确、齐全、统一、贯彻;工装设计与管理;各类文件的修改程序;以及工艺发展规划和工艺试验等内容。严肃工艺纪律的最终目的是保证工艺工作顺利有序地进行,否则工艺工作的效果就会打折扣。

5. 工艺卫生

工艺卫生是指产品制造时的清洁卫生程度。这一要求是科技发展对产品的可靠性和功能价值要求越来越高的条件下提出的。据统计,若一个企业零件加工的平均废品率为2%,如果产品工艺卫生不好,则零件装配成的产品到用户手中时,精度已平均损失20%。这是由于野蛮装配,以及零件在中转运输过程中受到磕碰、划伤、锈蚀、放置位置不正确引起变形所致。因此,应该对产品及零部件设立明确的清洁度标准,制定保证清洁度的工艺,完善保证清洁度的工艺装备、工位器具和检验方法,优化工艺环境和加强对员工进行工艺卫生教育等。

6. 人才智力开发

优秀的员工及其在长期工作实践中积累的技术和优良传统是企业的无价之宝。企业一定要把开发工人和技术人员"头脑中的潜在资源"提到日程上来,更新他们的知识和观念。将工人技术培训、技术人员知识更新以及开发性培训、服务性培训形成制度坚持下去。舍此,不仅产品的竞争能力提不高,对吸收外国先进技术、开拓国际市场也会遇到困难。

复习思考题

1. 零件制造的工艺过程包括哪些基本概念?它们的含义是什么?
2. 工件安装包括哪两个重要环节?主要有哪几种安装方法?它们的特点是什么?
3. 工件安装中的六点定位原理指的是什么?
4. 什么是设计基准?什么是制造基准?它们各包括哪些内涵?
5. 根据什么原则选用零件加工中的定位粗基准和定位精基准?
6. 制定零件的加工工艺主要应该考虑哪些方面的问题?

7. 在机械工业中,设计与工艺存在怎样的关系? 应如何正确处理设计与工艺的关系?

本章主要参考文献

1. 张学政. 金属工艺学下册. 北京:中央广播电视大学出版社,1996
2. 金问楷. 机械加工工艺基础. 北京:清华大学出版社,1990
3. 司乃钧. 机械加工工艺基础(金属工艺学Ⅲ). 北京:高等教育出版社,1992
4. 李广奇. 机械制造工艺技术管理. 武汉:湖北科学技术出版社,1984

本章推荐选用的教学电视片

1. 黄德胜. 挂轮轴加工(27 min). 清华大学音像出版社
2. 沈其文. 重型工件的切削加工(22 min). 清华大学音像出版社
3. 张学政. 轴盘的加工(30 min). 清华大学音像出版社

10 微细加工与集成电路制造

导 学

众所周知,现代社会广泛使用的一切设备和仪器,从计算机、数控机床、汽车到三坐标测量机,从手机、微波炉、模糊洗衣机到数码相机,几乎无一不与集成电路有关。事实上,集成电路已经成为现代社会运转不可或缺的器件。那么,集成电路是怎样制成的呢?除了该领域的少数专业人员了解外,即使有机会到生产集成电路的超净制造车间参观,你也只能看到种类繁多、功能各异的产品和隔窗而望的粗略工艺过程。实际上,集成电路的成功涉及迄今为止,人类在精密制造和表面加工领域所创造的最重要成果,其中包括微细加工。本章旨在使读者向21世纪的一个重要发展方向,即微机电器件制造领域,去拓展自己的知识视野,了解微细加工的重要性、硅片的制造过程和集成电路生产的一般工艺流程。如果读者有兴趣进一步了解其中的工艺细节,熟知其中的专业术语,还需要参考其他相关的专业文献或技术资料。

10.1 微细加工技术

10.1.1 微细加工

微细加工指的是包括在亚微米尺度上制造产品的一切工艺过程。例如在中国古代,金属箔(如金箔)可以通过手工辊碾,使之薄至几微米;通过精密模具,可以拉出直径为几微米的金属丝;在瑞士产的精密车床上,可以加工出亚微米级的轴;许多磨料加工和特种加工工艺(参见图 2-10、图 2-30、图 2-33),都可以实现以上尺度的加工。在某种意义上,机械手表就是一件件微细加工的产品。的确,从微细加工的观点看,以上这些都属于传统的或常规的工艺和产品。从狭义的观点看,微细加工是把集成电路技术应用于制造微型的机械或电子机械器件,即微电子机械系统(micro electronic and machinery system,MEMS)。其产品或是纯机械的,例如齿轮系;或是电子机械的,例如微传动装置或微电机。

目前微细制造的最主要应用是微传感器和微传动装置,它们可以把能量从一种形式转换成另一种形式。1987 年,美国首次制造出直径仅为 $60~\mu m$ 的静电微型电机。继后又研究出外形尺寸仅为几十微米的微型齿轮和微型弹簧等可实现转动、移动和滚动的微机构。在此基础上,科学家不能不讨论这样一个重大的问题——制造微型机器人。微型机器人可以潜入人体的血管、脏器或潜入大型机器设备的狭小空间,去疏通血管、诊治疾病、提供信息或进行微检修等。据《科技日报》报道,武汉大学研制成功的纳米级超微电极,并将其插入活体细胞,从而首次测得细胞内部的神经递质的动态信息。由此可以看出,微型元件的制造,不仅对微细机械工程起着重要作用,而且有可能为生命科学的发展提供有力的研究手段。

对于制造微型的电子机械器件,有必要利用和扩展集成电路(integrated circuit,IC)工艺技术。这是因为组成集成电路的各层厚度经常只有几分之一微米。相比之下,甚至压力传感器的一个薄膜片也厚至几个微米。对于一个微齿轮,其层厚尺寸就大得更多。图案的清晰度必须具有高质量,沟槽的侧壁必须垂直和光滑。因此,其技术难度可想而知。

集成电路的制造离不开硅,而对以硅为基体的微细加工可以采用下列两种方法:

1. 体硅微细加工

这是指从上到下的去除式加工工艺。在这种工艺中,由光刻所确定的图样把晶体或非晶体材料腐蚀掉。高灵敏度的光刻胶与氧化物掩膜一起,保证所需要部分不被腐蚀。采用适当的蚀刻技术,可以形成深的($>200~\mu m$)和窄的沟槽(深宽比大于 10:1)。将微细加工过的几个薄片放置在彼此的顶上,并通过扩散键合将这些薄片连接在一起,就可以形成内空和封闭的空间,从而制成所需要的器件。

2. 表面微细加工

这是指从下到上添加式的工艺方法。首先淀积连续的多晶硅层,再通过光刻和蚀刻的方法去除不需要的区域。如果一个底层(牺牲层)淀积在衬底(硅片)上,然后完全被溶解,就可以形成独立的零件。由于这种结构是一层一层堆积起来的,因此有可能形成多零件的组合体,例如一个或几个齿轮与整体的轴可以组合在一起,而构成微齿轮系。

尽管硅是脆性的,但其密度($2.3~g/cm^3$)小于铝,弹性模量与钢相同($210~GPa$),屈服强度高($1 \sim 2~GPa$),并且不存在磁滞现象,这就使得硅成为极好的弹性负载构件。其熔点为 $1414℃$,因此可以在 $1000℃$ 进行扩散键合。

在传感器中,硅的许多物理和化学性能也可以利用。例如,压力传感器是基于 $2 \sim 20~\mu m$ 厚、嵌入应力片或压电传感器的膜片,它用于汽车的主动液压悬挂机构和大气压力传感器等。

值得注意的是,当加工的线形尺寸减小到一定的程度,就会引起在平常加工中难以遇到的尺寸效应问题。即由于线性尺寸的减小,与质量相关的效应呈三次幂减小,而与表面相关的效应只呈平方减小。因此,加工中的摩擦力和粘性摩擦急剧增加,从而导致增加磨损的危险。

光刻是一种与传统方式完全不同的微细加工方法。采用同步加速器的 X 射线光刻,可以制成表面光滑(最大表面粗糙度 Ra 值为 $0.02~\mu m$)、垂直侧壁小到 $0.1~\mu m$ 的线条。有关光刻的工艺过程将在本章集成电路制造中详述。

应用极为广泛的 CD(或 CD-ROM)盘就是微细加工的很好例子。它是通过下列非常复杂、严格的 14 道工序制造成功的:

(1) 将玻璃盘抛光到表面粗糙度 Ra 值为 10 nm,平面度为 $10~\mu m$;

(2) 清洁并干燥;

(3) 涂覆正性光刻胶;

(4) 用激光束绘制图样节距为 $1.6~\mu m$ 的螺旋;

(5) 对光刻胶显影;

(6) 检测正片的玻璃主盘;

(7) 镀银以检查质量;

（8）用溅射 Ni 层的方式对玻璃主盘镀膜；

（9）通过电铸沉积 Ni 层到 $250\sim300\ \mu m$ 的厚度；

（10）将(负片)镍的主盘(称为压模)背面抛光到 Ra 值 $0.3\ \mu m$；

（11）从玻璃主盘上分离；

（12）去除光刻胶，模压正的聚碳酸酯塑料盘；

（13）为提高反射率，用 PVD 法镀铝；

（14）最后用透明塑料膜保护。

在医疗领域，采用微细加工，可以生产出非常微小的埋入式手术装置——内窥镜。它是由一根管子装有反射图像的光纤维、光源和工作通道构成的。通过工作通道，微型工具可以在其中工作。内窥镜的尖用金属护皮电缆弯曲，这也可以用形状记忆合金线所取代。

目前，微细制造正不断扩展其应用领域，而与之密切相关的微型器件和微型仪器，有可能成为 21 世纪极具潜力的新型产业。

10.1.2　纳米技术

一般来说，纳米技术是指在亚微米的尺寸范围内制造零件的工艺。但有时候则指的是能够用纳米表示零件制造公差的工艺能力。一般来说，纳米范围被认为是 $10\sim100\ nm$。如果说，一个纳米大体相当于 3 个原子的间距，那么，纳米范围就相当于 $30\sim300$ 个原子的间距，因此纳米技术是在分子尺度上的技术。

纳米技术中目前有纳米加工和分子工程两种类型：

（1）纳米加工是一种从上到下，以去除的方式生产零件，主要通过 IC(集成电路)工艺减小尺度。

上面所述的 CD 盘是一个可以存储大量信息的机械器件。信息以微小凹坑的形式嵌入其上，由激光来阅读信息。使用分子束外延和有机金属化学淀积的方法可以产生厚度仅为 $100\ nm$ 的层。

（2）分子工程是一种从下到上，以添加的方式生产零件。它建立结构的目标是采用自然界建立的方式。一些医学方面的自装配工作，如药物的分子装入体内的受体中，就像锁中的钥匙。又如，在分子晶体方面，分子的自组织工作造成分子晶体，例如液晶聚合物。DNA(脱氧核糖核酸)通过自复制工艺也可以做得恰到好处。所有这一切技术不仅可以替代一些天然的产品，而且可以替代目前采用传统技术和微细加工制成的一些器件，例如传感器和激励装置等。

微电子器件是第二次工业革命的媒介。它们控制着从机器人到微波炉、从汽车发动机到模糊洗衣机；实现从袖珍计算器到超级计算机的运算；使通讯从电话到卫星，再到光导纤维器件；在娱乐和教学领域，获得从收音机到电视机，再到计算机辅助教学的发展；在现代制造领域，它们是应用非常广泛的 CAD/CAM 和 CIM(计算机集成制造)的心脏。

微电子器件主要基于半导体材料，例如掺杂的硅和砷化镓中发生的电子现象。通过批量生产的方法，在硅片表面完成平面排列，形成模拟电路和数字电路。通过压缩单个器件的尺寸，含有数百万个元件的集成电路可以安装在边长只有几毫米的单个芯片上。设计和制造方面的不断进步，使得在急剧降低成本的情况下不断改善着器件的性能。

借助于计算机辅助设计（CAD），人们掌握了超大规模集成电路（very large scale integrated circuit，VLSI）和甚大规模集成电路（ultra large integrated circuit，ULSI）极为复杂

的电路特征。元件的密集度要求器件用 1 μm 以下的最小尺寸进行加工,因此发展出许多新的制造技术。其中一些来自实验技术,但更多则来源于制造工艺采用的技术。

器件的运行取决于在高度控制方式下杂质(掺杂)原子的掺入。不需要的杂质、晶体缺陷以及晶体或电路的局部损坏都会使器件的运行失败。因此,制造必须在一个高度自动化、异常清洁的环境中进行,并必须注意减小随机事件的发生。高标准的清洁度要求产品避免人们的接触。由于工艺工程中采用的许多化学品是有毒的,如果工作场地确实需要工人,必须穿着防护服装。

发展更为复杂的器件需要完整序列的制造工序。光刻、膜淀积和离子注入技术的成功开发和严格控制,使得器件的微型化成为可能。

应用于微细加工的各种技术,批量制造出基于机械、电子机械和其他原理的亚微米器件。通过纳米加工和分子工程的不断发展,研究和生产的前沿正朝着更小尺度的产品扩展。

10.2　硅片的制备

我们知道,制造集成电路的半导体材料必须避免偶然掺杂的元素,同时所允许的杂质浓度是非常低的。在一般的工程应用中,99.99%的纯金属(例如,超纯净铝或电解锌)被认为是非常纯的。而在电子级硅(EGS)中,杂质元素的浓度应该是每十亿分之几的量级。

1. 电子级硅(EGS)的生产

要生产制作硅片的单晶硅,必须先制备纯度非常高的籽晶。而用作籽晶的电子级硅是按下列步骤生产的:

(1) 将碳棒浸入融熔石英砂(纯 SiO_2)的电弧电炉中,可得到含量为98%的纯硅。它可以用于冶炼合金,但如果要用于集成电路领域,还必须进一步精炼。

(2) 将上面得到的硬且脆的硅碎裂、粉化,并在 300℃ 时与无水的氯化氢(HCl)反应,生成三氯氢硅气体。

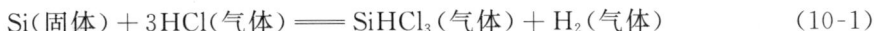

$$Si(固体) + 3HCl(气体) \Longrightarrow SiHCl_3(气体) + H_2(气体) \tag{10-1}$$

接着在室温下将三氯氢硅($SiHCl_3$)和杂质的氯化物冷凝成液体。利用三氯氢硅的低沸点(32℃),用分馏的方法把它从杂质的氯化物中分离出来。

(3) 最后通过与氢气反应的化学气相淀积(CVD),获得电子级硅。

$$2SiHCl_3(气体) + 2H_2(气体) \Longrightarrow 2Si(固体) + 6HCl(气体) \tag{10-2}$$

2. 晶体的生长

微电子器件要求的晶格缺陷最少。因此,需要在单晶炉中生长出几乎完美的晶锭。

晶体是靠一种按比例放大改型后的实验技术生长的,这种技术被称为 Czochralski 方法(图 10-1)。将电子级硅(EGS)的碎片装入由石墨基座支撑的坩埚(通常由纯 SiO_2 制成)中,用感应或电阻加热的方法供热。硅在 1414℃ 熔化。要使晶体在固定的方位上长大,需要将籽晶部分地浸入熔池中,然后在转动的同时缓慢地向上提拉(坩埚同时转动)。这样,高纯度的固体硅就淀积在同样方位的籽晶上,形成圆柱形的单晶(晶锭)。单晶的生长是在真空或惰性气体(氦气或氩气)的保护下发生的。由仪器密切监视着单晶炉的运行,计算机用于完成闭环控制。

3. 硅片的制备

晶坯从单晶炉中取出并冷却以后,制成硅片(衬底)要经过下列许多步骤:

　　(1) 检测　首先要检测晶体结构、电阻率和缺陷。从晶坯上切下来的两端、碎片和有缺陷的部分(约占晶坯的 50%)则回炉熔化。由于硅非常硬,必须采用旋转的金刚石锯片切割。虽然理论上也可以采用超声波工具切割,但在半导体工业中较为少见。

　　(2) 磨削　用金刚石砂轮将切割好的晶坯磨削成完美的圆柱形,然后沿着轴线方向磨出两个平面,以鉴别晶体的晶向和杂质类型。

　　(3) 切片　将晶体切成很薄(0.6～0.7 mm 厚)的硅片。为了减少损耗,采用很薄(0.325 mm 厚)的涂有金刚石粉末的不锈钢内圆锯片切割(图 10-2)。大约 1/3 的硅在切割中再次耗损掉。

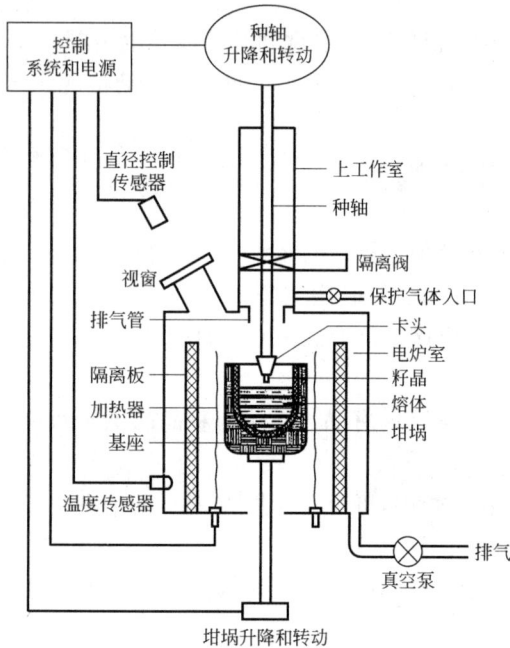

图 10-1　采用 Czochralski 技术拉制单晶硅　　　　图 10-2　用金刚石内圆锯片切割硅片

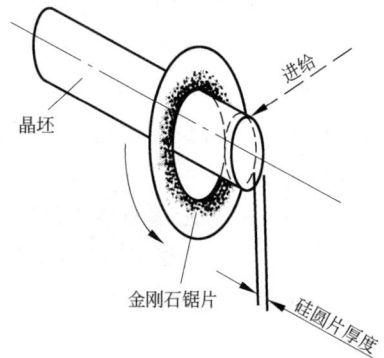

　　(4) 研磨　采用混合有氧化铝(Al_2O_3)的甘油作为研磨液。硅片在研磨机上经研磨后,它两面的平面度和平行度同时得到改善。

　　(5) 倒棱　硅片的棱边需要用金刚石砂轮磨出圆角,以防止碎裂。

　　(6) 腐蚀　采用化学腐蚀,去除硅片上被机械损坏的表面层。

　　(7) 抛光　硅片用细颗粒(10 nm)的 SiO_2 的含水氢氧化钠(NaOH)溶液抛光。依靠综合的机械作用和 NaOH 对硅的氧化作用,使硅片每边大约去除 25 μm。此时,硅片的表面粗糙度 Ra 值达到 2 nm,在以后的整个清洁过程中必须保持。

　　(8) 洁净　在甚大规模集成电路器件中,栅氧化层的厚度低于 10 nm,因此硅片的表面必须非常清洁、平整和没有自然氧化物。硅片在一种特殊的溶液中清洗,以去除所有的残余物。清洗步骤极为严格,有时要采用高频率(850～900 kHz)大功率(850～900 kHz)兆赫声波清洗。之后还要对晶片进行严格的检测。此时,硅片已经制备完毕。

　　从制备过程中可以看出,为了得到性能优异的集成电路,对成品硅片的整个工艺过程要求苛刻。由于工艺过程的复杂性和器件的微细性,晶坯材料的有效利用率是相当低的。

10.3　集成电路制造

我们知道,晶体管最初被制成分离器件,然后用导线连接成完整的电路,以实现其应有的功能。随着集成电路的引入,一切电路元件(包括晶体管、电阻和电容)开始以一种越来越高的密度,集成在小小的单个硅片上。这样,就需要登峰造极的微型化技术。

最初的集成电路只含有几个器件,而且外形非常大。因此,必须尽可能减小器件的尺寸,以便在单个芯片上制作更多的器件。信号大体是以 5 ns/m 的速度传播的,因此器件的运算速度随着特征尺寸的减小而增加,而能量损耗也随之下降,冷却的问题也趋于缓和。这种优势产生的强大吸引力,使得研究人员对单个芯片上集成度增加的努力从来没有停止过。另外,伴随而来的好处是,由于大规模集成,器件外部的互联以及与此相关的失效数量下降,从而使得集成电路的成本按摩尔定律大幅度地下降。

微型化依赖减少特征尺寸。器件的最小特征尺寸被定义为最小线宽和最小间距的平均值(特征尺寸已由早期的几微米达到当前的 0.18 μm)。人们预计,当特征尺寸减小到小于 0.1 μm 时,由物理现象所产生的影响将达到某种极限。因此,在这些极限到达之前,不得不克服各种困难。一方面,设计极为复杂电路的难度变得非常大。但幸运的是,同时发展出的成熟的 CAD 技术已经使之成为可能。计算机程序不只是用于电路图设计,而且用于电路性能的模拟。另一方面,制造本身面临的挑战也事关重大,因为在给定的电路中,缺陷出现的可能性变得更大,问题随着集成度的增加而增加。然而根据已有的实践,人们相信,在三维(多层)芯片上,有可能将上亿个元件集成在一个芯片上,从而达到千兆规模。

难以计数的新芯片正在设计,与之相适应的微细制造技术也在协调发展。在集成电路的制造中,硅片是作为衬底使用的。通过一系列的工艺步骤,在衬底上制成平面的器件。本节主要介绍集成电路制造中采用的一些基本技术。

10.3.1　集成电路制造工艺概述

正如我们所知,集成电路是由半导体、绝缘体和导电特性的复杂图案组成的,因此,它们一定是建立在几个重叠层里。解决问题的思路有两个,或者通过周密设计所完成的淀积来获得必要的图案;或者通过在整个表面淀积后再去除不必要的部分。

制作集成电路的主要工艺步骤如图 10-3 所示。所有器件的衬底不是 n-型就是 p-型硅片。掺杂元素的浓度或者在晶体生长时进行,或者在硅片制备时通过整体扩散进行。衬底准备好了就可以着手做电路。器件一般为多层,对于每一层,要制作一个图案。它是通过光学缩小的方式制作一块光掩膜得到的。首先要将图案转移到硅片表面,接着硅片表面氧化,然后在涂一层光刻胶后通过光掩膜曝光。光刻胶的不需要部分被溶解,暴露的氧化膜被腐蚀掉。因此,每产生一个氧化物掩膜,就将杂质元素扩散入衬底。这个工序重复几次,直到器件制成。金属导电通路被淀积在表面,为产生的电路提供与外部的连接。最后,对集成电路进行封装,以防止损坏和环境影响。

10.3.2　基本的制造工艺技术

应该指出,几乎所有的工艺过程都是以批量生产为基础的。通过成百上千片硅片同时进行的工艺过程,以及高度的自动化,使得单个器件的成本非常低。下面介绍集成电路制造的基

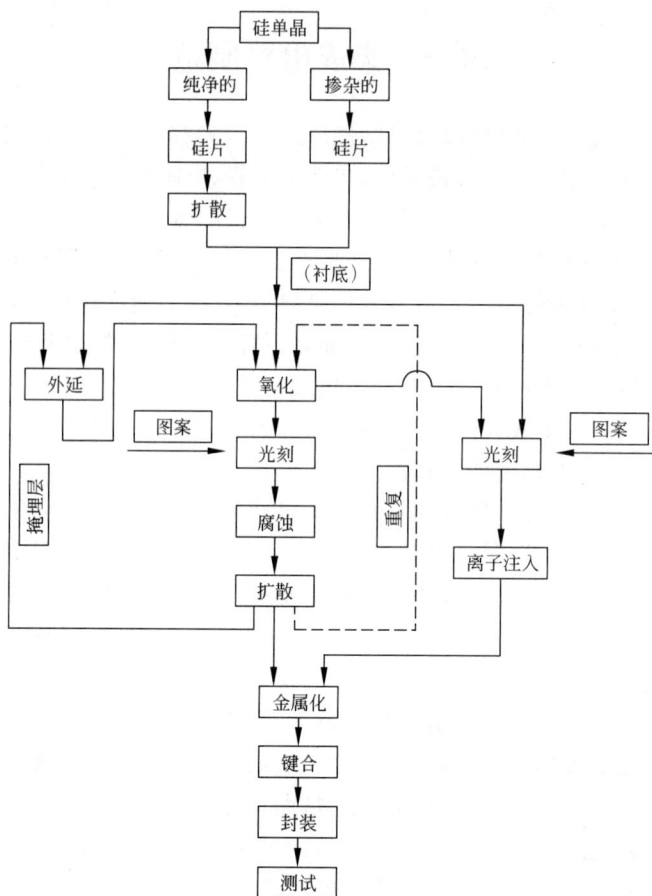

图 10-3　制作集成电路的主要工艺流程

本工艺流程：它包括改变表面成分、表面薄膜的淀积、光刻、腐蚀和封装等一系列必要的工序。

1. 改变表面的成分

有时候在硅片的整个表面,有时候则由抗蚀剂图案所决定的位置来改变硅片的成分。这可以通过扩散或离子注入将杂质原子引入表面,或者由热氧化反应引起。

扩散　这是指在受控的方式下,将所需要的杂质元素扩散到硅中。这是改变硅片成分的一种最重要的方法。扩散主要有下列两种作用：

(1) 整体扩散主要用于改变整个衬底(硅片)的性能。硅晶体在生长时,能够控制一定量的杂质元素,特别是 As、P、Sb 或 B 元素,以得到 $0.0005\sim50\ \Omega\cdot cm$ 的电阻率。

(2) 定位扩散主要有下面三个作用：在有源器件中,得到 p 区和 n 区;制造电阻条;或得到内部互连的高掺杂区和同金属接触的焊块。

最通用的技术是在 $800\sim1200℃$ 进行的热扩散。它采用气体、液体或固体源作为掺杂剂。例如,硼可以从四溴化硼中扩散得到。

扩散是在高温下进行的。一般来说,较小的原子扩散更快。在不同的工艺步骤中,扩散速度的差别可以用来控制杂质穿透的深度。所有的原子更容易和更愿意沿着晶粒的边界扩散,而在晶体结构的其他不良因素下更是这样。这就是采用高纯度、无缺陷的单晶硅片的原因之一。

扩散是全方向的。因此,离开掩蔽层边缘的扩散是不可避免的,这一点就限制了能够生产的特征长度(线宽)。为了防止不必要的扩散,经常要淀积扩散的阻挡薄层。

杂质的浓度在表面最高,并可能达到固体溶解度的极限。掺杂的浓度将随着深度的增加而迅速下降。如果希望更均匀扩散,在预沉积之后要紧接着加热(驱动扩散)。为了防止在驱动扩散中杂质通过表面逸出,在预沉积之后,要形成一层薄的氧化膜。

离子注入 该工艺也是为了在高度控制下掺杂而为半导体工业发展起来的。离子注入的剂量容易控制,通常在 $10^{14} \sim 10^{18}$ 原子/cm^3。在掩蔽层的边缘,可获得非常陡的浓度梯度,因此可以减小线宽。同时,掺杂时硅片的温度仍然是低的。

离子的高能冲击大大地干扰硅片表面。硅原子可能被撞出其晶格位置而形成空穴,出现实质性的结构破坏。事实上,注入层变成非晶态。因此在离子注入后,紧接着是在 $200 \sim 800℃$ 进行退火,以重新建立起晶体结构。与此同时发生的是,杂质原子也被驱动到更深的部位。这就是无方向扩散不希望的影响。因此,经常采用比较有利的激光快速退火。

热氧化 对于集成电路制造,二氧化硅(SiO_2)有几种合乎需要的性能。它是一种绝缘体,能够提供器件的介电绝缘;它也是 MOS(金属-氧化物-硅半导体)器件的基本组成部分;在多层结构中,它起隔离导体的作用;它对硅的附着性很好,但是比硅的热膨胀系数(2.6×10^{-6})低(二氧化硅的热膨胀系数为 0.8×10^{-6}),并可产生大的热应力。P、Sb、As 和 B 在二氧化硅中的扩散很慢。因此,甚至一层薄膜(经常的是 $0.5\ \mu m$ 左右)就可以用作扩散的阻挡层,来阻止预先所沉积杂质的损失;或用作扩散掺杂的掩蔽层。但是,Ga、Al、Zn、Na 和 O 在二氧化硅中的扩散快,对于这些元素,必须采用氮化硅作阻挡层,同时在硅的表面经常有一薄层二氧化硅界面。

2. 表面薄膜的淀积

薄膜是通过材料淀积在整个表面上形成的。

外延 外延指的是与衬底同样的晶向上生长晶体。在本质上,长出的新层成为衬底的一个延续。在籽晶上从液体中生长出硅晶体和在离子注入后退火都是这种情况。在同质外延中,外延层与衬底是相同的;在异质外延中,外延层是不同的材料。

对衬底表面的清洁度要求极其严格。因此,以前清洁过的硅片首先要在反应器中在 $1200℃$ 下用氯化氢(HCl)气体腐蚀,接着在该设备(反应器)中淀积。生长反应器是一个高纯度的石英钟罩,其中硅片放置在镀有石墨、或氮化硅(SiN)、或碳化硅(SiC)的石英基座上,采用射频感应或辐射的方式加热。最通常使用的技术是化学气相淀积(CVD),它通过氢气还原硅的卤化物来实现。例如,四氯化硅($SiCl_4$)在 $1150 \sim 1250℃$ 的温度下,与氢气反应,就可在整个硅片上淀积硅。

$$SiCl_4(气体) + 2H_2(气体) = Si(固体) + 4HCl(气体) \qquad (10-3)$$

外延层以 $0.2 \sim 0.3\ \mu m/min$ 的速度生长。掺杂的元素与卤化物共同淀积,例如砷烷(AsH_3,有剧毒)在热的硅片表面上分解,并被截留在外延硅层中。杂质原子也会从衬底扩散到外延层中(自动掺杂),这就能使杂质浓度的外延层生长厚度受到限制。

由于以上原因,已经发展了低温外延工艺。如果一个超净的裸硅衬底能维持的话,可以在低于 $700℃$ 的温度下淀积硅。采用的技术之一是超高真空的化学气相淀积(chemical vapor depositon,CVD)。用泵将反应室的真空度抽到 $10^{-7} Pa$,然后通入反应物。

电介质和多晶硅的淀积 电介质(绝缘体)和多晶硅在半导体的功能中不起主动作用,但对于器件的功能来说则是必需的。

通常让反应气体流过冷壁反应器中硅片的表面来进行化学气相淀积（CVD）。在热壁反应器中，采用低压（$30\sim250$ Pa）的 CVD 淀积更均匀。由于化学反应的能量主要靠辉光放电，因此典型的等离子淀积的最低温度为 $100\sim400$℃。

淀积各种电介质的作用如下：在连续的层间提供绝缘介质；提供扩散的阻挡层；用作扩散和离子注入的掩蔽层；钝化表面（束缚自由表面的键）；避免器件受环境或机械损坏。

淀积以约 10 nm/min 的速度进行。在淀积时通过增加掺杂气体对淀积层掺杂，或者在淀积后用离子注入或扩散方式掺杂。多晶硅掺杂到高浓度可以起到下列作用：在 MOS 器件中的栅电极；多晶硅的导电接触（欧姆接触）；高值电阻等。

薄膜淀积工艺需要精确的控制。大多数反应物，包括硅烷，都是有毒的和易燃的。而薄膜的性能，包括化学成分、电阻率和内应力，在很大程度上受工艺条件的影响。

3. 金属化

为了在器件间提供高传导的电流通道，需要用金属连线取代传统电子线路中使用的导线。尽管电流是 mA 数量级那样小，但在很细的导线上产生非常高的电流密度，通过电子迁移（在工作电流影响下的扩散）能够加速耗损，因此传导导线的电阻必须很低。导体也产生电容性和电感性的负载，成为限制电路开关速度的主要因素。在超大规模集成电路（VLSI）和甚大规模集成电路（USLI）的器件中，围绕器件布线是非常困难的。因此采用多层金属化的方法（图 10-4）。

图 10-4 所示为铜金属化双嵌工艺的顺序。

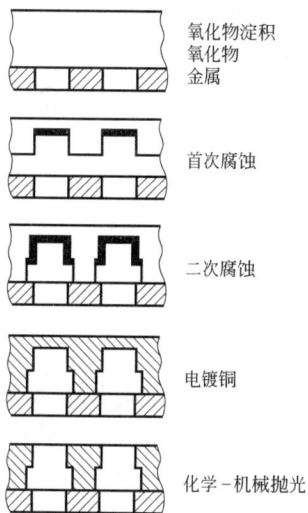

氧化物淀积
氧化物
金属

首次腐蚀

二次腐蚀

电镀铜

化学-机械抛光

图 10-4 多层金属化

最常用的金属是铝。它与 SiO_2 和硅玻璃的粘附性很好，并且与晶体管高掺杂的 p^+ 区、n^+ 区和多晶硅的接触电阻低。大多数金属化通常由物理气相淀积（physical vapor deposition，PVD）实现。对于 VLSI 和 ULSI 电路，人们更愿意采用溅射淀积，因为它产生致密的膜（铝在 $200\sim300$℃时淀积）。淀积之后接着退火，以便与硅形成合金界面。为了限制电子迁移，铝要与少量的铜合金化，称之为铝铜。金属线之间的间隔必须充满电介质。层间 SiO_2 的平面化是通过腐蚀或化学机械抛光得到的。抛光采用的是细的陶瓷粉末和一种腐蚀/氧化化学品。

技术上的最新突破使得铜金属化成为可能。铜互联的电阻率比铝低 40%；铜线的长宽比能够减小（可降低电容量和干扰）；能够实现更小的间距和线宽。与此同时，上部的铜导线层可以做成比铝层厚些，但仍然在更密集的间距内。因此减少了芯片上由于长线而引起的滞后。这些按比例缩小的趋势大大改进了采用多层铜布线的高速度，以及大面积芯片的性能。

4. 光刻加工

在一个小小的芯片上，含有几千个甚至几百万个器件的集成电路（IC_s），其图案显然是非常复杂和精细的。在如此复杂和精细的图案上进行淀积和去除，实际上采用了一种古代印刷术的新版本。

18 世纪末，印刷业发展了平面印刷。将设计图样放置在有油脂的平坦石头上，先加水，然后加油墨。墨水被湿的部分排斥，但被含油脂的表面吸收。这样，就将图案的图像转移到纸上。对于微细电路，图案是靠照相的方法转移的，故称为光刻。

光刻由下列复杂的一系列工序构成，它控制着 IC 的几何形状，因此成为集成电路制造中最关键的技术(图 10-5)。

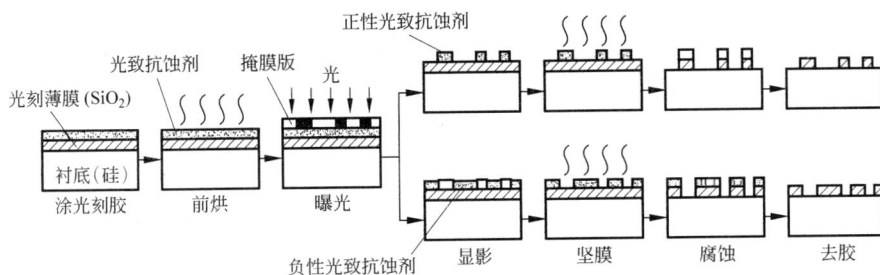

图 10-5　光刻工艺过程

(1) 制备原图　对于中等复杂的电路,首先要用绘图机将所需要的图形放大约 100 倍甚至上 1000 倍,然后将图形绘刻在可剥性薄膜上,并将不需要的部分剥离,这样就制成原图。

(2) 制备掩膜版　为了获得精确的掩膜版,需要利用初缩照相机将原图缩小制成初缩版,然后采用精密的分步重复照相机将初缩版精缩,使图形进一步缩小,以获得尺寸精确的照相底版。接着采用接触复印法,将照相底版的图形印刷到涂有感光胶的高纯度铬薄膜板上(100~200 nm),经过腐蚀,就获得金属薄膜图形掩膜版。掩膜版上一般有几十、几百,甚至更多个相同的精确图案。

对于 VLSI 电路或 ULSI 电路,图案由 CAD 技术产生和检验。用电子束可以获得最好的分辨率。

(3) 光致抗蚀剂　光致抗蚀剂是一种对光敏感的高分子溶液。根据其光化学特点,分为正性和负性两类。

凡能用显影液把感光部分溶除的,而得到和掩膜版上挡光图形相同的抗蚀涂层的光致抗蚀剂,称为正性光致抗蚀剂。反之则称为负性光致抗蚀剂。

在半导体工业中常用的聚乙烯醇—肉桂酸酯系和双迭氮系为负性光致抗蚀剂,而酯—二迭氮系为正性光抗蚀剂。

(4) 曝光和显影　曝光的光源一般采用紫外光。但当刻线宽度要求精确到小于 1 μm 时,则需要采用电子束、离子束或 X 射线等曝光技术。采用电子束曝光可以刻出 0.25 μm 的线条。

常用的曝光方式有接触式曝光和光学投影式曝光。将掩膜版与涂有光致抗蚀剂的衬底表面直接接触而进行的曝光为接触式曝光;采用光学方式,掩膜版不与衬底直接接触而进行的曝光为光学投影式曝光。

显影是将未感光的胶膜用水冲洗掉,使感光的胶膜呈现出清晰的图像。

各种技术一直在继续发展,这就使得器件的特征尺寸不断减小,并正向极限尺寸接近。

因为所有的集成电路都是多层器件,因此需要按次序进行多次曝光。这样,就必须与先前做好的图像对准,这样就必须借助于对准装置。

高热会毁坏光刻胶。因此,对于像扩散那样的高温工艺步骤,图案必须采用像 SiO_2 或 Si_3N_4 那样抗热的薄膜。

(5) 坚膜和固化　为提高显影后胶膜的抗蚀性,可将制版放在坚膜液(主要成分为铬酸酐)中进行处理,处理时间约为 10~30 s。经过坚膜后的胶膜,抗蚀能力仍不够强,还必须在一定的温度下固化。聚乙烯醇胶在 180℃固化 15 min 即可。

（6）腐蚀　　腐蚀是最常采用的工艺步骤。其目的主要是：从整个硅片表面去除（剥离）像氧化物那样的薄膜；局部腐蚀掉硅片上形成的氧化硅或氮化硅膜，准备用于扩散、离子注入或表面淀积；局部腐蚀掉淀积在整个表面的铝膜，只留下内部互联所需的金属。

最常用的方法是化学腐蚀法，即采用化学溶液对带有光致抗蚀剂层的衬底进行腐蚀。对铝常用磷酸，对铜常用三氯化铁溶液，对二氧化硅常用氢氟酸和氟化铵溶液，对硅常用硝酸、氢氟酸和冰醋酸等混合液。

（7）去胶　　指去除经腐蚀后残留在衬底表面的抗光蚀剂胶膜。可采用强氧化剂，如硫酸-过氧化氢混合液等，将胶膜氧化破坏而去除。

5. 工艺控制

只要存在特征几何尺寸十分之一的灰尘粒子，就会引起集成电路致命的缺陷。为此，已经建立了空气洁净度的详细技术规格，工艺过程是在严格符合标准的洁净室中进行的。例如，美国联邦标准 209E 的 M1 级中，最多只允许 $0.5\ \mu m$ 尺寸的粒子 10 个/m^3；在 M2 级中，最多允许 10^2 个/m^3。温度控制在(22 ± 0.1)℃范围内；湿度控制在(43 ± 2)％范围内。在切片清洁后，要采用超净的去离子水冲洗。要尽可能避免人的接触。整个工艺条件、膜的厚度和掺杂浓度都处于连续的密切监控中。

设计出的测试芯片用于测量电学性能，把它安放在每个硅片上的多处（通常在成品芯片的划片槽里）。经常使用设计得非常复杂的测试图案，在整个硅片上进行电路试验，以检查器件运行的各个方面。通过在钝化层上蚀刻的窗口进行测试，对有缺陷的芯片进行鉴别并做好标记。

由于硅又硬又脆，要在制作有数百个甚至上千个集成电路的硅片上分离出单个的芯片，一般采用尖的金刚石刀来划片，也可以用浸渍金刚石的圆盘刀切割，然后逐个分离。对于 ULSI 器件，采用涂有金刚石的砂轮进行分离。分离之后，要对芯片进行分类，有缺陷的报废，合格的则安放在底座上，以便自动处理。这样，芯片就可准备封装了。

6. 封装

脆弱的芯片在电学上必须与外界连接，并且必须防止受机械损坏或环境影响，这就需要封装。封装的费用一般很高，经常超出芯片制造的成本。

封装可采用不同的方法。最流行的方法之一是双列封装（图 10-6(a)）。集成电路的边长只有几毫米，它由金属或聚合物层粘结在底座的凹面上。通过管脚或者引出端与外界接触，管脚之间典型的中心距为 2.54 mm。使用时，管脚或引线插入印刷电路板的孔中。对于更高的管脚数，引线分布在全部四周（四边封装）或在整个背面（针栅排列），其中心距近得多（0.8～0.3 mm）。为了表面安装，管脚呈 J 形（图 10-6(b)）或海鸥翅形（图 10-6(c)）。利用芯片

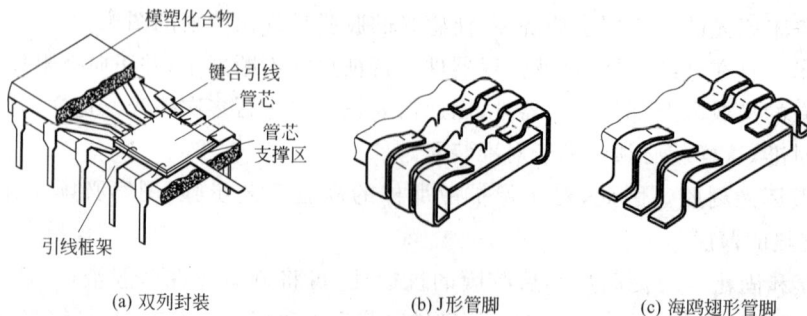

(a) 双列封装　　　　　(b)J形管脚　　　　　(c) 海鸥翅形管脚

图 10-6　封装的几种形式

上的引线结构可获得非常小的封装面积。

引线连接到芯片金属化提供的焊块上,整个封装与外界环境密闭。因此,存在三个重要的领域:芯片与底座的粘接(芯片粘接);引线连接(内部连接);以及器件的保护(封装)。

目前半导体工业主要采用下列几种封装技术:

(1) 塑料模压 将已完成的装配体放入转换模塑的模具中,然后用热固性聚合物(例如环氧树脂,环氧树脂-硅酮树脂,或硅酮树脂)或热塑性聚合物(例如聚苯撑硫化物)包封。为了减少收缩和热膨胀以及增加强度,聚合物填充了 SiO_2 或 Al_2O_3。虽然这种方法难以避免温度和应力,但由于高效和低成本,因此成为当前封装的主导技术。

(2) 前模塑 当压模是采用合适的空腔(前模塑)预做时,芯片用不着暴露在模塑的应力和温度下。管脚连接一般用引线框架制成。

(3) 陶瓷封装 陶瓷(主要是 Al_2O_3)被铸成带状长条,再做成小的半成品。导电的连接通孔是冲出来的,用耐熔金属(一般为钨)粉末软膏把引线电路印刷在表面,而通孔填满了金属。将几个陶瓷的半成品装配成一个三明治的样子,然后进行烧制。

(4) 玻璃密封耐热封装 同样采用陶瓷衬底,引线框架在400℃时被封入玻璃。为了防止金和铝的合金化,需要采用全铝结构。

7. 印刷线路板

完成封装的集成电路或其他半导体器件,只需要一个插座或采用其他的连接方式,就可直接安装在一些工业产品上。比较经常出现的情况是,已经完成的这些元器件只是较大电路的一部分,它需要与印刷电路板(PWB)连接起来。或通过焊接从孔(插孔安装)中突出的管脚,或借助于表面安装技术的 J 形引脚,或海鸥翅形的引出端,在电路板的底部进行连接来制造一个混合式的集成电路。

印刷电路板上可能有薄膜或厚膜线路。其间的区别是基于制造的方法,而不是膜的实际厚度。尽管薄膜的一般厚度为 $0.1 \sim 1 \mu m$,而厚膜一般为 $10 \sim 25 \mu m$。利用这类膜来提供电阻和电容(避免将它们制作在芯片上占太多的面积),与一些独立的元件(包括电感、二极管、晶体管等),以及和芯片的互联。在大批量生产中,在印刷电路板上安装分离元件则过于昂贵了。

最后通过焊接的方式,将集成电路和其他元件连接到印刷线路板上。

因为锡基焊料耐腐蚀,流动性好,不会与铅反应,所以应用普遍。当电路板连续地(分步焊接)经受几种焊接操作时,熔化的范围特别重要。富铅焊料用于较高的温度,共晶的锌-铅化合物容易流动,并且免于共晶化合物(例如 Sn-40Pb)充满较大的孔。对于最低的温度,采用锡-铟焊料(Sn-50In)。锡-银焊料可以减小对银镀层的腐蚀。器件的引线经常需要涂复,以保证被焊料浸润,而陶瓷需要金属化。助焊剂一般为松香基。

波峰焊接在实现将集成电路和其他元器件连接到印刷线路板上具有极大的实用价值。它主要用泵将熔化的焊料通过一个窄槽(喷口),使新鲜的焊料以波的形式缓缓流动。比较常用的有平面波峰焊(图10-7),设备中有一个可供调整的后板,容易实现将所有元件一次焊接在印刷线路板上。

由于表面安装技术(SMT)可以获得更高的密度和避免制作孔时所产生的问题,已经成为制作 VLSI 和 ULSI 电路所喜爱的方法。由焊料粉末、浸润剂和助焊剂组成的焊料像浆一样涂敷,通过丝网模板,或通过 x-y 坐标分配器以点的形式应用。对于高密度的倒装芯片内连,最近引入了电镀。在放置好零件之后,烘烤线路板以去除粘合剂,而焊料则回流。在大批量生产中,可以将线路板通过回流炉或红外加热区来实现。还有一种特殊的方式是气相焊接:线

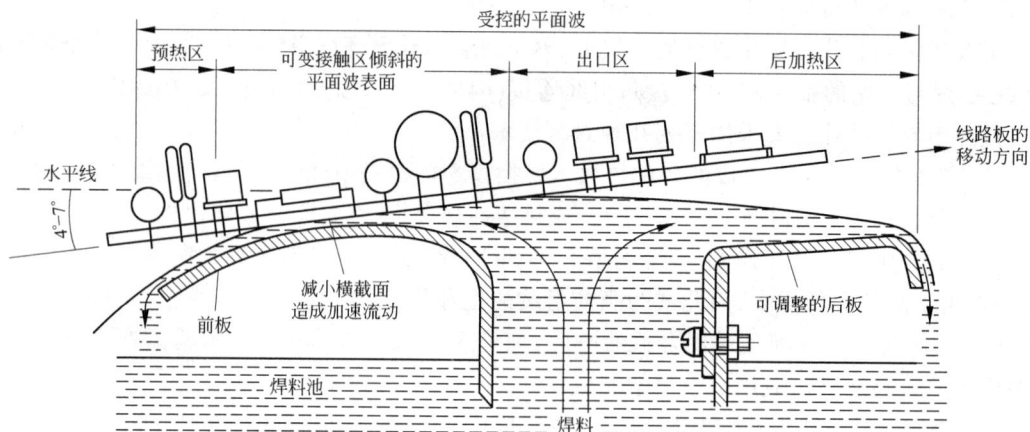

图 10-7　后板可调的平面波峰焊

路板通过一个腔体,在腔体中选择沸点为 $100\sim265℃$ 液体的饱和蒸汽来保证快速传热,以便焊料在几秒钟内熔化。

从以上不难看出,集成电路的制造经历着一系列非常复杂、高级、精细和洁净的工艺过程。因此,影响全球化进程的 IT 产业迅速发展的基础不是别的,正是不断发展中的先进的材料科学和微细制造技术。编写本章的目的之一,正是从另一个侧面印证了制造工业和先进制造技术对国家发展的重要性。

涉及全球 IT 行业命运的集成电路至今尚在发展,而与其相适应的各种精密和超精密制造技术,尤其微细加工技术也必然会有更加光辉的明天。

复习思考题

1. 微细加工指的是什么? 以硅为基体的微细加工主要采用哪几种方法?
2. 纳米技术指的是什么? 纳米技术中主要有哪两种加工方法?
3. 制作半导体芯片的单晶硅是怎样生产与制备的?
4. 制造集成电路的基本工艺流程是怎样的?

本章主要参考文献

1. 金问楷. 机械加工工艺基础. 北京:高等教育出版社,1998
2. JOHN A. SCHEY. Introduction to Manufacturing Process. McGraw-Hill Higher Education,2000
3. 张世祺. 现代制造引论. 北京:科学出版社,2003

11 装配自动化

导 学

  任何一台仪器、设备或装置,在制造的最后阶段,都要通过装配这一重要的工艺环节来实现。从制造工业的产生初期,一直到工业化、信息化的今天,产品装配已经由手工逐步向机械化、自动化的方向发展。

  然而,直到今天,除了某些按照装配自动化要求所设计的大批量生产的产品(例如汽车)适合于自动化装配外,手工、半机械化、机械化装配仍占主要地位。因此,学习本章,除了要认识到自动化装配在制造业发展中的重要性,学习选择自动化装配的方法,确定自动化装配的工艺过程,还要认识到自动化装配的优点及其局限性,了解并非所有的产品都适合于自动化装配,掌握适合自动化装配产品的特定条件。这样才能使我们在选择特定产品的装配方法时,掌握主动权。

11.1 绪 论

11.1.1 装配工艺的发展

  工业化早期,零件的制造及其选配、组装都是由手工完成的。一个工人要熟练掌握各种零件的加工和装配工艺,需要较长时间的培训。生产率低且零件不具有互换性。

  装配工艺的发展与某些特定行业紧密相联,如武器制造业、汽车制造业以及钟表制造业,这些行业的生产属于大批量生产。

  1775 年 4 月美国爆发独立战争,需要大量的步枪,当时美国正在与英国、法国开战,不可能从欧洲获得武器补给。制造商 Whitney 接到定单,要求在 28 个月内制造 10 000 支步枪。Whitney 为每个零件都设计了模板,但是找不到足够的技术熟练的工人制造模板。于是他开发了一台能加工模板的铣床。由于当时工人制造出来的零件不具有互换性,需要人工修配零件才能组装。为此他购置了一批机床,按照统一的工艺生产可互换零件,由此降低了对工人技艺水平的要求,保证了产品质量,极大的提高了生产率。

  Whitney 的这些措施发展了制造方法。在机床上制造零件,与手工制造相比,质量明显提高而且稳定,零件具有了互换性,给后续的装配带来方便,生产率明显提高。

  1908 年福特公司生产汽车的年产量达到 6000 辆,全世界排行第一。但是由于价格昂贵,汽车仍属于奢侈品。福特宣称:"让每个美国家庭都能用得起汽车。"当时,福特公司的工人一年的收入是 300 美元,一辆 T 型轿车的零售价 850 美元。只有一个办法,即提高劳动生产率、降低成本,才能降低车价,而生产率的瓶颈在于装配工序。

图 11-1　福特汽车 1923 年的装配线

1913 年 10 月,亨利·福特在密执安州海兰帕克的汽车制造厂建立了一条活动装配线,大大提高了生产效率。福特在生产中采用了一条 250 ft 长的汽车装配线。工人们沿线装配零件,装配线按稳定节拍移动,每个工位只执行一种装配任务,一辆汽车在不到 3 h 内就装配出来。这项革新大大提高了生产效率,1914 年就生产出近 25 万辆汽车。图 11-1 所示是 1923 年福特汽车的装配线。1924 年,福特公司能够一分钟装配一辆汽车,汽车的零售价降到了 325 美金。这时一般家庭也买得起汽车了。

最初,装配线上的大部分工作是由手工完成的。20 世纪初开始引入机械设备取代手工装配。在机械化装配阶段,自动螺钉旋具、螺母扳手、铆接机、点焊头和拾取放置机构安放在传送设备上,传送设备把装配件顺着工位移动,或从一个储料器或一个自动给料和定向设备向工作头供应零件。专用的单功能工作台能连续重复相同的装配操作,完成一个操作只需要几秒钟。

自 20 世纪 50 年代以来,可编程的工业机器人开始用于完成装配操作。1961 年,机器人 Unimate 开始在通用汽车公司的装配线用以处理压铸件。工业机器人最早用于从事压铸机和冲床的物料搬运,而后才在装配线上被广泛使用。

11.1.2　装配的任务及装配方法的选择

装配的任务是通过搬送、连接、调整、检查等操作把具有一定几何形状的物体组合到一起。装配是产品生产过程的最终阶段,设计与制造全过程的成功与缺陷在装配阶段都将会体现出来。

现代化生产中广泛地使用装配机械。这是一种特殊的机械,区别于通常用于加工的各种机床。它是为特定的产品而设计制造的,具有较高的开发成本,而在使用中只有很少或完全不具有柔性。所以最初的装配机械只是为大批量生产而设计的。

自动化的装配系统用于中小批量生产还是近几年的事。这种装配系统一般都用可以自由编程的机器人作为装配机械。除了机器人以外,其他部分也要能够改装和调整。此外还要配备具有柔性的外围设备,例如零件仓储、可调的输送设备、连接工具库、各种抓钳及其更换系统。柔性是这样一种系统的特性,这种系统能够适应生产的变化。对于装配系统来说,就是要在同一套设备上同时或者先后装配不同的产品(产品柔性)。柔性装配系统的效率不如高度专业化的装配机械。往复式装配机械可以达到每分钟 10～60 拍(大多数的节拍时间为 2.5～4 s);转盘式装配机械最高可以达到每分钟 2000 拍。当然所装配的产品很简单,例如链条等;所执行的装配动作也很简单,例如铆接、充填等。

对于大批量生产(年产量 100 万件以上)来说,专用的装配机械是合算的。工件长度可以大于 100 mm,质量可以超过 50 g。典型的装配对象如电器产品、开关、钟表、圆珠笔、打印机墨盒、剃须刀、刷子等,它们需要各种不同的装配过程。图 11-2 中列出了装配工艺过程和主要的装配连接方法。

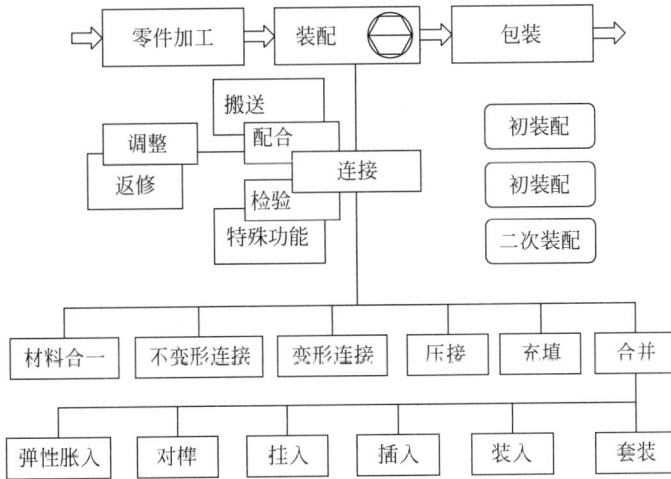

图 11-2　装配中的连接方法框图

从创造产品价值的角度来考虑,装配过程可以按时间分为两部分:主装配和辅装配。连接本身作为主装配只占 35%～55% 的时间。所有其他功能,例如给料,均属于辅装配,设计装配方案必须尽可能压缩这部分时间。按照它们的时间比例关系可以定义一个有效系数:

$$\eta = \frac{PM}{PM + SM} \cdot 100\%$$

式中　PM——主装配时间,

　　　SM——辅装配时间。

在所有连接方法中,螺纹连接占最大比例。其中,螺纹连接 68%,铆接 16.5%,压接 10.5%,销接 1.6%,弹性胀入 1.3%,粘接 1%,其他 1.1%。以上是机械制造和车辆制造行业的平均值。各个不同的行业所采用的各种连接方法的比例不尽相同。装配机械的各种不同的结构形式都是针对一定的装配范围设计的。它们的定位精度、装配速度和抗干扰性受到格外重视。物流通道对于工件参数波动的"免疫力"起到非常重要的作用。在自动化装配过程中,大多数的故障是由工件流的干扰引起的。

自动化装配机械,尤其是经济的和具有一定柔性的自动化装配机械被冠以高技术产品。按其不同的结构方式常被称为"柔性特种机械"或"柔性节拍通道"。圆形回转台式自动化装配机由于其较高的运转速度和可控的加速度而倍受青睐。环台式装配机械,无论是环内操作还是环外操作,或二者兼备的结构都是很实用的结构方式。

现代技术的发展使得人们能够为复杂的装配功能找到解决的方法。尽管如此,全自动化的装配至今仍然只是在有限的范围内是现实的和经济的。由于装配机械比零件制造机械具有更强的针对性,因而装配机械的采用更需要深思熟虑,需要做大量的准备工作,不能简单片面地追求自动化,而应本着实用可靠而又能适应产品发展的原则,采用适当的自动化程度,应用现代的计划方法和控制手段。

一种产品采取什么样的装配方法,主要考虑以下三个因素:

(1) 产品设计的装配适应性。如果产品设计时没有考虑自动化装配,手工装配就是唯一选择。否则自动化装配的成本就很高,或完全不能实现。

（2）要求的生产率。由于自动化装配设备成本高,只有大批量生产才适于采用。

（3）劳动力成本。当劳动力成本不高时,应尽量采用手工装配。除非装配作业对操作者过于繁重或有危险性。

11.1.3　装配工艺过程的确定

装配工艺过程的确定分几步进行,即在不同的水平上的确定。这是工艺工程师的一项复杂工作。

1. 最高层面上的确定

这里,产品的批量和生产周期起着重要作用。首先要决定该产品是否适合自动化装配,是专用自动化还是柔性自动化。必须对此做具体的分析,甚至要对产品的设计作装配工艺性方面的改进,然后再确定装配的工艺过程。

2. 第二层面上的确定

在第二层面上确定装配工艺过程,其具体任务是确定装配操作的顺序。把各种不同的基本组织形式和装配工艺过程的排列顺序(装配工位)画出图来,就产生出装配设备结构上的不同的方案。

3. 最低层面上的确定

这一层面上的确定就是从所要求的功能出发,把装配工艺过程分解到各个实际的组成部分。我们可以把装配划分为以下四个功能范围:

（1）前装配辅助功能。属于这一功能范围的有整理、分个、上料、检验,为真正的装配工作装备基础件和配合件。这项工作也包括更换料仓或者把电子元件从传送带或胶粘带上分离出来。

（2）装配功能。装配功能涉及以下几个具体的功能,例如抓取、移动、连接(压接、旋入、铆接等),其作用是把两个或多个零件先定位配合然后连接到一起。

（3）后装配功能。已经完成装配的部件或产品必须从装配设备上取走,空的料仓也必须更换。在开始新的装配动作之前往往还要做功能检查。

（4）监控功能。此项功能包括整个装配系统的监测,坐标控制,装配过程控制以及与前仓库和后仓库的信息交换。为了实现这些功能,物流、信息流、能量流是必需的。传输功能完成配合件的供应,送走装配好的部件,这就是物流。关于物体(零件)在空间中的位置和方向的信息(信息流)对于被装配物体的定位和配合过程是必需的。当然配合和连接过程都离不开力,这就是能量流。零件的空间位置表示在图 11-3 中。为了完成插入连接,必须通过 5 个坐标的运动(2 个平移,3 个旋转),而且必须有适当的公差。

装配的第一步是基础件的准备,基础件是整个装配过程的第一个零件。往往是先把基础件固定在一个托盘或一个夹具上,使其在装配机上有一个确定的位置。人们常把这一步称为"定位",也就是把可能的 12 种运动冻结为 11 种。如在图 11-4 中所表示的那样,只有向上的垂直运动是唯一可能的。其位置和方向并不是绝对的精确,与理想状态仍然存在偏差。因为间隙和加工误差($\Delta x, \Delta y, \Delta \varphi, \Delta \theta$)仍然存在。装配对象(配合件)的移动,特别是基础件的位置变换的精度是非常重要的。

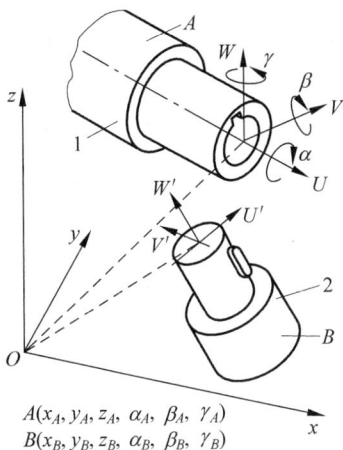

图 11-3　配合、连接的一般描述(当物体具有 6 个自由度时)

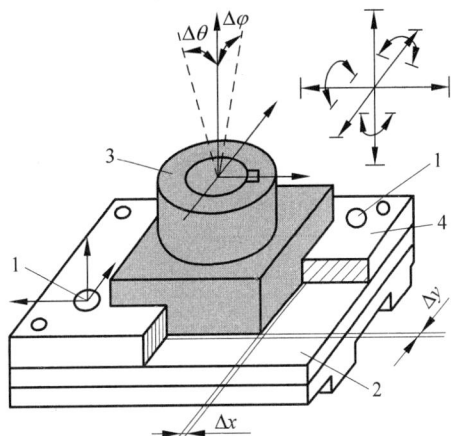

1—基础件；2—配合件

图 11-4　基础件在托盘上的定位

1—定位孔；2—托盘；3—基础件；4—基础件夹具

$A(x_A, y_A, z_A, \alpha_A, \beta_A, \gamma_A)$

$B(x_B, y_B, z_B, \alpha_B, \beta_B, \gamma_B)$

　　需要传送的物体的运动通过一个运动系统来完成。按被传送物体与运动系统的相对关系可以分为两种：一种是被传送的物体与运动系统固定耦合，另一种是二者可以有相对运动。

　　在固定耦合的情况下(图 11-5)，被传送的物体可以准确到达目标位置。在依靠摩擦带动物体运动的情况下，在装配机上需附加定位(阻尼、挡块、定位销等)。在某些情况下物体的移动不需要运动系统带动，而是靠加速度力、摩擦力，或者靠重力在垂直方向移动。加速度力在运动开始或结束时及运动方向改变时出现。与此类似，在配合件向装配位置运动时也产生加速度力。

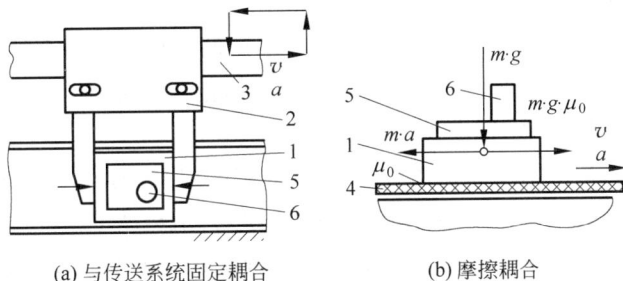

(a) 与传送系统固定耦合

(b) 摩擦耦合

图 11-5　基础件的运动系统

1—工件托盘；2—抓钳；3—使抓钳做直角运动的轨道；4—传送带；5—基础件；6—配合件

　　固定的耦合称为夹紧，可移动的耦合称为引导。固定的耦合需要施加一定的平面压力；可移动的耦合，在被传送件和导向件(导轨、导槽等)之间存在直线的和弧线的相对运动。

　　为了确定一台自动化装配机或其他装配设备完成一种产品装配的方案，首先应该借助于功能图。配合件的传送与装配工作本身具有同样的重要性。图 11-6 是一台装配机的功能图，内容表示的是一个接头的装配过程。

　　在这一过程中基础件和衬套的装入都是手工完成的。

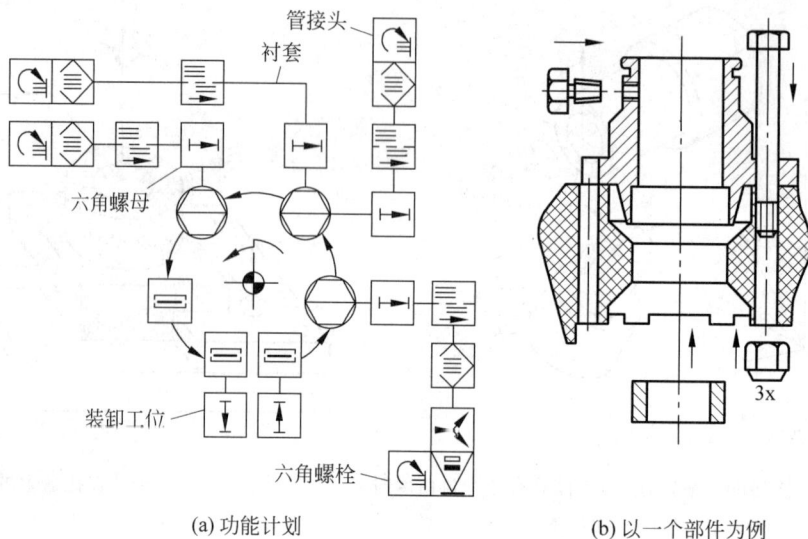

(a) 功能计划　　　　　　　(b) 以一个部件为例

图 11-6　一台装配机的功能图

11.2　给料系统

11.2.1　给料系统的作用与组成

给料系统的作用是把工件向装配机传送和定位。它应保证工件的正确数量、准确位置(坐标位置和方向)以及正确时间。给料系统的结构部件包括各种传输设备的集合,特别是料仓、给料机、整理设备和传送设备。

给料系统包括以下几个部分:①料仓,作为被输送的零件的储备仓;②配料机,从大批零件中分出一部分并把它们送到预备位置;③整理设备,把零件从随机的位置和方向整理成确定的位置和方向;④传送设备,把零件从 A 处送到 B 处。

图 11-7 是一个连续给料的实例,可以看出给料和连接以非常简单的方式在同一设备上巧妙地结合。强迫运动也被自由运动所取代,因为在这里自由运动也是准确可靠的。图 11-8 所示为采用抓取的方法给料的例子。在给料过程的每个阶段,抓钳的动作姿势都是根据装配过程的工艺要求事先设计的。

如果配合件没有事先整理好,装配之前一定要先整理好,这一过程可以直接在装配工位旁边进行(图 11-9)。一个供料站整理这些零件,通过一个直线摆动槽把它们送到装配工位附近并把它们一个一个分开。配料器 6 使工件回转 90°,以使得它和装配时的姿势完全一致。因为主要的故障或干扰都出在振动送料机,所以工件流一直处于控制系统的监控之下。振动送料机对于小的干扰可以自我排除,例如通过压缩空气把方向位置不正确的零件吹开或用一个电磁铁把它推开。这样的故障排除装置可以在查明了故障发生的准确位置后再安装。

对于那些形状复杂的零件,例如几面都有弯的薄板零件可以直接在装配机里加工,从料仓里取出板材,在装配机里折弯成形紧接着进行装配。

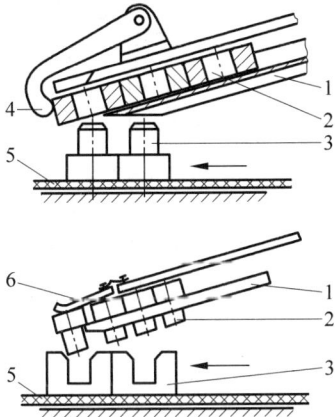

图 11-7 借助于工件的自由运动实现配合件
与基础件的连接

1—滑槽；2—配合件；3—基础件；4—擒勾；

5—传送带；6—弹簧片

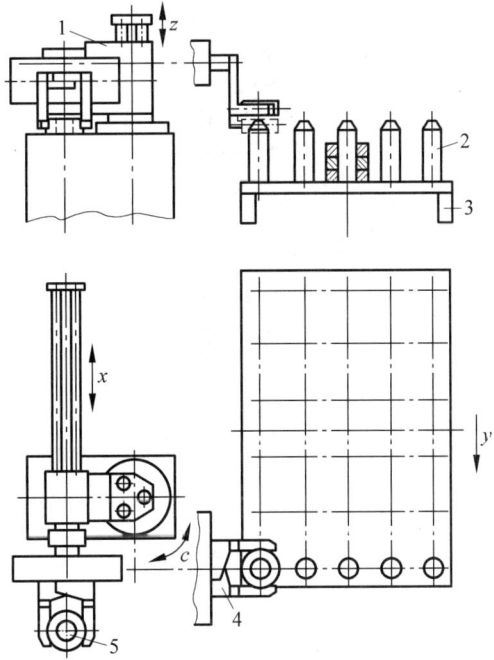

图 11-8 配合件的供应（由储料托盘）

1—传送设备；2—堆垛心轴；3—在一个移动设备上的平托盘；

4—抓钳；5—在装配工位上的配合件

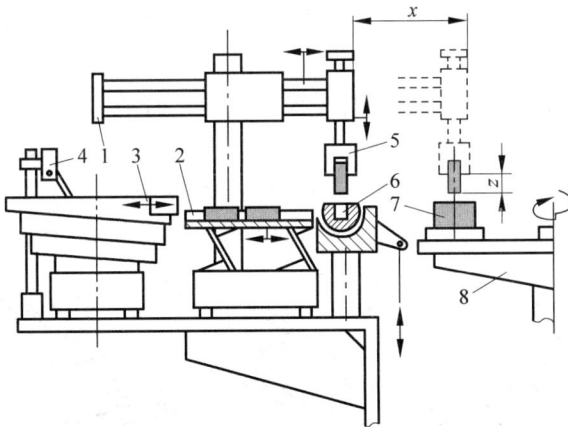

图 11-9 一个供料站的典型结构

1—取放设备；2—直线摆动槽；3—振动送料机；

4—装料状态监视器；5—抓钳；6—配料器及立柱；7—基础件；8—圆形回转工作台

图 11-10 所示是在螺钉输送过程中自我排除干扰的例子。通过超声波在供料槽里发现了一个干扰，就放出一个压缩空气脉冲把干扰（姿势不正确的螺钉）吹掉。超声波发射仪发出超声波，接收器接收超声波并和事先输入的参考模型做比较，如果螺钉的位置都正确，接收到的超声波的模型与参考模型相同。如果螺钉的位置异常，接收到的超声波的模型与参考模型不同，控制系统据此判断为出现了干扰，就打开压缩空气供给通道的开关。

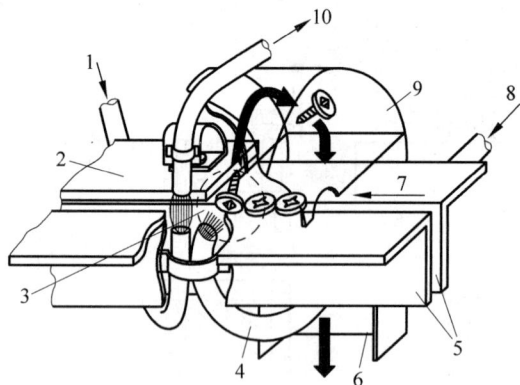 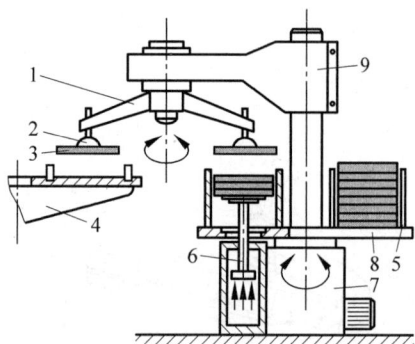

图 11-10　螺钉输送过程中排除干扰

1—来自发射仪的超声波；2—供料通道的导轨顶部；
3—位置不正确的螺钉的堵塞范围；4—压缩空气导管；
5—直线输送导轨；6—机架；7—螺钉输送方向；
8—压缩空气供给；9—罩；10—至接收器的超声波信号

图 11-11　平面零件的供料系统

1—双臂机械手；2—吸盘；3—配合件；
4—装有工件接收器的回转工作台；5—盒式料仓；
6—举升装置；7—机架；8—料仓回转台；9—悬臂梁

11.2.2　零件储仓

在某些情况下嵌入设备是和料仓相结合的，即料仓就安装在连接设备的机架上。图 11-11 就是其中一例。料仓回转台 8 上设有两个盒式料仓，一个料仓空了另一个料仓继续供料。料仓下部的举升装置 6 保证吸盘总能在确定的位置抓取到配合件。双臂机械手 1 旋转 180°落下，就可以把配合件装入要求的位置。与此同时，双臂机械手的另一个吸盘抓取另一个配合件。这种结构的优点是节省了从料仓到装配机的传送时间。

单节拍装配机的装配节拍时间在 1.5～8 s 间，每小时产量 400～2000 件(套)，装配机的利用率约为 80%。要实现这一效率必须首先保证准确及时的零件供应，对此，零件储仓起着关键性的作用。

零件准备即按装配的要求在料仓里把零件按一定的规则排列，可以按照直线型、平面型和空间形式排列零件。图 11-12 所示是对各种不同的零件选择相应的储仓。

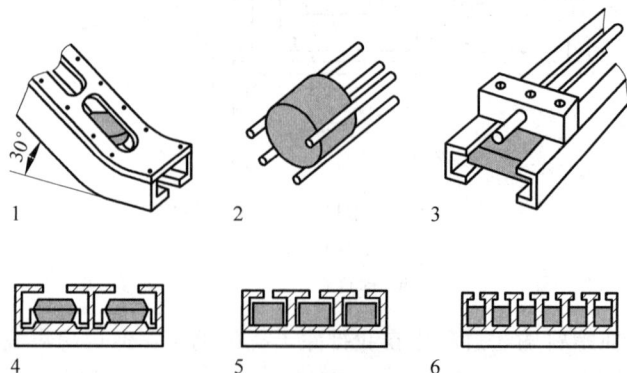

图 11-12　直线型储仓的变种

1—带盖顶的滑道；2—成形导轨；3—平板零件的储仓；4—成形槽式料仓,用于电子元件的仓储,轨宽 2×15 mm；
5—成形槽式料仓,轨宽 3×9.5 mm；6—成形槽式料仓,轨宽 6×4.5 mm

图 11-13 所示的方案适合于机器人装配间。同一个零件储仓可以供应不同种类的零件，机器人可以在同一个位置抓取不同的零件，按先后顺序装配到部件(或产品)上。

11.2.3　零件自动定向装置

振动送料设备适于小零件的供应。它不仅具有料仓的作用，而且可以把零件排成一定的序列(图 11-14)；一经排成一定的序列，抓取设备就可以从一个确定的位置连续抓取零件。对于振动送料器，必须注意它的续料时间。如果带有附加料仓或料仓本身带连续推进机构，一次加料所能持续的时间就长。许多形状不规则的小零件也常采用振动送料器来输送。

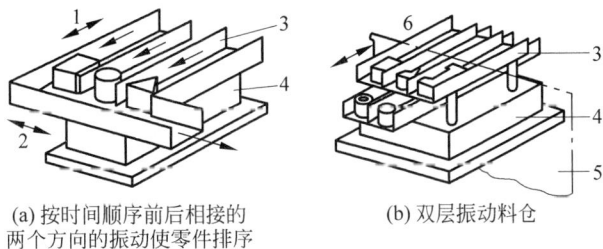

(a) 按时间顺序前后相接的
两个方向的振动使零件排序

(b) 双层振动料仓

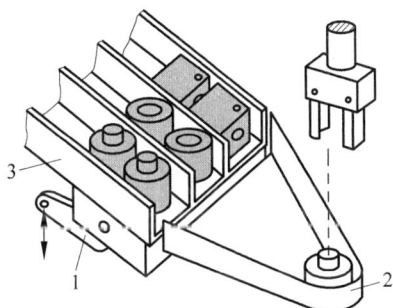

(c) 带有接口的振动送料器

图 11-13　用一个滑道式储仓可以
供应不同的零件

1—分配器；2—抓取位置；3—槽式储仓

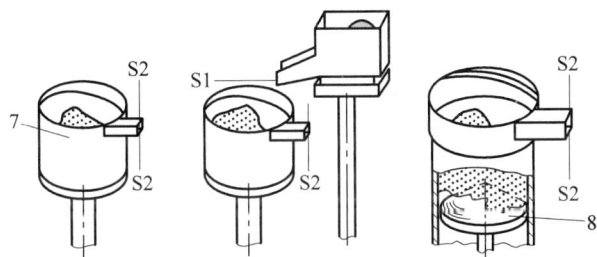

图 11-14　振动送料器

1—第一阶段振动；2—第二阶段振动；3—料仓结构；
4—振动台；5—抓取设备的工作空间；6—后续区；
7—圆形振动送料器；8—往复运动锥

自动化装配中如果零件的位姿不正确就会造成装配的故障。

图 11-15 中被整理的零件是小螺钉。螺纹连接是装配中最常遇到的一种连接方式，如果螺钉的位姿不正确，装配机器人便无法正常操作。而短小螺钉的整理比长螺钉的整理更加困难。图中所示的方法巧妙地利用了导轨和挡板的组合，通过挡板 3 先把倒立的螺钉挡住使之

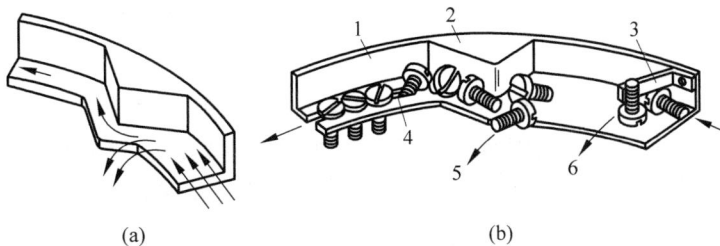

(a)　　　　　(b)

图 11-15　小螺钉的分选技术

1—振动送料器轨道；2—挡块；3—挡板；4—导槽；5—位姿不正确的螺钉；6—位姿不正确的螺钉

脱离导轨,然后又通过后面导轨上的挡块 2 把不能正确落入槽中的螺钉分离出来,并使之脱离导轨,最后只剩下能够落入导槽继续往前走的螺钉到达预备工位等待装配。

图 11-16 所示的方法巧妙地利用零件的结构特点。当零件沿着振动送料器的螺旋轨道爬上来以后。由于轨道面是倾斜的,位姿不符合要求的那些零件就会自动滑落翻滚下去。剩下位姿符合要求的零件继续往前运动,到达预备工位等待装配。

振动送料器的缺点是:如果工件材料比较软,就可能在工件表面刻出划痕。这种质量上的缺陷在今天越来越不能被容忍。如果一种零件通过振动送料器送料而失去光泽变得暗淡和粗糙,人们宁可放弃振动送料器而采用其他设备。例如可以通过调整料仓结构或直接送到装配工位(多用于电子元件的装配),后一种情况下必须把零件按一定的要求包装好,以免传送时发生堵塞或侵蚀。在装配工位还需要一个专门打开包装的设备(图 11-17)。

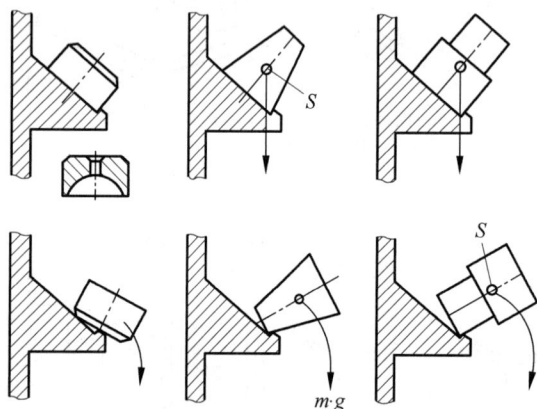

图 11-16　利用倾斜轨道分选零件
m—质量;g—重力加速度;S—重心

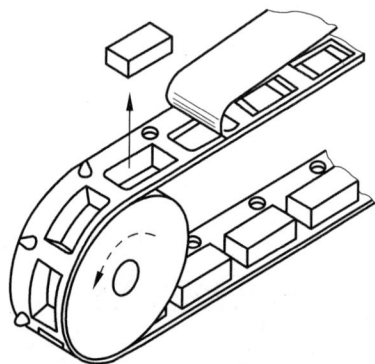

图 11-17　用 Blister 包装的电子元件

经常有这样的情况,经过预整理的配合件在临装配之前还要对它们的方向再一次整理。图 11-18 示出了几种方法。图(a)是按照内部轮廓整理的方法,要求所有零件的开口端朝上,如果某个零件开口端朝下,就会被转子 5 带着转 180°,从导出通道 2 放出。姿态正确的零件则直接穿过转子的通孔。图(b)是按照外部轮廓整理的方法,要求所有零件的凸出端朝上,如果某个零件凸出端朝下,就会被回转设备 4 带着转 180°,从导出通道 2 放出。姿态正确的零件则不会被回转设备 4 带着回转。当回转设备 4 单独回转 180°开口向下时,零件从转子退出,经导出通道 2 落下。图(c)是用压缩气流进行气动整理的方法。当零件开口向上,上面的气流将零件吹向右边。当零件开口向下,下面的气流将零件吹向左边。这三种情况都是以很简单的方式利用了零件的形状特征,都不需要传感器。

在整理之前,当然也必定是在配合件被送到装配工位之前,先要从料仓的大量零件中分离出一小部分。这个过程称为"分配"或"供料"。配料机必须适合零件的特性和尺寸。图 11-19 所示为供料机的三种结构形式:图(a)是蜗杆式供料机,蜗杆每回转一圈从料仓中取出一个零件;图(b)是滑板式供料机,滑板往复运动一次从料仓中推出一个零件;图(c)是抓钳式供料机,每个工作节拍从料仓中抓出一个零件。

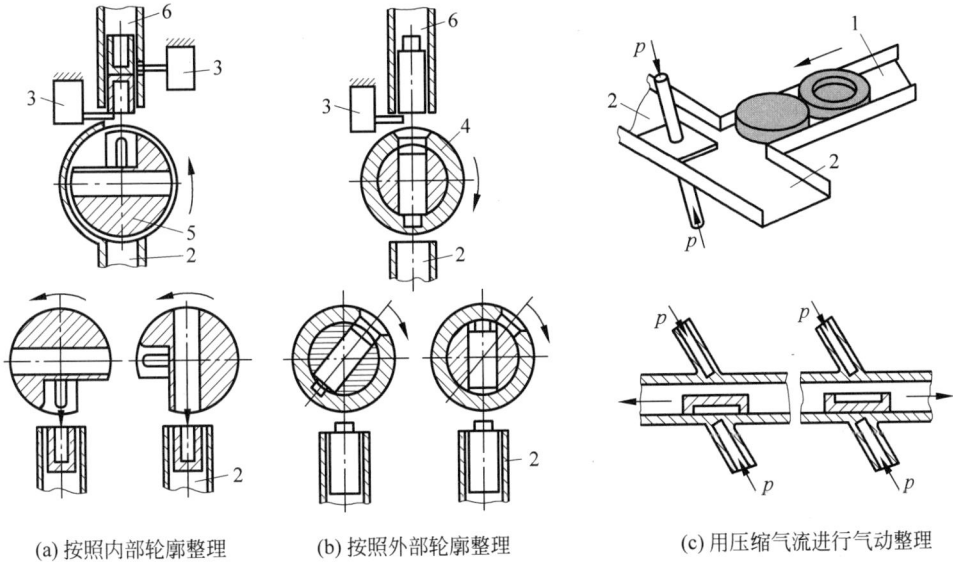

(a) 按照内部轮廓整理　　　(b) 按照外部轮廓整理　　　(c) 用压缩气流进行气动整理

图 11-18　配合件的整理

1—供料系统；2—导出通道；3—配料器；4—回转设备；5—转子；6—料仓；p—压缩空气

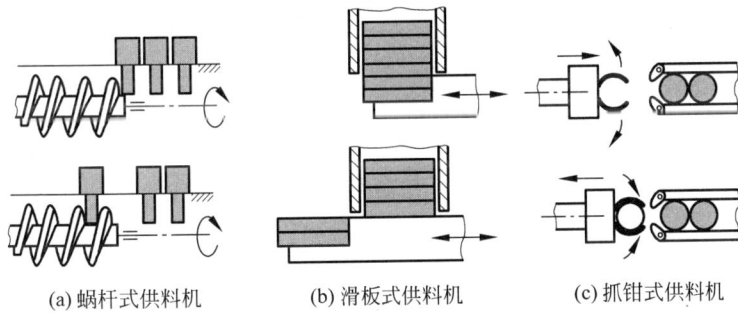

(a) 蜗杆式供料机　　　(b) 滑板式供料机　　　(c) 抓钳式供料机

图 11-19　供料机的结构形式

11.2.4　配料

装配系统必须按照一定的"工艺配方"来工作,配合件、连接件、辅助材料等都从料库的货架上拿取。

图 11-20 所示的方法是一种手工配料方法。这些工作也可以由机器人或一个专用的配料设备代替人工自动化完成。目前这种自动化的程度还很有限,因为这种自动化仓库的管理和机器人的介入必须有一个前提,那就是需要大量的传感器,这无疑需要大量的投资。

配料机器人的搬送能力<500 N,每小时可完成配料 120 次。配料过程的原理可以分为以下两种。

(1) 人到货前:配料工手持工艺卡走到各个货架跟前拿取装配所需要的配合件、连接零件、辅助材料等。

(2) 货到人前:配料工原地不动,循环运动的货架来到前面时配料工根据装配工作的需要从流动货架上拿取需要的配合件、连接件、辅助材料等。

不论是人到货前还是货到人前,都既可以人工实现,也可以自动化地实现。图 11-21 所示的就是机器人到货前的动作方式。机器人首先移动到确定的目的地,然后从确定的格子中抓取零件。

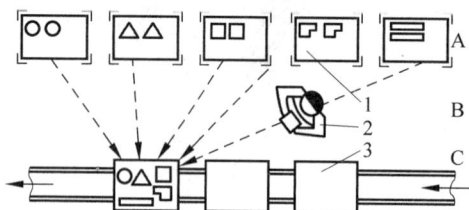

图 11-20　手工配料方法

A—料库;B—配料工作区;C—通往装配系统的传送带;

1—分类货架单元;2—配料工;3—零件托盘

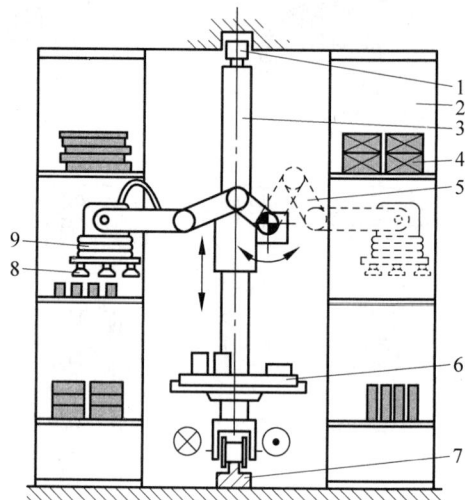

图 11-21　配料机器人

1—导辊;2—货架格子;3—滑动立柱;4—存储单元;

5—机器人手臂;6—配料容器;7—轨道;

8—吸盘;9—装有传感器的关节

11.3　装配连接方法

在设计人员设计产品时连接方式就被确定了。由于可以采用的连接结构很多,所以连接方式也必然是多样的。对于那些结构复杂的产品,越来越多的各种不同的连接方法被采用,并可以结合使用,例如:点焊+黏结、贯穿+黏结。贯穿又包括各种不同的变种,例如:贯穿连接、扭接等,适用于那些容易变形的连接材料以及覆盖板料等,当然板料的厚度必须限定在一定的范围。

通过连接产生一种结合,其结果是使被连接件的自由度减少。

各种连接方法的使用因行业而异。机械制造和车辆制造行业比精密仪表行业更多地使用螺纹连接。螺纹连接是一种通过压紧实现的连接,因为被连接件是通过螺钉被相互紧紧地压在一起的(图 11-22(a)),由此产生一对摩擦副。为了能够定量控制连接力,必须对有关的因素加以控制。

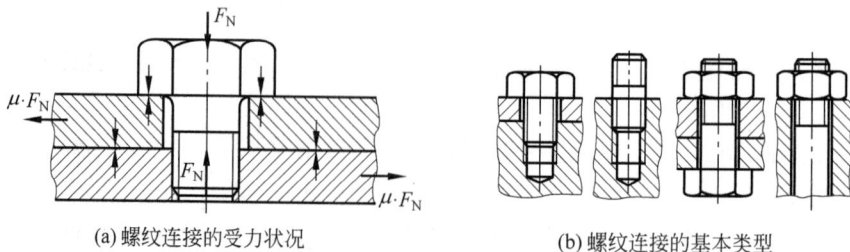

(a)螺纹连接的受力状况

(b)螺纹连接的基本类型

图 11-22　螺纹连接

　　螺纹连接也存在各种不同的形式,按螺钉头部的不同形状可以分为四种,如图 11-21(b)所示。

　　(1) 螺钉拧入被连接件,靠螺钉头部压紧;

　　(2) 螺栓一端插入被连接件;

　　(3) 螺钉插入被连接件,螺母在另一端拧紧;

　　(4) 螺母连接。

　　紧固力矩必须控制在一个严格的公差范围:

$$M_v = M_{vnenn} \pm T_v$$

　　其下限由必需的预紧力确定:

$$M_{v\,min} = f(F_v)$$

　　其上限受螺钉材料的强度限制:

$$M_{v\,max} = f(\sigma_s)$$

式中　F_v　　　必要的预紧力,N;

　　　　$M_{v\,min}$——名义紧固力矩,N·cm;

　　　　$M_{v\,max}$——最大紧固力矩,N·cm;

　　　　T_v——紧固力矩的公差,N·cm;

　　　　σ_s——螺钉材料的抗拉极限强度,N/cm²。

　　除螺钉连接以外,最常用的是插入连接。所要求的连接动作取决于两个被连接件的耦合面的形状和位置。对于插入连接,被连接件之间的接触力起着重要的作用,因为它们在连接的瞬间形成一定的力矩,如图 11-23 所示。

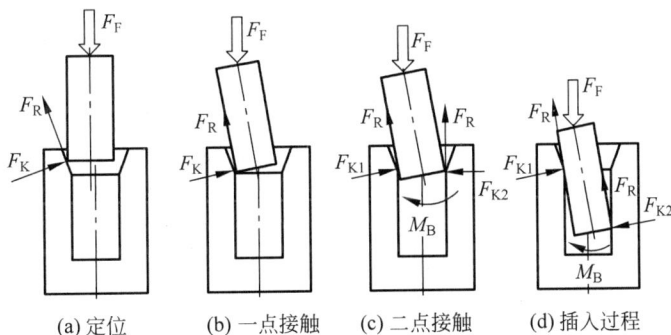

(a) 定位　　　(b) 一点接触　　　(c) 二点接触　　　(d) 插入过程

图 11-23　插入连接各阶段的反作用力和反力矩

F_F——联接力;F_K——接触力;F_R——摩擦力;M_B——力矩

　　因为两个被连接件的中心和轴角完全对准是不可能的,必须事先考虑到一定的补偿环节。连接过程所需施加外力 F_F 的大小由接触部分的摩擦系数来确定。各种连接方式的粗略统计见表 11-1。

　　对于装配过程的研究表明,下列的连接副是经常遇到的:

　　(1) 连接副之间有 0.02~0.2 mm 的小间隙;

　　(2) 连接副之间有小过盈,装配压力最大到 7 kN;

　　(3) 连接副之间有小间隙或小过盈,需要旋入,但旋转角较小(<45°);

　　(4) 在旋入的同时还要施加一定的压力,最大 7 kN。

表 11-1　各种连接方式被使用的频繁程度

插入时的转角	连接操作分组 连接方式 并接 → 压入；0　0.30…5　7…(10)　F_F/kN S_P/mm　0.2　0.02　0 间隙：大	间隙：小	过盈：小	过盈：大
无	◕	●	●	◑
小(0°～45°)	○	◕	◕	○
大(45°～360°)	○	◑	◔	○
数倍(n×360°)	○	螺纹连接 ●		—

注：(●—最经常使用，○—很少使用)

对配合件施加一定压力，特别是轴向压力是经常的。70%的压入装配需要压力不超过 5 kN。

其余的装配方法，例如：槽连接、通过涂敷密封材料和黏结材料连接、弹簧卡圈的撑入、齿轮副的装配、楔连接、压缩连接以及旋入等只占很少的比例。表 11-2 中举出了几种连接方法，并对它们的原理做了说明。

表 11-2　连接方法示意图

连 接 方 法	原　　理	说　　明
折边	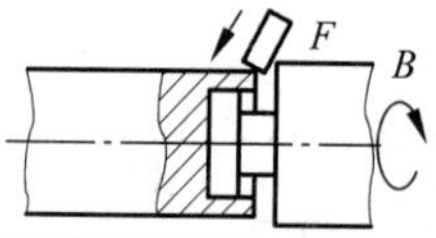	形状耦合连接，把管状零件的边缘折弯
镶嵌，插入	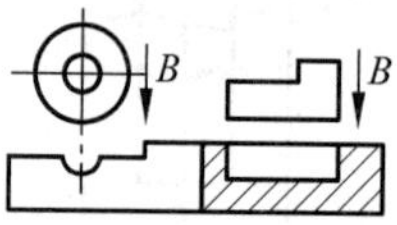	把小零件嵌入大零件
熔入	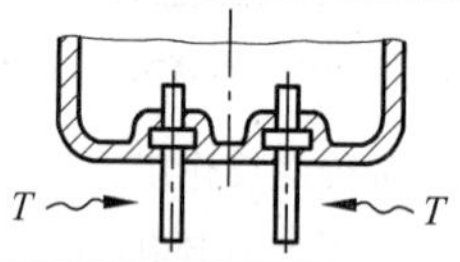	铸造大零件时植入小零件
胀入	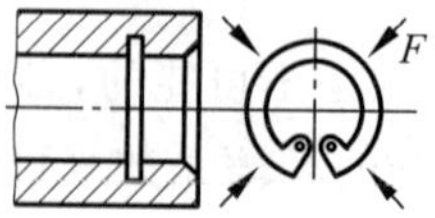	通过预先的变形嵌入
翻边，咬接	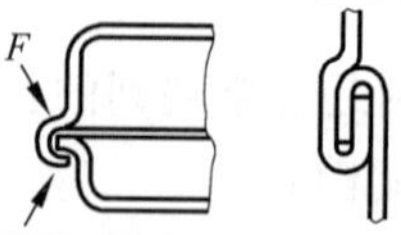	通过板材的边缘变形形成的连接
填充，倾注	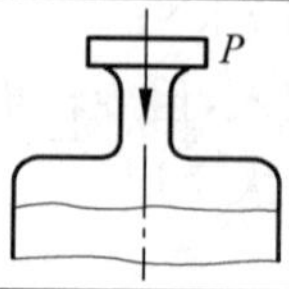	注入流体或固体材料

续表

连 接 方 法	原　　理	说　　明
开槽	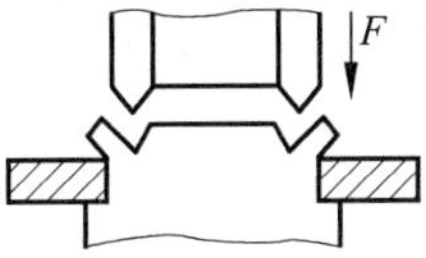	配合件插入基础件,挤压露出的配合件端部向外翻
钉夹	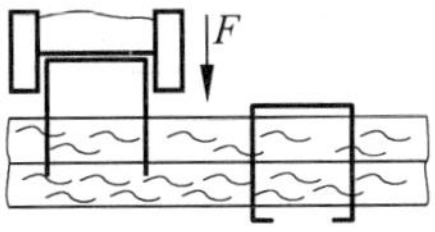	用扒钉穿透两个物体并折弯,形成牢固连接
黏结	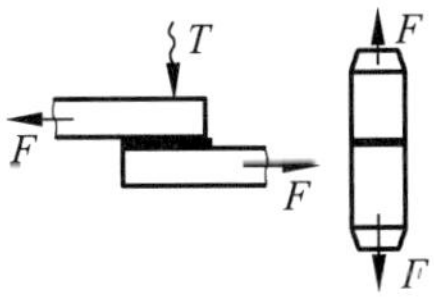	用黏结剂黏合在一起,有些需要加热
压入	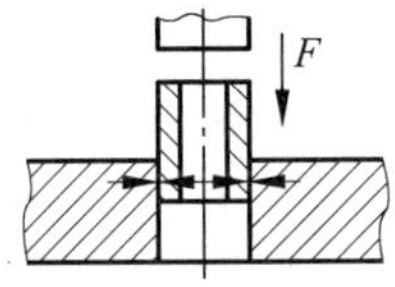	通过端部施加压力把一个零件插入另一个零件
凸缘连接	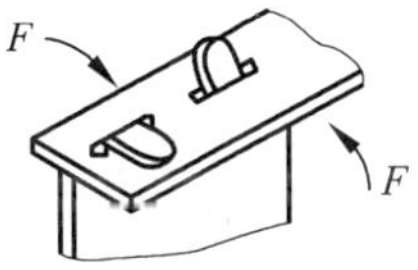	使一个零件的凸缘插入另一个零件并折弯
铆钉	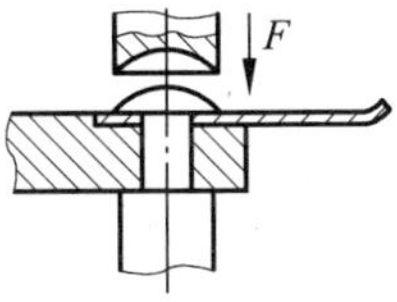	用铆钉连接
螺纹连接	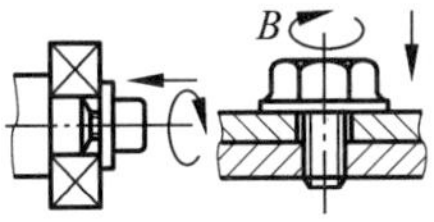 (a)　　　(b)	用螺钉、螺母或其他螺纹连接件连接
焊接	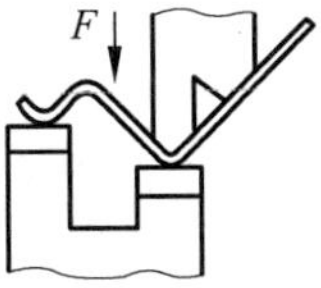	有压焊、熔焊、超声波焊等
合缝,铆合	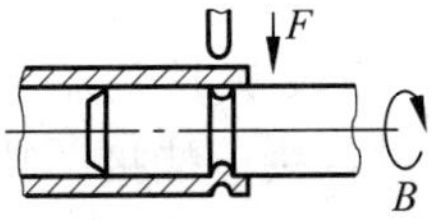	使薄壁材料变形挤入实心材料的槽形成连接
铰接		把两种材料铰合在一起形成连接

注:其中,B 为运动,F 为力,P 为压力,T 为温度。

除了传统的连接方法以外,新型的工艺不断出现。有一种 Clipp-off 方法,其连接副就是通过真空吸到一起的,完成连接动作后真空解除。使用这种方法,大量的紧固件、连接件和垫片都可以快速地连接。可以采用超声波把螺钉埋入塑料件;用新型的黏结剂可以获得超乎寻常的黏结力。自钻螺钉和自攻螺钉更简化了装配的准备工作。每一种连接方法都显示出它们独有的特点(表 11-3),人们可以据此选择适当的方法。

表 11-3　各种连接方法的技术经济特性

	力	装配成品	外形	可靠性	可视性检验	可维修性	定心误差	适合小件	适合大件
螺纹连接	●	○	○	●	●	●	◐	○	●
电阻焊	●	●	◐	○	○	○	○	●	●
弧焊	●	◐	●	●	◐	●	○	●	●
硬焊	●	○	●	●	●	○	●	◐	●
铆接	●	◐	●	●	●	●	○	●	●
开槽	●	●	◐	●	●	○	●	◐	○
搭接	◐	◐	●	◐	●	○	●	●	○
粘接	○	◐	●	◐	●	●	○	●	◐
特殊连接	◐	○	◐	●	●	●	◐	○	●

注:●—适合,○—不适合。

区别连接方法的标志是:

(1) 连接的作用(刚性的-可动的,可拆卸的-不可拆卸的);

(2) 连接结构(对接、搭接、并接、角接);

(3) 连接位置的剖面形状(板件-实心件,板件-板件等);

(4) 结合的种类(力结合,形状结合,材料结合);

(5) 制造和连接公差;

(6) 可连接性(材料结合);

(7) 连接的要求(负荷)及实现的程度;

(8) 连接方向与受力方向;

(9) 实现自动化的可能性;

(10) 可检验性及质量参数的保证率。

将各种连接方法按照实现自动化的难易程度从易到难顺序排列,其结果为:压接—翻边—搭接—收缩—焊接—铆接—螺纹连接—对茬接—挂接—咬边—钎焊—粘接。

装配过程中的装配动作以及连接力和传输力的分布对于装配机械和装配单元的开发是非常重要的依据。因为装配动作过程就决定了装配机械的运动模式。几种最典型的动作要求示于表 11-4。

表 11-4　典型的连接动作要求

名　称	原　理	运　动	说　明
插入(简单连接)		 ↓	有间隙连接,靠形状定心
插入并旋转	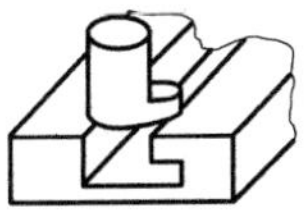	 ↻	属形状耦合连接
适配	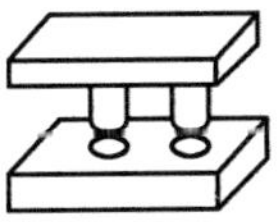	 ↘↓↙	为寻找正确的位置精密地补偿
插入并锁住	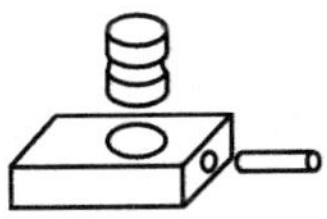	 ↓←	顺序进行两次简单连接
旋入	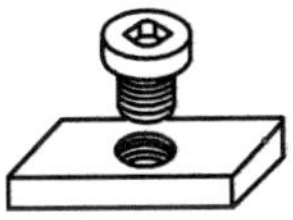	 ↻↓	两种运动的复合,一边旋转一边按螺距往里钻
压入	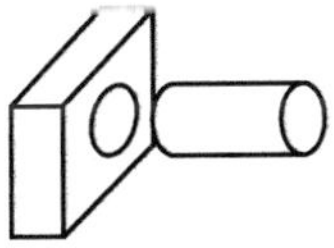	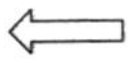 ⇐	过盈连接
取走	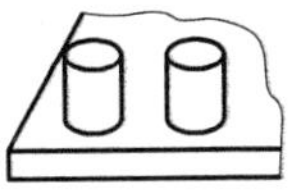	 ↑	从零件储备仓取走零件
运动	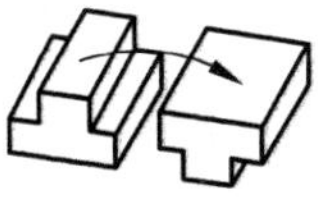	 ↻	零件位置和方向的变化
变形连接	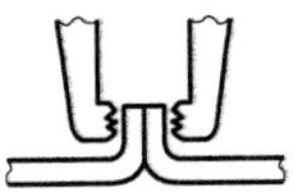	 ⇨⇦	通过方向相对的压力来连接
通过材料流连接	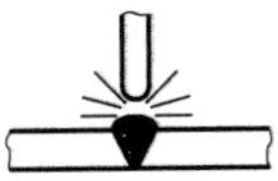	 ↕	钎焊、熔焊等
临时连接	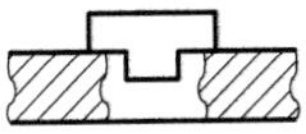	 ◄─►	为搬送做准备

11.4 装配机器人

11.4.1 概述

在现代制造企业中,装配机器人已占到机器人总数的 40% 以上。装配机器人将成为"未来工厂"的重要组成部分。与凸轮控制的自动化装配机相比,装配机器人的装配速度要慢些,但装配机器人也带来一些突出的优点:

(1) 可自由编程的运动控制;

(2) 通过传感器可以适应产品变种的装配;

(3) 可以与 CAD 系统和 PPS 系统连接。

当然还有一些难以解决的任务,必须通过实验研究才能实现自动化的装配。使用装配机器人必须满足以下几个前提条件:

(1) 装配过程必须是完全自动化的;

(2) 零件必须事先整理好再传送到装配工位或就地自动化地整理,如果装配时间比较长,也可以人工整理零件或向料仓加料;

(3) 夹具必须自动夹紧,零件在夹具中必须能自动定位;

(4) 加工设备和外围设备必须带有自动检测系统;

(5) 过程辅助功能或者不需要,或者可以由专用设备自动化地实现;

(6) 由机器人自动完成的功能代替绝大部分人工工作;

(7) 机器人向工件施加的压力取决于机械臂的空间位置和作用方向,根据不同的机器人类型,该压力可以达到机器人可靠搬送质量的 5~15 倍。

当使用机器人柔性装配小零件时,经常由于过长的循环时间而导致效果不理想。因为机器人运动质量较大而限制了运动速度。对此人们采取了两方面的措施,一方面减轻机器人构件的质量,另一方面使运动的质量分散,如让装配工具和基础件都能独立地运动。

在中小批量生产中,装配过程必须具有一定的柔性。如图 11-24 所示,备料设备应该适应不同尺寸、形状、材料和颜色的零件。送料设备在适应零件的尺寸、形状、材料方面是否应该具有柔性,要根据具体的产品来确定。

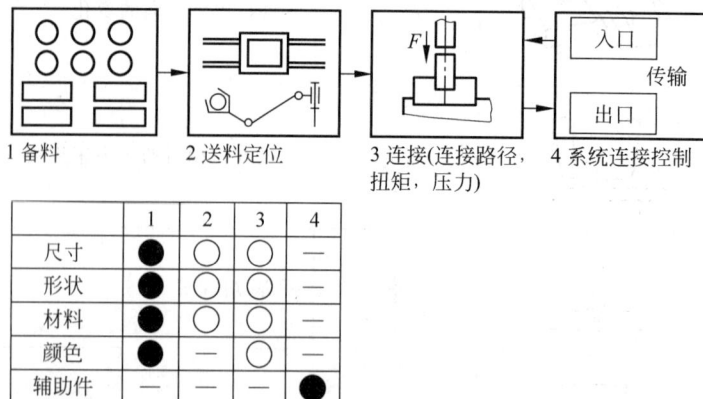

	1	2	3	4
尺寸	●	○	○	—
形状	●	○	○	—
材料	●	○	○	—
颜色	●	—	○	—
辅助件	—	—	—	●

图 11-24 装配过程的柔性要求

●—总是,○—根据产品的要求,—永不

　　那些位于机器人工作位置旁边的设备为外围设备,为保证机器人完成装配任务,这些设备是必需的,可以根据具体的装配任务来选择。

　　对于外部设备的要求如下:

　　(1) 构件本身可以按照要求调整。这种调整是事先设定的,可以由程序打开。图 11-25 作为一个例子示出了一种带有几个可以选择开关的整理段的振动供料器。每一层振动供料器都可以通过预选器选择三种不同零件进行整理。整理设备位于振动供料器之外。

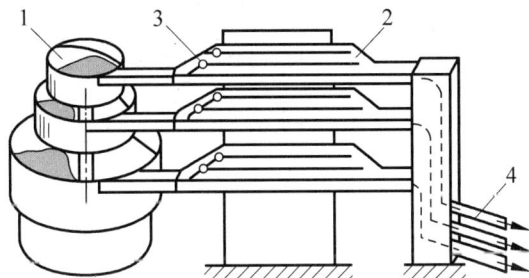

图 11-25　各个整理段可以开关的供料系统

1—塔式振动供料器;2—带分支有线型振动料槽,用于三种不同的整理工艺;

3—预选器;4—零件输出

　　(2) 外部设备的构件是为特定的零件设计的,但又是可以自动更换的。这就要求统一的接口。例如机器人抓钳的更换即属于这一类。还有一种模块方案,外设模块有秩序地排列在托盘上供机器人选用。

　　(3) 对于小批量产品的装配,在零件托盘上除了零件以外,装配夹具和预装配夹具也可以"搭车"。图 11-26 就是一个例子。

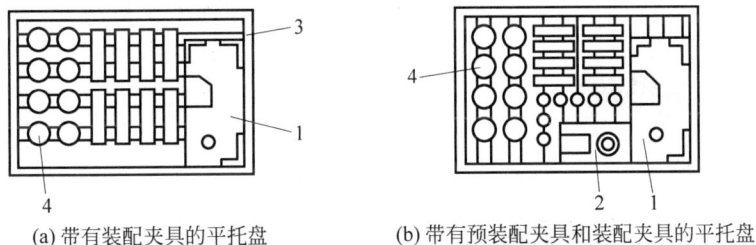

(a) 带有装配夹具的平托盘　　　　　(b) 带有预装配夹具和装配夹具的平托盘

图 11-26　小批量产品的零件托盘

1—装配夹具;2—预装配夹具;3—平托盘;4—配合件

11.4.2　装配机器人的结构形式

　　装配机器人是柔性自动化装配工作现场中的主动部分,它可以在 2 s 至几分钟的时间内搬送重量从几克到 100 kg 的工件。装配机器人有至少 3 个可编程的运动轴,经常用来完成自动化装配工作。装配机器人也可以作为装配线的一部分介入节拍自动化装配。

　　1. 装配机器人的分类

　　装配机器人可以按照图 11-27 划分成几类。根据它们的运动学结构,装配机器人有各种不同的工作空间和坐标系统。以下的特征参数对于装配机器人的使用是应该掌握的:①工作空间的大小和形状;②连接运动的方向;③连接力的大小;④能搬送多大质量的工件;⑤定位误差的大小;⑥运动速度(循环时间、节拍时间)。

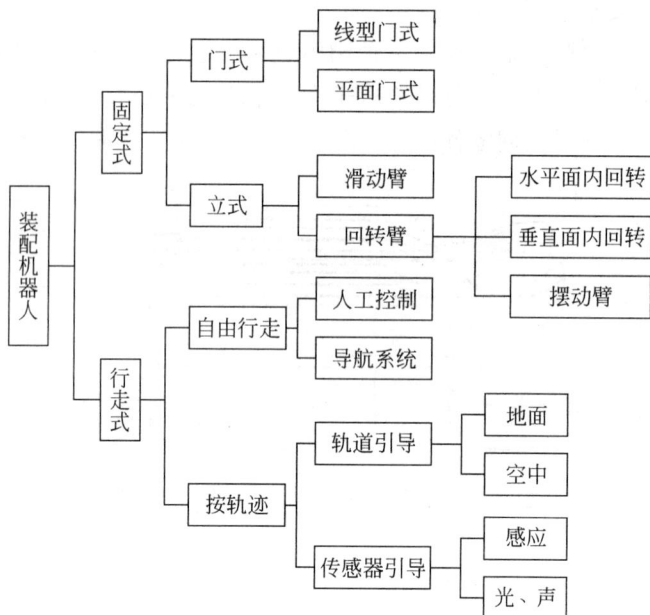

图 11-27　按照用途划分机器人的种类

2. 装配机器人的组成

图 11-28 是装配工作中使用最多的 SCARA 机器人,它由以下几个大部分组成:手臂、手(手爪)、控制器、示教盒、传感器。

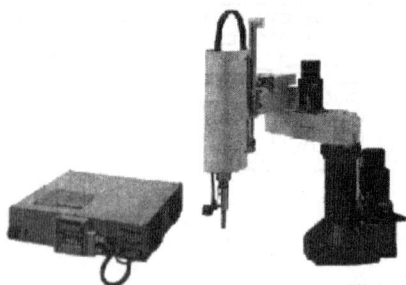

图 11-28　SCARA 机器人

手臂是装配机器人的主机部分,由若干驱动机构和支持部分组成。为适应各种用途,它有不同组成方式和尺寸。如果给手腕赋予柔顺性,便可以在一定程度上消除装配时零件相互之间的定位误差,对配合作业有利。双指气动手爪价格便宜,被厂家普遍使用。驱动装置是带动臂部到达指定位置的动力源。动力一般是直接或经电缆、齿轮箱或其他方法送至臂部,目前主要有液动、气动、电动三种驱动方式。电动又有直流电机、步进电机和交流电机驱动之分。关节型装配机器人几乎都采取电机驱动方式。伺服电机速度快,容易控制,现在已十分普及。只有部分廉价的机器人采用步进电机。

手爪安装在手部前端,担负抓握对象物的任务,相当于人手。事实上只用一种手爪很难适应形状各异的工件,通常,按抓拿对象的不同需要设计特定的手爪。在一些机器人上配备各种可换手爪,则可以增加通用性。手爪的驱动以压缩空气居多,电机驱动也占一定比例。

控制器的作用是对手臂和手爪的动作实施控制。控制器的核心是微型计算机,它能完成动作程序、手臂位置的记忆、程序的执行、工作状态的诊断、与传感器的信息交流、状态显示等功能。

示教盒主要由显示部分和输入键组成,用来输入程序、显示机器人的状态等,它是人机对话的主要渠道。显示部分一般采用液晶显示器(LCD)。

装配机器人经常使用的传感器有视觉、触觉、接近觉和力传感器等。视觉传感器主要用于零件或工件位置补偿,零件的判别、确认等。触觉和接近觉传感器一般固定在指端,用来补偿零件或工件的位置误差,防止碰撞等。力传感器一般装在腕部,用来检测腕部受力情况。一般在精密装配或去飞边等需要力控制的作业中使用。恰当地配置传感器能有效地降低机器人的价格,改善它的性能。借助传感器的感知,机器人可以更好地顺应对象物,进行柔顺的操作。视觉传感器常用来修正对象物的位置偏移。

3. 装配机器人的周边设备

机器人进行装配作业时,除上面提到的机器人主机、手爪、传感器外,零件供给装置和工件输送装置也非常重要。无论从投资额的角度还是从安装占地面积的角度,它们往往比机器人主机所占的比例大。周边设备主要包括给料器、托盘、输送装置等。

给料器的作用是保证机器人能逐个正确地抓拿待装配零件,保证装配作业正常运行。给料器用振动或回转机构把零件排齐,并逐个送到指定位置。送料器以输送小零件为主。实际上在引入装配机器人以前,已有许多专用给料设备在小零件的装配线上服务。

大零件或易磕碰划伤的零件加工完毕后一般应码放在称为“托盘”的容器中运输。托盘装置能按一定精度要求把零件送到给定位置,然后再由机器人一个一个取出。托盘容纳的零件数量有限。

在机器人装配线上,输送装置承担把工件搬运到各作业地点的任务。输送装置中以传送带居多。理论上说,零件即使随传送带一起移动,借助传感器机器人也能实现所谓的“动态”装配,但实际上,执行装配作业之前工件都处于静止状态。所以最常采用的传送带为游离式。输送装置的技术难点是停止时的定位精度、冲击和减振。

图11-29是几种典型的装配机器人结构。图(a)所示的SCARA机器人由于其运动精度高、结构简单、价格便宜而广泛地被使用。SCARA机器人于1981首次进入市场。1989年FANUC公司的SCARA机器人A-600型的运动速度达到11 m/s,可以达到的定位精度为±0.01 mm。图(b)悬臂机器人和图(c)“十”字龙门机器人的工作空间是直角空间,因为它的三个运动机构都能作直线运动。图(d)所示的摆臂机器人的臂是通过一个万向节悬挂的,它的运动速度极快。能够实现6轴运动的垂直关节机器人(图(e))是专为小零件的装配而开发的,它的手臂又称为弯曲臂,它的结构特征极像人的手臂。图(f)所示的摆头机器人是通过丝杠的运动带动机械手运动。如果两边丝杠(螺母旋转)都以相同的速度向下运动,机械手向下垂直运动;如果以不同的速度或方向运动,机械手则摆动。这种轻型结构只允许较小的载荷,如用于小型产品的自动化包装等。同样由于运动部分的质量小,所以运动速度相当高。

图11-30是SCARA机器人的一个使用实例。传送带将工件托盘传送至装配工位,定位机构将托盘精确定位。基础件已经事先在托盘上安装定位。SCARA机器人的手爪从配合件储料仓抓取配合件,装配在基础件上。

大型部件或产品的装配在节拍式的装配线上是难以实现的。所以人们想到另外一种方案:让装配者和装配对象调换位置,被装配的部件或产品位置不动,装配工或装配机械围绕被装配的部件或产品运动。从这一设想出发人们又开发出了行走机器人。

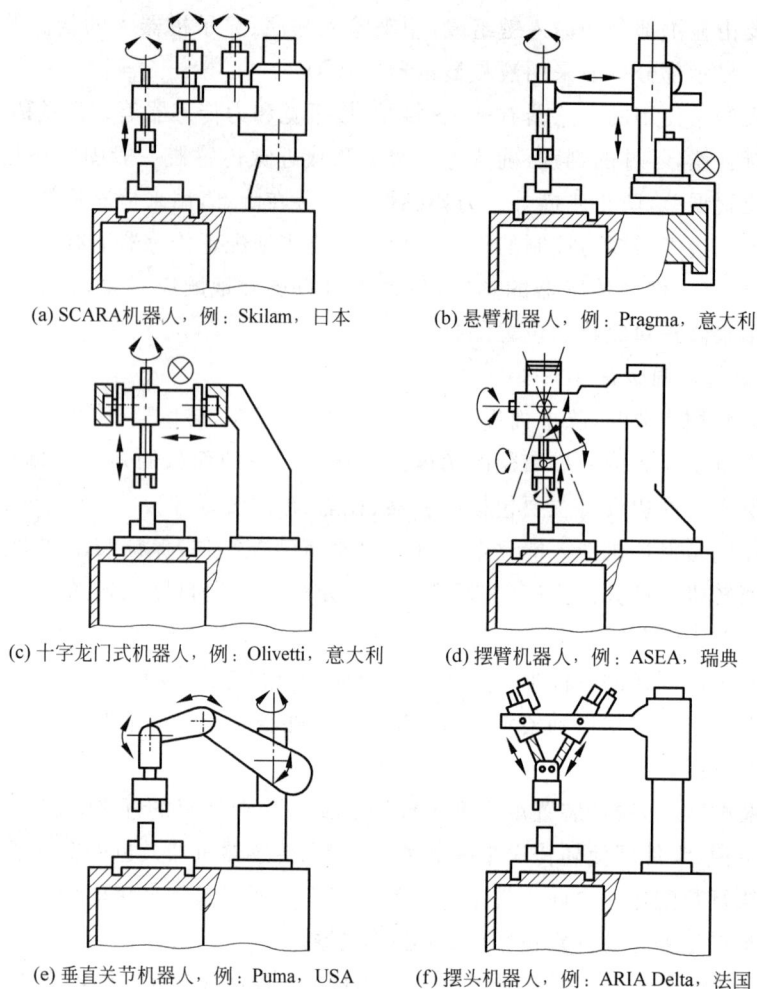

(a) SCARA机器人，例：Skilam，日本   (b) 悬臂机器人，例：Pragma，意大利

(c) 十字龙门式机器人，例：Olivetti，意大利   (d) 摆臂机器人，例：ASEA，瑞典

(e) 垂直关节机器人，例：Puma，USA   (f) 摆头机器人，例：ARIA Delta，法国

图 11-29　装配机器人

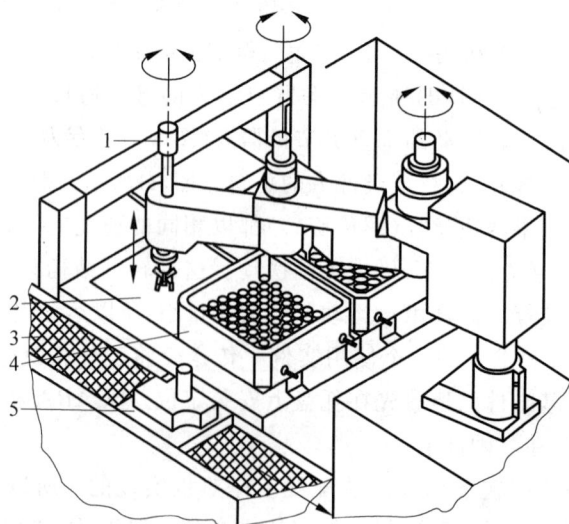

图 11-30　在一个装配间里工作的 SCARA 机器人

1—SCARA 机器人；2—配合件预备位置；3—传送系统；4—配合件储备仓；5—工件托盘

图 11-31 就是这类行走机器人的一个例子。这种机器人的行走机构很特殊,可以向任意方向行走。它的四个轮子的表面都是螺纹状的,通过四个轮子转动方向的组合就可以实现任意方向的运动。这种机械人可以自己寻找目标。

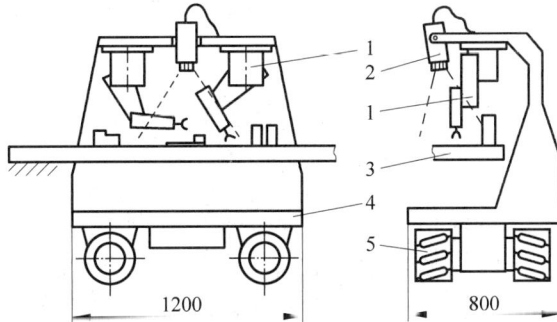

图 11-31　行走式装配机器人

1—垂直关节手臂；2—可视系统；3—工作托盘；4—行走机构；5—多向轮

4. 装配机器人的工作空间

大部分装配机器人的工作空间是圆柱形或球形的。因为在这样的空间容易实现运动速度、运动精度和运动灵活性的最佳化组合。如果按概率来统计各种机器人的运动空间得到以下的结果：①直角形空间占 18%；②圆柱形空间占 38%；③球形空间占 19%；④环形空间占 25%。

形成什么样的工作空间取决于运动轴和它们之间的连接方式。如图 11-32 所示,X,Y,Z 是主坐标轴；U,V,W 是副坐标轴；P,Q,R 是附加坐标轴；A,B,C,D,E,F 是回转轴。

机器人的运动轴指的是不互相依赖的、可以独立控制的导向机构和执行机构的直线运动和回转运动。

机器人的选择,首先是它的自由度的选择,主要考虑要实现哪些功能、需要哪些运动和哪些外部设备。在考虑到所有边界条件的同时还要力求做到用较少的投资实现要求的功能。

图 11-33 是一个在机器人与外设之间如何分配自由度的应用实例。第一种方案(图(a))是装配机器人承担了所有的运动,每个运动轴都必须能够自由编程。第二种方案(图(b))是机器人只须实现定点抓取,工件托盘在 x—y 平面实现受控运动。第二种方案的成本要低得多。

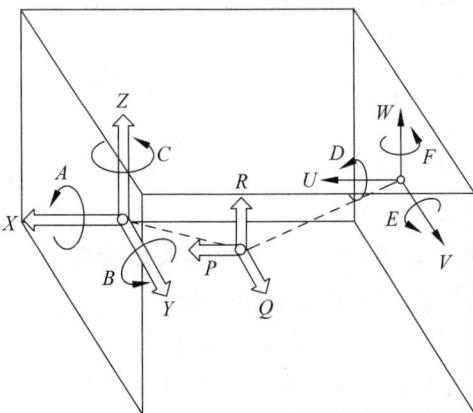

图 11-32　工业机器人的坐标轴

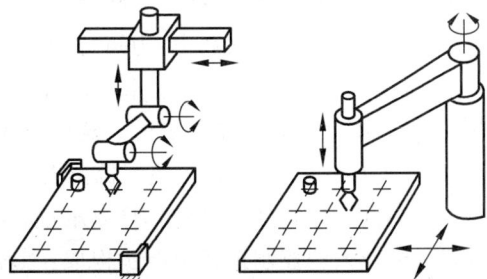

机器人	外设
$F=4$	$F=0$

(a) 被动的外部设备

机器人	外设
$F=2$	$F=2$

(b) 主动的外部设备

图 11-33　机器人和外设间自由度分配的多样性

技术上和结构上的设计多样性导致了装配机器人的方案多样性。图 11-34 所示的就是一种很有意思的装配系统,适用于手表那样大小的部件的自动化装配。工件托盘是圆柱形的塑料块,塑料块中有一块永久磁铁。借助磁铁的吸力,工件托盘可以被传送钢带带着走,如发生堵塞,工件托盘则在钢带上打滑,利用这一点就形成了一个小的缓冲料仓。

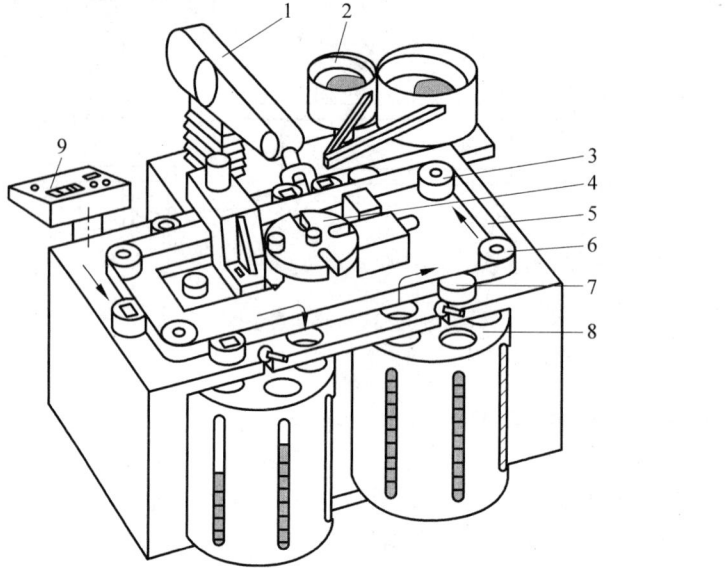

图 11-34　小部件的装配系统

1—装配机器人(搬送力 1 kgf,重复精度±0.1 mm);2—供料器;3—传动辊;4—抓钳库或工具库;
5—传送带;6—导辊;7—零件托盘;8—鼓形储仓(存零件托盘);9—操作台

在装配工位上,工件托盘可以用一个销子准确地定位。工件托盘可以由一鼓形的储备仓供给。钢带可以在两个方向运动(即托盘的运动),即可以反向运动。配合件可以由外部设备(例如振动送料器)供应。在这样的装配系统上,根据装配工艺的需要,也可以配置多台机器人。

11.4.3　装配机器人的控制

机器人的控制方式有点位式、轨迹式、力(力矩)控制方式和智能控制方式等。装配机器人的主要控制方式是点位式和力(力矩)控制方式。

(1) 点位式。装配机器人要求能准确控制末端执行器的工作位置,如果在其工作空间内没有障碍物,则其路径不是重要的。这种方式比较简单。

(2) 力(力矩)控制方式。装配机器人在工作时,除了需要准确定位外,还要求使用适度的力或力矩进行工作,这时就要用力(力矩)伺服方式,故系统中必须有力(力矩)传感器。

装配机器人的控制过程由四步构成:①告诉机器人要做什么;②机器人接受命令,并形成作业的控制策略;③完成作业;④保证正确完成作业,并通报作业已完成。

上述四步过程是通过机器人控制器来完成的,也是机器人控制器的基本原理。第一步在机器人控制中称为示教,即通过计算机可接受的方式告诉机器人做什么,给机器人作业命令;第二步是机器人控制系统中的计算机部分,它负责整个机器人系统的管理、信息获取及处理、控制策略的制定、作业轨迹的规划等任务,是机器人控制系统的核心。第三步是机器人控制中的伺服驱动部分,它通过不同的控制算法,将机器人控制策略转化为驱动信号,驱动伺服电机使机器人完成指定的作业。最后一步是机器人控制中的传感器部分,通过传感器的反馈,保证机器人正确地完成指定的作业,同时将各种姿态反馈到计算机中,以使计算机实时监控整个系统的运动情况。图 11-35 是机器人控制原理框图。

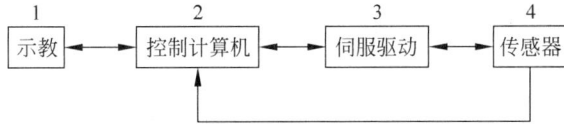

图 11-35　机器人控制基本原理框图

对装配机器人来说,既需要控制手部运动,还要控制手部的作用力,这就需要在手部施加一定的力(力矩)才能完成作业任务。

从控制的角度看,在同一时刻,很难做到对同一关节既实行运动控制又施加力控制,因为在大部分情况下,关节力是通过一定的关节位移来产生的。如果该关节的控制回路增益很大(刚度很大),则一个小的误差就会引起很大的力变化;反之,如果关节控制回路的增益很小,要调整一个比较小的力,可能会引起一个很大的位置误差。因此,机器人的力控制问题,一般要根据具体的作业特点选择合适的方法。表 11-5 是几种力控制方式的比较。

表 11-5　机器人几种力控制方式的比较

	力和位置混合方式	基本操作量	力 反 馈	动态补偿	使 用 情 况
混合控制	作业空间的各自由度均将位置控制和力控制分开	关节力	没有末端近处的力反馈	没有	多数应用于纯粹的位置和力控制不能完成的作业
刚性控制	基本将弹簧特性和阻尼特性分开,实现位置控制时将弹簧特性加大,实现力控制时将阻尼特性加大	关节力	利用关节力的正确控制可省略力反馈,为提高控制精度,可利用关节力或末端力反馈	基本没有,可以用加速度分解控制	能构成稳定系统,除去规划的轨迹动作,其惯性补偿的稳定度较低
柔顺控制	除以上外,还将惯性分开	关节速度或位置	必须有末端力反馈	没有,主要由关节系统的偏差产生控制力	系统构成容易,有良好的柔顺特性
阻抗控制	同上	关节力	同上	有	近刚性控制

以下介绍三种基本的力控制方式。

1. 以位移控制为基础的力控制

这种方式是在位置闭环之外加上一个力闭环,如图 11-36 所示。图中 P_C 是机器人手部位移,Q_C 是操作对象的输出力。力传感器检测输出力,并与设定的力目标值进行比较,力值误差经过力/位移变化环节转换为目标位置,参与位移控制。位移控制是内环,也是主环;力控制是外环。这种方式结构简单,但由于力和位移都在同一个前向环节内施加控制,因此,很难使力和位移都得到较满意的结果。力/位移变换环节的设计需要知道手部的刚度,若刚度太大,微量的位移可导致大的力变化,严重时会造成手部破坏。因此,为保护系统,手部需要有一定的柔性。

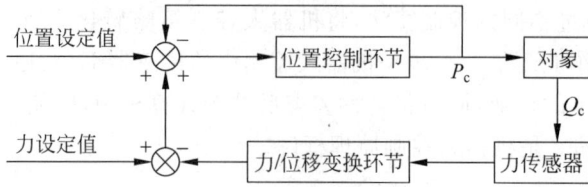

图 11-36   以位移为基础的力控制

2. 以广义力控制为基础的力控制

这种方式的特点是在力闭环的基础上加上位置闭环,如图 11-37 所示。通过传感器检测手部的位移,经位移/力变换环节转换为输入力,与力的设定值合成后作为控制的给定量。和前一种方法相比,它可避免小的位移引起大的力变化,故对手部有保护作用。缺点是力和位移都由一个前向通道控制,对位置精度要求较高的场合不太适应。

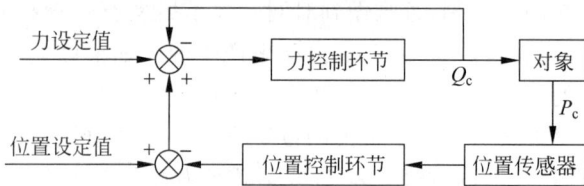

图 11-37   以广义力控制为基础的力控制

3. 力和位置混合控制

这种方式有两个独立的闭环来分别实施力和位置的控制。由于采用独立回路,力和位置可以实现独立控制。在实际应用中,一般并非所有的关节都需要进行力控制,而是根据机器人的具体结构和实际的作业工况来定。对同一机器人,不同的作业情况需要力控制的关节可能也不同,因而常需要由选择器来控制。图 11-38 是力和位置混合控制的结构示意图。这种方式由于具有显而易见的优点,在工业机器人的控制中得到了广泛的应用。

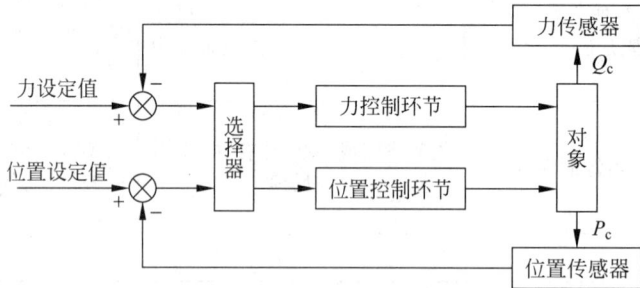

图 11-38   力和位置混合控制

11.5   汽车的自动化装配

11.5.1   发动机装配

1. 发动机装配线的组成

发动机是汽车领域技术最密集的关键部件,在汽车发动机装配过程中,由于被装配零件的多样性、工艺的繁琐性,汽车发动机装配线就显得尤为重要。汽车发动机装配线是一个对发动机顺序装配的流水线工艺过程,每个环节的控制都必须具备高可靠性和一定的灵敏度,才能保证生产的连续性和稳定性。

汽车发动机装配线主要包括总装线、分装线、工位器具及线上工具等。在总装线和分装线上,目前国内普遍采用柔性输送线输送工件,并在线上配置自动化装配设备以提高效率。

柔性输送线主要有:摩擦辊道和启停式动力辊道两种,输送速度一般为 $3\sim15$ m/min。摩擦辊道为连续运行方式,行进速度恒定,输送线上设置停止器,定位准确可靠。发动机托盘的使用,可适应多品种机型装配需要,操作灵活,并符合人机工程的需要。线上可配置装配托盘输送工件,托盘可在工位间实现积放,一个工位可积放多个托盘,也可采用特别处理的辊面实现无托盘输送。启停式输送辊道只在需要输送工件时启动辊道运转,为了启停平稳,通常采用变频电机。工位间无需设置停止器,但每个工位需要单独驱动,不论是否配置托盘,工件只能按照预先设置的工位积放,其柔性较摩擦辊道差,成本也较摩擦辊道高,但使用寿命长、耗能少,通常用于重型装配线的输送。辊道传动方式为伞齿轮或链传动。采用减速电机驱动,运行稳定可靠,噪声小,基本不需日常维护。辊道纵梁可采用铝合金材料或钢板制成,并敷设盖板及外罩板,专机工位设置护网。

装配线上的自动化设备主要有自动打号机、拧紧机、自动翻转机以及其他专用装配设备,可大大提高装配线的装配能力。目前,装配线普遍采用现场总线控制方式,通过现场分布I/O统一控制装配线的运行及完成各工位间的通信。组建现场信息监控系统采用以太网等方式,完成装配线上的信息采集、排产下达、工位监控及装配提示等功能。

2. 发动机装配实例

汽车发动机的装配,大量操作都可以自动化进行,例如把活塞装入汽缸,缸盖的装配等。

图 11-39 所示是飞轮的装配操作过程,飞轮被间歇式传送装置 12 传送到 KUKA 机器人 6 的抓取工位 1。发动机 5 被传送系统 7 传送到机器人 6 的工作区。插装设备 2 从振动送

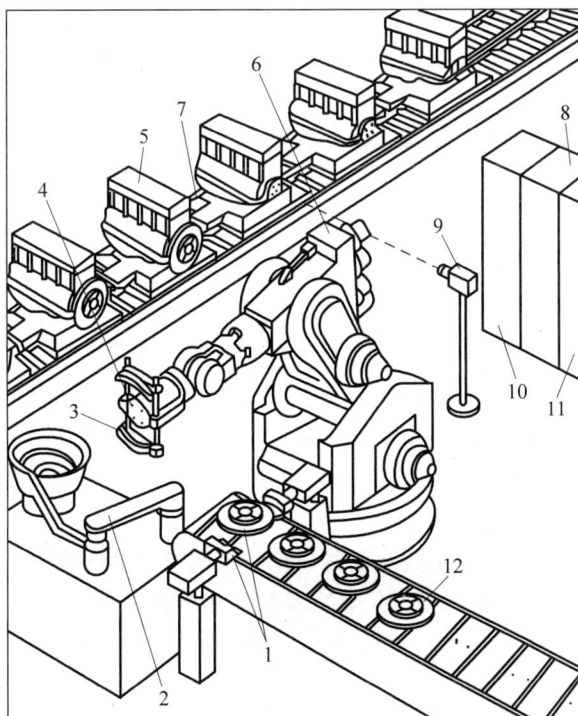

图 11-39　汽车发动机飞轮的自动化装配

料器的出口抓取螺栓插入飞轮的螺栓孔,机器人6借助于机械手3从传送装置上抓取飞轮移动到飞轮的安装孔与轴头中心对准并推入。螺栓安装工作头4拧紧螺栓,把飞轮紧固在发动机5的轴头上。然后机器人臂回到起点位置,重复下一个工作循环。为了保证安装孔的准确定位,摄像头9用来扫描轴头的位置,摄像头将信号传送到控制单元10,控制系统8、11通过计算确保飞轮的安装孔与发动机轴头同心。

11.5.2　整车装配

1. 新型汽车装配线的特点

总装配是汽车生产的最后一道工序。装配过程中以紧固零部件为主,还有黏接、镶嵌、压入以及加注汽车所需的各种液体、产品质量检验等工序,有时还要根据用户意向选装。新型汽车装配线最大限度地减轻工人的作业强度、提高劳动乐趣和生产效率、保证产品质量。近年来随着汽车结构进一步复杂化,车型及零部件品种增多,对装配线提出新的要求。研究人员在作业强度、自动化方式、作业环境等方面进行了研究与开发。

1) 减轻作业强度

随着汽车品种的多样化,装配作业变得复杂化。在旧的装配线上组装越来越多的零部件势必会造成工位杂乱,产品质量也不易保证。研究人员对每个工作项目进行了系统工程设计。首先把装配作业项目按车辆的功能分类,明确作业目的与产品功能的关系。制定合理的装配顺序,针对车辆功能制定合理的作业方针,落实到实际装配作业工作中,作业项目由指定的作业人员完成,以保证装配质量。为了减轻作业强度,首先对作业强度进行定量评价,排定减轻作业强度的优先顺序。将原来长达1000 m的装配线按车辆功能划分成5条线,由专门人员负责每条线,确保产品质量。

2) 提高自动化水平

通过自动化保证产品质量,减轻作业强度。开发直接用于汽车装配线中的自动化设备。装配人员与自动化设备共同作业,同时装配人员又是自动化设备的管理者。发动机和轮胎的安装作业强度大,实现自动化后,既减轻作业强度,又保证了装配质量。

3) 改善作业环境

通过将终检线分开,使用低噪声工具等方法,有效地降低了噪声。此外,车间内的墙壁、地板改造成明快的色调,给人以舒适的感觉。

2. 最先进的装配生产线

宝马轿车生产厂在喷漆线和装配线之间建立了高架立体库,那里存放有近千辆已经完成喷漆工序的1系列和3系列的宝马轿车车架。当总装线上收到新的装配工作指令时,在高架立体库中就有颜色和车型完全符合要求的车架被电动传送装置运送到总装线上,再被冲压上车架的编号,就开始进入总装生产工序了。

1) 广泛采用数字控制技术

所有的汽车零部件也都被运送到专门的供应中心等待进入装配生产的物流系统中。新的需求指令到达时,大型的部件用叉车、小型的零部件用专用的运输工具被运输到装配生产线上,或者被运送到预装生产工位上。宝马3系列轿车采用模块式设计,在预装工位完成模块装配可以节省总装配线上的空间。

宝马1系列和3系列轿车是在同一个装配线上进行装配生产的。长度达4000 m的装配生产线全部采用数字式三维控制方式。例如,1系列轿车的全部装配生产过程都可以在显示器上进行模拟。高效率的物流控制系统,保证了畅通无阻的装配生产过程。

　　2)符合人体工程学的自动化装配线

　　整个装配线的设备都按照最先进的人体工程学标准进行优化,在随行式装配输送带上,装配工人与被装配的车辆按相同的速度运动着,车架和零件供应装置的位置可以任意调节,装配工人可以在每一个装配工位按照自己的习惯和舒适性自由地进行调节。轿车驱动系统与车架的安装过程中已大量采用机器人自动化的操作(图11-40),并且在连接过程中自动完成工作记录,在出现错误时及时向操作者发出错误警报。

图 11-40　宝马汽车装配线

　　雷根斯堡的宝马轿车生产厂采用全自动的装配方式将汽车的发动机与变速器连接在一起。在装配过程中,共有6台摄像机用来监控装配生产工程,其中3台摄像机安装在机器人的手臂上,机器人按照工艺文件规定的拧紧力矩将发动机与变速器精确、可靠地安装在一起。

　　车内安装座椅的操作是自动完成的,机器人首先对车架座椅的安装部位进行测量,然后精确地进行自动化安装。装配线中的灌装工位,以前是手工操作,目前实现了半自动化,灌装工位可以灌装冷却液、车窗清洗液和制动液等。由于总装配线的大部分操作自动完成,减轻了工人负担,工作环境也十分洁净(图11-41)。

图 11-41　德国大众德累斯顿厂的总装配线

3）线外的模块式装配

线外的模块式装配可以避免在装配线上形成大量的库存。例如汽车的座椅可以在供应中心完成全部组装工序，并对关键部位进行组装质量的检验，然后才按照生产节拍准确地进入总装配线进行装配。汽车车门在离开高架立体库时单独地进行部件组装，然后在总装配线上安装到车架上。在雷根斯堡的宝马轿车生产厂中，共有约 1/3 的安装任务是在装配线外完成的。其他的大型模块式部件，例如座椅、保险杠等，都由供应商完成组装。发动机也由专门的制造厂事先装配好。

11.5.3 车轮的自动化装配

手工装配车轮是总装配线最繁重的工种，采用自动化装配不仅减轻工人的劳动强度，而且可以提高效率，保证质量。图 11-42 所示的是车轮的自动装配过程。车身 11 被传送链送到车轮装配工位并准确定位。车轮 4 被另外一条传送链传送到装配机器人 6 的工作区。装配机器人将完成两个装配动作：机器人臂 10 抓起车轮送向车轴并准确定位；机器人臂前端的螺母拧紧装置完成车轮与车轴的连接。螺母从料仓 2 进入振动送料器 3，一个专用的机械臂将螺母从振动送料器的出口取走并准确地放入车轮上的沉孔内。为了确保车轮与车轴的准确定位，机器人手臂上安装了摄像头 1，摄像头与控制单元 7～9 连接，摄像头扫描车轮上的安装基准，信号传回控制单元，保证车轮与车轴中心对准。车身两侧的机器人和传送系统分别完成各自一侧的车轮装配。

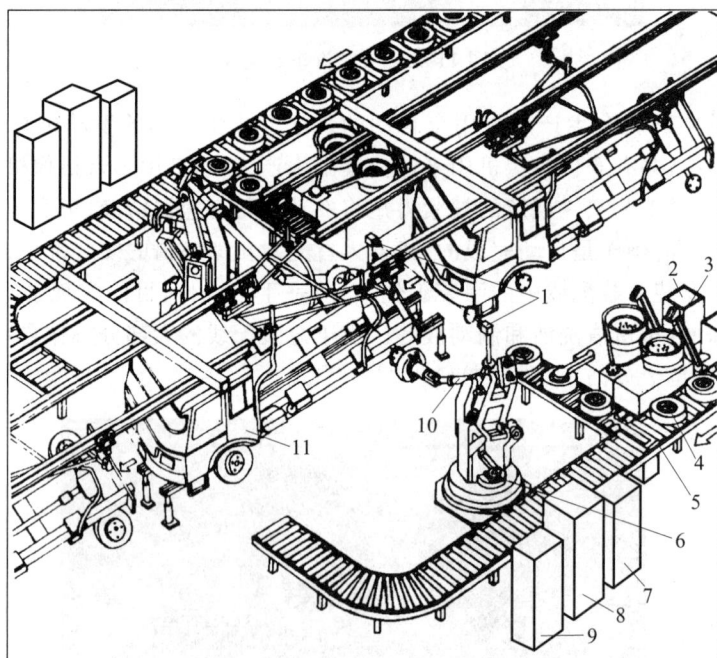

图 11-42 车轮的自动化装配

由于电动工具噪声更低，自动化程度更高。汽车装配越来越多地使用电动工具代替气动工具。图 11-43 所示的是，用电动扭矩扳手来拧紧螺母，全套装置可以自动调整空间坐标位置，使原本劳动强度最大的车轮安装工序变得轻松。拧紧力不受操作者身体状况的影响，而是由设备精确控制,装配质量得到保证。

图 11-43　用电动扭矩扳手拧紧螺母(mini 宝马总装配线)

复习思考题

1. 试述装配在整个生产系统中的地位。
2. 试述主要的连接方法。
3. 给料系统应该实现什么功能? 系统由哪几部分组成?
4. 使用装配机器人有何优点?
5. 使用装配机器人必须具备什么样的前提条件?
6. 简述装配机器人的组成、控制原理及其控制方式。
7. 汽车总装配线由哪几部分组成?
8. 现代化的汽车装配线具有什么特点?

本章主要参考文献

1. 刘德忠,费仁元,Stefan Hesse. 装配自动化. 北京:机械工业出版社,2007
2. 布思罗伊德 编著,熊永家 等译. 装配自动化与产品设计. 北京:机械工业出版社,2009
3. Hesse S. Montagemaschinen, Würzburg;VOGEL,1993

12 → 新世纪的生产系统与环境保护

导 学

任何现存的先进技术都有可能随着时间的推移而逐步失去其先进性。因而单一的技术优势并不能保证企业赢得竞争。只有通过人、组织和技术三者的良好结合,并通过计算机网络将它们集成在一起,才能充分发挥出企业的最佳整体效益。并行工程、精良生产和敏捷制造等先进的生产系统已在 20 世纪后期显示出在市场竞争中的优越性,预计在 21 世纪将得到推广并在长期的应用中得到改进、发展与完善。在这个基础上,企业的生产不仅具有高度柔性,而且主要从事公司所擅长领域的工作。遇有重大任务时,则积极寻找其他的公司或企业结成伙伴,施行动态联盟,使新产品从订货开始,以最短的时间、最好的质量、合理的价格和良好的售后服务出现在市场上。在今天这个商务竞争瞬息万变的时代,成功只属于那些既拥有先进的核心技术优势,又拥有灵活的生产系统,能通过迅速地进行自我调整来适应变化,并有足够的能力通过创新来开拓市场的企业。

面对全球性日益加剧的环境问题,制造界全体有识之士除了应清醒地面对这一严峻的现实外,更应和政府部门一起在环境保护方面,共同采取有力措施,履行自己的责任和义务,以保护我们人类赖以生存的唯一理想居所——地球。只有这样,才有可能在发展现代工业的同时,让我们的子孙后代拥有一个良好的生长、生存和发展空间。

本章要求在自学的基础上,每个学生写出一份关于新世纪的生产系统或未来环境保护的读书报告。

12.1 新世纪的生产系统

制造生产是一个利用制造资源将原材料转化为产品的完整过程。所谓制造资源是指技术、组织和人员这三大制造生产的必备资源,而不包括原材料等不受制造方式的影响而随时在市场上可获取的生产要素。18 世纪英国的亚当·斯密①所提出的分工与专业化原则奠定了人

---

① 亚当·斯密(Adam Smith,1723—1790),英国资产阶级古典政治经济学体系的建立者。代表英国工厂手工业已高度发展、产业革命开始时期资产阶级的利益。其代表作《国民财富的性质和原因的研究》,从人类利己心出发,以经济自由为中心思想,以国民财富为研究对象,第一次系统地论述了政治经济学的主要内容,相当正确地表述了资产阶级经济体系的内在关联。他主张自由竞争,抨击重商主义,对英国经济政策曾起过重大作用。

类有组织的生产活动的基石,而泰勒制[①]的建立则使这种分工发挥得最为彻底和最富成效。专业分工原则分解了制造过程,使其与劳动者的特征(如学习能力、有限体能和有限理性等)相适应,从而解决了产品大量生产中的高效率和经济性问题,但同时也对企业的长远发展留下了严重弊端。

例如,制造分工对技术的分割造成下列弊端:

(1) 简单技术的高频率重复与劳动者追求全面发展的内心动机相矛盾;

(2) 制造产品所需的复杂技术不但要依赖于严谨可靠的技术措施(如图样、工艺文件和工装夹具等),而且要依赖于有效的管理。分工越细,这类技术措施和管理活动就增长得愈快,从而消耗本来就稀缺的制造资源。

(3) 制造分工除了将劳动者划分为不同的作业群体外,劳动者仅仅需要制造分工中所必须的那部分知识和技能,而与其他的知识和技能分离得比较彻底。这就在某种程度上使劳动者变成技术和机器的附庸,从而使他们失去了作为独立个体的丰富性和创造性。

因此,从提高生产率来看,专业分工带来的好处是明显的和当前的,但对制造资源的分割所造成的影响则是隐性的和长远的。因为它阻碍了劳动者的全面发展,损失了制造资源的整体效率和效益,从而难以响应瞬时万变的市场对产品的需求。这是因为不同的产品要采用不同的技术和技术组合,而技术资源和组织资源的分割对上述变化的反应必定是迟缓的,而分工过细导致片面发展的劳动者在新技术面前表现得束手无策。这样,大量的机遇将有可能因新产品的试制周期过长而失之交臂。

为了应对当前复杂多变的市场环境,人们进行了长期不懈的探索。一方面致力于发展单项的先进制造技术,另一方面寻求全新的先进制造系统。如柔性制造、并行工程、精良生产和敏捷制造等。下面择要介绍并行工程、精良生产和敏捷制造。

12.1.1 并行工程

要了解并行工程(concurrent engineering, CE),首先要介绍顺序工程。在研制产品时,顺序工程是按图 12-1 所示的串行顺序进行的。多年来,这种模式已为人们普遍接受。实践证明,这种方式对于批量大、市场寿命长的产品行之有效,而对于批量不大、市场寿命短的产品不仅不能满足市场需求,而且会成为企业本身发展的一种掣肘。

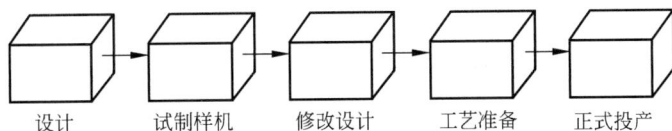

图 12-1　顺序工程示意图

并行工程则是当产品处于设计阶段时,就引入生产准备工作,并行地进行产品设计,工艺

---

① 泰勒制·泰勒(Frederich Winslow Taylor, 1856—1915),美国工程师。他首创的泰勒制是一种生产组织和工资制度。内容是:从企业中挑出最灵巧、最强壮的工人,使他们极端紧张地工作。用秒或几分之一秒的时间为单位,记录完成每一操作的时间,并据以规定生产规范和标准时间。实耗时间低于标准时间的少数工人,能得一天的工资和极大的奖金;实耗时间高于标准时间的大多数工人,只能按大大降低的计件单价获得工资。列宁把泰勒制称为"榨取血汗'科学'制度"。它"一方面是资产阶级剥削的最巧妙的残酷手段,另一方面是一系列的最丰富的科学成就"(《列宁选集》第 3 卷,人民出版社 1972 年版,第 511 页)。

和生产准备。尤其在当前的环境下,利用计算机网络,可以有效地达到快速、高效和保质地推出新产品的目的(图 12-2)。

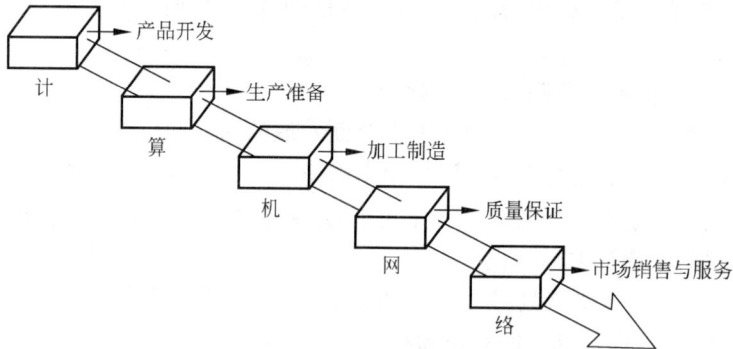

图 12-2　并行工程示意图

随着产品对技术的要求越来越复杂,更新换代愈来愈快,新的产品设计不但要考虑产品功能本身,而且要考虑产品加工和装配的难易程度、生产周期的长短、生产成本的高低以及售后服务等,因此必然要求打破设计、工艺、生产计划以及加工和装配各部门间的壁垒,同时借助计算机网络实现各部门间的信息和数据共享,并以"双赢"的理念实行与企业的外部资源共享。因此并行工程实质上指的是集成地、并行地设计产品和处理相关的各种过程的系统方法。

并行工程要求在产品设计阶段,集中有关产品研制各部门的工程技术人员,共同设计产品,并对产品的制造过程和各种性能进行计算机动态仿真,然后进行分析与评估,再进一步改进设计,以便获得最优结果(图 12-3)。从图中可以看出,在信息流范围内,新产品的设计工作并行推进或并行交叉地向前推进。并行工程的另一重要方面,是物料流方面的并行作业。流水线上的每一工序都在平行作业,而经过一个节拍时间就能出一个零件或一件产品,这就是汽车生产为什么几分钟就能出一辆车的奥秘。运用并行工程所设计出的产品不但周期短、性能优,而且易于加工、装配、检测和维修。因此并行工程是指在精简化生产概念的指导下,充分发挥计算机数据处理、信息集成和网络通信的潜力和跨部门工作小组的集体力量,将新产品的研究开发和生产准备等各种工程活动,尽可能并行交叉进行。

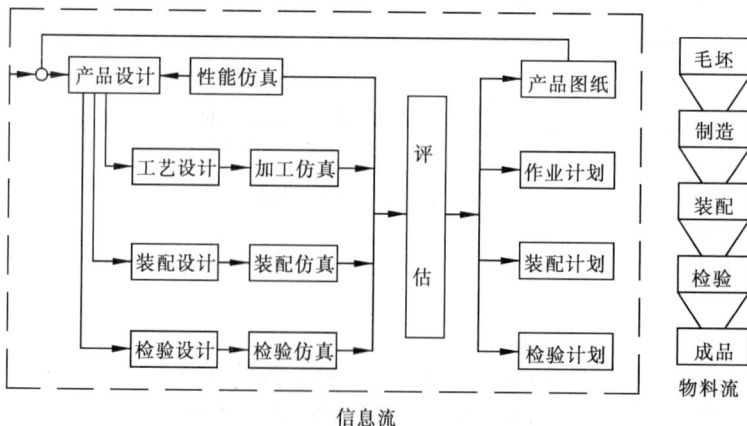

图 12-3　并行工程的技术内涵及其组成

并行工程是一种合作工程,其生产组织将改变传统的泰勒方式,重新建立以人为中心的生产组织原则,这是人类社会进步的发展需要。这种生产组织方式,重新认识人在生产中的地位、人的智能、技术诀窍、情绪和自我价值观在生产过程和企业活动中的作用。并行工程的实施,将激励人的积极性,有利于塑造良好的企业文化。因此,它对制造业的影响,就远不止于缩短产品投放市场周期、建立全方位的质量体系、降低成本和增强市场竞争力这四个方面,而且具有较深远的社会意义。

12.1.2　精良生产

精良生产(lean production,LP)是 20 世纪 90 年代美国麻省理工学院(MIT)提出的新概念,被认为是世界级制造技术的核心。它与工业工程(IE)的目标是一致的,即"以最小的投入,取得最大的产出,在花色品种和质量上让用户满意"。它的全面实施,将以最快的速度、最低的成本设计和生产,并以合理的价格在市场上销售,因而在竞争中具有明显的优势。

德国阿亨大学的 W.Eversheim 教授为精良生产形象地描绘出一幅图画,这是一幢以精良生产为屋顶,以适时生产(just in time,JIT)、成组技术(GT)和全面质量管理(total quality control,TQC)为三根立柱,以并行工程为基础的建筑物(图 12-4)。成组技术和并行工程前面已有介绍,这里仅简介适时生产和全面质量管理。

1. 适时生产

适时生产是精良生产的核心,它最早产生于汽车工业。其主导思想是使物流通畅,而且不早不晚地来到工作地或工人手中,使工作过程浪费最小。理想的 JIT 不仅可使全厂做到均匀有节奏地生产,而且每个部门、每道工序也是按节拍

图 12-4　新世纪生产系统示意图

进行。这种生产方式在全车间不存在中间仓库,每个工作场地只有一个中间储存器,储备少量的小零件。当产品检验合格后,用户立即把产品提走,车间不需要成品堆放站。这些措施,可以保证零件和产品在车间停留的时间最少,因而可以加快资金周转速度,以达到降低成本的目的。

JIT 技术实际早在单一品种和大批量生产时就已经提出,只是随着消费市场的巨大变化,促进了它的发展和应用。大量生产的企业如果不利用成组技术,进行多品种生产,在市场竞争中必然要失败。日本非常及时地注意到这种倾向,首先在汽车和家用电器等行业进行技术改造,在组织混流生产方面有所突破。这种灵活的生产系统,一方面继续保持了大量流水作业的特点,另一方面对工序的柔性进行了改造,使之能在短时间内作出快速调整或更换的反应。这一点在过去很难实现,而在数控技术和计算机技术广泛应用的今天则比较容易做到。这种在新条件下实现的 JIT,不仅可以得到单品种大量生产的全部好处——高速度和高效率,而且增加了品种,加快了变换节奏。

2. 全面质量管理

全面质量管理(TQC)强调全面的质量概念,除了产品的技术性能(如精度、耐用度和安全性等)外,还包括准时交货、使用指导和维修保养等服务质量,并且强调产品是一切工作质量和工序质量的结果。必须在生产的各个环节把好质量关,重视各个环节的配合和信息的反馈。

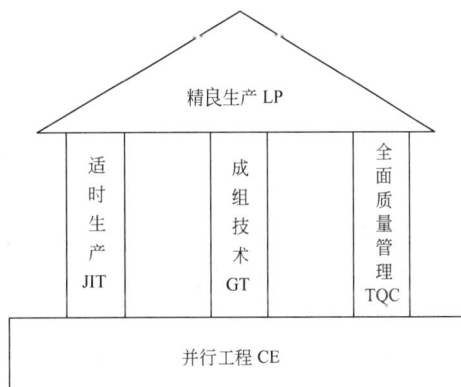

而这一切又是由人完成的,因此要从上到下、由基本生产过程到辅助生产过程,甚至到生活服务,做到全员参加、全员培训,将全部工作纳入质量管理的轨道。人人建立起强烈的质量意识,是企业整体素质的重要标志。产品流程和质量职能可以用图 12-5 所示的螺旋上升图来表示。

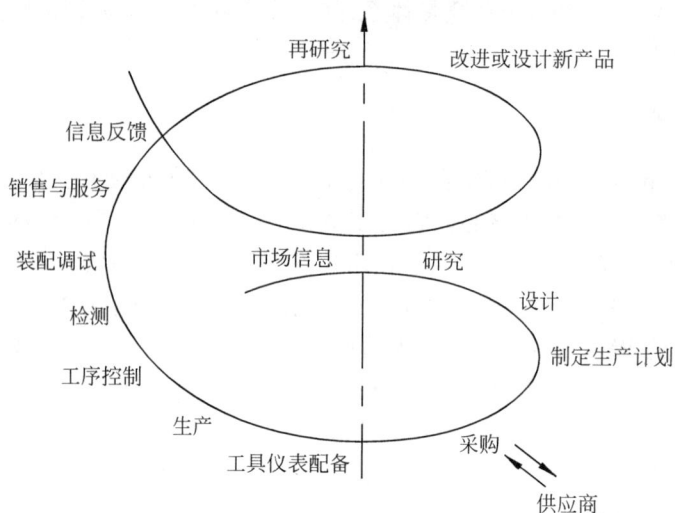

图 12-5　产品流程及质量职能图

为了实现企业的质量职能,必须把同质量有关的一系列活动分散给螺旋图上的各个部分去进行,并将企业内部各部门间的质量职能有机地结合起来。此外,还必须由企业的专职质量管理部门负责协调工作。

(1) 明确各环节的工作内容、规定其职责;

(2) 为每个环节提供实现其职能的管理(政策、目标、计划、组织、培训和激励等人为因素)和技术(材料、设备、工艺和能源等自然因素)上的条件;

(3) 要求各环节提供完成任务的保证措施;

(4) 主动及时地协调各环节的活动。

在企业质量职能螺旋上升的过程中,各项工作是按顺序进行的。对于下一环节的质量,上一环节应该是一种预防和保证。这样互相依存,互相制约,互相促进,环环相扣,周而复始,螺旋上升。每经过一次循环,就意味着产品质量的一次提高。

12.1.3　敏捷制造

任何企业从其诞生开始就生存在一个变化的世界中,它们必须不断地进行自我调整以适应市场变化的挑战。许多企业在日益加剧的商务竞争中认识到:当前国际范围内的商务环境变化速度经常超过企业自身调整的步伐,当新的客户要求在其他地方得到满足时,企业就会失去原有的市场份额。因此,有不少企业由于对这种挑战认识太迟而破产,也有些企业虽然较早地认识到这种挑战,但由于无法及时完成所需的内部调整而仍然难以适应这种挑战。因此,现代企业要想生存与发展,必须具备下列两个基本条件:一是它的产品必须满足某种变化着的市场需求;二是必须有能力及时地进行自我调整,以适应市场已发生或将要发生的新变化。当上述条件不能满足时,企业的生存便面临着危机。敏捷制造反映的正是企业驾驭市场变化的这种能力。如果一个企业善于从变化中赢得竞争优势,它就能够在难以预知和持续变化的商务环境中赢得竞争。

因此,敏捷制造意味着允许企业以任何方式高速、低耗地完成它所需要的任何调整。同时敏捷制造还意味着高效率的开拓与创新能力。在快速创新能力成为竞争主要手段的今天,实行敏捷制造的企业可以依靠其不断的开拓创新,不只是被动地适应市场,而且有能力主动地引导市场。怎样才能使企业具有敏捷性呢?

敏捷制造企业特别重视员工的素质,它被认为是度量企业竞争力强弱的重要标志。当一个企业每时每刻都面临变化的时候,它需要无止境地对各种新技术和新方法进行评价。能否准确地进行这些评价和快速学习并掌握这些新技术和新方法,将在很大程度上决定该企业的敏捷程度。敏捷制造企业对员工的职业培训和再教育,由原来认为是一种职工福利,要提高到是保持与增强企业竞争能力的一个重要方面。

敏捷制造企业必须具有迅速决策的能力。然而只有在充分掌握信息的前提下才能做出迅速、正确的决策。因此,敏捷制造企业总是把决策层放在最低层,让每个操作者和各层组织者都能对其工作相关的问题进行正确的决策。为此还必须进行各类所需的培训。只有当一个企业拥有大量这样的员工,才能快捷地进行各种调整以适应新的挑战。

敏捷制造企业中的信息支撑体系也非常重要。计算机网络化的信息支撑系统是实现敏捷制造的重要里程碑。这种体系不但具有来自企业内外并经过筛选的信息资源,而且应和其他的支撑体系一样,易于调整以适应变化的需要。在发达国家,软件系统已成为企业日常运行的重要组成部分。它在日常的企业动作、过程控制、决策支持、效益评估和保持与其他企业的联系等方面起着重要作用。软件系统和集成技术是企业组成的核心部分。

敏捷制造企业的组织应表现出最大的可塑性。而这一可塑性主要由它的人员可置换性来保证。敏捷企业存在相对稳定的核心雇员队伍,而大量的工作人员是根据当前需要向人才专业公司临时雇用的,因而处于动态流动中。他们和企业自身的稳定骨干结合,形成一些授权自主的工程小组。在工程小组的组成、小组成员的评价、财务结算和保密制度等方面,逐步形成一套与人员的可置换、常变更相适应的灵活体制。

在敏捷制造企业中,人、组织和技术的有机结合是非常重要的。因为任何现存的先进技术都有可能随着时间的推移而失去其先进性。因此,单一的技术优势并不能保证企业赢得竞争。只有通过人、组织和技术三者的良好结合,在形成企业的核心竞争力的基础上,并使用计算机软件和集成技术把它们整合在一起,才能发挥出企业最佳的整体效益。在这个基础上,企业的生产不仅能做到灵活、柔性高,而且主要做公司自己专长领域的事,遇有重大任务时找其他合适的公司或企业结成伙伴,使新产品从订货开始,以最短的时间,最好的质量出现在市场上。在今天这个瞬息万变的时代,成功只属于那些能迅速地进行自我调整,通过创新来开拓市场的企业。

12.2 环 境 保 护

人类社会的存在与发展是同自然环境密不可分的。随着科学技术的进步和生产力水平的提高,人类影响自然的能力大为增强。人类在改造自然的活动中取得了一个又一个胜利,社会面貌和人们的生活都得到极大的改观。但是另一方面也带来一系列严重的问题,其中最突出的包括人口爆炸、资源短缺、环境破坏和温室效应加剧在内的"生态危机"。这种危机反映了社会发展与自然环境之间的关系已经遭到严重破坏,出现了生态环境的不平衡、不协调。人们终于发现,人类所面对的自然界,并不是百依百顺地接受人类的征服与改造,而是对于人类的每一次错误的实践,都毫不留情地进行了报复。由于报复的屡屡发生,报复面的迅速扩大,危害程度的日渐加深,逐渐引起了全人类的警觉。当前,社会发展与自然环境的关系问题已成为全人类不同社会制度、不同意识形态所共同关注的全球性重大问题。2009 年 12 月 7—18 日在丹麦首都哥本哈根召开的气候大会就是为应对全球气候的进一步恶化而召开的全球性会议。

12.2.1　全球性的环境问题

1. 大气污染状况

大气污染日益严重,具体表现为酸雨、温室效应与臭氧层的破坏等。

(1) 酸雨　酸雨是由于排放到大气中的硫氧化物、氮氧化物等酸性气体与日俱增的结果。酸雨损害人体健康,腐蚀建筑物和金属设备,使数万个湖泊酸化,鱼类不断减少或灭绝,污染土壤和地下水,破坏生态系统的结构与功能。目前,酸雨发生的频率和范围日益扩大,已成为一种跨越国境的公害。

(2) 温室效应　由于工业废气的大量排放,导致大气成分发生改变,从 1957 年到 1987 年的 30 年中温室气体总量(主要为 CO_2)增加近 2 倍,引起全球性气温升高。据专家估计,如果大气中的 CO_2 浓度仍然按目前的速度增长,到 2030 年,全球气温将比现在升高 2~5℃。这比过去 1 万年升高的速度还快,由此可能造成冰山融化和海平面上升。

(3) 臭氧层被破坏　臭氧是大气中的一种重要气体。它的最主要作用是吸收过量的紫外线。经臭氧层滤掉的紫外线占 70%~90%,它是人类健康的保护伞。紫外线辐射强度的提高会导致皮肤癌和白内障等发病率的提高,还会造成某些生物的灭绝。由于致冷设备(如冰箱)等氯氟烃类物质的大量排放和长期积累,臭氧量在明显减少。1985 年科学家已发现南极的一个臭氧空洞,其面积相当于美国国土的面积。专家认为,臭氧总量每减少 10%,紫外线辐射强度便增大 20%。

2. 淡水资源状况

淡水资源不足,水污染加剧,世界范围内的饮用水水荒和水污染疾病蔓延,呈现全球性淡水危机。

(1) 水资源短缺　全世界用水量将由 1985 年的 $3.9×10^{12}\,m^3$ 增加到 2000 年的 $6.0×10^{12}\,m^3$。可用水量减少和用水量增加,致使出现全世界范围的淡水资源危机,有 43 个国家和地区(约占全球陆地面积 60%)缺水。据 2003 年《光明日报》报道,目前全世界有 30% 的人口,即 20 亿人口面临水危急,每年有 200 万儿童因缺水或饮用不洁净水而死亡。随着人口的增长,世界的水环境更加严峻。水已经成为制约某些国家经济发展的重要因素之一。

(2) 水污染严重　在 80 年代末,全世界每年约有 $4.2×10^{11}\,m^3$ 以上的污水排入江河湖海,污染了 $5.5×10^{12}\,m^3$ 的淡水,相当于全球径流总量的 14% 强。由水污染造成的甲基汞中毒(水俣病)和镉中毒(骨痛病)曾震惊全世界。由水污染造成的鱼、贝、虾类死亡事故频频发生,且日益扩大。水污染导致的饮用水危机正席卷全球。中国是一个水污染比较普遍的缺水国家,为了确保人民饮用干净的水,中国将采取五大措施,以切实改善水环境:建立污染物排放总量控制体系;集中力量抓紧治理重点流域的污染;积极推进城市污水处理与资源化;科学合理分配水资源;依法管理水环境。

3. 自然资源状况

自然资源破坏,生态环境继续恶化。

(1) 森林资源继续减少,覆盖率不断下降。若按目前的趋势继续发展,在欠发达地区商品木材林的覆盖率和蓄积量到 2000 年将下降 40%；在工业化地区森林覆盖率将下降 0.5%，蓄积量约下降 5%。全世界按人口平均的蓄积量将下降 47%，而在发展中国家将下降 63%。

(2) 水土流失是一个全球性问题。据粗略估计，世界耕地的表土流失量每年约为 230 亿吨。其中美国每年流失土壤 15.3 亿吨，前苏联约 23 亿吨，印度约 47 亿吨，而中国则约 50 亿吨。土壤过度流失的直接后果是土层变薄，肥力下降，大地的生产能力降低。侵蚀的表土被冲入河流、湖泊和水库，淤塞河道、港口，降低水库的蓄水能力，增加洪水的危害。

(3) 由于过量的砍伐和放牧，全球约有 29% 的陆地沙漠化，其中 6% 属于严重的沙漠化地区，亚洲、非洲和南美洲最为严重。联合国专家估计，全世界 35% 以上的土地面积正处在沙漠的直接威胁之下，每年有 2100 万公顷农田由于沙漠化变得完全无用或近于无用状态，每年损失的农牧业产品价值达 260 亿美元。

(4) 物种正以前所未有的速度从地球上消失。估计每年有数千种动植物灭绝，这样大规模的物种灭绝，在人类历史上是空前的。

以上危及整个地球人类和其他物种生存的严峻事实必须使人类加强环境保护意识，采取从预防到治理的各种有力措施，以确保我们的子孙后代有一个良好的生态环境。

12.2.2 机械工业的环境污染问题

机械工业是为国民经济各部门制造装备的部门。机械工业生产过程中也排出大量的污染土壤的废水、污染大气的废气和固体废物，如金属离子、油、漆、酸、碱和有机物，带悬浮物的废水，含铬、汞、铅、铜、氰化物、硫化物、粉尘、有机溶剂的废气；金属屑、熔炼渣、炉渣等固体废物。

1. 工程材料切削加工排出的主要污染物

工程材料在车、镗、铣、刨、磨、钻、拉、珩等工艺过程中，要用乳化液进行冷却润滑和冲走加工屑末。乳化液使用一段时间后，会产生变质、发臭，其中大部分未经处理就直接排入下水道，甚至直接倒至地表。乳化液中不仅含有油，而且含有烧碱、油酸皂、乙醇和苯酚等。工程材料在加工过程中还会产生大量金属屑和粉末等固体废物。

2. 金属表面处理排出的主要污染物

为了去除金属材料表面的氧化物(锈蚀)，常用硫酸、硝酸、盐酸等强酸进行清洗。由此产生的废液中，都含有酸类和其他杂质。

为了改善金属制品的使用性能、外观以及不受腐蚀，有的工件表层需镀上一层金属保护膜。电镀液中除含铬、镍、镉、锌、铜和银等各种金属外，还要加入硫酸、氟化钠(钾)等化学药品。某些工件镀好后，还须在铬液中钝化，再用清水漂洗。因此，电镀排出的废液废水中含有大量的铬、镉、锌、铜、银和硫酸根等离子。

镀铬时，镀槽会产生大量铬蒸气，有氰电镀还会产生氰化氢这种有毒气体。

在金属表面喷漆、喷塑料、涂沥青时，有部分油漆颗粒、苯、甲苯、二甲苯、甲酚未熔塑料残渣及沥青等被排入大气。

3. 金属热处理和表面处理排出的主要污染物

在退火和正火过程中加热炉有烟尘和炉渣产生。淬火时，要防止金属氧化，有时在盐浴炉中需加入二氧化钛、硅胶和硅钙铁等脱氧剂，因此产生废盐渣。

表面渗氮时，用电炉加热并通入氨气，存在氨气泄漏的可能性。

表面氰化时将金属放入加热的含有氰化钠的渗氰槽中。氰化钠有剧毒,产生含氰气体和废水。

表面氧化(发黑)处理时,碱洗在氢氧化钠、碳酸钠和磷酸三钠的混合溶液中进行,酸洗在浓盐酸、水、尿素混合溶液中进行,排出废酸液、废碱液和氯化氢气体。

电火花加工、电解加工所采用的工作介质在加工过程中也会产生污染环境的废液和废气。

4. 其他生产工艺排出的污染物

电焊时,焊条的外部药皮和焊剂在高温下会分解出污染气体。气焊中用电石制取乙炔气体时容易产生大量电石渣。熔炼有色金属时,要产生相应的冶炼炉渣和含有重金属的蒸气及粉尘。在热固性树脂生产中,排出含苯酚和甲醛的废水。煤气发生站产生含酚废水和煤焦油废物。

由此看来,机械制造业所面临和需要解决的环境污染问题也非常严重。

12.2.3　哥本哈根世界气候大会简介

哥本哈根气候大会的全称为《联合国气候变化框架公约》第15次缔约方会议暨《京都议定书》第5次缔约方会议,于2009年12月7~18日在丹麦首都哥本哈根召开,来自192个国家的谈判代表商讨《京都议定书》一期承诺到期后的后续方案,即希望达成2012—2020年的全球减排协议。这次会议被寄予很高的期望,甚至被喻为"拯救人类的最后一次机会"。

哥本哈根气候大会于当地时间2009年12月19日下午落幕。会议经过复杂而艰难的努力,最终达成了不具法律约束力的《哥本哈根协议》。联合国主席潘基文认为,该协议维护了《联合国气候变化框架公约》及《京都议定书》确立的"共同但有区别的责任"原则,就发达国家实行强制减排和发展中国家采取自主减缓行动做出了安排,并就全球长期目标、资金和技术支持、透明度等问题达成广泛共识。

我国从科学和社会发展等角度认识到气候变化对社会和生态造成的巨大影响,并开始进行积极的应对。我国是最早制定实施《应对气候变化国家方案》的发展中国家,先后制定和修订了节约能源法、可再生能源法、循环经济促进法、清洁生产促进法、森林法、草原法和民用建筑节能条例等一系列法律法规,将法律法规作为应对气候变化的重要手段。在这些积极政策的导引下,我国的能源结构正在发生重要变化。1990—2005年,我国的可再生能源增长了51%;2008年,可再生能源的利用量达到2.5亿吨标准煤。我国农村有3050万户用上沼气,相当于少排放二氧化碳4900多万吨。到2008年底,我国风力发电量达到128亿度,比2007年增加126.79%。我国还非常重视太阳能的利用,并已成为全球最大的光伏产业基地。2008年,我国太阳能发电量达到1.1GW,占全球太阳能发电量的27.5%。2003—2008年,我国的森林面积净增2054万公顷,森林蓄积量净增11.23亿立方米。目前人工造林面积达5400万公顷,居世界第一。此外,我国还提出,到2010年实现单位国内生产总值的能源消耗比2005年降低20%左右,到2010年努力实现森林覆盖率达到20%,到2020年可再生能源在能源结构中的比例争取达到16%等一系列目标。无论从长远政策的制定,还是到具体措施的落实,我国都是一个负责任的发展中国家。

《京都议定书》:1997年12月,联合国气候变化框架公约的参与国在日本京都通过了《京都议定书》。其目标是"将大气中的温室气体含量稳定在一个适当的水平,进而防止剧烈的气候改变对人类造成伤害"。该条约于 2005 年 2 月 16 日开始强制生效,共有 183 个国家通过了该条约。值得注意的是,温室气体排放量累计最大的美国没有签署该条约。

12.2.4 认真宣传和推行 ISO 14000 系列环境管理国际标准

1. 什么是 ISO 14000 系列环境管理国际标准?

国际标准化组织(international standarnization organization,ISO)是世界上最大的非政府性国际标准化机构,也是当今世界上规模最大的国际科学技术组织之一。它成立于 1947 年 2 月,其主要活动之一是制订各行各业的国际标准,协调世界范围的标准化工作。ISO 下设若干个管理技术委员会,TC 207 就是 ISO 下设专门为制定环境管理国际标准而成立的,在 ISO 中有非常重要的地位。为此 ISO 中央秘书处为 TC 207 环境管理技术委员会预备了 101 个标准号,即 ISO 14000~ISO 14100,统称为 ISO 14000 系列标准。其中:

14000~14009	环境管理体系标准(EMS)
14010~14019	环境审核标准(EA)
14020~14029	环境标志标准(EL)
14030~14039	环境行为标价标准(EPE)
14040~14049	生命周期评估(LCA)
14050~14059	术语与定义(T&O)
14060	产品标准中的环境指标
14061~14100	备用

2. ISO 14000 系列标准与发展中国家

ISO 14000 系列标准在发展中国家有巨大的应用市场。ISO/TC 207 从成立开始,发展中国家就要求在 ISO 14000 系列标准中增加特别条款,以考虑发展中国家在环境问题上与发达国家的不同要求。经过广大发展中国家的坚持,ISO/TC 207 决定在 ISO 14000 系列标准中从以下五个方面对发展中国家、新工业化国家和欠发达国家加以考虑:

(1) 经济基础;

(2) 在国际经济、贸易中的地位;

(3) 评价质量的变化性;

(4) 所需的技术信息和技术帮助;

(5) 如 ISO 14000 系列标准得不到实施,潜在的不利影响。

因此,ISO 14000 系列标准体现出的科学性和公正性,受到发展中国家的普遍支持。

我国非常重视 ISO 14000 系列标准的宣传和有效实施工作。为此专门成立了环境管理体系审核机构国家认可委员会和中国环境管理体系审核人员国家注册委员会,以保证从事 ISO 14000 审核机构的科学性、公正性和权威性以及从根本上保证审核人员的素质。

环境保护不仅涉及我们国家的未来,民族的未来,我们子孙后代的未来,而且涉及全人类的未来。因此,每一个共和国的公民,尤其是国家和人民寄予厚望的每位大学生应该引起足够的重视。爱护环境、保护环境、改善环境,培养环境意识和生态意识是教育界义不容辞的神圣职责。

复习思考题

1. 新世纪的生产系统主要有哪些？它与传统的生产系统有何重要差别？
2. 为什么要重视环境保护，倡导低碳生产、低碳经济和低碳生活？
3. 2009 年在丹麦首都举行的哥本哈根世界气候会议说明了什么？

本章主要参考文献

1. 杨光薰. 精节生产——现代化生产的目标. 中国机械工程. 1993 年第 2 期
2. 汪应洛. 新世纪的生产系统——灵快、精简、柔性生产系统. 先进制造技术发展战略研讨会文集, 1994
3. Rick Dove. 敏捷企业（上）. 中国机械工程, 1996 年第 3 期
4. Rick Dove. 敏捷企业（下）. 中国机械工程, 1996 年第 4 期
5. 国家环境保护局科技标准司. 国家环保局环境管理体系审核中心. ISO 14000 系列标准基本宣传材料, 1993 年 6 月
6. 国家环境保护局计划司. 辽宁省环境保护局编. 工业行业环境系统手册. 沈阳：辽宁大学出版社, 1991